水质·导论

第 3 版

Water Quality：An Introduction（3rd Ed.）

［美］克劳德·E. 博伊德
（Claude E. Boyd） 著

林文辉　苏跃朋　译

中国农业出版社
农村设物出版社
北　京

图书在版编目（CIP）数据

水质·导论：第3版 /（美）克劳德·E. 博伊德著；林文辉，苏跃朋译．—北京：中国农业出版社，2023.4（2023.6 重印）

书名原文：Water Quality：An Introduction (3rd edtion)

ISBN 978-7-109-30612-7

Ⅰ.①水… Ⅱ.①克… ②林… ③苏… Ⅲ.①水质分析 Ⅳ.①O661.1

中国国家版本馆 CIP 数据核字（2023）第 063878 号

First published in English under the title
Water Quality：An Introduction（3rd Ed.）
by Claude E. Boyd

合同登记号：图字 01-2023-1697 号

SHUIZHI DAOLUN

中国农业出版社出版
地址：北京市朝阳区麦子店街 18 号楼
邮编：100125
责任编辑：肖 邦 王金环
版式设计：书雅文化　　责任校对：张雯婷
印刷：北京通州皇家印刷厂
版次：2023 年 4 月第 1 版
印次：2023 年 6 月北京第 2 次印刷
发行：新华书店北京发行所
开本：787mm×1092mm 1/16
印张：20.25
字数：480 千字
定价：160.00 元

译者序

水是生命的摇篮。没有水，地球上就没有生物。自然界各个领域，无论是工业、种植业、林业、渔业、畜牧业，还是生物学、化学、物理学、地质学、气候学、环境科学、营养学等，都与水有关。

我们提到“水”的时候，不是仅仅指构成水分子的 H_2O，或者指“纯净”的水，而是包含溶解在水里的各种有机物、无机物，有时还包括各种生物。常言道，水是流动的土壤。天底下没有两块完全相同的土壤；同样，天底下也没有两片完全相同的水域。对水的认识，本质上是对溶解和存在于水中的各种物质的行为以及物质（无机物与无机物、无机物与有机物、生命与非生命）之间相互作用规律的认识。

过去，我们对水的认知或有关水的知识往往是来自各个领域，零散而又支离破碎，没有系统性。各学科里关于水的知识只提供与该学科密切相关的部分，很少有关于水本身的系统性的知识。

克劳德·E. 博伊德（Claude E. Boyd）博士是美国著名池塘养殖水质管理专家，其早期所著的《池塘养殖水质》（*Water Quality in Pond for Aquaculture*）以及《池塘养殖底质》（*Bottom Soils, Sediment, and Pond Aquaculture*），被许多水产养殖工作者熟知。《水质·导论》（*Water Quality: An Introduction*）一书是博伊德博士的又一专著，是他毕生对水质研究的结晶和对自然界水循环认识的系统总结。该书通过大量文献和数据、生动而有趣的案例，对自然界水圈中水的周转、质和量的变化以及水圈与大气圈、土壤圈、岩石圈和生物圈之间的联系与相互作用进行了全面而又系统的描述；对水的基本性状，水中离子和溶解物，硬度，碱度和 pH，微生物，氮、磷、硫和各种微量元素等进行了权威系统的阐述。《水质·导论》数据丰富、深入浅出、易于理解，是与水相关领域的工作人员和科研人员不可多得的参考性工具书。

译文中保留了原著引用的参考文献作者的英文表述，以便与后面的参考文献相呼应，便于读者能方便、准确地查找书中所引用的试验和数据的出处。

“绿水青山就是金山银山”，在我国大力整治水生态环境的今天，无论是水环境保护、治理和修复技术路线的确定，还是各种相关政策、法律、法规的制定，都离不开对水的定量化认知。希望《水质·导论》一书的翻译与出版，能为我国水环境治理等提供有用的理论依据和技术攻关基础，也为水产养殖，尤其是池塘水质改良、修复、调节等投入品的研究与开发提供参考和依据。

借此机会，谨向全额资助本书出版的广州利洋水产科技股份有限公司表示衷心感谢！

林文辉、苏跃朋

2022年7月18日于珠海斗门

前言

水是常见的，地球表面的2/3被海洋覆盖，全球近4%的陆地被水永久淹没。水以连续循环的方式存在于水圈中。水从地球表面蒸发，随后在大气中凝结，并以液态水的形式返回地表。所有形式的生命都依赖于水，幸运的是，地球不会缺水，现在的水和过去的水还有未来的水一样多。

尽管有上述乐观的情况，但水的供应可能而且经常会面临短缺，这一趋势将随着全球人口的增加而加剧。这是因为地球上不同区域的水供给条件不同，一些地方供水充足，而另一些地方几乎没有水。干旱期间，水源充足的地方也可能缺水。水质也因地点和时间而异。地球上的大部分水对大多数人类用途来说都太咸了，污染降低了许多淡水的质量，限制了用途。蒸发是一种水净化过程，但水蒸发后留下的盐分和污染物仍会污染回落的雨水。

随着人口的增长，生产所需或期望的商品和服务的必要性增加，导致更多的用水和水污染。因为水量往往无法独立于水质进行评估，水质变得越来越重要。水质是日常生活、工农业供水、水产养殖、水上娱乐和生态系统健康的重要考量因素。许多学科的专业人士应该了解控制水质变量的因素，以及水质对生态系统和人类的影响。水资源的有效管理需要应用有关水质的知识。

水质是一门复杂的学科，不幸的是，这一重要课题的教学没有很好地组织。在许多科研院所，水质教学主要在某些工程课程中进行。这些课程强调水质管理的具体方面，往往侧重于市政和生活用水的处理，以及改善排水水质以减少对自然水体的污染负荷的方法。这类课程通常有先决条件，禁止其他学科的学生选修。在农业、林业、渔业（水产养殖）、生物学、化学、物理、地质、环境科学、营养学和科学教育学科的某些课程中，仅教授了水质的特定方面。但是，这些课程对水质的覆盖并不能提供对水质整体的理解。

1971 年，当我开始在奥本大学农业学院教授水质时，发现关于水质、湖沼学和水化学的现有教材不适合这门课。这些书要么描述性太强、没有意义，要么太复杂，大多数学生无法理解。需要水质培训的学生通常只有有限的物理和化学背景。因此，应该只使用大学一年级的化学、物理和代数来提供水质各个方面的背景。这本《水质·导论》是根据课堂上的讲座编写的。这本书倾向于物理和化学方面的水质，但它包括物理和化学变量之间的相互作用和水体中生物成分的讨论。因为化学是在一个基础水平上呈现的，所以一些计算、解释和问题的解决方案都是近似的。尽管如此，笔者仍尝试尽量简化，以便让学生能够在相对较少的“哭泣、哀嚎和咬牙切齿”的情况下抓住要点。希望第三版的《水质·导论》比之前的版本有所改进。

如果没有琼·伯恩斯在打字、校对表格、参考资料和例证方面的出色帮助，这本书的编写就不可能完成。

美国亚拉巴马州奥本大学　　克劳德·E. 博伊德

目 录

0 绪论

“四方上下谓之宇，往古来今谓之宙”，宇宙由空间、时间和物质组成，它们的行为遵循非常复杂的物理、化学和数学规则，这些规则人类不完全理解或根本不理解。宇宙中，我们对地球了解得最多，它是一个非常特殊的地方，是宇宙中已知的唯一支持生物——包括自称为“智人”的我们——的天体。地球有利于生命生存的主要原因之一，是液态水的大量存在。地球上有丰富的液态水，这是因为它的特殊性质，即表面的适当温度和大气压以及水分子间氢键形成的物理特性。

水对生命至关重要，是生物的主要组成部分。细菌和其他微生物通常含有90%～95%的水；草本植物中80%～90%是水；木本植物通常含有50%～70%的水分。人体大约有2/3是水，而大多数其他陆生动物也有类似的比例。水生动物通常含有3/4的水。水在生理上很重要，在生物体的温度控制中起着至关重要的作用。它是气体、矿物质、有机营养素和代谢废物的内部溶剂。物质通过主要由水组成的液体在细胞间和生物体内移动。水是生化反应中的一种反应物，细胞的膨胀取决于水，而水在排泄功能中也是必不可少的。

水通过溶解、侵蚀和沉积过程在塑造地表方面发挥着重要作用。大型水体在很大程度上控制着周围陆地的气温。由于离岸冷洋流，沿海地区的气候可能比预期的要冷，反之亦然。地表植被的分布更多地是由于水的可获得性而非任何其他因素所控制。水源充足的地区植被丰富，而干旱地区植被稀少。水在生态上很重要，因为它是许多生物赖以生存的媒介。水对于几乎所有商品和服务的生产都是必不可少的；对于通过农业生产、农作物加工以及居家用途如烹饪、洗衣和卫生设施来说，水是至关重要的。

早期人类居住区是在湖泊或溪流等有可靠供水的地区发展起来的。人类逐渐学会了开采地下水、储存和输送水以及灌溉作物，这使人类得以迁徙到以前干旱和不适宜居住的地区。即使在今天，一个地区的人口增长也取决于水资源的可利用性。

水体提供了便利的交通工具。世界上的许多商业活动都依赖海运，这使得原材料和工业产品在各大洲和国家之间的运输成本相对较低。内陆水道在国际和国内航运中也很重要。例如，在美国，大量货物沿着密西西比河、俄亥俄河和田纳西-汤比格比水道等路线运输。

水体对于休闲活动如钓鱼、游泳和划船非常重要，对亲近自然的人来说，这些都具有极大的吸引力。水体已成为风景园林的一个重要方面。水在几乎所有地区都具有象征意义，尤其是在犹太教和基督教信仰中。

0.1 水质

与此同时，人类正在学习对可用水量施加一定程度的控制，并发现不同的水在各项因素上存在差异，如温度、水色、味道、气味等。人们注意到这些质量如何影响水对特定用途的适用性。咸水不适合人类和牲畜饮用或灌溉。生活上使用清水优于浊水。有些水被人类或牲畜饮用时会导致疾病甚至死亡。水量和水质的概念是同时发展起来的，但在人类历史的大部分时间里，除了感官感知和观察其对生物和用水的影响之外，几乎没有其他方法来评估水质。

任何影响自然生态系统或影响人类用水的水的物理学、化学或生物学性质都是水质变量。实际上有数百个水质变量，但对于特定的水来说，通常只有几个变量是有意义的。人们制定水质标准，作为选择各种用途的水源和保护水体免受污染的指南。饮用水的质量是一个健康问题，饮用水不得含有过量的矿物质，不得含有毒素，不得含有致病微生物。人们更喜欢饮用清澈、无异味的水。海水和休闲水域以及养殖或捕获贝类的水域也制定了水质标准。疾病可以通过被病原体污染的水传播。牡蛎和其他一些贝类可以从水中积累病原体或有毒化合物，使得这些生物体对人类构成食用危险。家畜用水不必符合人类饮用水的水质，但也不得导致动物生病或死亡。灌溉水中矿物质浓度过高会对植物产生不利的渗透方面的影响，灌溉水也必须不含植物毒性物质。工业用水必须具备达标的水质，以满足其使用目的，某些工艺可能需要极高质量的水，甚至锅炉给水也不得含有过量的悬浮固体或高浓度的碳酸盐。固体会在管道系统中沉淀，碳酸钙会沉淀形成水垢。酸性水和盐水会对接触到的金属物体造成严重腐蚀。

水质会影响水生生态系统中动植物的生存和生长。由于人类的使用，许多用于生活、工农业的水被排放到自然水体中，水质往往会恶化。在大多数国家，人们都试图将天然水域的水质保持在适合鱼类和其他水生生物生长的范围内。可为天然水体推荐水质标准，并且必须证明废水符合特定的水质标准，以防止污染和产生对动植物群落的不利影响。

因为捕捞渔业已经被开发到了可持续的极限，水产养殖为人类的消费提供了世界渔业近一半的产量。水质是水产养殖中一个特别关键的问题。

0.2 控制水质的因素

自然界很少有纯净的水。雨水中含有溶解的气体，以及来自灰尘、燃烧产物和大气中其他物质的微量矿物和有机物。当雨滴落在土地上时，它们的冲击会使土壤颗粒脱落，流动的水会侵蚀并悬浮土壤颗粒。水还会溶解土壤和土壤下面地层中的矿物和有机物。水体和空气之间不断地进行气体交换，当水与水体底部的沉积物接触时，就会发生物质交换，一直达到平衡为止。水生环境中的生物活动对 pH 和溶解气体、营养物和有机物的浓度有着巨大影响。就水质方面而言，自然水体趋于平衡状态，这取决于气候、水文、地质和生物因素。

人类活动强烈影响着水质，并可能打破自然状态。多年来，最常见的人类影响是由于将人类废物丢弃到供水系统中而引入病原生物。直到20世纪，疾病的水媒传播一直是全世界疾病和死亡的主要原因。通过在大多数国家实施更好的废物管理和公共卫生做法，水媒传播疾病的问题已经减少了。但水媒传播疾病仍然是一个问题，人口的增长以及支持人类所需的工农业的增加，正在以越来越惊人的速度向地表水和地下水排放污染物。污染物包括因侵蚀而产生的悬浮土壤颗粒，这些颗粒会导致水体浑浊和沉淀，并输入植物养分、有毒金属、农药、工业化学品和工业过程冷却产生的热水。水体具有吸收污染物的自然能力，这种能力是水生生态系统提供的服务之一。然而，如果污染物的输入超过了水体的吸收能力，就会造成生态破坏和生态服务的损失。

0.3 本书的目的

水质是供水、废水处理、工业、农业、水产养殖、水生生态、人类和动物健康等许多领域的关键问题。许多不同职业的从业人员需要有关水质的信息。水质原理在涉及环境科学和工程的专业课程中有介绍，但许多其他领域需要学习水质原理的学生没有接受这种培训。本书旨在介绍水质的基本方面，重点介绍控制地表淡水质量的物理、化学和生物因素；还将简要讨论地下水和海水水质，以及水污染、水处理和水质标准；也讨论了水质对水体审美和娱乐价值的影响。

如果没有大量应用化学和物理学，就不可能对水质进行有意义的讨论。有许多水质方面的书籍，其中的化学和物理学水平远远高于普通读者的理解能力。在这本书中，作者试图以一种非常基本的方式使用大学一年级的化学和物理学。书中大多数的讨论都是可以理解的，即使读者只接受过化学和物理学方面的初步培训。

1　水的物理性质

摘要

水分子一边带有负电荷，另一边带有两个正电荷。相邻水分子上带相反电荷的位置之间的吸引力比分子之间典型的范德华引力更强，称为氢键。固态（冰）和液态水中的分子比其他相对分子质量相似的物质的分子表现出更强的相互吸引。这导致水具有最大密度（3.98 ℃时）、高比热容、较高的冰点和沸点、高的相变潜热、显著的内聚性和黏附性（从而产生强大的表面张力和毛细管作用）以及高介电常数。光也很容易穿入水中并被强烈吸收。特定深度的水压是大气压力和该深度以上水柱重量（静水压力）的组合。水会折射光线，使水下物体看起来处于较低的深度。水的物理性质具有内在的意义，但它们也是地质学、水文学、生态学、生理学和营养学、用水、工程和水质测量中的关键因素。

引言

纯液态水是无颜色、无味道、无气味的，仅由水分子（H_2O）组成。国际纯粹与应用化学联合会（IUPAC）将水命名为氧烷。有时也称为氧化二氢或一氧化二氢。水分子很小，摩尔质量为 18.015 克/摩尔，但水分子并不像其低相对分子质量所显示的那样简单。水分子一端带负电，另一端带正电。电荷的分离导致水分子的性质与其他类似相对分子质量的化合物的性质非常不同。这些差异包括凝固点和沸点的升高、固相和液相之间以及液相和气相之间的变化需要大量潜热、与温度有关的密度、较大的蓄热能力以及出色的溶剂作用。水的这些独特物理性质使其在地表大量存在，并影响其许多用途。

水是一种非凡的物质，与地球的独特性有很大关系。没有它，这个星球上就不会有生命。正如 20 世纪美国哲学家洛伦·艾斯利所说“如果这个星球上有魔力的话，它一定包含在水里。”

1.1　水分子的结构

水是由 2 个氢原子和 1 个氧原子结合而成的。热力学定律认为，物质在现有条件下会自发地向最稳定的状态转变。1个稳定的原子最内层的电子层中有2个电子，最外层的电子层中至少有8个电子。氧原子和氢原子等非金属原子可以聚集在一起，与其他原子共享电子，以填充它们最外层的电子层，这一过程称为共价键。水分子是2个氢原子各自与氧原子共享1个电子并形成2个共价键的结果（图1.1）。这种排列允许氧原子获得2个电子来填充其最外层的电子层，而每个氢原子获得1个电子来填充其唯一的外层电子层。

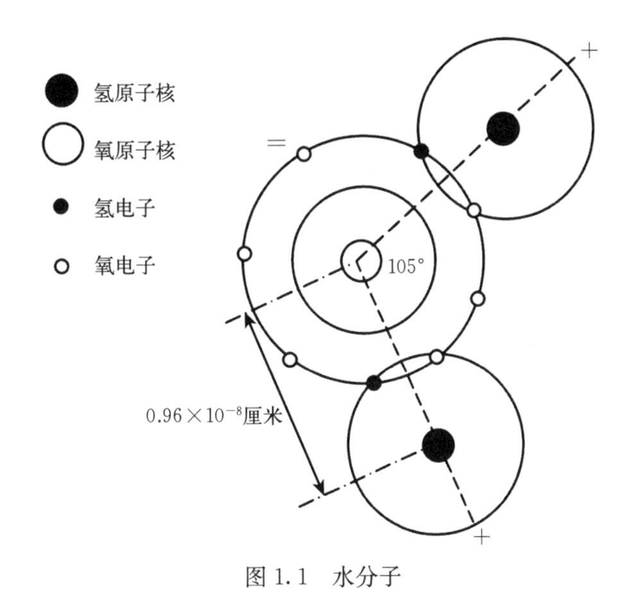

图1.1 水分子

原子和分子通常被认为是电中性的，以区别于带电的离子，但实际上，分子很少是完全中性的。分子中的电子不断运动，它们可能集中在分子的一个或多个特定区域。当这种情况发生时，电子传递的负电荷并没有被分子的原子核附近的正电荷完全平衡。这导致了分子产生带相反电荷的位置或极性，而带有这些位置的分子被称为偶极子。分子中的共价键也可能产生偶极子。在极性共价键中，电子在参与共价键的原子之间分布不均匀，导致电负性较大的原子带有轻微的负电荷，而电负性较小的原子带有轻微的正电荷。这种电荷分离会产生一个永久的偶极矩，其中键的一侧的原子带正电荷，键的另一侧的原子带负电荷。分子上的电荷是静电荷，也就是说，它们静止时产生的是电场而不是电流。

当两个同类原子（H_2、N_2、O_2等）结合在一起时，会产生完全非极性共价键，但其他化合物中原子电负性差异不大的键也被认为是非极性的。极性分子间的电荷也可以通过对称共价键相互抵消。二氧化碳分子是对称的，尽管有两个极性O—C键，但它没有分子偶极子。

由于电子密度的差异而在分子上产生的静电电荷比离子电荷弱。在离子电荷中，原子变成离子而失去或获得的每个电子都被赋予1个单位电荷，如单价钠离子（Na^+）上的电荷为+1，二价硫酸根离子（SO_4^{2-}）的电荷为−2。为了区分分子中电子密度不等的小静电电荷和离子电荷，它们通常被写为δ+或δ−而不是+1或−1（或更高）单位电荷。

水分子是不对称的，因为2个氢原子位于氧原子的同一侧（图1.1）。虚线穿过氢原子核和氧原子核中心形成的角度为105°。水中氢原子和氧原子的原子核之间的距离为

0.096 纳米（nm）。水分子非常小，分子直径约为 0.25 纳米（0.25×10^{-9} 米）(Schatzberg，1967)。水分子不是球形的，而是有些 V 形的。图 1.2 显示了描述水分子的常用方法示例。V 形的顶点可以画成指向各种不同的方向。

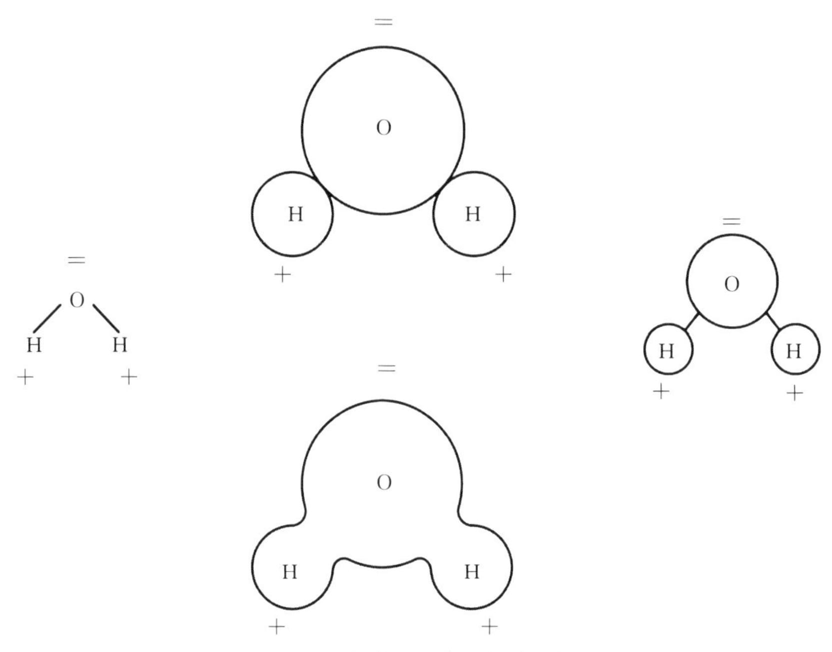

图 1.2　水分子的常见描绘示例

荷兰物理学家约翰内斯·范德华尔斯最初描述了由电子密度差异引起的分子间排斥和吸引，称为范德华力。这些吸引力和排斥力相对较弱，通常基本上相互抵消。然而，水分子的许多独特性质是由两个 O—H 共价键形成的偶极子产生的。因为氧原子比氢原子重，所以氧原子核比氢原子核带更大的正电荷。相对于氢原子核，电子被拉得更靠近氧原子核。这赋予氧原子带一些小的负电荷，每个氢原子带一些小的正电荷。这些静电电荷是永久性的，比典型的范德华引力强得多。水分子是永久的偶极子。

水的偶极性质导致不同水分子上带相反电荷的位置之间产生吸引力。这些吸引力被称为氢键，它们比典型的范德华引力强，但比共价键或离子键弱。图解的氢键（图 1.3）是二维的，而真正的氢键性质是三维的。1 个水分子可以与多达 4 个其他水分子形成氢键。1 个水分子的氧原子一侧可以与另外 2 个水分子中的 1 个氢原子

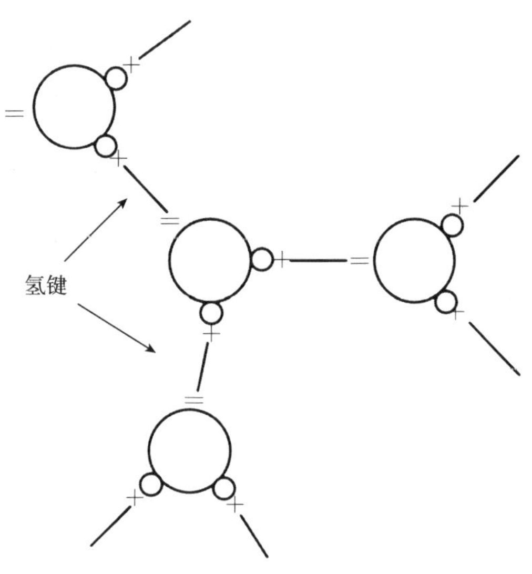

图 1.3　水分子之间的氢键

连接，每个氢原子区域可以与其他水分子的氧原子区域连接。液态水中的大多数分子都参与氢键连接。氢键延伸到冰中的所有分子，形成规则的晶体结构。水蒸气分子的能量太大，无法形成氢键，蒸汽分子彼此完全分离。

水分子也可能与离子或其他物质分子上的带电部位形成静电吸引。这种现象使得水可以湿润某些表面，以及被其他某些表面所排斥。

1.2　热特性和相

在国际单位制（SI）中，焦耳（J）是能量的基本单位；1 焦耳是当 1 牛顿（N）力作用于物体通过 1 米时传递的能量。一些读者可能更熟悉用卡路里（1 卡＝4.184 焦）表示的能量。比热容是指将 1 克物质的温度改变 1 ℃必须施加或移走的能量。热量定义基于液态水的比热容（1 卡能量可使 1 克液态水的温度升高 1 ℃），液态水比热容是比较物质比热容的标准。水的三相比热容为：0 ℃时的冰，2.03 焦/(克·℃）[0.485 卡/(克·℃)]；25 ℃时的水，4.184 焦/(克·℃）[1 卡/(克·℃)]；100 ℃时的蒸汽，2.01 焦/(克·℃）[0.48 卡/(克·℃)]。

水的三相比热容决定了必须施加或移走多少能量才能改变每相给定的量的温度。在标准大气压下，冰-液相变（冰点）发生在 0 ℃，而液-气相变（沸点）发生在 100 ℃。在相变阶段，当冰的晶格形成或崩塌时，或当氢键断裂产生蒸汽时，或形成足够的氢键导致蒸汽冷凝为液态水时，分子间氢键的频数突然改变。在相变时，氢键的重新排列需要大量的能量输入或移除，而这些能量不会引起温度变化。引起相变所需的能量变化量被称为凝结潜热（或焓）和沸腾汽化潜热（或焓）。焓是指物质的内能。冰的融化热为 334 焦/克（80 卡/克），蒸发热为 2 260 焦/克（540 卡/克）。

1 克－10 ℃的冰转化为 100 ℃的水蒸气，需要输入 20.3 焦 [2.030 焦/(克·℃)×1 克×10 ℃] 的能量才能将温度升高到 0 ℃，需要 334 焦的能量将 1 克 0 ℃的冰转化为 0 ℃的液态水，将 1 克液态水的温度提高到沸点需要 418.4 焦 [4.184 焦/(克·℃）×1 克×100 ℃] 的能量，把水煮沸需要额外的 2 260 焦/克。逆转上述过程需要移走相同量的能量。

冰也可以在不经过液相的情况下从固体变成蒸汽。这就是为什么在寒冷的天气里，悬挂在户外晾衣绳上的湿衣服可能会变干的原因。这个过程称为升华，升华潜热为 3 012 焦/克（720 卡/克）。水蒸气也可以在不经过液相的情况下从蒸汽变成冰。这个过程被称为凝华，其潜热也为 3 012 焦/克。

在标准（海平面）大气压力下，纯水是介于 0 ℃和 100 ℃之间的液体。其他常见的氢化合物，如甲烷、氨和硫化氢，是地球表面常温下的气体（表 1.1）。与其他三种常见的氢化合物相比，水的熔化和汽化比热容和潜热也更大（表 1.1）。水与其他相对分子质量相似的物质在热性质上不同的原因在于它在分子间形成氢键的能力。水的高潜热值反映了氢键形成和断裂的阻力。在冻结的情况下，分子运动必须下降到冰的晶格可以形成的程度，但当冰融化时，必须施加足够的能量来打破足够的氢键，以瓦解冰的晶格。同样的逻辑也适用于蒸发。能量是使蒸汽分子脱离氢键所必需的。

表 1.1 水的热性质与其他相对分子质量相近的氢化合物的热性质比较

性质	水（H_2O）	甲烷（CH_4）	氨（NH_3）	硫化氢（H_2S）
相对分子质量	18.02	16.04	17.03	34.08
比热容［焦/(克·℃)］	4.184	2.23	2.20	0.24
冰点（℃）	0	−182.5	−77.7	−85.5
凝结潜热（焦/克）	334	59	332	68
沸点（℃）	100	−162	−33.3	−60.7
汽化潜热	2 260	481	1 371	548

引起水体相变所需的大量比热容和潜热具有重要的气候、环境和生理意义。大型水体储存热量并影响周围的气候。汗液从皮肤蒸发所造成的热量损失对体温控制至关重要。当温度下降到足以使水蒸气冷凝时，随着空气质量的增加，冷却速度会降低。

1.3 蒸汽压

蒸汽压是指施加在物质表面的压力，该压力与物质自身的蒸汽平衡。在一个最初充满干燥空气的密封室内，一碗水中的水分子将进入空气，直到达到平衡。在平衡状态下，从水中进入空气的水分子数量与从空气中进入水中的水分子数量相同，并且水分子在空气和水之间没有净迁移。作用在碗中水面上的水蒸气压力就是水的蒸气压力。蒸汽压力随温度升高而升高（表 1.2）。随着温度升高，最初在水中形成的气泡由大气气体组成，因为空气在水中的溶解度随温度升高而降低。当纯水的蒸汽压在 100 ℃达到大气压时，水蒸气的气泡在水中形成，并上升、打破水面，导致沸腾现象。大气压力随海拔高度和天气条件而变化，水的沸点通常不完全是 100 ℃。如果压力足够低，水将在室温下沸腾。

表 1.2 不同温度（℃）下的水蒸气压力

温度（℃）	水蒸气压力（毫米汞柱*）	温度（℃）	水蒸气压力（毫米汞柱）	温度（℃）	水蒸气压力（毫米汞柱）
0	4.579	35	42.175	70	233.7
5	6.543	40	55.324	75	289.1
10	9.209	45	71.88	80	355.1
15	12.788	50	92.51	85	433.6
20	17.535	55	118.04	90	525.8
25	23.756	60	149.38	95	633.9
30	31.824	65	187.54	100	760.0

* 毫米汞柱（mmHg）是非法定计量单位。1 毫米汞柱=133.3 帕。——编者注

当一种物质的液相与其固相和气相同时处于平衡状态时，就会出现一种称为三态点的奇怪现象。在三态点，液体在低压下沸腾，逸出的分子所损失的热量使液体冷却，从而发生冻结。纯水的三态点在 0.1 ℃和 611.2 帕压力下，只能在实验室条件下实现。虽然主要是一个奇怪的现象，水的三态点有时用于校准温度计。

1.4 密度

冰分子通过氢键排列成规则的晶格。冰中分子的规则间距形成了在分子距离更近的液态水中所没有的空隙。冰的密度低于液态水（0.917 克/厘米^3，而不是 1 克/厘米^3），使其能够漂浮。

液态水的密度随着温度升高而增加，在 3.98 ℃时达到 1.000 克/厘米^3 的最大密度。进一步升温会导致水的密度降低（表 1.3）。当水温超过 0 ℃时，有两个过程会影响密度。冰晶格的残余部分破裂会增加密度，而键的拉伸会降低密度。从 0 到 3.98 ℃，残余晶格的破坏对密度的影响更大，但进一步变暖会导致密度降低，因为更温暖的水分子的内能更大，从而导致键的拉伸。温度引起的密度变化会影响单位体积水的重量。10 ℃下 1 米^3 纯水的重量为 999.70 千克；在 30 ℃条件下，相同体积的水重 995.65 千克。温度对水密度的影响使得水体会经历热分层和消层，如第 3 章所述。

表 1.3 在 0～40 ℃不同温度下的纯水密度

温度（℃）	纯水密度（克/厘米^3）	温度（℃）	纯水密度（克/厘米^3）	温度（℃）	纯水密度（克/厘米^3）
0	0.999 84	14	0.999 25	28	0.996 24
1	0.999 90	15	0.999 10	29	0.995 95
2	0.999 94	16	0.998 95	30	0.995 65
3	0.999 97	17	0.998 78	31	0.995 34
4	0.999 98	18	0.998 60	32	0.995 03
5	0.999 97	19	0.998 41	33	0.994 71
6	0.999 94	20	0.998 21	34	0.994 37
7	0.999 90	21	0.998 00	35	0.994 03
8	0.999 85	22	0.997 77	36	0.993 69
9	0.999 78	23	0.997 54	37	0.993 33
10	0.999 70	24	0.997 30	38	0.992 97
11	0.999 61	25	0.997 05	39	0.992 60
12	0.999 50	26	0.996 78	40	0.992 22
13	0.999 38	27	0.996 52		

物质的密度通常以无量纲相对密度报告。相对密度的基础是水的密度。25 ℃时，水的密度为 0.997 05 克/厘米^3 或相对密度为 0.997 05（表 1.3）。另一种在 25 ℃下密度为

1.550 0 克/厘米³ 的物质的相对密度为 1.554 6（1.550 0 克/厘米³ ÷0.997 05 克/厘米³）。

当一个物体被放入水中时，它要么下沉、溶解、悬浮或漂浮。发生哪种情况取决于几个因素，但相对密度（物质密度相对于水密度）是最重要的因素。密度比水大的颗粒下沉，除非它们小到可以成为真溶液或胶体溶液。相对密度小于水的物体漂浮。漂浮物和溶解或悬浮颗粒的浸没部分会置换与其自身体积相等的水。例如，一个 10 厘米³ 的大理石放置在一个玻璃杯的水中，下沉时取代了 10 厘米³ 的水，使玻璃杯中的水位略微升高。然而，排水量与被淹没的物体的密度无关。两块不同密度的 10 厘米³ 大理石的排水量相等。

溶解在天然水中的矿物质会产生盐度。这些溶解矿物质的密度比水高，1 克溶解矿物质将置换不到 1 厘米³ 的水，从而产生更大的密度。盐度和密度之间的关系（表 1.4）表明，在 20 ℃、盐度为 30 克/升的条件下，水的密度为 1.021 0 克/厘米³，而在相同温度下，淡水的密度为 0.998 21 克/厘米³。重量差为 22.79 千克/米³。与盐度相关的密度差异通常会导致入海河流在河口的密度分层。

表 1.4　在 0～40 ℃某些温度下不同盐度的水的密度（克/厘米³）

温度（℃）	盐度（克/升）				
	0	10	20	30	40
0	0.999 84	1.008 0	1.016 0	1.024 1	1.032 1
5	0.999 97	1.007 9	1.015 8	1.023 7	1.031 6
10	0.999 70	1.007 5	1.015 3	1.023 1	1.030 9
15	0.999 10	1.006 8	1.014 4	1.022 1	1.029 8
20	0.998 21	1.005 8	1.013 4	1.021 0	1.028 6
25	0.997 05	1.004 6	1.012 1	1.019 6	1.027 1
30	0.995 65	1.003 1	1.010 5	1.018 0	1.025 5
35	0.994 03	1.001 4	1.008 8	1.016 2	1.023 7
40	0.992 22	0.999 6	1.006 9	1.014 3	1.021 7

1.5　表面现象

小口径管或土壤孔隙中水分的上升现象称为毛细管作用。为了解释毛细管作用，必须了解内聚力、黏附力和表面张力。内聚力是相似分子之间的吸引力。水分子具有内聚性，因为它们彼此形成氢键。黏附力是不同分子之间的吸引力。水附着在一个固体表面上，其带电部位吸引水分子的相反电荷。水和固体表面之间的黏附力大于水分子之间的内聚力，这样的表面被称为亲水（喜水），因为它很容易湿润。相反，水会在疏水（憎水）的表面形成水珠并流走，因为水分子之间的内聚力强于水分子与表面的黏附力。例如，干燥、未上漆的木材容易受潮，但一层油漆能让木材防水。

在透明玻璃管的水面上看到的弯月面是内聚作用或黏附作用的结果。滴定管中的弯月面通常是凹的（图 1.4），因为滴定溶液中的水分子对滴定管壁的吸引力大于对自身的吸引力。它们爬上滴定管壁，形成凹形弯月面。与玻璃管壁相比，一些液体分子间的吸引力更强。这会导致分子在表面从管中抽离，并在中心堆积，形成凸面弯月面（图 1.4）。在一个装满水银的管子里可以看到这种情况。

凹半月面
凸半月面
黏附力＞内聚力
黏附力<内聚力

图 1.4　半月面

在水珠的表面之下，分子的净内聚力为零，但内聚力不能作用于表面之上。水表层的分子受到下面分子向内的内聚力的作用。紧绷的表面分子起到皮肤的作用，并导致一种被称为表面张力的现象，这种现象可以认为是表面抵抗外力作用在它上面的能力。水的表面张力很强，足以让某些昆虫和蜘蛛在水面上行走；当针头和剃须刀片轻轻地放在水面上时，它们也能漂浮在水面上。水分子向内的拉力也会使水面尽可能小。这也就是为什么叶子或其他疏水表面上的少量水会形成一个水珠——一个球体的表面积尽可能最小。

表面张力的国际单位制单位为牛顿/米或毫牛顿/米，1 毫牛顿/米＝1 达因*/厘米。纯水的表面张力（毫牛顿/米）随温度升高而降低：0 ℃，75.6；10 ℃，74.2；20 ℃，72.8；30 ℃，71.2；40 ℃，69.6。盐度对表面张力的影响很小。根据 Schmidt and Schneider（2011）建立的方程式，20 ℃和 35 克/升盐度下的海水表面张力为 73.81 毫牛顿/米。相比之下，其他一些常见液体在 20 ℃下的表面张力（毫牛顿/米）为：醋（醋酸），28.0；汽油，22.0；丙酮，25.2；SAE 30 机油，36.0。水相对较高的表面张力源于其分子间形成氢键的能力。

表面活性剂是与水混合时降低表面张力的物质。表面活性剂是具有亲水和疏水位置的相对大分子。疏水位通过转向朝空气方向的水面避免与水接触。这会降低水的表面张力，提高了水的润湿能力。肥皂具有表面活性剂作用——肥皂水的表面张力约为 25.0 毫牛顿/米，而在 20 ℃下普通水中的表面张力为 72.8 毫牛顿/米。一些商业表面活性剂降低表面张力的程度甚至超过普通肥皂。

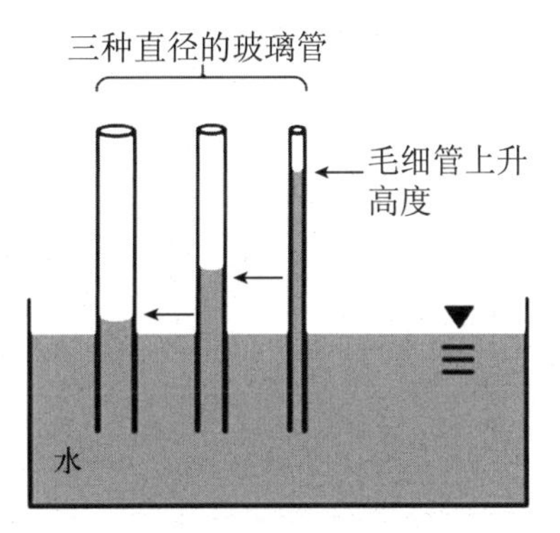

图 1.5　毛细管作用图解

当一些小直径玻璃管垂直插入装水的烧杯时，水会在管中上升（图 1.5）。这种称为毛细管作用的现象是表面张力、黏附力和内聚力的综合效应。水附着在管壁上，并尽可能向上扩散。向上移动的水附着在表面膜上，表面膜中的分子通过内聚作用与下面的分子结合。当黏附力将表面膜向上拖曳时，它会克服重力的作用将水柱向上拉。由于水压小于大气压，水柱处于张力之下。毛细管上升高度与管径成反比。

毛细管作用发生在土壤和其他多孔介质中。土壤颗粒不能完美地结合在一起，由此产

* 达因是非法定计量单位。1 达因＝0.000 01 牛。——编者注

生的孔隙空间是相互连接的。土壤或其他多孔介质中的孔隙空间的作用方式与细玻璃管相同。一个很好的例子就是地下水上升到地下水位以上，形成所谓的毛细水带。在细颗粒土壤中，毛细水带可能高出地下水位顶部1米或更高。

1.6 黏度

大多数人认为黏度是液体流动的难易程度。例如，水比食用糖浆更容易流动，因为它的黏度较小。所有流体都有流动的内阻，黏度（η）表示流体将动能转化为热能的能力，是流体的剪切应力（力/面积或 F/A）与速度梯度的比值。黏度是由流体颗粒之间的内聚力、不同速度的流动层之间的颗粒交换以及流体与管壁之间的摩擦产生的。在层流中，水分层流动，层间分子交换很少。在管道层流流动期间，与管道接触的流层中的水分子通常黏附在管壁上而不流动。管壁和流动的分子之间存在摩擦。管壁对分子流动的影响随着离管壁距离的增加而减小。尽管如此，流层之间仍然存在摩擦。当流动变得紊乱时，分子不再分层流动，支配流动的原理变得更加复杂。

黏度一词通常指动态黏度（μ）。表示动态黏度的单位可能令人困惑。国际单位制的单位是泊（P），1泊＝0.1（牛・秒）/米^2，但在许多情况下使用厘泊（cP），1厘泊＝0.001（牛・秒）/米^2。一些常见物质在20℃下的黏度为：水，1.02厘泊；牛奶，3厘泊；植物油，43.2厘泊；SAE 30机油，352厘泊；蜂蜜，1 500厘泊。温度对水的黏度有很大影响（表1.5）。加热有利于水在管道中的流动，有利于在多孔介质中的渗流和在土壤中的毛细管上升，因为黏性剪切损失随着黏度的降低而减小。黏度也随着密度的增加而增加。在20℃温度下，黏度为1.08厘泊的海水的黏性略高于相同温度下的淡水。

黏度也可以表示为运动黏度（ν），它是流体的动态黏度与密度之比。运动黏度通常以米^2/秒为单位。温度为20℃时，水的动态黏度为1.02厘泊，运动黏度为1.00×10^{-6}米^2/秒。在许多工程应用中，使用的是运动黏度，而不是动态黏度。

表1.5　不同温度下水的密度（ρ）和动态黏度（μ）

温度（℃）	密度（千克/米^3）	动态黏度［$\times10^{-3}$（牛・秒）/米^2］
0	999.8	1.787
5	999.9	1.519
10	999.7	1.307
15	999.1	1.139
20	998.2	1.022
25	997.0	0.890
30	995.7	0.798
35	994.0	0.719
40	992.2	0.653

1.7 弹性和可压缩性

和其他流体一样，水的形状几乎没有弹性，并且与容器的形状一致。除非完全封闭，否则水有一个自由表面，除了边缘，它总是水平的。如果水容器倾斜，水立即形成一个新的水平面。换句话说，古老的格言“水会找到自己的水平线”实际上适用于水本身。由于水是液体，所以即使海拔差异很小，水也会做出反应而向下移动。

理想的液体是不可压缩的，而水通常被认为是不可压缩的。上述说法实际上并不正确，因为水是可压缩的。其在 20 ℃下的压缩系数为 4.59×10^{-10}/帕。与表层水相比，海洋 4 000 米深处的水，会被压缩约 1.8%。当然，如果流体被压缩，它的密度会增加，因为单位重量的体积更小。

1.8 水压

任何特定深度的水压等于该深度以上水柱的重量（图 1.6）。作用在小面积 ΔA 上的高度为 h 的水柱的体积为 $h\Delta A$。水的重量或力（F）为：

$$F=\gamma h\Delta A \tag{1.1}$$

式中，γ 表示每单位体积的水重量。

压强（P）是作用在单位面积上的力：

$$P=F/\Delta A \tag{1.2}$$

作用在面积 ΔA（图 1.6）上的水的压强为：

$$P=\gamma h\Delta A/\Delta A=\gamma h \tag{1.3}$$

该压力仅适用于水，即静水压力，可按例 1.1 的方法计算。为了获得绝对压力，必须将大气压力添加到静水压力中（图 1.7）。这些力始终垂直于水面。

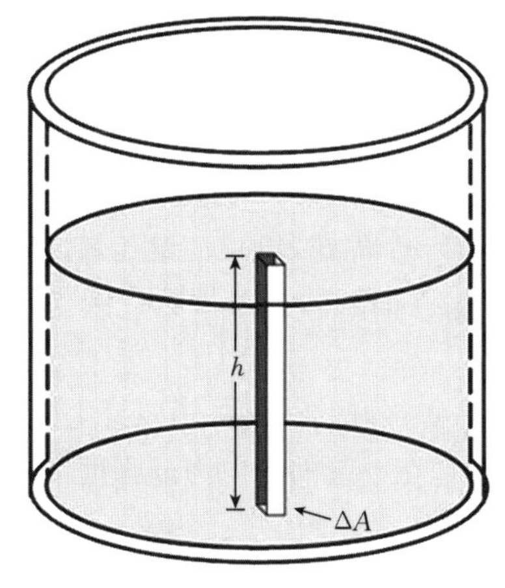

图 1.6 水深（h）之下面积（ΔA）上的水压

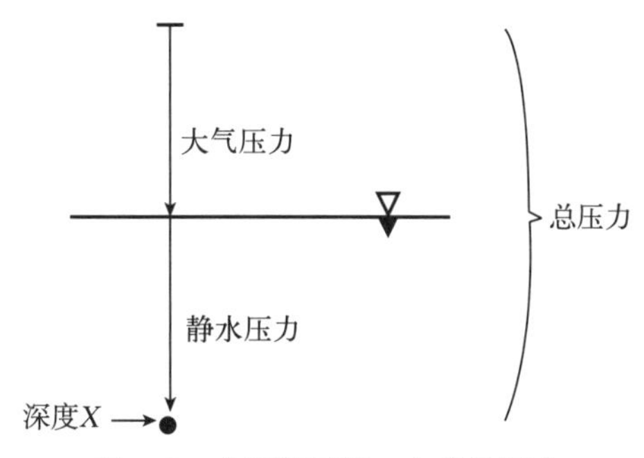

图 1.7 水面以下某一点的总压力

由于某一点的静水压力主要取决于该点上方的水深，因此压力通常以水深的形式给出。同一深度的不同水域的实际压力可能略有不同，因为水的密度随温度和盐度而变化。

例 1.1 用毫米汞柱表示 20 ℃条件下 1 米水深的静水压力，这是水质中使用的大气压力的常用单位。注：帕斯卡（Pa）是压力的国际单位制（1 毫米汞柱=133.32 帕）。

解：

在 20 ℃下，水的密度为 0.998 21 克/厘米^3，汞的密度为 13.594 克/厘米^3。因此，1 米水柱可转换为同等深度的汞柱，如下所示：

$$0.998\ 21 \text{ 克/厘米}^3 \div 13.594 \text{ 克/厘米}^3 \times 1 \text{ 米} = 0.073\ 4 \text{ 米或 } 73.4 \text{ 毫米}$$

因此，20 ℃下的淡水静水压为 73.4 毫米汞柱/米。

当大气压力为 760 毫米汞柱时，水体中 1 米深处的一个点的总压力为 760 毫米汞柱+73.4 毫米汞柱=833.4 毫米汞柱。

压力也可以由基准面以上的水位、水流速度或泵施加的压力产生。在水文学和工程应用中，“水头”一词表示一个点相对于另一个点或基准面的水能量。水头通常用水深来表示。在水质方面，水深通常是导致压力高于大气压力的原因。

1.9 介电常数

一种物料的介电特性是其在电场中减少电流的能力。在介质中放置带电的平板（带正电的阳极和带负电的阴极）可以建立电场。电场可以认为是从正极平板向负极平板的延伸。在介质为偶极的情况下，分子带正电的极将倾向于向阴极轻微位移，而分子带负电的极将向阳极轻微位移（图 1.8）。这种轻微的电荷分离（极化）降低了电场的强度。

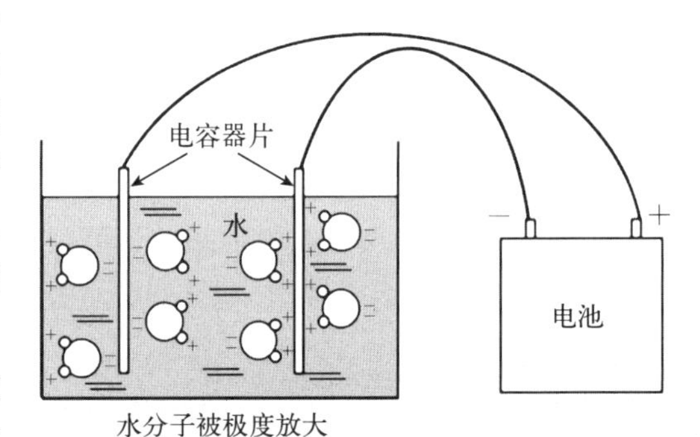

图 1.8 水分子在电场中的取向

一种物质减少电场的能力由其介电常数（ε）来评估。介电常数的标准是不发生极化的真空；真空的介电常数为单位（1.000 0）。介电常数的测量方法超出了本书的范围，但一些材料的介电常数为：真空，1.00；空气，1.000 5；棉花，1.3；聚乙烯，2.26；纸张，3.4；玻璃，4～7；土壤，10～20；水，80.2。水有很高的介电常数，因为它的分子有很强的偶极矩，从而减少了在其体积内施加的电场。

对于通过离子力结合在一起的化合物来说，水是一种很好的溶剂，例如氯化钠（$Na^+ + Cl^- \rightarrow NaCl$）。将 NaCl 和其他具有离子键的化合物锚定在一起的静电力的强度由库仑定律描述：

$$F = \frac{1}{4\pi\varepsilon} \frac{(Q_1)(Q_2)}{d^2} \tag{1.4}$$

式中，F 表示两个离子之间的静电引力，Q_1 和 Q_2 表示离子上的电荷，ε 表示介质的介电常数，d 表示电荷之间的距离。随着 ε 的增加，静电引力减少。水有很大的介电常数，可以隔离电荷相反的离子，减少它们之间的静电吸引。例如，在空气（$\varepsilon=1.000\,5$）中，NaCl 中的 Na^+ 和 Cl^- 强烈地结合在一起，但在水（$\varepsilon=80.2$）中，它们之间的静电吸引力较小，NaCl 很容易溶解。同样的道理也适用于其他离子物质，但它们的可溶性都不如 NaCl。溶解在水中的离子吸引带相反电荷的水偶极子，并被水包围，进一步将它们与带相反电荷的离子隔离（图 1.9）。这个过程称为离子水合。

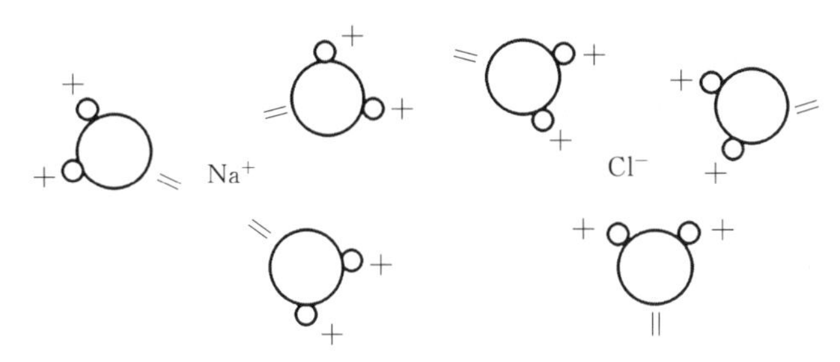

图 1.9　水分子对溶解离子的水合作用

1.10　导电性

导电性是物质传递电流的能力，而电是在物质中移动的未被束缚（自由）电子上传导的。铜等金属有很多自由电子，是优良的导体。纯水只含有少量的氢离子和氢氧根离子，这是由于它的弱解离作用造成的；纯水是一种不良导体。然而，天然水含有比纯水更高浓度的溶解离子，因此是更好的导体。水的电导率大致与溶解离子浓度成比例增加，电导率是第 5 章讨论的一个重要水质变量。

1.11　透明度

在阳光下，装在透明饮用玻璃杯中的纯水看起来无色，但由于选择性吸收和散射光线，大量的清水往往呈现蓝色。水在可见光谱的红端比蓝端更容易吸收可见光。在天然水中，溶解和悬浮物质可能会影响颜色和透明度。

由于水的高透明度，照射到水面的大部分光线都被吸收了。在拉丁语中，表面反射的太阳光部分称为反射率（*albedo*）——来自拉丁文的 *albus*（白色）。反射率表示为投射到表面的入射光被反射的百分比。完全反射表面的反射率为 100%；完全吸收表面的反射率为 0%。

水的反射率从 1%到 100%不等。当一个非常清澈的水体的表面静止且与阳光垂直时，反射率最小。当太阳在地平线以下时，反射率最大。镜子以与入射光相同的角度反射光，如图 1.10 所示。这就是所谓的镜面反射。在自然界中，太阳光线的入射角会随着时间和季节的推移而变化。入射角很少与水面完全垂直。然而，水面很少是完全光滑的，通常会有涟漪或波浪。这导致入射角发生变化，反射光的角度也发生变化（图 1.10）。这种类型的反射导致光线以许多不同的角度反射，称为漫反射。

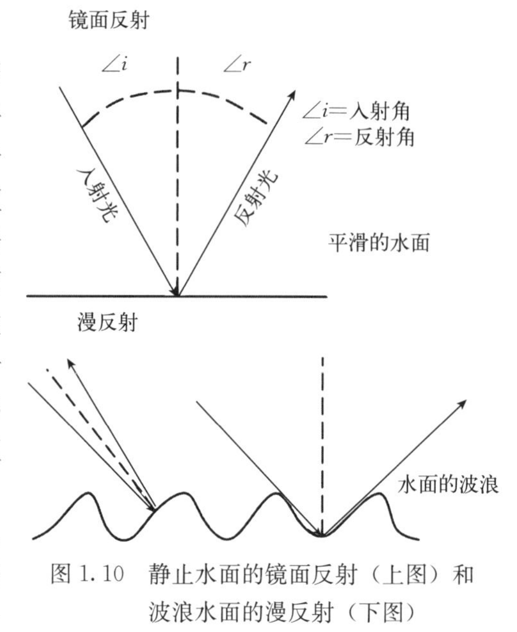

图 1.10　静止水面的镜面反射（上图）和波浪水面的漫反射（下图）

尽管存在各种影响反射率的因素，但当入射角为 60°或更小时，例如太阳光线在地平线以上 30°或更高时，水的反射率通常小于 10%。当入射角为 0%时，太阳光线是垂直的，清水的反射率通常在 1%～3%。根据 Cogley（1979），取决于计算方法，开阔水面的平均年反射率在赤道为 4.8%～6.5%，在 60°纬度为 11.5%～12.0%。以月份为基础计算，赤道的反射率从 3 月和 9 月的 4.5%到 6 月和 12 月的 5.0%不等。在 60°纬度的相应值在 6 月为 7.0%，12 月为 54.2%。

水平均吸收了撞击其表面的 90%的辐射。由于水的比热容高，它是将入射的太阳能滞留在地球表面的主要手段。当然，像陆地一样，水体会不断地重新辐射出长波辐射，而输入的太阳能会被输出的辐射所平衡。

穿透水面的光在通过水柱时被吸收和散射。这一现象在水质研究中有许多含义，本书将在几个地方讨论，尤其是在第 6 章。

折射率

光在真空中的传播速度比在其他介质中快，因为真空中没有干扰光波通过的物质。光密度是一种材料的入射辐射与透射辐射的对数比，通常与该材料的质量密度成正比（Wilson，1981）。当光从光学密度较低的材料传递到光学密度较高的材料时，其速度会降低。当光从密度较高的介质传播到密度较低的介质时，情况正好相反。根据斯内尔定律，速度的降低会导致光向法线方向折射（图 1.11），而速度的增加会导致光向偏离法线方向折射。图 1.11 所示的变量可以安排成以下关系：

$$\frac{\sin\theta_2}{\sin\theta_1}=\frac{C_2}{C_1}=\frac{n_1}{n_2} \qquad (1.5)$$

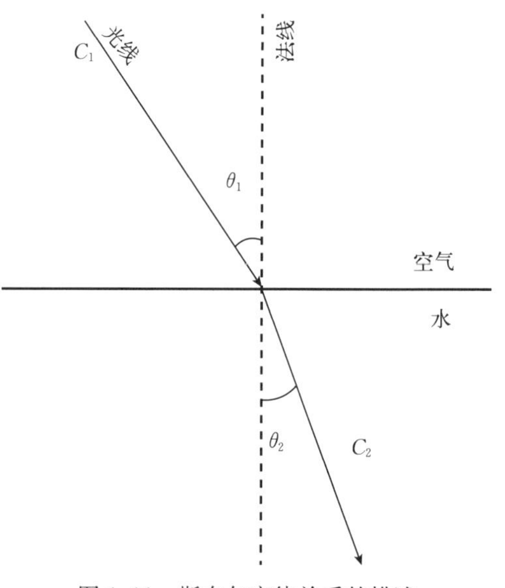

图 1.11　斯奈尔定律关系的描述

式中，θ_1 表示空气中的折射角；θ_2 表示水中的折射角；C_1 表示空气中的光速；C_2 表示水中的光速；n_1 表示空气的折射率；

n_2 表示水的折射率。折射率可以定义为真空中的光速与另一种介质中的光速之比。传统上，水的折射率为 1.333（Baxter et al.，1911）。然而，折射率随着测量波长的变化而变化，随着盐度和压力的增大而增大，随着温度的升高而减小（Segelstein，1981）。

当从侧面观察插入清水容器中的饮用吸管时，水对光的折射非常明显（图 1.12a）。水面下的可见物体反射观察者看到的光。在离开水面时反射光的速度会增加，并偏离法线。因此，在岸上的观察者看来，水体中的鱼或其他水下物体的深度比实际深度看上去要浅（图 1.12b）。

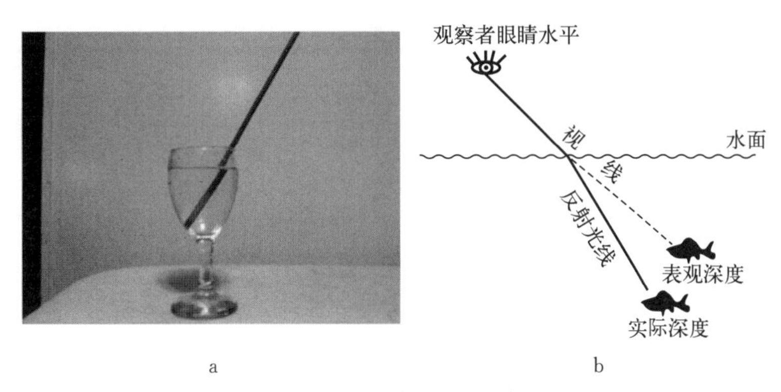

图 1.12　水对光线的折射

a. 光线被水折射的视觉证据　b. 折射使物体的表观深度小于实际深度

结论

由氢键形成的水的独特物理性质使其能够存在于地球表面。这使得地球能够支持大量的生物。水的物理性质有助于它的许多有益用途。

参考文献

Baxter GP，Burgess LL，Daudt HW，1911. The refractive index of water. J Am Chem Soc，33：893 - 901.

Cogley JG，1979. The albedo of water as a function of latitude. Mon Weather Rev，107：775 - 781.

Schatzberg P，1967. On the molecular diameter of water from solubility and diffusion measurements. J Phys Chem，71：4569 - 4570.

Schmidt R，Schneider B，2011. The effect of surface films on the air－sea gas exchange in the Baltic Sea. Mar Chem，126：56 - 62.

Segelstein D，1981. The complex refractive index of water. University of Missouri.

Wilson JD，1981. Physics. 2nd edn. Lexington，Health and Company.

2　太阳辐射和水温

摘要

温度是一个物体的热含量的量度，由该物体的能量含量产生。生态系统的主要能量来源是太阳辐射。地球的能量收支基本上与入射的太阳辐射平衡，太阳辐射的反射和地球吸收的能量作为长波辐射的再辐射是平衡的。自然水体的温度随太阳辐射的日变化和季节变化而变化。光在水体中的穿透调节光合作用发生的深度，很大程度上受水体透明度的影响。太阳辐射加热湖泊、水库和池塘表层的速度比加热更深水域的速度更快。水体经常经历热分层作用，在这个过程中，表层较温暖、较轻的水会与较冷、较重的深层水混合。温暖也有利于提高大多数化学和物理过程的速率，在生物体的适温范围内，生物体的呼吸随着温度的升高而增加。

引言

温度对物理、化学和生物过程的速率有重大影响。温度影响分子运动，进而影响物质的物理性质、非生物和生物反应以及生物体的活性。每一个生物物种都有一个特定的温度范围，在这个温度范围内它可以生存，而在一个较窄的温度范围内，它可以最有效地发挥作用，并且不会受到热应激的影响。物理和化学反应的速率会影响水中溶解物和悬浮物的浓度。水中的悬浮颗粒物和一些有色有机化合物会减少光的穿透性，并减少水生植物的生长，而水生植物是动物和大多数非光合微生物的营养来源。温度对水生生物活动的影响导致水质波动。

水质的物理、化学和生物方面高度相关，水温影响水质。水温主要取决于水体接收到的太阳辐射量，但由于其多种影响，水温通常被视为基本水质变量。本章的目的是解释能量、热量和温度之间的关系，讨论太阳辐射，并描述水体中温度的主要影响。

2.1　能量、热量和温度

电子、原子和分子都在不断地运动。玻尔模型经典地描述了电子在原子核周围的轨道

层中运动，每个轨道包含固定数量的电子。尽管这种描述非常有用，但现代量子力学认为电子运动非常快，就像在围绕原子核旋转的云一样。电子在任何给定时刻的确切位置都是不可预测的。电子带负电，相互排斥，但它们在原子核周围的密度很少是均匀的。

分子中原子间的键会振动。一个有两个原子的分子，当两个原子移动得更近，然后又进一步分开时，就会振动。有三个或三个以上原子的分子，可以以多种方式振动。水有三个原子，水中的两个 H—O 键可以像溜溜球一样以对称或非对称的模式来回移动，两个 H—O 键可能会相互弯曲靠近然后离开。这些键，包括水中的氢键，也会随着温度的升高而拉伸。原子和分子的振动和拉伸速率与温度有关。所有的分子运动据说在温度为摄氏标度－273.15 ℃或绝对温度标度 0 开时都会停止（实际上是最小的），分子的振动随着温度的升高而增加。温度本身不会引起振动，原子和分子的能量含量是振动的原因。温度仅仅是对某物能量含量的一个量度，或者用日常用语来衡量某物有多热或有多冷。温度是由温度传感器根据从冷到热的标度范围对一种物质中分子的活性水平做出响应而产生的。

能量是一个复杂的概念，很难用几句话来解释。它被普遍认为是加热某物或做功所必需的，它的定义与对物体做功或向其传递热量有关。热力学是研究热、功、温度和能量之间关系的科学。热力学有三个主要定律，第一定律通常被称为“能量不能被创造或破坏，但它可以在热和功之间转变。根据时间之箭，宇宙的总能量含量保持不变。”表达时间之箭（时间的流逝）意味着能量就像物质一样，有一个开始。它是在过去某个时候创造的，但从那以后就再也没有创造过。这是物理学、哲学和神学重叠的许多例子之一。

热量和温度可以通过下面的表达式相互关联：

$$Q=mc\Delta T \tag{2.1}$$

式中，Q 表示热量（焦）；m 表示质量（千克）；c 表示比热容［焦/(千克·开)］；ΔT 表示温度变化（开）。当然，开尔文度和摄氏度的大小完全相同，但开尔文标度的基础是绝对温度，比摄氏度标度的零度低 273.15 度单位（绝对温度＝摄氏温度＋273.15）。符号 Q 通常用于表示热量，而能量通常用 E 表示，但在国际单位制中，两者都以焦耳表示。

例 2.1 10 000 米^3、1 米深的水体的净吸收（辐射吸收－辐射发射）为 50 焦/(米^2·秒)。假设没有能量损失，1 小时内水温会升高多少？

解：

$$Q_{入}=50\ 焦/(米^2 \cdot 秒)\times 10\ 000\ 米^2 \times 3\ 600\ 秒/时$$

$$Q_{入}=1.8\times 10^9\ 焦$$

温度变化可用公式 2.1 计算

$$\Delta T=Q/mc$$

$$\Delta T=(1.8\times 10^9\ 焦)\div[10^4\ 米^3\times 10^6\ 克/米^3\times 4.184\ 焦/(克\cdot ℃)]$$

$$\Delta T=(1.8\times 10^9\ 焦)\div(4.184\times 10^{10}焦/℃)$$

$$\Delta T=0.043\ ℃$$

热力学第二定律认为，随着时间的流逝，一切都变得更加无序或随机。第二定律通常被称为“宇宙的熵总是随着时间之箭而增加。”换句话说，宇宙正变得越来越随机或越来越衰弱。随机或无序的程度称为熵。解释熵的常用方法包括物体或物质粒子的组织。组织良好的办公桌上面的熵较低，但在组织办公桌之后，随着使用的增加，它的组织性会降低。方糖中的分子熵很低。当你把方糖放进一杯咖啡中，它会分解成糖粒，糖粒中的分子溶解，你搅拌咖啡，使糖分子均匀混合。从方糖到颗粒，从非均质咖啡-糖混合物到均质的咖啡-糖溶液，熵增加。这种熵的简单观点在能量关系的数学计算中没有用处。然而，它确实启发了英国物理学家威廉·汤普森（更广为人知的是开尔文勋爵）说："我们（根据热力学第二定律）有一个清醒的科学确定性，那就是天地会像衣服一样变老。"

熵也可以定义为两个物体在恒定温度下能量传递时发生的能量变化。熵有多个公式，但有一个简单的是：

$$\Delta S = Q/T \tag{2.2}$$

式中，ΔS 表示熵变（焦/开）；Q 表示转移的热量（焦）；T 表示温度（开）。第二定律要求能量通过传导从较热的物体流向较冷的物体，直到两个物体的温度相同。一些热量会流失到周围环境中，无法用于提高第二个物体的温度。熵是不可用于做功的能量。封闭系统朝着熵最大的平衡状态移动。封闭系统中的熵变不能减小（为负）。

热力学第三定律认为熵与温度有关，并为熵建立了一个零点。该定律通常表示为"物质完美的晶体的熵为绝对零度（0 开或－273.15 ℃）。"在熵方程（公式 2.2）中，温度必须以绝对度数为单位。

第四定律（通常称为第零定律）表明了一个相当明显的事实，即"各自与第三个系统处于热平衡的两个热力学系统，彼此之间处于热平衡。"这条定律在水温讨论中通常不太重要。

2.2 太阳辐射

地球的能量（和光）来源是太阳。太阳主要由氢气（73.46%）和氦气（24.58%）组成。太阳释放出发生在其核心的核聚变（主要是质子-质子链式反应）产生的能量。在太阳核心的高温（可能 1 500 万℃）和巨大压力（可能 2 500 亿标准大气压）下，氢气（H_2）被转化为电子和裸露的氢离子或质子（H^1）。电子和质子快速移动，当 2 个质子碰撞在一起时，它们形成氘核（H^2），释放出正电子（β^+）和中微子（ν）：

$$H^1 + H^1 \rightarrow H^2 + \beta^+ + \nu \tag{2.3}$$

当氘核与质子碰撞时，产生 3 核的氦（He^3）并释放出伽马射线（γ）：

$$H^2 + H^1 = He^3 + \gamma \tag{2.4}$$

2 个 He^3 核碰撞形成一个 4 核的氦（He^4），并释放出 2 个质子。

$$He^3 + He^3 \rightarrow He^4 + 2H^1 \tag{2.5}$$

He^4 的质量略小于合成它的 4 个质子（H^1）的质量。这种轻微的质量损失是由于质量以伽马射线的形式转化为能量造成的。

质量与能量的关系可由爱因斯坦方程解释：

$$E = mc^2 \tag{2.6}$$

式中，E 表示能量（焦）；m 表示质量（千克）；c 表示光速（299 792 458 米/秒或≈3×10^8 米/秒）。焦耳的基本单位是千克·米^2/秒或牛顿·米（牛·米）。根据公式 2.6 可以看出，如果 1 千克质量完全转化为能量，将产生 8.99×10^{16} 焦的能量。太阳每秒产生约

3.9×10^{26}焦的能量，将大约 600×10^6 吨氢转化为 596×10^6 吨氦（www.astronomy.ohio-state.edu/～ry-den/ast162_1/notes2.html）。从某种角度来看，2018 年全球人类活动的每日能耗仅为 10^{18}焦左右（https://www.eia.gov/outlooks/aeo/）。当然，地球只接收太阳发射到太空的太阳能总量的十亿分之二。

质子-质子链式反应在太阳核心释放的伽马射线能量穿过太阳等离子体缓慢迁移到太阳表面。温度从太阳核心的数百万摄氏度下降到太阳表面的 5 500 ℃左右。当伽马射线穿过等离子体时，它们被吸收并在较低的频率下再辐射，而较低的频率同样被吸收并以更低的频率再辐射。

根据量子力学，来自太阳的电磁辐射（太阳光）可以被认为是由以不同频率的波传播的无质量粒子组成。电磁波的能量含量随着波长的减小而增加。波长（λ）是电磁波波峰之间的距离。短伽马射线的能量最大，而长无线电波的能量最小。波通过它的运动传递动能，这种运动携带能量是没有质量的，即使组成光线的被称为光子的能量粒子也没有质量。这可以想象为一个人挥动绳子的一端，使绳子像波浪一样移动到另一端。这种波浪可能会导致握住绳子另一端的人体验到拖拽，即使绳子没有传递任何质量。波能携带能量这一事实导致了波撞击另一种物质时的能量转移。

物体吸收电磁辐射，但同时发射电磁辐射。温度高于绝对零度的物体会发出辐射，因为它们表面的电荷会因热扰动而加速。辐射的波长等于光速（c）除以频率（f）或 $\lambda=c/f$。辐射的频率随波的能量含量增加而增加，例如，伽马射线的能量大于可见光。物体上的电荷以不同的速率加速，并发射出辐射光谱。

物体辐射光谱的能量取决于温度。描述物体辐射能量的斯蒂芬-波尔茨曼定律的简化形式为：

$$E=\delta T^4 \tag{2.7}$$

式中，E 表示发射能量［焦/(米^2·秒)］；δ 表示斯蒂芬-波尔茨曼常数［5.67×10^{-8}焦/(开^4·米^2·秒)］；T 表示绝对温度（开）。当然，在现实中，辐射的总能量还取决于物体的发射率（范围从 0 到 1）、辐射物体周围环境的温度以及辐射表面的面积。公式 2.7 的扩展形式（此处未给出）考虑了所有这些因素。

辐射的波长与辐射表面的温度有关：温度越低，波长越长。这一现象由韦恩定律描述，该定律可用来估计辐射光谱中的波长峰值。公式是：

$$\lambda_{最大}=2\,897/T \tag{2.8}$$

式中，$\lambda_{最大}$表示峰值波长（微米）；T 表示绝对温度（开）。

例 2.2 假设太阳表面的温度为 5 773 开，请计算太阳辐射的能量和该辐射的峰值波长。

解：

使用公式 2.7 计算能量：

$$E=[5.67\times10^{-8}焦/(开^4·米^2·秒)](5\,773\ 开)^4$$

$$E=6.30\times10^7\ 焦/(米^2·秒)$$

使用公式 2.8 计算波长：

$$\lambda=2\,897/5\,773=0.5\ 微米$$

尽管在例 2.2 中计算出的太阳光峰值波长为 0.5 微米，但光谱包含许多其他波长的光线。阳光穿过太空，波长的强度不变。撞击地球大气层顶部垂直于太阳光线的平面上的太阳辐射量被称为太阳常数，多年来的平均值为 1 368 焦/(米^2·秒)（http://earthobservatory.nasa.gov/Features/SORCE/）。这种辐射大约为 10%的紫外线（λ=0.10～0.40 微米）、40%的可见光（λ=0.38～0.76 微米）和 50%的红外线（λ=0.7～5.0 微米）以及少量其他波长（图 2.1）。地球大气层反射、吸收和再辐射太阳辐射。到达地球表面的太阳光由大约 3%的紫外线、44%的可见光和 53%的红外线辐射组成。辐射通常分为短波（<4 微米）和长波（>4 微米）。

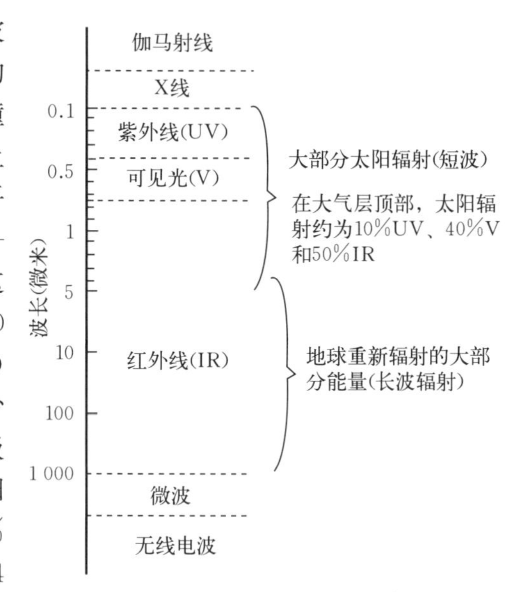

图 2.1 太阳光的电磁光谱

太阳黑子活动导致太阳常数略微增加。太阳黑子是太阳表面的黑暗区域，是由于磁活动导致太阳表面附近气体产生漩涡的结果。太阳黑子的黑暗区域实际上比周围的表面要冷，但太阳耀斑发生在太阳黑子边缘，导致比正常情况下释放更多的能量（https://stardate.org/astro-guide/sunspots-and-solar-flares）。据说太阳黑子介于最小活动和最大活动之间的活动周期为 11 年，并且太阳常数的变化仅为 1.4 焦/(米^2·秒)。然而，在 1645 年和 1715 年期间（天文学中通常称为蒙德极小期），几乎没有观测到太阳黑子。这一时期有时也被称为小冰河期，因为人们认为这是由于没有太阳黑子造成的异常低温（Bard et al.，2000）。1950 年至今，太阳黑子数量和太阳辐射强度超过了 1600 年以来的记录。

2.3 地球的能源预算

到达以地球大气层为界的球体的辐射是在垂直于太阳光线的平面上测量的。然而，地球及其大气层是球形的，辐射实际上是在这个球体的表面传播的。球体的面积（$4\pi r^2$）是圆的面积（πr^2）的 4 倍。因此，撞击地球大气层球体的平均辐射量是太阳常数的 1/4，测量结果为 341.3 焦/(米^2·秒)（Trenberth et al.，2009）。

地球表面上方 10～12 千米的对流层主要由氮和氧组成，比例约为 4 比 1。也有不同数量的水蒸气和少量的氩、二氧化碳和其他几种气体。这些气体，尤其是云中的水蒸气，反射并吸收入射的辐射。在入射的短波辐射中，大气反射 79 焦/(米^2·秒)，吸收 78 焦/(米^2·秒)。因此，实际上到达了地球的陆地和水面大约为 184.3 焦/(米^2·秒)的入射短波辐射，其中 23 焦/(米^2·秒)被陆地和水面反射（Trenberth et al.，2009）。

地球的全球太阳辐射相互作用如图 2.2 所示。总体能源预算相当简单（表 2.1）；地球和大气层接收到 341.3 焦/(米^2·秒)的短波辐射，其中 102.0 焦/(米^2·秒)被反射，238.5 焦/(米^2·秒)的长波辐射［340.5 焦/(米^2·秒)］被辐射回太空。净吸收率为 0.8

焦/(米^2·秒)。地球和大气将吸收的能量作为长波辐射重新辐射。短波辐射分量比长波辐射分量复杂得多。公式 2.7 可用于估算来自地球的辐射以及该辐射的波长峰值（例 2.3）。

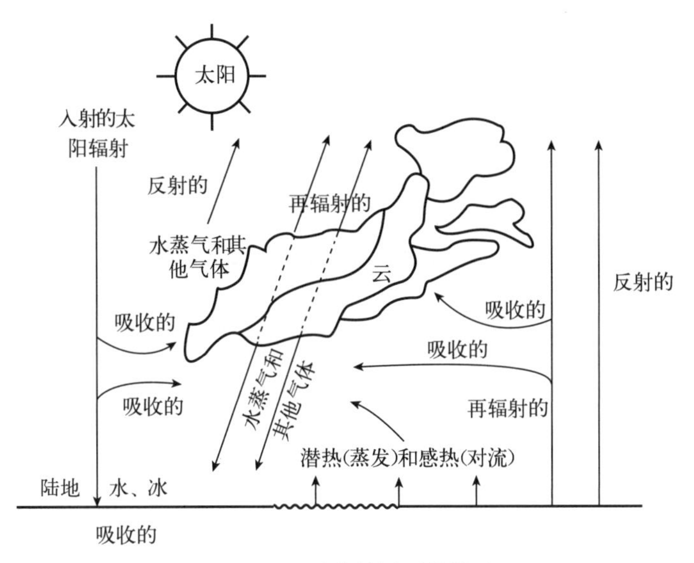

图 2.2　地球的能源预算关系

表 2.1　地球入射短波辐射的预算

辐射	数量［焦/(米^2·秒)］
入射短波	341.3
大气反射	79.0
大气吸收	78.0
表面反射	23.0
表面吸收	161.3
向外辐射	340.5
反射的短波	102.0
发射的长波	238.5 *
净吸收	0.8

例 2.3　根据 14.74 ℃（287.89 开）的有效全球平均温度计算平均再辐射率和该辐射的峰值波长。

解：

使用公式 2.7 计算能量：

$$E=[5.67\times10^{-8}焦/(开^4\cdot米^2\cdot秒)]\ (287.89 开)^4$$

* 该数值与下文“从云层和大气发射的长波辐射”和“直接射入太空的辐射”之和并不严格相符，这是由于原书在计算时保留有效数字规则不统一造成的。本书出版时，对于类似情况在可接受的误差范围内保留了原书计算数据和相应结论。——编者注

$$E=389.5\ 焦/(米^2 \cdot 秒)$$

使用公式 2.8 计算波长：

$$\lambda=2\ 897/287.89=9.99\ 微米$$

例 2.3 中计算的 E 值接近 Trenberth et al.（2009）给出的 396 焦/(米^2·秒）的测量值。

地球表面吸收 161.3 焦/(米^2·秒)，但在地球表面发射的 396 焦/(米^2·秒）辐射中，333 焦/(米^2·秒）被地球表面以反向辐射重新吸收。此外，热对流和蒸发潜热分别为大气贡献 80 焦/(米^2·秒）和 17 焦/(米^2·秒）的能量。实际射入太空的辐射为 340.5 焦/(米^2·秒)，包括从大气和云层反射的短波辐射［79 焦/(米^2·秒)］和地球表面反射的短波辐射［23 焦/(米^2·秒)］，以及从云层和大气发射的长波辐射［199 焦/(米^2·秒)］和直接射入太空的辐射［40 焦/(米^2·秒)］。地球的长波辐射会以复杂的方式被吸收和再辐射。然而，来自太空的入射短波辐射几乎被短波辐射的反射和长波辐射的再辐射所平衡。

海洋和其他水体吸收并保存了大量的能量。根据基尔霍夫定律，吸收率（a）和发射率（e）之间存在直接关系，$a\approx e$，好的吸收器就是好的散热器。水的反射率很低（通常不超过 5%～10%），其发射率为 0.96，范围在 0～1.0。地球表面的平均发射率约为 0.5。

2.4 温室效应

大气中的氮气、氧气和氩气不会阻止长波辐射逃逸到太空中。水蒸气、二氧化碳、甲烷、一氧化二氮和其他一些气体吸收长波辐射，减缓其进入太空的速度，并增加大气的热含量。这一过程被称为地球大气层的温室效应；造成这种效应的气体被称为温室气体。人们普遍认为，有云层覆盖的夜晚往往比晴朗的夜晚更温暖，这为温室效应提供了确凿的证据。温室效应使地球变暖，如果没有温室效应，地球平均温度将降低 30 ℃左右。我们知道，地球上的生命依赖于大气的自然温室效应。

工业革命（约 1750 年）开始时，大气中的二氧化碳浓度约为 280 毫克/千克。自 18 世纪 50 年代以来，化石燃料的能源使用量不断增加，大气中二氧化碳浓度也逐渐增加。自 20 世纪 50 年代末以来，夏威夷莫纳罗亚天文台一直在监测空气中的二氧化碳浓度。1960 年浓度为 320 毫克/千克，2018 年 6 月平均浓度为 411 毫克/千克（https://www.co2.earth)。由于空气污染，其他温室气体的浓度也有所增加。温室气体浓度升高被认为是导致全球变暖的主要因素。自 1880 年以来，全球年气温每 10 年增加约 0.07 ℃，但自 1970 年以来，平均每 10 年增加 0.17 ℃。

2.5 光在水中的穿透

太阳辐射对水生生态的主要影响是光合作用需要光。光合作用所需的光几乎完全在电磁光谱的可见光谱范围内，但可见光谱仅代表太阳对地球电磁输入的 44%。红外辐射占剩余电磁输入的 53%。进入水体的大部分太阳辐射在可见光或红外范围内。这里的重点将是水对光能的吸收，光对光合作用的影响将推迟到第 10 章。水对光的吸收大部分在

0.38～4 微米波长范围内。尽管图 2.3 显示了在 0.01～0.1 微米范围内的强吸收，但落在该范围内的太阳电磁输入相对较少。

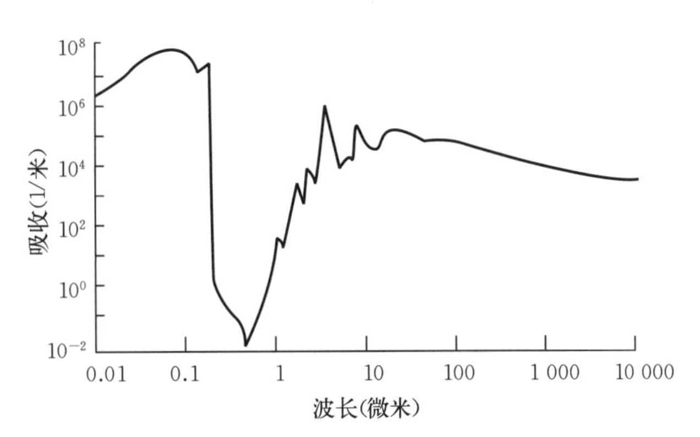

图 2.3 清澈水体的吸收光谱

吸收系数（k）是波长的函数，以米（1/米）为单位表示。穿透特定深度（I_z）的入射光（I_o）分数可表示为：

$$I_z/I_o = e^{-kz} \quad (2.9)$$

式中，e 表示自然对数的底；z 表示深度（米）。这个公式被称为比尔-兰伯特定律表达式，可以整合为：

$$\ln I_o - \ln I_z = kz \quad (2.10)$$

光的强度可以表示为照度或能量。我们对能量更感兴趣，所以将使用焦耳（1 焦＝1 瓦秒）。

例 2.4 在清水中，约 25%的光达到 10 米。水面上的太阳辐射为 500 焦/(米^2·秒)。请估算清水的 k。

解：

使用公式 2.10，

$$\ln 500 - \ln (500 \times 0.25) = k \ (10 \text{ 米})$$

$$6.215 - 4.828 = k \ (10 \text{ 米})$$

$$k = 1.387 \div 10 = 0.138\,7/\text{米}$$

并非入射辐射中的所有能量都被水吸收并转化为热量。一些光被散射和反射，但大部分被转化为热。比尔-兰伯特定律表达式基本上揭示了水中深度的等量连续增加吸收了等量增加的光。因此，第一层 1 厘米吸收一定比例的入射光。第二个 1 厘米层吸收到达它的光的百分比相同，但到达第二个 1 厘米层的光量小于到达第一个 1 厘米层的光量。深度的每一个相等的连续增量吸收的光能量随着深度的增加而减少。结果如图 2.4 所示形状的光吸收曲线。

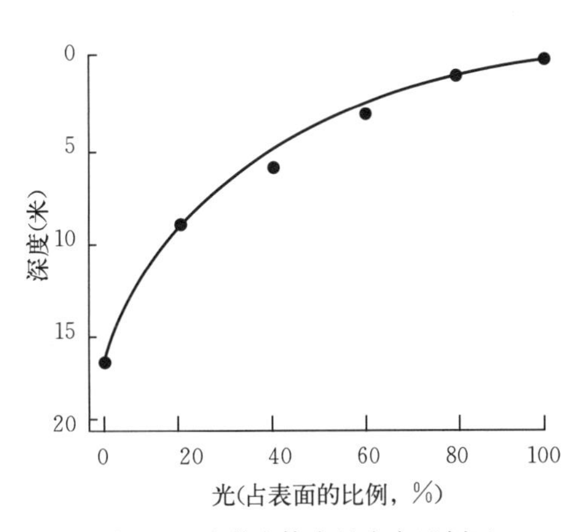

图 2.4 清澈水体中的光穿透剖面

20 ℃下的空气密度为 1.204 千克/米^3，1 千克空气占 0.83 米^3。在 20 ℃和恒压条件下，空气的比热容为 1 010 焦/(千克·℃)。因此，0.83 米^3 空气的持热能力为 1 010 焦/℃。相比之下，0.83 米^3 水的重量为 830 千克，持有 3 472 720 焦/℃的热能。根据土壤含水量的不同，土壤的能量为水的 20%～60%。水体可以储存大量能量。当然，它们会发射长波辐射，并趋向于达到一个平衡，即向外辐射等于向内辐射。

2.6 水温

水温是水的内部热能含量的量度。这是一种可以用温度计直接感应和测量的特性。热容是必须计算的容量特性。热容通常被认为是高于液态水在 0 ℃时所持能量的量。它是温度和体积的函数。烧杯中 1 升沸水（100 ℃）的温度较高，但与 500 万米^3 容量的蓄水池中 20 ℃的水相比，所含的热量很小。

太阳辐射通常与气温密切相关，小型湖泊和池塘中的水温紧密跟随气温（图 2.5）。水温通常可以根据季节和地点进行预测。图 2.6 提供了热带地区（厄瓜多尔瓜亚基尔，2.183 3°S、79.883 3°W）和温带地区（美国奥本，32.597 7°N、85.480 8°W）小水体的月平均温度。温带地区美国亚拉巴马州奥本市的水温随季节变化显著，但在热带地区，水温随季节变化较小。厄瓜多尔的气温在温暖的雨季（1—5 月）高于凉爽的旱季。季节间气温的差异也反映在水温上。特定地区的气温可能会在特定时期内偏离正常值，从而导致水温出现偏差。

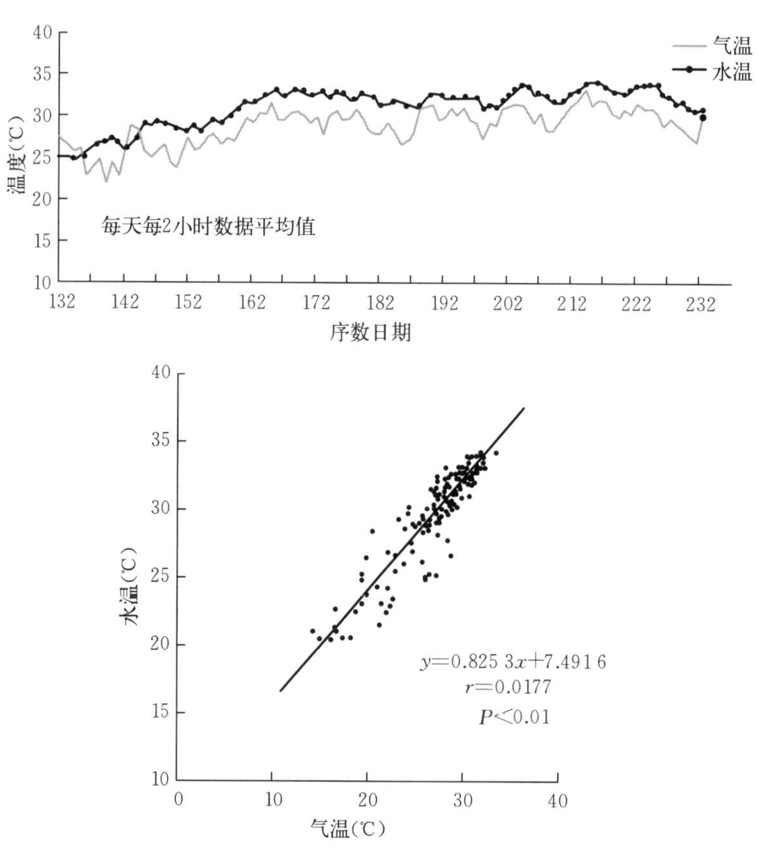

图 2.5 上图为一个小池塘的每天气温和水温图，下图为小池塘中每天气温和水温之间的回归关系（Prapaiwong and Boyd，2012）

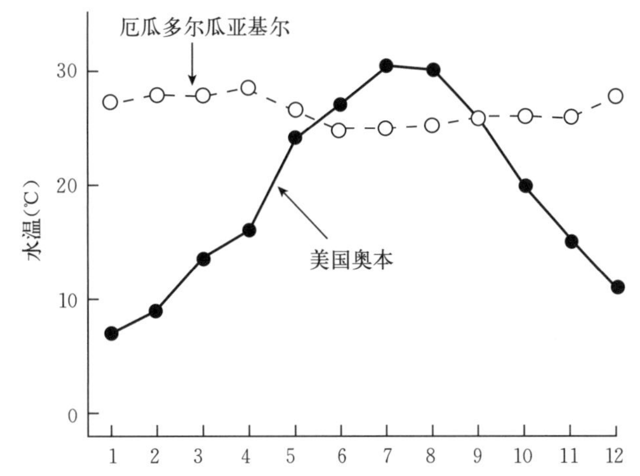

图 2.6 美国奥本（北纬 32.5°）和厄瓜多尔瓜亚基尔（南纬 2.1°）的月平均水温

因为水可以储存大量的热量，所以较大的水体在春季升温和秋季降温需要时间。因此，大型水库和湖泊的温度往往滞后于气温。湖泊的热量收支显然与湖泊体积密切相关，但较深的湖泊比相同体积但表面积较大而且较浅的湖泊拥有更多热量（Gorham，1964）。

溪流温度受许多因素的影响，如流域面积大小、基流占总流量的比例、坡度和湍流、降水量和森林覆盖率（Segura et al.，2014）。然而，空气温度和溪流温度之间通常有相对良好的相关性（Crisp and Howson，1982），尤其是对于较小的溪流。

海洋幅员辽阔，有洋流。由于洋流的影响，温度较低或较高的海水可能会被输送到特定的海上位置，而不是当地气温的预期值。例如，墨西哥湾流沿北美洲东海岸带来暖水，而北太平洋洋流或加利福尼亚洋流沿北美洲西海岸带来冷水。

2.6.1 热分层

光能随深度呈指数级被吸收，而热量在上层水中的吸收比在下层中更强烈、更快。在富营养化水体中尤其如此，与在较低浑浊度水体中的吸收相比，高浓度的溶解颗粒有机物大大增加了能量的吸收。从上层到下层的热量传递主要取决于风的混合。

水的密度取决于水温（表 1.4）。池塘和湖泊可能会发生热分层，因为热量在表面附近被更快地吸收，使得上层水域比深层水域更温暖，密度更低。当上层和下层之间的密度差异变大到两层水体不能被风混合时，就会发生分层。下面描述双季对流混合湖（湖中的水在春季自由循环，秋季再次循环）的分层模式。春季解冻或冬季结束时，在没有冰盖的湖泊或池塘中，水柱的温度相对均匀。尽管在晴朗的日子里，表面会吸收热量，但对风的混合阻力很小，整个水体会循环并变暖。随着春天的到来，上层的加热比通过混合从上层分散到下层的热量更快，上层的水比下层的水热得多。随着天气变暖，风速通常会降低，以至于风力不再足以混合这两种水层。上层称为变温层，下层称为均温层（图 2.7）。表层和下层之间的水层有明显的温差，这一层被称为斜温层或温跃层。在湖泊中，温跃层被定义为温度以至少 1 ℃/米的速率下降的一层。表层以下的温跃层深度可能会随天气条件而波动，但大多数大型湖泊直到秋季气温下降和表层水冷却时才会消层。上层和下层之间的密度差变小，直到风的混合导致湖泊或池塘中的全部水体循环和消层。还有其他几种湖泊分层模式和湖泊自由循环期（Wetzel，2001）。

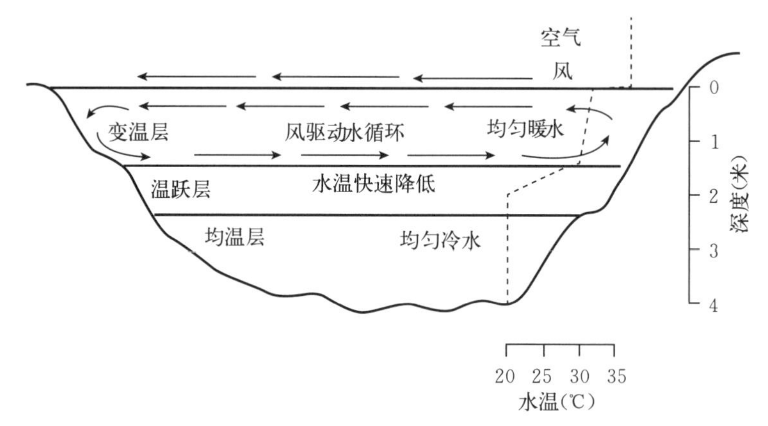

图 2.7　小型湖泊的热分层

与湖泊相比，小型水体较浅，受风力影响较小。例如，普通温水鱼塘的平均深度很少超过 2 米，表面积不超过几公顷。由于平静晴朗的日子里表层水迅速升温，鱼塘中可能会形成明显的热分层。水体中热分层的稳定性与将整个体积混合到均匀温度所需的能量有关。所需能量越大，分层越稳定。平均深度小于等于 1 米、最大深度为 1～2 米的小型水体通常在白天形成热分层，但当上层通过传导冷却时，它们在夜间会消层。更大、更深的水体会长期分层。

一些大型热带深水湖泊往往是永久分层的，但大多数湖泊偶尔会因天气事件而消层。热带地区较小的水体通常在雨季消层，在旱季再次分层。在任何气候条件下，都可能导致水体突然消层的事件是提供足够的能量，导致完全循环的强风；寒冷、密集的雨水落在表层，穿过温暖的变温层，导致上升流和消层作用；以及大量浮游生物的消失使得更大深度的水受热，从而导致混合。

水的密度随盐度的变化而变化（表 1.4），因此在不同含盐量的水体交汇的区域可能会发生分层。因为淡水密度较低，在河流流入海洋的地方，淡水往往会浮在咸水之上。位于称为河口的河流的最后一个沿海河段的淡水之下，通常有一个向上游延伸相当长距离的密度楔。

2.6.2　分层作用与水质

均温层不与上层水混合，穿透到均温层的光不足以进行光合作用。有机颗粒沉降到均温层中，微生物活动导致溶解氧浓度下降，二氧化碳浓度增加。在富营养化水体中，分层通常会导致均温层中的氧气耗尽，以及亚铁和硫化氢等还原性物质的出现。事实上，如果均温层溶解氧耗尽，则湖泊被归类为富营养化。均温层的水质通常较差，均温层的水与上层水的混合会导致湖泊的突然消层，从而导致水质受损，甚至鱼类和其他生物死亡。在水库中，均温层水的释放可能会导致下游水质恶化。

2.6.3 冰盖

冰盖会对水质产生重要影响，因为被冰覆盖的水体和大气之间无法进行气体交换。此外，冰盖会减少光线进入水中，冰面上的积雪可能会完全阻止光线进入。冰雪覆盖大大减少或阻止了光合作用产生的溶解氧。在富营养化水体中，由于冰下溶解氧浓度低，冬季会导致鱼类死亡。

2.6.4 温度和水质

如第一章所述，温度影响水的大部分物理性质。水中的化学反应速率也受温度的影响。温度对溶解度有显著的影响，但这种影响因溶质而异。吸热反应从环境中吸收热量。因此，当溶质与水混合导致温度降低时，如图 2.8 中碳酸钠（Na_2CO_3）所示，温度升高将提高溶解度。对于溶解时释放热量的溶质，情况正好相反，如图 2.8 中硫酸铯［$Ce_2(SO_4)_3 \cdot 9H_2O$］所示。这种反应称为放热反应。当然，温度对氯化钠（NaCl）等物质的影响要小得多，这些物质在溶解时没有明显的吸热或放热（图 2.8）。

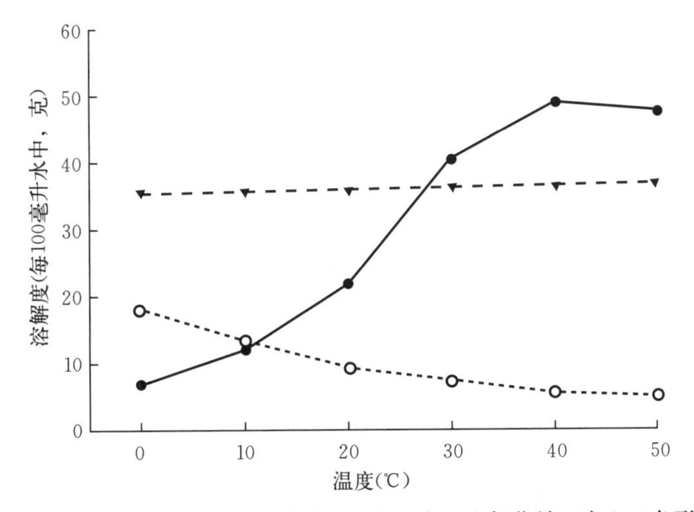

图 2.8　碳酸钠（实心点）、硫酸铯（空心点）和氯化钠（实心三角形）在 0～50 ℃水温下的溶解度

大多数与水质有关的物质要么是吸热的，要么它们的溶解不受温度的强烈影响。水质变量之间的化学反应也受到温度的影响。荷兰化学家雅各布斯·范特·霍夫建立了一个表达式，用于估算温度对化学反应的影响。瑞典化学家斯万特·阿伦纽斯对范特·霍夫表达式进行了修改，以显示物理化学中最重要的关系之一——当温度升高 10 ℃时，吸热反应的速率通常会增加 2 倍或 3 倍，而放热反应的速率则相反。

范特·霍夫和阿伦纽斯的研究经常用于生理反应。人们普遍认为，随着温度升高 10 ℃（在生物体的耐受范围内），呼吸或生长等新陈代谢将加倍。然而，这并不总是可靠的“经验法则”。温度系数（Q_{10}）可用于计算以确定温度每变化 10 ℃时生物过程中的实际变化率。Q_{10}公式为：

$$Q_{10}=(R_2 \div R_1)^{10℃/(T_2-T_1)} \tag{2.11}$$

式中，R_1 和 R_2 表示温度 T_1 和 T_2（℃）下的过程速率。生物过程的 Q_{10} 可能在 1.0 到 4.0 之间（Kruse et al.，2011；Peck and Moyano，2016）。

例 2.5 鱼在 22 ℃时以每千克体重 200 毫克 O_2/时和 28 ℃时以每千克体重 350 毫克 O_2/时呼吸。请计算 Q_{10}。

解：

应用公式 2.11，

$$Q_{10}=[350\ 毫克/(千克·时)\div 200\ 毫克/(千克·时)]^{10℃/(28℃-22℃)}$$
$$=(1.75)^{1.67}=2.55$$

温度影响水生生态系统中的所有生物过程，所有物种的生长速度都会随着温度的升高而增加。然而，温度过高或过低都会对生物产生不利影响。每个物种都有其能存在于生态系统中的特定温度范围。水生动物通常分为冷水、温水和热带品种。冷水生物不能耐受高于 20～25 ℃的温度。温水生物通常不会在低于 20 ℃的温度下繁殖，也不会在低于 10～15 ℃的温度下生长，但它们能在更低的冬季温度下生存。热带生物会在 10～20 ℃的温度下死亡，大多数在 25 ℃以下的温度下生长不好。

上面给出的温度范围是非常笼统的，每种生物，无论是冷水的、温水的还是热带的，都有其特有的温度要求。温度对热带鱼类的影响如图 2.9 所示。在较低的温度下，鱼会死亡，在稍高的温度下，鱼会存活，但它们不会生长或生长得很慢。在一定温度以上，生长会随着温度的升高而迅速增加，直到达到最适温度。当温度上升到超过最适温度时，生长会减慢、停止，如果继续上升，鱼就会死亡。图 2.9 中的关系与温水或冷水生物略有不同，温水或冷水生物不太可能因自然或水产养殖水域的低温而死亡。

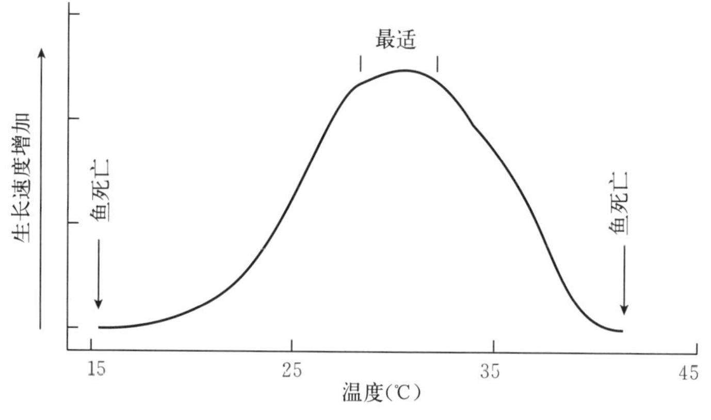

图 2.9 热带鱼类的温度生长曲线

图 2.9 所示的生长模式适用于在严格受控条件下在实验室饲养的动物。在自然水体中，水温会根据每日和季节模式波动，天气模式可能会导致偏离正常趋势。然而，生物在水温保持在无应激范围内的环境中表现最好。

结论

太阳辐射使水升温，水温主要取决于太阳辐射量，并为水生植物的光合作用提供所需的光。水温通过影响生理过程和物理化学反应，对水生生物和水质产生重大影响。在自然水体中，通常没有控制水温的方法。水质中水温知识的主要价值在于了解控制水温的因素以及水温变化时可能出现的现象。

参考文献

Bard E，Reinbeck G，Yiou F，et al.，2000. Solar irradiance during the last 1 200 years based on cosmogenic nuclides. Tellus，52B：985 - 992.

Crisp DT，Howson G，1982. Effect of air temperature upon mean water temperature in streams in the north Pennines and English Lake district. Fresh Bio，12：359 - 367.

Gorham E，1964. Morphometric control of annual heat budgets in temperate lakes. Lim Ocean，9：525 - 529.

Kruse J，Rennenberg H，Adams MA，2011. Steps towards a mechanistic understanding of respiratory temperature responses. New Phytol，189：659 - 677.

Peck M，Moyano M，2016. Measuring respiration rates in marine fish larvae：challenges and advances. J Fish Bio，88：173 - 205.

Prapaiwong N，Boyd CE，2012. Water temperature in inland，low—salinity shrimp ponds in Alabama. J App Aqua，24：334 - 341.

Segura C，Caldwell P，Ge S，et al.，2014. A model to predict stream water temperature across the conterminous USA. Hydrol Process，29：2178 - 2195.

Trenberth KE，Fasullo JT，Kiehl J，2009. Earth's global energy budget. Bull Am Met Soc，90：311 - 324.

Wetzel RG，2001. Limnology. New York，Academic.

3 水文与供水概述

摘要

人们熟悉的水循环是由太阳辐射驱动的，水在水蒸气和液态水之间不断地来回变换。在这个过程中，水沿着水圈的几个不同圈层循环，这些圈层包括大气湿度、降水、径流、地下水、静止水体、流动河流和海洋。水体的水预算允许将水质变量的浓度与流入、流出和储存变化一起使用，以估计包含在水体中和通过水体的水质变量的数量。

引言

雨水含有低浓度的溶解物，但当水通过水文循环的不同圈层时，溶解物的浓度变得更高，顺序为雨水<地表流<河流<地下水<海水。了解水如何在水循环中流动，可以理解为什么会发生这些变化。水质通常不能与水量完全分开。其中一个原因是，从集雨区进入水体的营养物的量取决于从集雨区流入的营养物浓度和流入的水量。在评估水质时，需要有关水量的信息，水质专业的学生应该学习与水量有关的基本原则。

本章简要讨论了水循环、水体的基本类型以及水量测量的简单方法。

3.1 地球上的水

水圈由地球的气态水、液态水和固态冰组成，由包括海洋、淡水湖泊和池塘、河流、湿地、土壤湿度、水蒸气等几个圈层构成（表 3.1）。海洋的体积约为 13 亿千米^3，占地球总水量的 97.40%。剩余的水约 3 600 万千米^3，包含在水圈的几个淡水圈层中。地球上淡水中最大的部分被封在冰里，以及以深层地下水的形式存在，或者是洪水期的河流，所有这些通常都不能得到有价值的利用。在任何特定时间可供人类使用的淡水量包括浅层地下水、湖泊、非洪水期河流和小溪以及截获并储存河水的人工水库中的水。许多可用的淡水要么无法获得，要么不可持续供人类使用。

表 3.1 海水和不同区域的淡水的体积（Baumgartner and Reichel，1975；Wetzel，2001）

圈层	体积（千米^3）	比例（%）	更新时间
海洋	1 348 000 000	97.40	37 000 年
淡水			
极地冰、冰山和冰川	27 818 000	2.01	16 000 年
地下水（800～4 000 米深）	4 447 000	0.32	—
地下水（至 800 米深）	3 551 000	0.26	300 年
湖泊	126 000	0.009	1～100 年
土壤水分	61 100	0.004	280 天
大气（水蒸气）	14 400	0.001	9 天
河流	1 070	0.000 08	12～20 天
植物、动物、人类	1 070	0.000 08	—
水合矿物	360	0.000 02	—
淡水总量	36 020 000	2.60	—

注：更新时间是基于部分区域提供的

水圈某个圈层在给定时间的水量与该圈层中可供生态或人类使用的水量没有直接关系。这种差异的原因与水圈特定圈层中水的更新（周转）时间有关（表 3.1）。

在任何特定时间，大气中的水的体积约为 14 400 千米^3，但大气中水蒸气的更新时间仅为 9 天。如果所有的水蒸气能立即从大气中清除，它将在 9 天内被替换。在 3.7 万年的海洋更新期内，大气中的水可以回收 150 万次。在 3.7 万年的时间里，大气中循环的水的总量为 216 亿千米^3，约为海洋体积的 16.6 倍。降雨和其他形式的降水直接或间接地维持着水圈的其他组成部分。

地球陆地上每年的降水总量约为 110 000 千米^3。来自陆地的蒸散作用每年将大约 70 000千米^3 的水返回到大气中，其余的大约 40 000 千米^3 变成径流并流入海洋（Baumgartner and Reichel，1975）。当然，如果把海洋包括在内，陆地的蒸散量加上海洋的蒸发量必须等于整个地球表面的降水量。

径流包括地表（暴雨）流和流入河流的地下水基流。为供水而抽取地下水可能会导致河流的基流减少，地下水的使用通常被认为是不可持续的。全球约 30%的径流（12 000 千米^3）为江河基流，另有 6 000 千米^3 为截获的储蓄水（表 3.2）。大多数权威认为，约 70%的径流在空间上可供人类使用，人类使用的年供水量约为 12 600 千米^3。

表 3.2 人类可获得的可再生水

水文项目	体积（千米^3/年）
陆地总降水量	110 000
陆地蒸发蒸腾的水量	70 000
可再生水：总径流量	40 000
可获得的水：河流基流（12 000 千米^3/年）和水库（6 000 千米^3/年）	18 000
可用水：约为可获得的水的 70%	12 600

水足迹是指用于特定目的的总水量。可以计算个人、国家、世界以及特定商品和服务的水足迹。人类的平均水足迹估计为 1 385 米³/(人·年)(Hoekstra and Mekonnen, 2012);几个国家的年人均水足迹以立方米计为:中国,1 071;南非,1 255;法国,1 786;巴西,2 027;美国,2 842。水足迹通常包括农田蒸发的雨水。这种水被称为"绿色"水,但不管它是否落在农田里,它都会蒸发掉。

Hoekstra and Mekonnen (2012) 给出的全球农业水足迹为 8 363 千米³/年,而全球工业和家庭生活水足迹分别约为 400 千米³/年和 324 千米³/年。全球总水足迹为 9 087 千米³/年,但其中包括用于农业的 6 684 千米³/年"绿色"水。更合理的用水估算是将灌溉用水 (3 200 千米³/年) (Wisser et al., 2008)、动物供水 (46 千米³/年)、工业用水 (400 千米³/年) 和生活用水 (324 千米³/年) 结合起来——总计 3 970 千米³/年。

与可再生且可供人类使用的径流量相比,如果忽略"绿色"水,人类可利用的总水量似乎足以满足未来的需求。不幸的是,由于几个原因,情况并非如此。水在人口中的分布并不均匀(表 3.3),许多国家或人口快速增长的国家的一些地区自然缺水。就天气降水模式而言,水的供应每年都有所不同,通常降水量较高的地方在干旱期间可能会缺水。例如,亚拉巴马州伯明翰市的年平均降水量为 137 厘米,但 2007 年降水量仅为 73 厘米,导致严重缺水。人口的增长使得干旱年份更可能出现缺水。与人口增长相关的水污染也会降低水供应的质量,使水处理成本更高。许多国家没有足够的供水基础设施,政治不稳定或卷入武装冲突。水资源短缺是人类面临的一个经常性问题,在未来将变得更加令人关注。

表 3.3 按大陆和人口划分的全球径流分布

地区	总径流(千米³/年)	2013 年总人口(×10² 万人)	径流[米³/(人·年)]	占世界总量的比例(%)	
				径流	人口
非洲	4 320	1 110.6	3 890	10.6	15.5
亚洲	14 550	4 298.7	3 385	35.7	60.0
欧洲	3 240	742.5	4 364	8.0	10.4
北美洲(包括中美洲和加勒比海)	6 200	565.3	10 968	15.2	7.9
大洋洲(包括澳大利亚)	1970	38.3	51 436	4.8	0.5
南美洲	10 420	406.7	25 621	25.6	5.7
世界	40 700	7 162.1	5 683	100.0	100.0

3.2 水循环过程

开始讨论水循环的一个合乎逻辑的地方是蒸发作用。这个过程不断地将水返回大气中,从而能够持续降水。蒸发和降水这两个过程是水循环的基础(图 3.1)。蒸发需要能量,而这种能量是由太阳辐射提供的。可以准确地说,是太阳驱动着水循环。

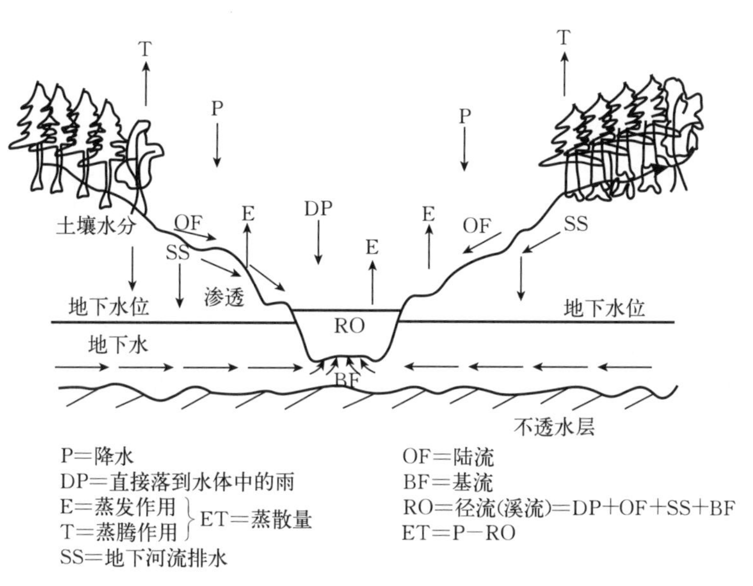

图 3.1 水文循环或水循环

通过水体和潮湿土壤的蒸发作用和植物的蒸腾作用，水以水蒸气的形式返回大气——这一组合过程被称为蒸散作用。水蒸气被卷入从高气压向低气压移动的大气环流。空气上升时会冷却，蒸气压下降。这导致水蒸气凝结，云层形成，有利于形成雨夹雪、雪、冰雹或雨等形式的降水。

一部分降水在穿过大气层时蒸发，或者被植被和人造物体截留，在到达地面之前蒸发。以雨（或最终融化的冷冻水）的形式到达地表的降水继续蒸发，但它会聚集，或者渗入土壤表面，形成水坑，或者在重力作用下流过土地。地表水流汇集在溪流、河流、湖泊和其他水体中，并在流向海洋时继续蒸发。

渗入地下的水要么保留在土壤中（土壤水分），要么向下渗透，直到到达不透水层并保留在地质构造中。这种地层的饱和厚度称为含水层，地下含水层中的水称为地下水。土壤水分可以通过土壤直接蒸发或植物蒸腾作用返回大气。地下水在重力作用下通过渗透缓慢地穿过含水层。它最终会渗入河流、湖泊或海洋，以及可以通过水井抽取，供人类使用。

3.3 蒸发

空气容纳水蒸气的能力取决于其温度（表 1.2）。空气在给定温度下能保持的最大湿度是其饱和蒸气压。如果不饱和空气与水表面接触，水分子会从水表面弹跳到空气中，直到空气中的蒸气压力等于水分子逃离表面的压力。当水分子继续在表面上来回迁移时，两个方向都没有净迁移。蒸发的驱动力是蒸气压差（*VPD*）：

$$VPD = e_s - e_a \tag{3.1}$$

式中，e_s 表示饱和蒸气压；e_a 表示实际蒸气压。蒸气压差越大，蒸发的可能性就越大。

将大量水的温度提高到 100 ℃需要能量，并且必须添加额外的热量以引起沸腾和蒸发。有些人可能难以将这一事实与水在低于 100 ℃以下蒸发的观察结果相协调。大量水中的分子处于恒定运动状态，分子运动随着温度的升高而增加。然而，在给定温度下，大量水中的分子以不同的速度运动。运动较快的分子比运动较慢的分子含有更多的热能，一些运动最快的分子逃离表面蒸发。自然界中几乎所有的蒸发都发生在远低于水沸点的温度下。然而，更高的温度有利于蒸发，因为更多的分子获得足够的能量逃离水面。一些读者可能会认为上述解释是麦克斯韦"恶魔概念"（Klein，1970）的延伸。詹姆斯·麦克斯韦是英国早期著名的热力学物理学家，他设想了一种只允许空气中快速移动的分子进入房间从而提高房间温度的恶魔。

相对湿度是空气被水蒸气饱和百分比的量度。它是一个指标，表明在给定的空气质量下，还可以蒸发多少水分进入空气中。其计算如下：

$$RH = e_a \div e_s \times 100\% \quad (3.2)$$

式中，RH 表示相对湿度（%）；e_a 表示实际蒸汽压；e_s 表示饱和蒸汽压。相对湿度通常使用摆动湿度计（也称为吊索式湿度计）测量，该湿度计由湿球和干球温度计组成，可在空气中快速旋转。除非空气被水蒸气饱和（100%相对湿度），两个温度计的读数相同，否则蒸发会导致湿球温度下降到比干球温度计测量的温度低。湿球温度与干球温度之比用于确定相对湿度。空气的含水量也可以用露点或空气团开始凝结水蒸气的温度来表示。露点越高，空气中的水分就越多。饱和蒸气压（表 1.2）随着温度的升高而增加，因此与冷空气相比，热空气具有容纳更多水蒸气的能力。较低的相对湿度明显有利于蒸发速率。

风速会加速蒸发，因为空气流动通常会以干燥的空气代替潮湿的空气。当水面上没有空气运动时，蒸发作用会迅速使水面上方的空气层饱和，蒸发就会停止或大大减少。风对蒸发的影响在多风干旱地区尤其明显，那里的空气通常含水量很少。

溶解的盐会降低水的蒸汽压。在相同条件下，淡水的蒸发率比海水的蒸发率高约5%。不同淡水水体的溶解盐浓度差异不足以显著影响蒸发速率。浑浊的水比清澈的水加热得更快，因此，更大的浑浊度，尤其是由浮游植物引起的浑浊度，往往会增加蒸发（Idso and Foster，1974）。大气压力的变化对蒸发的影响很小。

温度通常对蒸发的影响最大，一个地区的空气和水温与入射的太阳辐射量密切相关。空气和水之间的温差会影响蒸发。冷水表面不能产生高的蒸气压，冷空气中也不能保留多少水蒸气。冷水上方的冷空气、温水上的冷空气和冷水上的暖空气都不如温水上的暖空气那样有利于蒸发。从较冷的地区到较温暖的地区，蒸发率往往会增加。相对湿度必须加以考虑，因为如果热空气的持湿能力已经部分或完全饱和，则干冷空气可能比热湿空气吸收更多水分。

蒸发作用发生在湖泊和河流中，但大多数陆地蒸发是通过一种称为蒸腾作用的过程从植物的叶子中产生的。蒸发作用和蒸腾作用的综合水分损失被称为蒸散作用。与水体表面的蒸发作用不同，陆地生态系统的蒸散作用通常受到水分缺乏的限制。

3.4 蒸发作用的测量

水体中的水平衡是复杂的。水通过蒸发作用、蒸腾作用、渗透、消费性使用和流出从

水体中消失，水也通过径流或降水流入水体。水体在一段时间内深度的变化不仅仅是蒸发作用造成的，土壤含水量随时间的变化也不仅仅是植物蒸腾作用和土壤表面蒸发作用造成的。土壤中的水可能向下渗透，降水也会将水输送到土壤中。

确定水体蒸发潜力的一种方法是测量特别的“防水”容器表面的蒸发量。世界气象组织（Hounam，1973）推荐了三种类型的蒸发仪器：3 000 厘米^2 的沉罐，20 米^2 的沉罐，还有 A 级蒸发皿。A 级蒸发皿（图 3.2）在美国广泛用于监测蒸发率。A 级蒸发皿由不锈钢制成，直径 120 厘米，深 25 厘米。蒸发皿安装在一个 10 厘米高的木质平台上，平台位于修剪过的草地上。用清水将平底蒸发皿注满至其边缘 5 厘米以内。蒸发皿中的消力井可以使用钩规尺或电子水位监测器测量水深。消力井是一根侧面有一个小孔的管子，垂直安装在蒸发皿中。该孔允许水位与蒸发皿中的水位平衡，并在消力井内提供一个光滑的表面。消力井顶部支撑着钩规尺，钩规尺有一个向上的尖钩，可以用千分尺上下移动。当钩的尖端位于水面以下时，转动千分尺向上移动钩子，直到其尖端在不破坏表面张力的情况下拉动水面薄膜上的一个小疙瘩。千分尺的读数可以精确到 1/10 毫米。水位测量通常每隔 24 小时进行一次，连续几天的千分尺读数差异就是蒸发作用造成的水分损失。必须在蒸发皿旁边放置一个雨量计，以便对落入蒸发皿的雨水进行校正。

图 3.2　A 级蒸发皿和钩规尺

皿的蒸发率与相邻水体的蒸发率不同。造成这种差异的原因有好几个，但主要是，湖泊的热量收支与一小皿水的热量收支大不相同，皿中的空气流动与较大水体上的空气流动也不同。有一个系数用于将蒸发皿蒸发数据调整为更大水体的预期蒸发量。通过精细的质量传递、能量预算或水预算技术精确测量湖泊的蒸发率，并将这些蒸发估计值与附近蒸发皿中同时确定的蒸发估计值相关联，从而得出蒸发皿系数。测量的水体蒸发量与蒸发皿蒸发量之比为根据蒸发皿蒸发量数据估算水体蒸发量提供了一个系数：

$$C_p = E_L \div E_p$$

以及：

$$E_L = C_p \times E_p \tag{3.3}$$

式中，E_L 表示湖泊蒸发量；E_p 表示蒸发皿蒸发量；C_p 表示蒸发皿系数。A 级蒸发皿的系数范围为 0.6～0.8，在估算湖泊蒸发量时，通常建议使用系数 0.7。Boyd（1985）发现，0.8 是池塘蒸发的更可靠的一般系数。

潜在蒸散量（PET）可在蒸渗仪中测量，蒸渗仪是一个小型孤立土壤-水系统，可通过水预算法对潜在蒸散量进行评估。根据气温和其他变量，可以使用 Thornthwaite 公式或 Penman 公式等经验方法估算潜在蒸散量（Yoo and Boyd，1994）。集雨区的年潜在蒸散量可根据年降水量和径流计算：

$$蒸散量=降水量-径流量 \tag{3.4}$$

上述公式是按年计算的，因为从一年中的某个月到下一年的同一个月，土壤水和地下水储量几乎没有变化，落在集雨区上的任何未成为溪流的水都被蒸发和蒸腾。

3.5 大气环流

水蒸气一直留在大气中，直到凝结并以冰冻或液态降水的形式返回地球表面。大气环流模式输送大量的水蒸气。地球的两个半球被分成三个或多或少独立的大气环流区（图 3.3）。赤道的强烈日晒使空气受热，导致空气上升。这股空气在两个方向上都向极地移动，其中一部分在北纬 30°和南纬 30°左右下降。在空气上升的赤道地区，大气压力往往较低，但在空气下降的亚热带纬度地区，高压带占主导地位。在亚热带下降的部分空气流向低压赤道地区，以取代那里上升的空气，形成信风。副热带高压带下降的空气的另一部分在北纬 60°和南纬 60°左右向极地流向低压带。极地上空的冷高压空气流向北纬 60°和南纬 60°的低压带。冷空气团和暖空气团在北纬 60°和南纬 60°左右汇聚，导致空气上升。上升的空气分为两部分，一部分流向极地，另一部分流向亚热带。

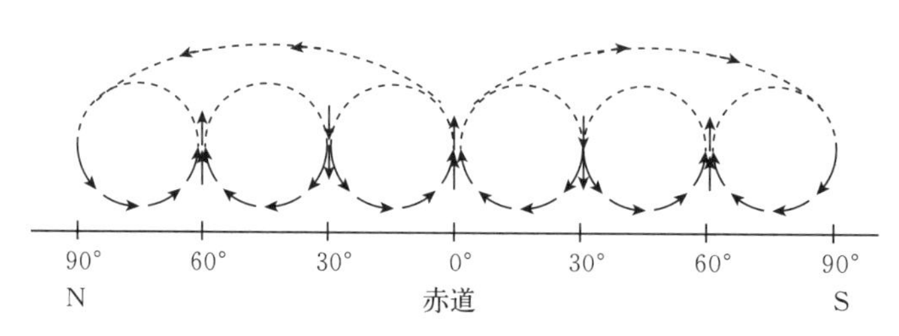

图 3.3　全球大气环流的一般模式

上述的一般模式会被局部地域条件所改变，这些条件会在一般的全球环流模式中产生较小的大气运动。随着季节的变化，最大日照区先向北迁移，然后向南迁移，大气环流圈也有迁移的趋势。亚洲季风是由于太阳光线的迁移导致气团在赤道上的转移，从而导致季节性风向逆转。

大气环流中的风向受地球自转偏向力的影响。要理解这种力，可以想象在赤道上空盘旋的直升机。这架直升机没有南北方向的速度，但它正以与地球表面相同的速度向东移动（≈1 600 千米/时）。现在，如果这架直升机开始向北飞行，它将保持由地球自转引起的向东速度。当直升机向北移动时，地球表面的旋转速度会降低，因为地球的直径与它与赤道

的距离成比例地减小。这会导致直升机相对于地球表面向右偏转。如果我们想象另一架直升机在赤道以北的某一段悬停，当向南飞行时，它也会向右偏转。这是因为当飞机向南飞行时，地球表面各点的旋转速度会增加。在南半球，同样的逻辑占主导地位，但风向相反。移动的空气在北半球向右偏转，在南半球向左偏转。

将大气运动圈与地球自转偏向力结合起来，可以概括出世界风带（图 3.4）。这些风带和气压带往往会随着季节的变化而变化，因为冬季陆地比海洋要冷，导致陆地上空出现寒冷的重空气，而在夏季，陆地比海洋温暖，海洋上空形成更冷、更重的空气。

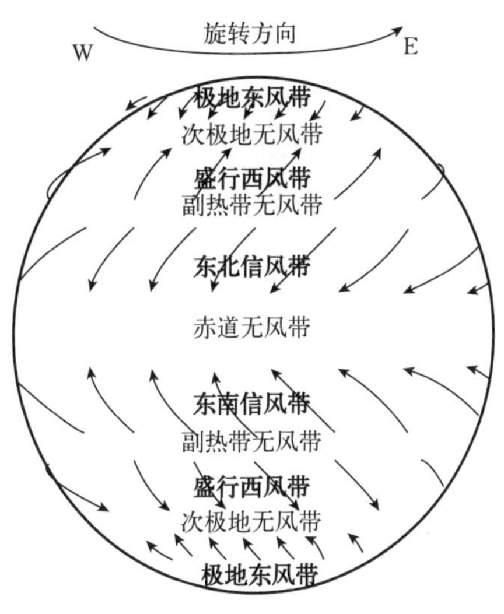

图 3.4 地球的一般风带

洋流是由风引起的。当风把水对着大陆块挤压时，水会沿着地球自转偏向力影响的方向沿着大陆块流动。信风导致海水在墨西哥湾沿中美洲东海岸和南美洲北海岸堆积。这些海水，即墨西哥湾流，然后沿着北美东海岸向北流动，在大西洋形成顺时针环流模式。来自热带和亚热带地区的洋流是温暖的，而来自极地和亚极地地区的洋流是寒冷的。洋流可以将温暖的海水输送到寒冷地区，反之亦然，并极大地改变沿海地区的气候。

3.6 降水

上升的空气对降水是必要的。当一团空气上升时，它周围的压力降低，因为大气压随着海拔的升高而下降，空气团膨胀。这种膨胀被认为是绝热的，这意味着上升的气团不会损失或获得能量。空气团的温度是由其分子的热能产生的。膨胀后的空气团含有与膨胀前相同数量的分子，但膨胀后，其分子占据了更大的体积，导致其温度降低。

冷却速率称为绝热衰减速率，对于相对湿度低于 100%的上升空气，冷却速率为每 100 米 1 ℃。如果空气继续上升，它将冷却到 100%相对湿度，水分将开始凝结成水滴。空气开始凝结水分（露点）的高度称为抬升凝结高度。上升的空气开始凝结水分后，被水蒸气凝结释放的潜热加热。如果达到 100%相对湿度的空气继续上升，冷凝产生的热量会抵消膨胀造成的进一步冷却。100%相对湿度下上升空气的绝热衰减率（湿绝热衰减率）为每 100 米 0.6 ℃。

当空气开始凝结水分，聚集在灰尘、盐和酸等吸湿颗粒上的水分形成微小的水滴或冰粒时，就会形成云。当空气温度高于冰点时，水滴会碰撞在一起并聚结变大。在冰点温度下，过冷的水和冰晶都存在于云中。过冷水的蒸气压比冰的蒸气压大，冰颗粒的生长以水滴为代价，因为它们的蒸气压较低。当水滴或冰粒变得太大而无法被空气湍流悬浮时，就会发生降水。降水开始时液滴或颗粒的大小取决于湍流的程度。在一些雷暴云的顶部，湍流和冰冻温度会形成直径几厘米的冰雹。降水可能以雨夹雪、雪或冰雹的形式开始下降，但在下落过程中穿过暖空气时可能会融化。有时，冰颗粒可能非常大，甚至在夏天也会以冰雹的形式到达地面。

导致空气上升的主要因素是高空气流、重而冷的气团上方上升的暖气团和气团的对流加热。不同地点降水量的基本规律总结如下：

（1）通常情况下，空气上升的地方降水量大于空气下降的地方。

（2）降水量通常随着纬度的增加而减少。

（3）降水量通常从海岸向大陆块内部递减。

（4）温暖的近岸海洋有利于高降水量，而寒冷的海洋有利于低降水量。

年降水量因地点而异：一些干旱地区的年降水量小于5厘米，一些湿润地区的年降水量大于200厘米。陆地上的世界平均年降水量约为70厘米/年。降水总量每年变化很大，在某一特定地点，某些月份的降水量通常比其他月份大。

3.7 降水量的测量

降水量是通过在容器中收集降水来确定的，如果降水冻结，则将其融化，并测量水深。美国国家气象局标准雨量计（图3.5）由一个黄铜桶或溢流罐组成，其中放置了一根黄铜收集管。溢流罐顶部安装了一个可拆卸的黄铜收集漏斗，将水导入收集管。雨量计安装在木质或混凝土底座上的支架上。由于收集漏斗的面积是收集管面积的10倍，因而降水在收集管中的高度被放大10倍。降水放大有助于使用校准油尺进行测量，油尺上的湿润距离指示降水深度。如果降水量超过收集管的容量，则会溢流到溢流桶中。溢流罐中的水被倒入收集管进行测量。其他几种类型的雨量计（包括自动雨量计）也很常用。

图3.5 标准油尺式雨量计

3.8 土壤水分

降落在陆地上的一些降水通过陆地表面渗透进入土壤的孔隙空间或吸附在土壤颗粒上。完全饱和的土壤被称为处于最大的持水能力。水分会在重力作用下从饱和土壤中流失，抗重力作用而保持下来的剩余水分是土壤水分，100%含水量的土壤称为田间持水量。土壤水分从土壤表面蒸发或通过植物的蒸腾作用流失到空气中。当土壤的含水量下降到如此之低，以至于植物白天萎蔫，晚上保持萎蔫时，土壤水分已降至其永久萎蔫百分比。以永久萎蔫率留在土壤中的水分在土壤孔隙和土壤颗粒中被吸附得非常紧密，在生物学上是不可用的。土壤水分浓度低于永久萎蔫百分比时的水分状态称为吸湿系数。

土壤的最大持水能力仅取决于孔隙空间的体积。质地细的土壤比质地粗的土壤具有更高的最大持水能力。质地细的土壤中生物学有效水的比例降低，但它们比质地粗的土壤含

有更多的有效水，因为它们有更大的孔隙空间。

3.9 地下水

在陆地表面大多数地区下方的某个深度，地质构造被从上面渗透下来的水饱和。这种地层的饱和厚度称为含水层，含水层的顶部称为地下水位。含水层可以是封闭的，也可以是非封闭的（图 3.6）。非承压含水层的顶部通过其上方地质构造中的空隙向大气开放，非承压含水层被称为地下水位含水层。非承压含水层中未抽水的井中的水处于地下水位。

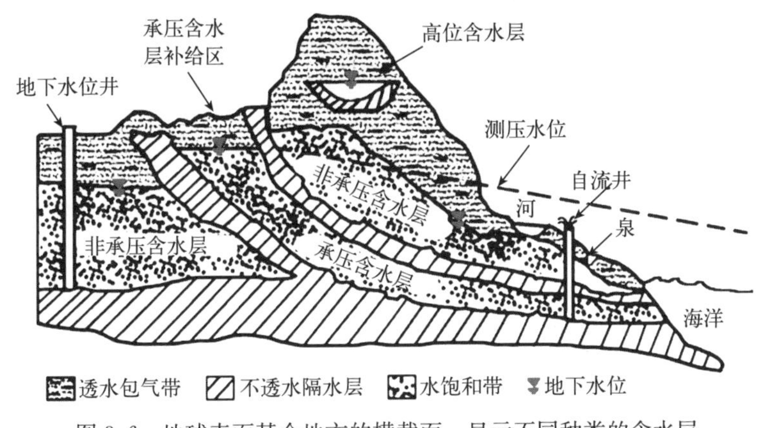

图 3.6 地球表面某个地方的横截面，显示不同种类的含水层

水可能被困在两个不透水的地质层之间或封闭地层之中，形成所谓的封闭（承压）含水层。承压含水层的两个封闭地层的露头之间陆地区域是其补给区，因为该区域的降水会渗入承压含水层。在承压含水层中的水因其上方的水而承受压力（图 3.6）。水压是含水层中的一个点与补给区下方限制层内的地下水位之间的高差的函数。承压含水层中的水被轻微压缩。当一口井从补给区外的地表钻入含水层时，它会释放含水层的压力，使含水层中的水膨胀。在这种情况下，水的轻微压缩性起着重要作用。钻入承压含水层的井套管中的水位通常会高于含水层顶部，有时会到达地表。

承压含水层中未抽水的井中的水位为测压水位。在整个含水层上绘制的测压水位图组成测压表面。当测压水位高于地表时，水从钻入承压含水层的井上升到地表以上。承压含水层通常被称为自流含水层，自流井通常被称为承压流。测压表面向下倾斜，钻入含水层的井中的水不会上升到与两个不透水隔水层之间补给区的地下水位相同的高度（图 3.6）。这主要是由于水渗入含水层时摩擦导致水头降低。从补给区钻入承压含水层的井的表现与地下水位井一样。

如图 3.6 所示，地表特定位置下方可能存在多个地下水位。小的高位含水层在小山上很常见，那里的水处于一个小的硬质土层或不透水层之上。水可能从自流含水层泄漏到上方或下方的含水层中。同一点下方可能存在一个或多个自流含水层，或者可能没有自流含水层。

含水层中的水随着水头的降低而移动。河床底部低于地下水位时，地下水就会渗入河流，这种水称为基流。含水层也可能从泉水流到地表，或渗入海洋。

海水可能会渗入含水层，盐水将与淡水接触。界面的位置取决于淡水相对于盐水的水头。由于过度抽水，含水层的水头降低，盐水会进一步流入含水层。沿海地区井中的盐水入侵可导致地下水盐碱化。这种现象通常是由于井的过度抽水导致沿海地区地下水位下降造成的。

地下含水层的大小和深度差别很大。一些地下水位含水层可能只有 2～3 米厚，范围只有几公顷。其他的可能有很多米厚，覆盖数百或数千平方千米。自流含水层通常相当大，至少 5～10 米厚，几千米宽，几千米长。补给区可能距离钻井进入自流含水层的特定井数千米远。地下含水层的深度从几米到几百米不等。出于显而易见的原因，靠近地表的良好含水层对井更有用。地下水位不是水平的，但倾向于遵循地表地形，丘陵补给区的地下水位高于山谷排泄区的地下水位。山谷下方从地表到地下水位的垂直距离通常小于丘陵下方。地下水位深度也随降雨而变化，在长时间的干燥天气中下降，在大雨后上升。

3.10 径流和河流

集雨区或由多个集雨区组成的集水区产生的径流形成河流，河流同时输送暴雨流（地表流）和地下水流。地表径流是指流经地表并进入河流的降水部分，在集雨区表面的截水能力（通过吸收或洼地蓄水的能力）被饱和，且降雨速率超过地表水渗入土壤的速率时开始形成地表水流。集雨区的特征、降雨持续时间和强度、季节和气候等，影响一个集雨区产生的径流量。有利于大量地表径流的因素有：强降雨、长时间降雨、不透水土壤、冻土或潮湿土壤、低气温、铺砌表面比例高、陡坡、地表蓄水量小、植被稀疏、土壤持水量低和地下水位浅。地表水流响应重力向下移动，侵蚀土壤，形成水流通道，最终形成间歇性或永久性河流。

暂生性河流只在雨后有水流，没有明确的河道。间歇性河流仅在雨季和大雨后有水流，但通常会形成一条水道。常年性河流通常全年有水流动，并有一条清晰的河道。常年性河流的河床低于地下水位时会有地下水流入，这种基流在干燥天气下维持河流的流量。

一个地区的河流形成了地形图上可以识别的排水模式。一种树形图案，称为树枝状图案，形成于土地均匀侵蚀、河流随机分支并伸向上坡的地方。在断层活动普遍的地方，河流沿着断层形成矩形图案。如果地表是褶皱的，或者是一片宽阔、缓坡的平原，河流就会形成网格或格子图案。

没有支流的河流是一级河流，其盆地是一级盆地。两个一级河流合并形成二级河流。具有二级河流分支的河流是三级河流，依此类推。在高级河流的某一特定点上，有助于排水的河流系统称为水系。随着河流级数的增加，河流的数量减少，河流的长度增加（Leopold，1974，1997）。

河流流量是指在给定时间和特定地点流经河流横截面的水量。河流的水文图是流量与时间的曲线图。图 3.7 中的水文图显示了风暴之前、期间和之后的一条小溪的流量。在干燥天气期间，水文图仅表示地下水流入的河流流量（基流）。在暴雨的初始阶段，只有直接落入河道的雨水（河道降水）才对水文图有贡献。河道降水量很少大到足以导致流量显著增加。在一场相当大的降雨期间，随着暴雨径流的进入，河流流量急剧上升，导致水文图上升。当流量达到峰值时，会出现水文图的波峰段，然后下降，形成水文图的下降段。地下暴雨泄水，即通过土壤孔隙流向下坡的水，通常会被溪流中的高水位阻挡进入河流，直到地表水流组分流向下游。地下暴雨泄水无法与水文图上的基流分开。大雨过后，地下水位通常会因为雨水渗入而上升，基流也会增加。由于地下暴雨泄水和更大的基流，在超过正常降水量一段时间后，流量可能需要几天或几周才能降至暴雨前的水平。这段时间的流量图是水文图的地下水衰退时段。

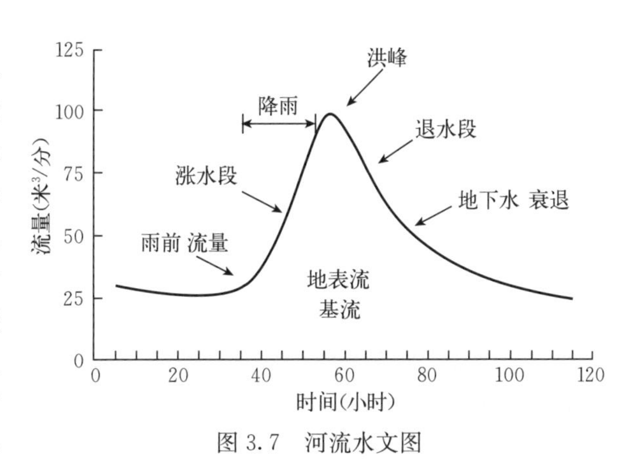

图 3.7　河流水文图

集雨区特征影响水文曲线的形状。有利于高暴雨流量的集雨区地貌会导致陡峭的三角形水文曲线。这些集雨区上的河流常被称为“暴洪”。具有渗透性土壤、良好植被覆盖或可观蓄水能力的集雨区往往具有梯形的水文曲线。

河流分为年轻、成熟或老年。年轻的河流流动迅速，不断地切割河床（Hunt，1974），其泥沙在运输过程中没有沉积。在成熟的河流中，坡度较小，且没有河床的下切。水流足以输送大部分泥沙。古老的河流坡度平缓，水流缓慢，有着广阔的漫滩，河道蜿蜒曲折。河流排入大型水体附近的沉积物沉积导致三角洲形成。较大的河流通常可分为源头附近的年轻河流、中游的成熟河流和河口附近的老年河流。

3.11　湖泊、水库、池塘和湿地

许多天然或人造盆地充满着水，并保持一个永久性水面。永久性静止水体通常既有流入也有流出，其水位随季节和天气条件而浮动。湖泊或水库比池塘大，但没有普遍公认的标准来区分它们——一个人的大池塘是另一个人的小湖，反之亦然。水在湖泊、水库、池塘和湿地中的停留时间比在河流中更长。更长的水力停留时间有利于通过物理、化学和生物学过程改变水质。

3.12　水的测量

3.12.1　径流

河流流量代表一个地区的总径流。水流的流量可以表示为：

$$Q=VA \tag{3.5}$$

式中，Q 表示流量（米³/秒）；V 表示平均流速（米/秒）；A 表示横截面积（米²）。河流流量随水面高程［水位高度（Gauge height）或河水位（Stream stage）］而变化，而水面高程随降水条件而变化。对于任何给定的水位或标高，都有一个相应且唯一的横截面积和平均河流流速。测量及绘制不同水位的流量，便可得知河道的流量。这样的曲线图是一条流量曲线，许多河流都经过测量，并配备了水位记录仪，以便估算流量。小河流的流量通常是通过测量漂浮物的移动时间来估计速度，并通过测深测量平均河流深度来确定的。

可以在小溪或其他明渠中建测流堰，以估算流量。测流堰由一块挡板组成，挡板限制明渠的水流，并引导水流通过固定形状的开口。测流堰的常见形状有矩形、梯形和三角形。尖顶矩形堰的剖面如图 3.8 所示。挡板的底边是堰的顶，堰顶上的水流深度是从堰顶上游测量的，是有效水头。溢出的水流就是水帘。有效水头和堰顶的形状和尺寸决定了流速。通过堰的流量必须保持自由流动，以便准确测量，下游侧的水位必须足够低，以保持自由流动。这需要一定的水头损失，这使得测流堰在坡度很小的渠道中的应用受到限制。可将堰头替换为每种特定类型堰的方程式，以估算堰的流量（Yoo and Boyd，1994）。

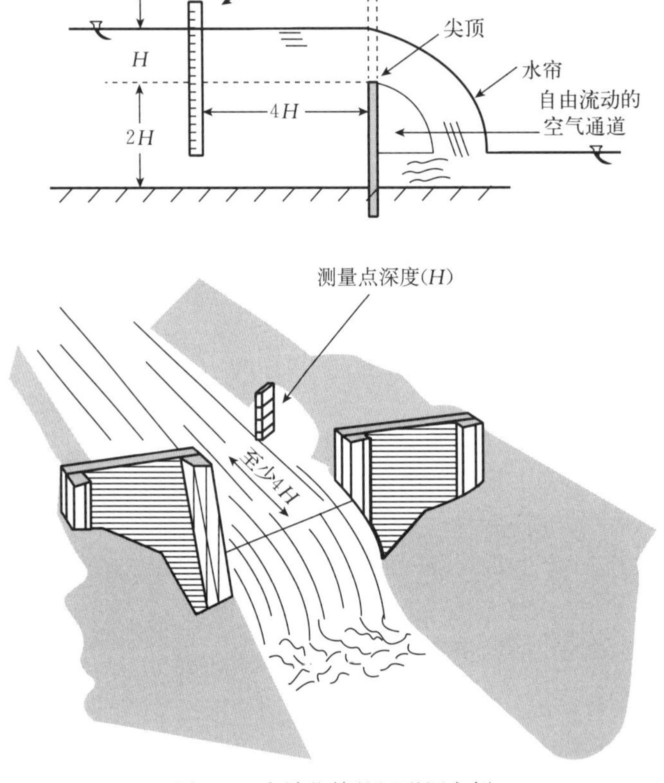

图 3.8　末端收缩的矩形堰实例

在年蒸散量已知的地区，年径流也可以使用公式 3.4 根据年降水量进行估算。在潮湿地区，潜在蒸散量与水面实际蒸发量相似。例如，在对流量计数据的分析中，亚拉巴马州 73 条河流的集水区面积和年降水量显示平均径流为 54.1 厘米/年。使用年度潜在蒸散量和降水数据，亚拉巴马州河流的估计径流量为 49.7 厘米/年。当然，这种方法在干旱气候下并不可靠（Boyd et al.，2009）。

3.12.2 静止水体的体积

静止水体的体积可以用平均深度乘以面积来估算：

$$V=Ad \tag{3.6}$$

式中，V 表示体积；A 表示表面积；d 表示平均深度。对于小型水体，平均深度可通过随机测深估算。传统上，根据航空照片和地图或测量技术确定区域。如今，在某些专业版地图软件的卫星图像上定位静止的水体，并使用软件提供的工具来估计面积是可能的。

3.12.3 水资源预算和质量平衡

水预算通常用于描述集水区或集雨区、自然水体或供水系统的水文。水预算可以通过一般的水文表达式来确定：

$$\text{进水量}=\text{出水量}\pm\text{存储量变化} \tag{3.7}$$

这个等式看起来很简单，但如果扩展到考虑所有流入和流出，它往往会变得复杂。例如，在一个集雨区筑坝形成的小湖的扩展公式可能是：

$$\text{降水量}+\text{渗入量}+\text{径流量}=(\text{蒸发量}+\text{渗出量}+\text{溢流量}+\text{消费量})\pm\text{存储量变化} \tag{3.8}$$

在公式 3.8 中，可以很容易地测量降水量和蓄水量的变化。可通过对 A 级蒸发皿蒸发数据的应用系数来估算蒸发量。需要在水池中安装堰或其他流量测量装置，以获得溢流量。径流必须通过考虑降水量和集雨区产流特征的程序进行估算。消耗性使用的水量可以测量，但必须了解取水的活动并对其进行量化。渗入量和渗出量（综合为净渗漏量）可能无法单独测量，但如果已知等式 3.8 中的所有其他项，则可以通过差值来估计净渗漏量。

可以用水文方程估算小池塘的净渗漏量，如例 3.1 所示。

例 3.1 小池塘在第 1 天的水位为 3.61 米，5 天后，水位为 3.50 米。5 天内没有降水或消耗性用水，A 级蒸发皿蒸发量为 6.0 厘米。请估算净渗漏量。

解：

$$\text{池塘蒸发量}=\text{A 级蒸发皿蒸发量}\times 0.8$$

$$\text{池塘蒸发量}=6\text{ 厘米}\times 0.8=4.8\text{ 厘米}$$

水预算公式是：

$$\text{流入量}=\text{流出量}\pm\Delta\text{ 蓄水量}$$

没有流入量，流出量为渗出量和蒸发量，蓄水量变化为 3.61 米－3.50 米＝0.11 米或 11 厘米。渗出量为池塘的流失量。因此，

$$0.0\text{ 厘米}=(\text{渗出量}+4.8\text{ 厘米})-11\text{ 厘米}$$

$$(\text{渗出量}+4.8\text{ 厘米})-11\text{ 厘米}=0$$

$$\text{渗出量}+4.8\text{ 厘米}=11\text{ 厘米}$$

$$\text{渗出量}=11\text{ 厘米}-4.8\text{ 厘米}=6.2\text{ 厘米，即 }1.24\text{ 厘米/天}$$

在水质研究中，通常有必要计算特定质量水的输入、输出、运输或储存中所含物质的数量。例如，可能需要计算河流输送的总悬浮固体量或湿地中保留的磷的量。可以修改水文表达式（公式 3.7），以进行溶解物质的质量平衡计算：

$$输入（体积\times浓度）=输出（体积\times浓度）\pm储存（体积\times浓度） \quad (3.9)$$

例 3.2 一个地区的河流流量平均为 35 厘米/年。从该地区集雨区流出的河流的平均总氮浓度为 2 毫克/升。请估算每公顷每年氮的流失。

解：

径流体积=0.35 米/年×10 000 米^2/公顷=3 500 米^3/(公顷·年)

氮流失=3 500 米^3/(公顷·年) ×2 克氮/米^3

=7 000 克氮/(公顷·年) 或 7 千克氮/(公顷·年)

例 3.3 干旱地区的塑料地膜池塘（2 000 米^3）灌满并使用含有 500 毫克/升总悬浮固体（TDS）的城市水源。一年中，必须向池塘中补充 1 000 米^3 的水，以取代蒸发。3 年后总悬浮固体的大致浓度是多少？

解：

添加到池中的溶解固体数量如下：

灌注 2 000 米^3×500 克/米^3=1 000 000 克

维持 1 000 米^3/年×3 年×500 克/米^3=1 500 000 克

总量=2 500 000 克

3 年后体积仍然是 2 000 米^3

3 年后 TDS 浓度=2 500 000 克/2 000 米^3=1 250 毫克/升

在水质研究中，经常需要对水量、流速或两者进行估计。大多数水量变量比水质变量的浓度更难测量。

3.13 海洋和河口

世界上大部分的水都储存在海洋中。海洋系统比所有其他水体加起来都要大得多，只是含的是咸水而不是淡水。由于开阔水域面积大、深度大、风生洋流、地球自转偏向力效应、潮汐和其他因素，海洋中的水的运动是很复杂的，但存在可预测且定义明确的洋流。

河口是河流入海的入口。河口含有微咸水，因为河流流入的淡水稀释了海水。由于潮汐的影响，河口中任何给定位置的盐度都会持续变化。退潮时，淡水影响将比涨潮时更深地延伸到河口。咸水或微咸水比淡水重，咸水楔通常延伸到淡水水流下方的河流中。这可能导致河口中任何给定点的盐度分层。暴雨过后，河流中的淡水流入量增加，并降低了河口的盐度。在干旱地区或旱季，与海洋连接不良的河口可能会变成高盐度。潮汐冲刷河口，淡水流入量、与海洋连接的大小和潮汐幅度的组合决定了河口水流停留时间。河口的水质在很大程度上取决于水的停留时间。许多河口受到人类活动的极大影响，在与海水交换不完整且缓慢的河口，污染问题更可能出现。

结论

世界上的水被分成几个圈层，但几乎所有的水都包含在海洋、冰层或深层地下水中，这些水不适合或不可供大多数人使用。可供人类使用的水主要是在水文循环中不断流动的

水的一部分。影响人类供水的水文循环的三个最重要的组成部分是降水、蒸散和径流。对于那些研究水质的人来说，了解影响特定地点和时间下可用水量的因素的基本知识是很有用的。水质在很大程度上取决于溶解和悬浮物质通过流入和流出进出水体的速度。

参考文献

Baumgartner A, Reichel E, 1975. The world water balance. Amsterdam, Elsevier.

Boyd CE, 1985. Pond evaporation. Trans Am Fish Soc, 114: 299-303.

Boyd CE, Soongsawang S, Shell EW, et al., 2009. Small impoundment complexes as a possible method to increase water supply in Alabama//Proceedings 2009 Georgia water resources conference. University of Georgia.

Hoekstra AY, Mekonnen MM, 2012. The water footprint of humanity. Proc Nat Acad Sci, 109: 3232-3237.

Hounam CE, 1973. Comparisons between pan and lake evaporation. Technical Note 126. World Meteorological Organization, Geneva.

Hunt CB, 1974. Natural regions of the United States and Canada. San Francisco, WH Freeman.

Idso SB, Foster JM, 1974. Light and temperature relations in a small desert pond as influenced by phytoplanktonic density variations. Water Res Res, 10: 129-132.

Klein MJ, 1970. Maxwell, his demon and the second law of thermodynamics. Am Sci, 58: 84-97.

Leopold LB, 1974. Water a primer. San Francisco, WH Freeman.

Leopold LB, 1997. Water, rivers, and creeks. University Science Books, Sausalito.

Wetzel RG, 2001. Limnology. 3rd edn. New York, Academic.

Wisser D, Frolking S, Douglas EM, et al., 2008. Global irrigation water demand: variability and uncertainties arising from agricultural and climate data sets. Geophys Res Let, 35 (24): L24408.

Yoo KH, Boyd CE, 1994. Hydrology and water supply for pond aquaculture. New York, Chapman and Hall.

4 溶解度和化学平衡

摘要

溶解度、化学平衡和平衡常数与反应的吉布斯自由能密切相关。离子间的静电相互作用降低了离子的活性，并且这些相互作用随着离子强度的增加而增加。因此，对于与溶解度和平衡相关的精确计算，必须使用离子活度而不是测量的摩尔浓度。对于原理的实际说明，本书将使用摩尔浓度。

引言

溶液由一种称为溶剂的液体以及其中的另一种称为溶质的物质均匀地混合所组成。天然水是由各种溶质组成的溶液。这些溶质可以是固体、液体或气体，但在水质中，固体和气体是最重要的溶质。调节气体和固体溶解的原理不同，这里只考虑固体的溶解性。天然水中溶解固体的主要成分是矿物质，由表层土壤和地下地质构造中的矿物溶解产生。矿物具有不同的溶解度，它们的溶解度也受温度、pH、氧化还原电位、其他溶解物质的存在以及化学平衡原理的影响。

4.1 溶解

当溶质分离成单个分子时，即发生简单溶解，如食糖（蔗糖）：

$$C_{12}H_{22}O_{11}\ (s) \xrightarrow{水} C_{12}H_{22}O_{11}\ (aq) \qquad (4.1)$$

在式 4.1 中，分子旁边的（s）表示固体，（aq）表示分子溶解在水中，（g）表示它是气态的。因为它通常是以隐含的形式存在，名称在这里介绍，但很少在本书的其他地方使用。蔗糖分子呈晶体状，溶解导致蔗糖分子进入水中。糖晶体不牢固地结合在一起，它有羟基，其中氢和氧之间的键给氧带一点负电荷，给氢带一点正电荷。水是偶极的，被电荷吸引，迫使蔗糖分子离开晶体，并将其固定在水溶液中。这种类型的溶液是一个纯粹的物理过程。

溶解也可能是物质分解成离子的结果。这是盐溶解的常见方式。石膏是一种离子结合盐、分子式为 $CaSO_4 \cdot 2H_2O$ 的水合物。当放入水中时，水合水立即流失到溶剂中，盐溶解如下：

$$CaSO_4\ (s) \rightleftharpoons Ca^{2+}\ (aq) + SO_4^{2-}\ (aq) \qquad (4.2)$$

水分子是偶极的，它们围绕着离子排列，以隔离和阻止离子的复合。这种解离基本上也是一个物理过程。

化学风化是由地壳中的水和矿物反应引起的化学溶解。二氧化碳与石灰石反应溶解石灰石，如以下方程式所示，其中碳酸钙代表石灰石：

$$CaCO_3\ (s) + CO_2\ (aq) + H_2O \rightleftharpoons Ca^{2+}\ (aq) + 2HCO_3^-\ (aq) \qquad (4.3)$$

二氧化碳还会加速土壤和其他地质构造中常见长石的溶解。还有许多其他反应引起化学风化，几乎所有这些反应都是平衡反应，其中只有一小部分矿物溶解。

大多数化合物，无论是无机的还是有机的，都有一定程度的水溶性；但是水，因为它是极性的，在溶解极性溶质时特别有效。因此，古老的格言称为“相似相溶”。然而，两种极性化合物（离子结合的化合物）在水中的溶解度可能截然不同；氯化钠在 25 ℃下的水溶性为 357 克/升，而氯化银的水溶性仅为 1.8 毫克/升。相对分子质量大（大分子）的化合物比由小分子组成的化合物更难溶解，因为水分子更难包围大分子。无机化合物的化学成分在控制溶解度方面尤为重要。这就产生了溶解度的一般准则（表 4.1），这些准则甚至被用作《溶解度之歌》的歌词，许多歌词已在网上发布。

表 4.1 溶解度规则

可溶性化合物
钠盐、钾盐和铵盐
氯化物和其他卤化物的盐（Ag^+、Hg^{2+} 和 Pb^{2+} 的卤化物除外）
大多数氟化物
硝酸盐、氯酸盐、高氯酸盐和醋酸盐
硫酸盐（Sr^{2+}、Ba^{2+}、Pb^{2+} 的硫酸盐除外）
不溶性化合物
碳酸盐、磷酸盐、草酸盐、铬酸盐和硫化物（与 Na^+、K^+ 和其他碱金属以及 NH_4^+ 的结合除外）
大多数金属氢氧化物和氧化物

4.2 影响溶解度的因素

温度对溶解度有显著影响。吸热反应从环境中吸收热量，提高温度将提高溶解度。对于溶解时释放热量的化合物，情况正好相反；这种反应称为放热反应。温度对某些化合物（如氯化钠）的溶解度影响不大，这些化合物在溶解时没有明显的吸热或放热。

溶解发生在矿物和其他物质的表面，通过增加表面积可以加速溶解。每单位质量的表面积越大，物质溶解的速度就越快。搅拌溶液可有效增加溶质表面和水之间的表面积，从而加速溶解。

人们经常报道物质在蒸馏水中的溶解度，但天然水中已经含有各种溶质。水中的溶质会影响物质的溶解度。例如，如果氯化钙溶解在水中，其方程式为：

$$CaCl_2 \rightleftharpoons Ca^{2+}(aq) + 2Cl^- \quad (4.4)$$

水中已有的氯化物在化学上与氯化钙溶解产生的氯化物无法区分。已经溶解在水中的氯化物会降低方程式 4.4 中的正向反应速率，并降低氯化钙的溶解度。这种现象叫同离子效应。

溶液中的离子与物质溶解产生的离子不同也会影响溶解度。这就是异离子效应或非同离子效应，有时也被称为盐效应。增加水中的总离子浓度会导致更大的离子间吸引力，从而减少离子上的有效电荷，进而降低它们的反应性。由于异离子效应，需要更高浓度的离子才能达到平衡，物质的溶解度往往会随着水中溶解离子总浓度的增加而增加。

pH 对许多物质的溶解度有重大影响。pH 定义为氢离子（H^+）活度的负对数，稍后（第 9 章和第 11 章）将详细讨论。就目前而言，说明 pH 7 为中性就足够了，而水在较低 pH 下为酸性，因为氢离子的浓度大于氢氧根离子的浓度。当 pH 高于 7 时，水是碱性的，因为氢氧根离子浓度超过氢离子浓度。pH 对化合物溶解影响的一个例子是氢氧化铁［$Fe(OH)_3$］在酸性水中的反应：

$$Fe(OH)_3 + 3H^+ \rightleftharpoons Fe^{3+} + 3H_2O \quad (4.5)$$

增加 H^+ 浓度有利于向右反应（正向反应），如式 4.5 所示。

氧化还原电位低也增加了许多物质的溶解度；当高铁（Fe^{3+}）还原为更高可溶性的亚铁（Fe^{2+}）时，不溶性高铁化合物倾向于在低氧化还原电位下溶解。低溶解氧浓度与低氧化还原电位有关（见第 8 章）。压力很少影响固体在天然水中的溶解度，但压力对气体的溶解度有很大影响（见第 7 章）。

4.3 化学平衡

在物质饱和的溶液中添加更多的该物质将沉降到容器底部，不再溶解。化合物的饱和溶液由固体化合物和溶解离子之间的平衡产生，例如，在纯水中的硫酸钙溶液中，$CaSO_4$、Ca^{2+} 和 SO_4^{2-} 之间将存在一种平衡。

在饱和溶液中达到的平衡状态符合质量作用定律，也被称为勒夏特列原理或平衡定律。这一原理认为，如果化学反应处于平衡状态，并且浓度、温度、体积或压力的条件发生变化，则反应会自我调整以恢复原始平衡。这一概念通常以如下一般方程式表达：

$$aA + bB \rightleftharpoons cC + dD \quad (4.6)$$

该方程式表明反应物 A 和 B 以特定比例结合形成的产物 C 和 D，也有特定的比例。然而，存在一个逆反应，即 C 和 D 结合形成 A 和 B。在平衡时，正反应和逆反应以相同的速率发生，反应物和产物的浓度没有变化。在平衡状态下，方程式两侧的物质浓度与平衡常数（K）之间存在数学关系：

$$\frac{(C)^c\ (D)^d}{(A)^a\ (B)^b} = K \quad (4.7)$$

理想情况下，浓度应表示为摩尔活度。摩尔活度和摩尔浓度的差异将在本章后面解释；但就我们的目的而言，使用摩尔浓度就足够了。平衡常数 K 有时被其负对数 pK（$K=10^{-9}$ 和 pK=9）代替，但在本书中，除了一个与 pH 缓冲有关的实例外，K 将在所有实例中使用。

在达到平衡之前，公式 4.7 的左侧称为反应商（Q）；当达到平衡时，$Q=K$。一旦达到平衡，添加或移除方程式 4.6 中的任何一种反应物（A 和 B）或产物（C 和 D）都将破坏平衡。反应物和产物将在浓度上进行重排，以建立一个新的平衡，其中 $Q=K$。反应中的反应物和产物（如方程式 4.6 所示）将始终以某种方式反应，以减少反应中的应力，并保持如公式 4.7 所示的平衡状态。

有些反应倾向于几乎完全向右进行，剩下的反应物很少或没有。当一种强酸（如盐酸）放入水中时，它几乎完全分解成 H^+ 和 Cl^-，剩下的 HCl 很少。用过量盐酸处理碳酸钙会导致所有 $CaCO_3$ 转化为 Ca^{2+}、CO_2 和 H_2O。

能进行到完成的反应的 K 值远大于产物和反应物混合物保持平衡的反应的 K 值。平衡常数的值越小，反应物的浓度相对于产物的浓度越大。

4.4 化学平衡与热力学的关系

导致化学反应进行的动力是其产物的能量相对于其反应物能量的差值。反应将朝着能量更低的方向进行，在平衡时，产物的能量等于反应物的能量。在方程式 4.6 中，当 A 和 B 结合在一起时，它们包含一定量的能量。它们反应形成 C 和 D，方程式“左手边”的能量随着 C 和 D 在“右手边”形成而下降，当方程两边的能量相等时，就存在平衡状态。

根据热力学定律，第一定律指出宇宙中的能量是恒定的，即能量既不能被创造也不能被破坏。然而，它可以在热和功之间来回转换。在一个系统中，热量可以用来做功，功也可以转化为热量，但在每次转换时，一些热量将从系统中流失，不再用于在系统中做功。

在固定体积的化学反应中，当反应物形成产物时，热量的输出等于内能的变化。这种热量输出称为焓变化（焓是物质内部热含量的量度），用 ΔH 表示。因此，ΔH 反应 $=H$ 产物 $-H$ 反应物。在放热反应中，ΔH 将有负号，因为反应物的焓大于产物的焓，热量释放到环境中，即 ΣH 反应物 $=\Sigma H$ 产物 $+$ 热量。在吸热反应中，必须从环境中吸收热量，因为产物的焓大于反应物的焓（正 ΔH），并且需要热量使反应物形成产物，即 ΣH 反应物 $+$ 热量 $=\Sigma H$ 产物。

热力学第二定律认为宇宙不断向更大的熵（S）移动，或者换句话说，宇宙变得更随机。自发的化学反应将从低熵向高熵进行，熵的变化是 $\Delta S=\Sigma S$ 产物 $-\Sigma S$ 反应物。美国物理学家和数学家吉布斯（J. W. Gibbs）大约在 1875 年提出了一种基于自由能变化评估化学反应的方法，其中能量变化由焓、温度和熵估算。自由能变化是可用于在反应中“做功”且不会作为熵（化学反应中的热量）损失的内能量，即自由能 $=\Delta H-T\Delta S$，其中 T 是绝对温度。化学反应中的能量概念被称为自由能（Garrels and Christ，1965），但今天，它通常被称为吉布斯自由能（G）。焓和熵可以通过实验测量，并用于估算物质形成的能量。在 1 大气压和 25 ℃的标准条件下，从基本元素形成 1 摩尔物质所需的能量称为标准吉布斯生成自由能（ΔG_f°）。有 ΔG_f° 值列表可用，表 4.2 提供了一些自由能的值。

表 4.2　一些物质的标准吉布斯生成自由能 ΔG_f°（千焦/摩尔）

物质	状态[a]	ΔG_f°	物质	状态[a]	ΔG_f°
Al^{3+}	aq	−485.34	FeS_2	s	−166.9
Al $(OH)_3$	s	−1 305.8	$FeCO_3$	s	−666.7
Ba^{2+}	aq	−560.7	Fe_2O_3	s	−742.2
$BaCO_3$	s	−1 137.6	I_2	s	0.0
Ca^{2+}	aq	−553.54	I^-	aq	−51.6
$CaCO_3$	s	−1 128.8	Mn^{2+}	aq	−227.6
$CaSO_4 \cdot 2H_2O$	s	−1 795.9	MnO	s	−363.2
$Ca_3(PO_4)_2$	s	−3 875.6	Mn_2O_3	s	−881.2
$CaHPO_4 \cdot 2H_2O$	s	−2 153.3	MnO_2	s	−464.8
$Ca(H_2PO_4)_2 \cdot H_2O$	s	−3 058.4	MnO_4^{2-}	aq	−500.8
CO_2	g	−394.4	Mn $(OH)_4$	s	−615.0
CO_2	aq	−386.2	Mg^{2+}	aq	−454.8
H_2CO_3	aq	−623.4	Mg $(OH)_2$	s	−833.7
HCO_3^-	aq	−587.1	$MgCO_3$	s	−1 012.1
CO_3^{2-}	aq	−528.1	NO_2^-	aq	−37.2
Cl^-	aq	−131.2	NO_3^-	aq	−111.3
Cl_2	g	0.0	NH_3	g	−16.5
Cl_2	aq	6.90	NH_4^+	aq	−79.50
HCl	aq	−131.17	O_2	g	0.0
Cu^+	aq	49.99	OH^-	aq	−157.3
Cu^{2+}	aq	65.52	H_2O	l	−237.2
CuO	s	129.7	H_2O_2	l	−120.42
Cu_2S	s	−86.19	PO_4^{3-}	aq	−1 094.1
$CuSO_4 \cdot 5H_2O$	s	−661.9	HPO_4^{2-}	aq	−1 135.1
H^+	aq	0.0	H_2PO_4	aq	−1 130.4
H_2	g	0.0	H_3PO_4	aq	−1 111.7
H_2O_2	aq	−120.42	SO_4^{2-}	aq	-743.0
Fe^{2+}	aq	−78.86	H_2S	aq	−27.4
Fe^{3+}	aq	−4.60	HS^-	aq	12.61
Fe_3O_4	s	−1 015.5	S^{2-}	aq	85.8
Fe $(OH)_3$	s	−694.5	H_2SO_4	l	−690.1

注：元素形态（如 Ca、Mg、Al、O_2、H_2 等）的 $\Delta G_f^\circ=0$ 千焦/摩尔

[a] aq 水溶态、g 气态、l 液态、s 固态

吉布斯标准态自由能（ΔG°）通过以下方程式计算：

$$\Delta G^{\circ}=\Delta G_f^{\circ}\text{产物}-\Delta G_f^{\circ}\text{反应物} \qquad (4.8)$$

标准反应自由能的计算如例 4.1 所示。

例 4.1 计算 $HCO_3^-=H^++CO_3^{2-}$ 和 $2H_2O_2=2H_2O+O_2$ 反应的 ΔG° 值。

解：

使用表 4.2 中 ΔG_f° 的值，两个反应的 ΔG° 为：

$$\begin{aligned}\Delta G^{\circ}&=\Delta G_f^{\circ}CO_3^{2-}+\Delta G_f^{\circ}H^+-\Delta G_f^{\circ}HCO_3^-\\&=(-528.1\text{ 千焦/摩尔})+(0)-(-587.1\text{ 千焦/摩尔})\\&=59\text{ 千焦/摩尔}\end{aligned}$$

以及：

$$\begin{aligned}\Delta G^{\circ}&=2\ (\Delta G_f^{\circ}H_2O)+\Delta G_f^{\circ}O_2-2\ (\Delta G_f^{\circ}H_2O_2)\\&=2\ (-237.2\text{ 千焦/摩尔})+(0)-2\ (-120.42\text{ 千焦/摩尔})\\&=-233.56\text{ 千焦/摩尔}\end{aligned}$$

在平衡状态下，反应的 ΔG° 为 0.0。负 ΔG° 意味着反应将从左到右自发进行（反应物→产物），并释放热量。这种反应被称为释能反应。正 ΔG° 表示在没有外部能量输入的情况下，反应不会从反应物进行到产物。这种反应称为吸能反应。在例 4.1 中，碳酸氢根在标准条件下（$\Delta G^{\circ}=59$ 千焦/摩尔）不会自发解离为氢和碳酸根离子。当然，当溶液的 pH 高于 8.3 时，会发生碳酸氢根解离。过氧化氢分解 ΔG° 的计算（例 4.1）表明，该化合物将自发快速分解为分子氧和水（$\Delta G^{\circ}=-233.56$ 千焦/摩尔）。

ΔG° 用于标准条件，但非平衡条件下的反应自由能（ΔG）可按如下计算：

$$\Delta G=\Delta G^{\circ}+RT\ln Q \qquad (4.9)$$

式中，R 表示通用气体定律常数的一种形式［0.008 314 千焦/(摩尔·开)］；T 表示绝对温度（开），Q 表示反应商。在平衡状态下，$\Delta G=0$ 和 $Q=K$，通过代入式 4.9，标准态自由能方程变为：

$$0=\Delta G^{\circ}+RT\ln Q$$

$$\Delta G^{\circ}=-RT\ln Q \qquad (4.10)$$

在 25 ℃温度下，$RT\ln$ 项的值为 5.709｛［0.008 314 千焦/(摩尔·开)］(298.15 开)(2.303*)=5.709 千焦/摩尔｝，因此有：

$$\Delta G^{\circ}=-5.709\lg K \qquad (4.11)$$

公式 4.11 提供了一种方便的方法，用于计算我们已知 ΔG 的任何反应的平衡常数，如例 4.2 和例 4.3 所示。

例 4.2 用 ΔG° 估算 $HCO_3^-=CO_3^{2-}+H^+$ 反应的 K 值。

解：

在例 4.1 中发现方程的 ΔG° 为 59 千焦/摩尔，我们可以这样写：

$$\Delta G^{\circ}=-5.709\lg K$$

---

* 自然对数与常用对数的转换关系为 ln×2.303=lg。

$$\lg K = \frac{\Delta G^{\circ}}{-5.709} = \frac{59}{-5.709} = -10.33 \ (K = 10^{-10.33})$$

这是通常报告的 HCO_3^- 解离的 K 值。注意，对于例 4.1 中的另一个反应（$2H_2O_2 = 2H_2O + O_2$），lg K 值为 40.9（$K = 10^{40.9}$）。非常大的 K 表明过氧化氢分解强烈且迅速。

例 4.3 根据 ΔG° 估算反应 $NH_3 + H_2O = NH_4^+ + OH^-$ 的 K 值。

解：

ΔG° 表达式为：

$$\Delta G^{\circ} = \Delta G_f^{\circ} NH_4^+ + \Delta G_f^{\circ} OH^- - \Delta G_f^{\circ} NH_3 - \Delta G_f^{\circ} H_2O$$

使用表 4.2 中的数据：

$$\Delta G^{\circ} = -79.50 + (-157.30) - (-26.6) - (-237.2)$$

$$\Delta G^{\circ} = 27.0 \text{ 千焦/摩尔}$$

根据方程 4.11：

$$27.0 = -5.709 \lg K$$

$$\lg K = 27.0/(-5.709) = -4.73$$

$$K = 10^{-4.73}$$

这是通常报告的气态氨与水反应的 K 值。

温度影响平衡常数。对于 25 ℃以外的温度，可使用公式 4.10 而不是公式 4.11 来计算 K。例 4.4 计算在 0、10、20、25、30 和 40 ℃的温度下，反应 $NH_3 + H_2O = NH_4^+ + OH^-$ 的 K 值。

例 4.4 计算在几个温度下氨水反应的 K 值。

解：

25 ℃下的 K 为 $10^{-4.73}$，但在求解 K 之前，可通过调整公式 4.11 中的温度来计算其他温度下的 K。

$$\Delta G^{\circ} = -RT \ln K$$

在 0 ℃时，表达式变为：

$$-RT \ln K = -[0.008\,314 \text{ 千焦/(摩尔·开)}](273.15 \text{ 开}) \times 2.303 = -5.230$$

以及 $$\Delta G^{\circ} = -5.230 \lg K$$

根据例 4.3，$\Delta G^{\circ} = 27$ 千焦/摩尔

$$\lg K = \frac{\Delta G^{\circ}}{-5.230} = \frac{27}{-5.230} = -5.16 \qquad K = 10^{-5.16}$$

对其他温度重复上述计算，得出：

温度（℃）	ΔG°	K	温度（℃）	ΔG°	K
0	$-5.230 \lg K$	$10^{-5.16}$	20	$-5.613 \lg K$	$10^{-4.81}$
5	$-5.326 \lg K$	$10^{-5.07}$	25	$-5.709 \lg K$	$10^{-4.73}$
10	$-5.422 \lg K$	$10^{-4.98}$	30	$-5.804 \lg K$	$10^{-4.65}$
15	$-5.517 \lg K$	$10^{-4.89}$	35	$-5.900 \lg K$	$10^{-4.58}$

4.5 溶度积

平衡的概念适用于所有类型的化学反应，但溶度积是勒夏特列原理的一种特殊形式，可以概括为：

$$AB \rightleftharpoons A+B \quad (4.12)$$

该概念假设存在大量过量的固相 AB，因此溶解量不会影响其浓度，即固相可视为一个整体。这使得平衡常数也被称为溶度积常数（K_{sp}），可以简单地表示为溶液状态下 A 和 B 摩尔浓度的乘积：

$$(A)\ (B)=K_{sp} \quad (4.13)$$

对于更复杂的分子，我们可以有：

$$A_2B_3 \rightleftharpoons 2A+3B \quad (4.14)$$

在这种情况下，溶度积常数的表达式为：

$$(A)^2\ (B)^3=K_{sp} \quad (4.15)$$

表 4.3 中给出的一些对水质有用的化合物的 K_{sp} 值，不包括在大多数条件下高度水溶和完全溶解的常见化合物的 K_{sp} 值。固体化合物可能以多种形式出现。结晶结构的变化，特别是水合程度，可能会影响溶解度。未形成特定化合物典型晶体结构的无定形矿物具有不同于晶体形式的溶解度。对于同一化合物的不同形式，通常会发现不同的溶度积常数和溶解度数据。

表 4.3　一些化合物在 25 ℃下的溶度积常数

化合物	化学式	K_{sp}	化合物	化学式	K_{sp}
氟化钙	CaF_2	$10^{-10.46}$	硫酸钙	$CaSO_4 \cdot 2H_2O$	$10^{-4.5}$
氟化镁	MgF_2	$10^{-10.29}$	硫酸亚汞	Hg_2SO_4	$10^{-6.19}$
氟化铁	FeF_3	$10^{-5.63}$	硫酸铅	$PbSO_4$	$10^{-7.60}$
磷酸钙	$Ca_3(PO_4)_2$	$10^{-32.7}$	硫酸锶	$SrSO_4$	$10^{-6.46}$
磷酸铝	$AlPO_4$	10^{-20}	硫酸银	Ag_2SO_4	$10^{-4.9}$
磷酸铁（二水）	$FePO_4 \cdot 2H_2O$	10^{-16}	氯化银	$AgCl$	$10^{-9.75}$
硫化镉	CdS	10^{-27}	氢氧化钡	$Ba(OH)_2$	$10^{-3.59}$
硫化汞	HgS	$10^{-52.7}$	氢氧化钙	$Ca(OH)_2$	$10^{-5.3}$
硫化钴	CoS	$10^{-21.3}$	氢氧化铝	$Al(OH)_3$	10^{-33}
硫化锰	MnS	$10^{-10.52}$	氢氧化锰	$Mn(OH)_2$	$10^{-12.7}$
硫化镍	NiS	$10^{-19.4}$	氢氧化镍	$Ni(OH)_2$	$10^{-15.26}$
硫化铅	PbS	10^{-28}	氢氧化铍	$Be(OH)_2$	$10^{-21.16}$
硫化铜	CuS	$10^{-36.1}$	氢氧化铅	$Pb(OH)_2$	10^{-20}
硫化锌	ZnS	10^{-25}	氢氧化铁	$Fe(OH)_3$	$10^{-38.5}$
硫化亚铁	FeS	$10^{-18.1}$	氢氧化铜	$Cu(OH)_2$	$10^{-14.7}$
硫酸钡	$BaSO_4$	$10^{-9.97}$	氢氧化锡	$Sn(OH)_2$	$10^{-26.25}$

（续）

化合物	化学式	K_{sp}	化合物	化学式	K_{sp}
氢氧化锌	$Zn(OH)_2$	$10^{-16.5}$	碳酸镁	$MgCO_3$	$10^{-5.17}$
氢氧化亚铁	$Fe(OH)_2$	$10^{-16.31}$	碳酸锰	$MnCO_3$	$10^{-10.65}$
碳酸钡	$BaCO_3$	$10^{-8.59}$	碳酸镍	$NiCO_3$	$10^{-6.85}$
碳酸钙	$CaCO_3$	$10^{-8.3}$	碳酸铅	$PbCO_3$	$10^{-13.13}$
碳酸钙镁	$CaCO_3 \cdot MgCO_3$	$10^{-16.8}$	碳酸锶	$SrCO_3$	$10^{-9.25}$
碳酸镉	$CdCO_3$	10^{-12}	碳酸铁	$FeCO_3$	$10^{-10.5}$
碳酸汞	$HgCO_3$	$10^{-16.44}$	碳酸锌	$ZnCO_3$	$10^{-9.84}$
碳酸钴	$CoCO_3$	10^{-10}	碳酸银	Ag_2CO_3	$10^{-11.08}$

化合物的溶解度并不总是以在水中的简单溶解来表示。考虑三水铝石［$Al(OH)_3$］的溶解：

$$Al(OH)_3 \rightleftharpoons Al^{3+} + 3OH^- \quad K = 10^{-33} \tag{4.16}$$

这种溶解也可以表示为

$$Al(OH)_3 + 3H^+ = Al^{3+} + 3H_2O \quad K = 10^9 \tag{4.17}$$

无论哪种方式，对于给定的 pH，平衡时的铝离子浓度是相同的：pH 为 5 时，由方程式 4.16 和 4.17 两个等式都得出（Al^{3+}）$=10^{-6}$摩尔/升。

例 4.5、例 4.6 和例 4.7 中提供了一些示例，说明如何通过化学反应和平衡常数估算水中物质的浓度。

例 4.5 计算蒸馏水中石膏（$CaSO_4 \cdot 2H_2O$）饱和溶液的 Ca^{2+} 和 SO_4^{2-} 浓度。

解：

溶解方程为：

$$CaSO_4 \cdot 2H_2O \rightleftharpoons Ca^{2+} + SO_4^{2-} + 2H_2O$$

由表 4.3 可知，K 为 $10^{-4.5}$。

因为石膏和水的值都是 1，所以溶度积表达式变为：

$$(Ca^{2+})(SO_4^{2-}) = 10^{-4.5}$$

每个石膏分子溶解成 1 个钙离子和 1 个硫酸根离子；因此，平衡时（Ca^{2+}）=（SO_4^{2-}）。我们令 $x=(Ca^{2+})=(SO_4^{2-})$，有

$$(x)(x) = 10^{-4.5}$$

$$x = 10^{-2.25}\text{摩尔/升}$$

该摩尔浓度相当于 225 毫克/升 Ca^{2+} 和 540 毫克/升 SO_4^{2-}。

例 4.6 通过估算含有 1 000 毫克/升（$10^{-1.98}$摩尔/升）硫酸根的水中可能出现的钙浓度来说明同离子效应。

解：

$$(Ca^{2+})(SO_4^{2-}) = K_{sp}$$

$$(Ca^{2+}) = K_{sp}/(SO_4^{2-})$$

$$(Ca^{2+}) = 10^{-4.5}/10^{-1.98} = 10^{-2.52}\text{摩尔/升}$$

这是121毫克/升的钙离子浓度，而当石膏溶解在蒸馏水中时，钙离子浓度可能为225毫克/升（例4.4）。

例4.7 计算氟化钙（CaF_2）的溶解度。

解：

由表4.3可知，CaF_2 的 K_{sp} 为 $10^{-10.46}$，反应为：

$$CaF_2 = Ca^{2+} + 2F^-$$

溶度积表达式为：

$$(Ca^{2+})\ (F^-)^2 = 10^{-10.46}$$

令 $(Ca^{2+}) = X$，$(F) = 2X$，

$$(X)\ (2X)^2 = 10^{-10.46}$$

$$4X^3 = 10^{-10.46} = 3.47 \times 10^{-11}$$

$$X^3 = 8.68 \times 10^{-12} = 10^{-11.06}$$

$$X = 10^{-3.7} = 0.0002 \text{ 摩尔/升}$$

因此，$(Ca^{2+}) = 0.0002$ 摩尔/升（8.0毫克/升），$(F^-) = 0.0002$ 摩尔/升 $\times 2 =$ 0.0004摩尔/升（7.6毫克/升）。

4.6 静电的相互作用

溶液中离子之间的静电相互作用通常导致离子的反应程度低于测量摩尔浓度的预期程度，即反应浓度小于测量浓度。反应浓度与测量浓度之比称为活度系数。对于稀释溶液，如大多数天然水，单个离子的活度系数可以用德拜-胡克尔（Debye - Hückel）公式计算：

$$\lg\gamma_i = -\frac{(A)\ (Z_i)^2\ \ (I)^{1/2}}{1+(B)\ (a_i)\ (I)^{1/2}} \tag{4.18}$$

式中，γ_i 表示离子 i 的活度系数；A 和 B 是标准大气压力和不同水温下的无量纲常数（表4.4）；Z_i 表示离子 i 的价态；a_i 表示离子 i 的有效尺寸（表4.5）；I 表示离子强度。

表4.4 标准大气压力下代入德拜-胡克尔方程的 *A* 和 *B* 值（Hem，1970）

温度（℃）	A	B
0	0.4883	0.3241
5	0.4921	0.3249
10	0.4960	0.3258
15	0.5000	0.3262
20	0.5042	0.3273
25	0.5085	0.3281
30	0.5130	0.3290
35	0.5175	0.3297
40	0.5221	0.3305

表 4.5　德拜-胡克尔方程中使用的 a_i 值（Hem，1970）

a_i	离子
9	Al^{3+}，Fe^{3+}，H^+
8	Mg^{2+}
6	Ca^{2+}，Cu^{2+}，Zn^{2+}，Mn^{2+}，Fe^{2+}
5	CO_3^{2-}
4	PO_4^{3-}，SO_4^{2-}，HPO_4^{2-}，Na^+，HCO_3^-，$H_2PO_4^-$
3	OH^-，HS^-，K^+，Cl^-，NO_2^-，NO_3^-，NH_4^+

一种溶液的离子强度可按如下公式计算：

$$I = \sum_{i}^{n} \frac{(M_i)(Z_i)^2}{2} \tag{4.19}$$

式中，M_i 表示单个离子的测量浓度；n 表示离子的种类数量。

离子的活度为：

$$(M_i)=\gamma_i\ [M_i] \tag{4.20}$$

式中，(M_i) 表示活度，$[M_i]$ 表示测得的摩尔浓度。如果需要，公式 4.19 和公式 4.20 中可使用毫摩尔浓度代替摩尔浓度，如例 4.8 所示。

例 4.8　估算水样中的离子强度。

解：

列于下表中的测量浓度（毫克/升）必须转换为毫摩尔浓度：

离子	测量浓度（毫克/升）	换算系数（毫克/毫摩尔）	浓度（毫摩尔/升）
HCO_3^-	136	61	2.23
SO_4^{2-}	28	96	0.29
Cl^-	29	35.45	0.82
Ca^{2+}	41	40.08	1.02
Mg^{2+}	9.1	24.31	0.37
Na^+	2.2	23	0.10
K^+	1.2	39.1	0.03

代入公式 4.19：

$$I=\frac{(2.23)\ (1)^2}{2}+\frac{(0.29)\ (2)^2}{2}+\frac{(0.82)\ (1)^2}{2}+\frac{(1.02)\ (2)^2}{2}+$$

$$\frac{(0.37)\ (2)^2}{2}+\frac{(0.1)\ (1)^2}{2}+\frac{(0.03)\ (1)^2}{2}$$

$I=4.96$ 毫摩尔/升（0.004 96 摩尔/升）

溶液的离子强度可用于德拜-胡克尔方程，以估算单个离子的活度系数，如例 4.9 所示。

例 4.9　根据例 4.8 估算水中 Mg^{2+} 和 Cl^- 的活度。

解：

使用公式 4.18 并从表 4.4 和表 4.5 中获取变量 A、B 和 a_i 的值，

$$\lg\gamma_{Mg}=-\frac{(0.5085)(2)^2(0.00496)^{1/2}}{1+(0.3281)(8)(0.00496)^{1/2}}$$

$$\lg\gamma_{Mg}=-0.12090$$

$$\gamma_{Mg}=0.76$$

$$\lg\gamma_{Cl}=-\frac{(0.5085)(1)^2(0.00496)^{1/2}}{1+(0.3281)(3)(0.00496)^{1/2}}$$

$$\lg\gamma_{Cl}=-0.0335$$

$$\gamma_{Cl}=0.93$$

使用公式 4.20 计算活度，

$$(Mg^{2+})=0.76\ (0.37\ \text{毫摩尔/升})=0.28\ \text{毫摩尔/升}$$

$$(Cl^-)=0.93\ (0.82\ \text{毫摩尔/升})=0.76\ \text{毫摩尔/升}$$

一价离子活性与测量浓度的偏差小于二价离子活性，如例 4.9 所示。测量的浓度和活度之间的差异也随着离子强度的增加而增加。

根据玻璃电极测量的 pH 计算的氢离子浓度是一个活度项，无需校正。固体和水的活度取值为 1。在天然水体中遇到的条件下，大气中气体的测量浓度无需校正到活度即可使用。

4.7 离子对

尽管德拜-胡克尔公式广泛用于计算单个离子的活度，如例 4.8 和例 4.9 中所示，在溶液中的一部分阳离子和阴离子相互强烈吸引，就像它们是未电离的，或者比预期的电荷更小或不同。以这种方式吸引的离子称为离子对，例如 Ca^{2+} 和 SO_4^{2-} 形成离子对 $CaSO_4^0$，Ca^{2+} 和 HCO_3^- 形成 $CaHCO_3^+$，K^+ 和 SO_4^{2-} 形成 KSO_4^-。离子在溶液中形成离子对的程度是特定离子对的平衡（形成）常数 K_f 的函数。以离子对 $CaHCO_3^+$ 为例来阐述离子对的形成：

$$CaHCO_3^+=Ca^{2+}+HCO_3^- \tag{4.21}$$

$$\frac{(Ca^{2+})(HCO_3^-)}{CaHCO_3^+}=K_f \tag{4.22}$$

离子对的活度系数取 1。表 4.6 给出了天然水中主要离子的一些离子对的形成常数。这些常数可与离子对方程一起用于估算离子对浓度（例 4.10）。

例 4.10 计算含有 2.43 毫克/升（10^{-4}摩尔/升）镁和 9.6 毫克/升（10^{-4}摩尔/升）硫酸盐的水的硫酸镁离子对（$MgSO_4^0$）浓度。

解：

表 4.6 中的离子对方程为：

$$MgSO_4^0 \rightleftharpoons Mg^{2+}+SO_4^{2-} \quad K_f=10^{-2.23}$$

以及

$$\frac{(Mg^{2+})(SO_4^{2-})}{(MgSO_4^0)}=10^{-2.23}$$

$$(MgSO_4^0)=\frac{(10^{-4})\ (10^{-4})}{10^{-2.23}}=10^{-5.77}$$摩尔/升（0.204 毫克/升）

注：0.204 毫克/升 $MgSO_4^0$ 相当于 0.041 毫克/升 Mg^{2+} 和 0.163 毫克/升 SO_4^{2-}。

表 4.6　天然水中离子对在 25 ℃和零离子强度下的形成常数（K_f）（Adams，1971）

反应	K_f	反应	K_f
$CaSO_4^0=Ca^{2+}+SO_4^{2-}$	$10^{-2.28}$	$MgHCO_3^+=Mg^{2+}+HCO_3^-$	$10^{-1.16}$
$CaCO_3^0=Ca^{2+}+CO_3^{2-}$	$10^{-3.20}$	$NaSO_4^-=Na^++SO_4^{2-}$	$10^{-0.62}$
$CaHCO_3^+=Ca^{2+}+HCO_3^-$	$10^{-1.26}$	$NaCO_3^-=Na^++CO_3^{2-}$	$10^{-1.27}$
$MgSO_4^0=Mg^{2+}+SO_4^{2-}$	$10^{-2.23}$	$NaHCO_3^0=Na^++HCO_3^-$	$10^{-0.25}$
$MgCO_3^0=Mg^{2+}+CO_3^{2-}$	$10^{-3.40}$	$KSO_4^-=K^++SO_4^{2-}$	$10^{-0.96}$

通常的分析方法无法区分离子对中束缚的离子和游离离子。在这个例子中，1.69%的镁和硫酸盐浓度参与了离子配对。

分析方法（特定离子电极除外）不区分游离离子和离子对。溶液中的硫酸盐可能分布在 SO_4^{2-}、$CaSO_4^0$、$MgSO_4^0$、KSO_4^- 和 $NaSO_4^-$ 之间。虽然可以测量总硫酸根浓度，但必须计算游离 SO_4^{2-} 浓度。由于在含有离子对的溶液中，实际离子浓度始终小于测量的离子浓度，因此，如例 4.9 所述，直接从分析数据计算的离子活度并不准确。Adams（1971）开发了一种在离子活度计算中校正离子配对的方法，并证明了离子配对对溶液中离子强度、离子浓度和离子活度的显著影响。离子配对的校正方法包括：(1) 使用测量的离子浓度计算离子强度（假设没有离子配对），(2) 计算离子活度（假设没有离子配对），(3) 使用相应的离子对方程、平衡常数和离子活度的初始估计值计算离子对浓度，(4) 通过减去计算的离子对浓度来修正离子浓度和离子强度，(5) 重复步骤 2、3 和 4，直到所有离子浓度和活性在后续计算中保持不变。Adams（1971，1974）讨论了计算的各个方面，并给出了示例。除非将迭代过程编程到计算机中，否则迭代过程既单调又缓慢。该程序适用于土壤溶液，但同样适用于天然水。

Boyd（1981）使用未修正离子配对的分析数据和修正离子配对的分析数据计算了天然水中主要离子的活度。离子配对对弱矿化水（$I<0.002$ 摩尔/升）的离子活度计算几乎没有影响。对于矿化程度更高的水，根据离子配对校正的离子活度明显小于未校正的离子活度。主要离子的离子配对在海洋和其他盐水中尤为重要。一般来说，如果水中总溶解离子含量低于 500 毫克/升，则在计算离子活度时可忽略离子配对，除非需要高度准确的数据。为简单起见，本书中的平衡考虑将假定活度和测得的摩尔浓度相同。

结论

水质变量的浓度通常是测量的，而不是计算的。然而，了解溶解度原理以及使用溶度积和平衡常数来计算预期浓度有助于解释观察到的浓度和预测水质变化。化学平衡的概念在预测由于自然或人为过程向水中添加物质而引起的水质变量的浓度变化时也特别有用。

参考文献

Adams F，1971. Ionic concentrations and activities in soil solutions. Soil Sci Soc Am Proc，35：420－426.

Adams F，1974. Soil solution//Carson WE. The plant root and its environment. Charlottesville，University Press of Virginia：441－481.

Boyd CE，1981. Effects of ion － pairing on calculations of ionic activities of major ions in freshwater. Hydrobio，80：91－93.

Garrels RM，Christ CL，1965. Solutions，minerals，and equilibria. New York，Harper and Row.

Hem JD，1970. Study and interpretation of the chemical characteristics of natural water. Watersupply paper 1473. United States Geological Survey，United States Government Printing Office. Washington.

5　溶解固体

摘要

淡水中的总溶解固体（Total dissolved solids，TDS）浓度是这样测定的：水样用 2 微米过滤器过滤，将滤液蒸发至干燥，并以毫克/升为单位报告蒸发后剩余固体的重量。通常用于评估海水中离子浓度的指标是盐度和电导率，电导率也可用于确定淡水的矿化程度。天然淡水中的总溶解固体浓度通常在 20～1 000 毫克/升，固体主要由碳酸氢盐（以及 pH 高于 8.3 的碳酸盐）、氯化物、硫酸盐、钙、镁、钾、钠和硅酸盐组成。内陆水域总溶解固体的浓度主要受地质和气候因素支配。矿化最弱的水域位于降水量高、土壤淋溶严重或发育不良的地区。矿化最强烈的水域通常出现在干旱地区。本章给出了不同地区总溶解固体浓度的实例，并讨论了不同地区和水源总溶解固体浓度差异的原因。虽然天然水中的主要溶解无机物质对生命至关重要，但水中的次要溶解成分通常对水生生物的影响最大。总溶解固体浓度对动物和植物的主要影响通常与渗透压有关，渗透压随着总溶解固体浓度的增加而增加。海水中总溶解固体的平均浓度约为 35 000 毫克/升。水生生物品种适应特定的总溶解固体范围，在该范围外，渗透调节困难。总溶解固体浓度过高也会使水不适合家庭使用、灌溉和其他各种用途。海水淡化越来越多地用于增加干旱地区的供水。瓶装水已成为非常受欢迎的饮用水的来源。

引言

天然水在溶液中既含有气体又含有固体。固体与气体的不同之处在于，当水蒸发后，固体成为残渣留下。固体主要来源于矿物的溶解以及土壤和其他地质构造中的矿物和有机颗粒悬浮物、活的水生微生物和腐烂中的生物体残骸。这些固体在溶液中的部分称为溶解固体。化学家通常认为溶解的颗粒物直径≤0.5～1 微米，但测定水中溶解固体的方法通常依赖于 2.0 微米的过滤器来分离溶解固体和悬浮固体（Eaton et al.，2005）。

溶解固体的大部分重量来自无机颗粒，通常认为溶解固体浓度高的水是高度矿化的水。天然水中溶解固体的浓度从 1～2 毫克/升到 100 000 毫克/升以上不等。酸性风化土壤和抗溶解岩石地质构造区域的水溶解固体可能<50 毫克/升。来自石灰岩矿床或钙质土

壤区域的水可能含有200～400毫克/升的溶解固体，而在干旱地区，溶解固体浓度通常高于1 000毫克/升。海洋平均溶解固体为34 500毫克/升，但死海和大盐湖等封闭盆地湖泊（水只流入而不流出）的溶解固体含量可能超过250 000毫克/升。

通常认为淡水的溶解固体含量不超过1 000毫克/升，而一些内陆水域是含盐的。理想情况下，饮用水的溶解固体含量不应超过500毫克/升，但在某些地区，无法避免更高的浓度。

大气中含有由波浪浪花蒸发、灰尘和燃烧副产物产生的固体颗粒。结果，雨滴从大气中获得少量的溶解固体。当雨水到达地面时，它会接触植被、土壤和其他地质构造，并溶解额外的矿物质和有机物。溶解的矿物质主要由钙、镁、钠、钾、氯化物、硫酸盐、碳酸氢盐和碳酸盐组成。大多数天然水体中也含有大量未解离的硅酸。Hutchinson（1957）将淡水定义为"碱土和碱的碳酸氢盐、碳酸盐、硫酸盐和氯化物的稀释溶液以及一定量的二氧化硅。"海水本质上是一种氯化钠溶液，其中含有钾、钙和钠的硫酸盐和碳酸氢盐。淡水和海水也含有少量其他溶解的无机物，最重要的是氢离子和氢氧根离子、硝酸盐、铵、磷酸盐、硼酸盐、铁、锰、锌、铜、钴和钼。氢离子和氢氧根离子决定pH，其他离子是营养素。天然水体也含有少量非营养元素。微量元素，无论是营养素还是非营养素，浓度升高时可能有毒。

内陆水的矿化程度因地而异，取决于矿物的溶解度、水与矿物接触的时间和条件以及通过蒸发产生的物质浓缩。虽然全世界的海水矿物质含量非常相似，但河口的水在矿化程度上可能存在很大差异。评估水体矿化的直接方法是测量每一种无机成分的浓度。对水进行全面分析需要付出巨大的努力，在单一次分析中测量水中溶解物质的总浓度更为常见。在淡水中，这可以通过总溶解固体分析来实现（Eaton et al.，2005）。在海水中，矿化程度通常通过氯化物浓度、盐度或电导率来评估。淡水的矿化度通常也采用电导率来评估。

进入水中的可溶性有机化合物来自死亡的动植物体的腐烂和水生生物排泄。水中存在数千种有机化合物，为方便起见，通常对溶解的有机化合物进行总体测量。与有机残留物接触或浮游植物丰富的水域中溶解的有机物浓度最高。

5.1 溶解固体的测量

5.1.1 总溶解固体

测定总溶解固体浓度的方法从采用2微米或更小孔径的过滤器过滤水样开始。一定体积的待测滤液在一个已知皮重（称重）的蒸发皿中蒸发，蒸发皿和残留物在干燥器中冷却并称重至恒重（图5.1，左侧；例5.1）。蒸发后留下的残渣主要来自溶解的无机物，但也有一部分是溶解的有机物。该方法不能给出准确的结果，因为当碳酸钙在蒸发过程中沉淀时，碳酸氢盐中会损失二氧化碳：

$$Ca^{2+} + 2HCO_3^- \xrightarrow[\Delta]{} CaCO_3 \downarrow + H_2O \uparrow + CO_2 \uparrow \tag{5.1}$$

蒸发过程中固体的重量损失约为总溶解固体浓度中来自钙和碳酸氢盐部分的38%。因为Ca^{2+}和$2HCO_3^-$的摩尔质量总和为162.08克，挥发掉的CO_2和H_2O的摩尔质量总

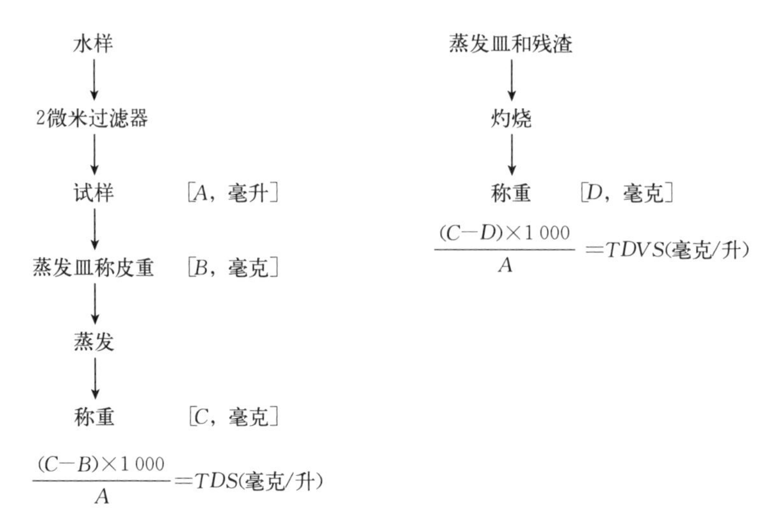

图 5.1 左，总溶解固体（TDS）分析示意图；右，总溶解固体（TDS）分析后进行总挥发性溶解固体 TDVS 分析的示意图

和为 62 克；因此，(62÷162.08)×100%=38%。少量有机物也可能因挥发而损失。无论如何，总溶解固体浓度表示淡水的矿化程度。总溶解固体测定方法不适用于咸水，因为大量吸湿盐残留物会从空气中吸收水分，因此难以准确称重。

例 5.1 经过 2 微米过滤器过滤的 100 毫升水样在 105 ℃下在 5.200 0 克皮重的蒸发皿中干燥。蒸发皿和残渣重量为 5.210 0 克。计算总溶解固体浓度。

解：

残渣重量=(5.210 0−5.200 0)克=0.010 0 克或 10 毫克

总溶解固体=10 毫克×（1 000 毫升/升)/(100 毫升水样)

=100 毫克/升

5.1.2 盐度

水的矿化程度在评估水体或水源的基本特征时具有相当大的用处，快速、现场估算总溶解固体浓度的方法非常有用。盐度是海水、河口水和内陆咸水中总溶解固体浓度的一个广泛使用的替代指标。

盐度通常被定义为溶解的盐的浓度（克/升），但其科学定义经过了几次修改。海水盐度传统上由 Knudsen（1901）建立的公式定义，如下所示：

$$盐度=0.030+1.805\ Cl^- \tag{5.2}$$

其中 Cl^- 单位为克/升。1967 年后，Knudsen 公式根据国际协议（Lyman，1969）修改为：

$$盐度=1.806\ 55\ Cl^- \tag{5.3}$$

公式 5.2 和公式 5.3 不适用于内陆咸水或淡水，因为 Cl^- 与总离子浓度的比率通常与海水的比率相差很大（Livingstone，1963）。

1978年，海洋学常用表和标准联合小组（UNESCO，1981a，b）建议用实用盐度单位（Practical salinity units，psu）指定盐度。实用盐度单位是无量纲的，基于海水电导率与1千克蒸馏水中含有32.435 6克KCl的溶液电导率之比（Lewis，1980）。普通盐度（克/升）通常与实用盐度相差不超过0.01%（Lewis and Perkin，1981）。联合国教育、科学及文化组织（教科文组织）政府间海洋学委员会（IOC）于1985年将绝对盐度定义为海水中溶解矿物质与海水总质量的比率（克/千克）。绝对盐度略低于普通盐度（克/升），因为1升海水的重量超过1千克。在20℃条件下，1升海水（35克/升盐度）重1.024 8千克。这种差异很小，实用盐度的数值与绝对盐度几乎相同。因此，普通盐度与绝对盐度也没有太大区别。政府间海洋学委员会（Wright et al.，2011）最近采用了非常严格的盐度定义，即参考成分盐度体系（Millero et al.，2008）。参考盐度（S_R）与实用盐度（S）的关系可用公式 S_R=(35.165 04/35) 克/千克×S 表达。S=35克/升的样品的 S_R=35.165 04克/千克。

普通盐度、实用盐度、绝对盐度和参考盐度之间的差异显然不大，其重要性主要对理论海洋学家而言。普通盐度（克/升）足以进行大多数水质评估。

水的密度随着盐度的增加而增加（表1.4），密度可以用比重计测量。传统的比重计是一个圆柱形充气泡，底部呈锥形，带有刻度杆（图5.2）。泡底部的镇重物使设备垂直浮动。杆伸出水面的距离随着水的密度增加而增加。盐度比重计的杆以盐度单位校准，通常可以读取到0.1盐度单位（克/升）。实践中，将水放在一个透明的圆筒中，以便于读取比重计。

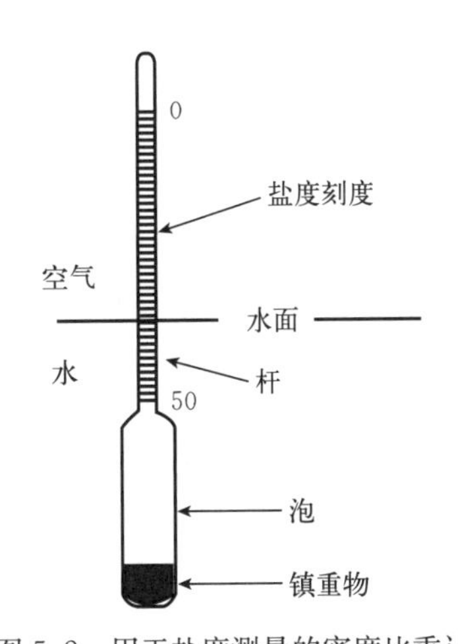

图5.2 用于盐度测量的密度比重计

水的折射率随着盐度的增加而增加。纯水在20℃时的折射率为1.333 00（Baxter et al.，1911），而海水的相应值为1.339 4（Austin and Halikas，1976）。折射计可以根据盐度浓度进行校准，并用于估算盐度。实验室折射计可以对盐度进行准确和高度精确的估计，但简单的手持式盐度折射计（图5.3）可以测量1～60克/升至小数点后一位的盐度。一些盐度折射计给出的盐度读数以千分之一（Parts per thousand，ppt[①]）为单位，基本上与克/升相同。

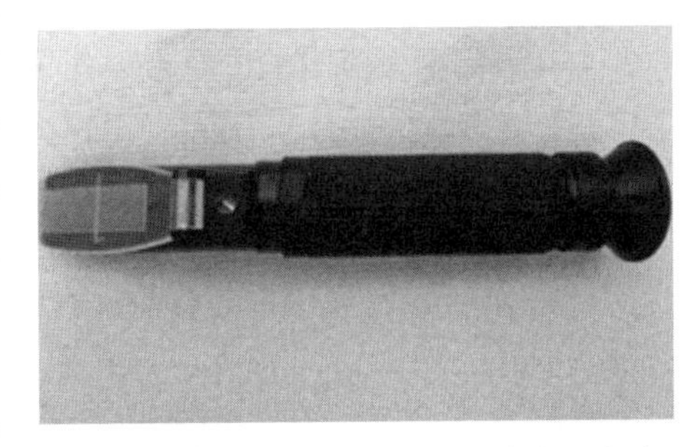
图5.3 用于测量盐度的折射计或盐度计

当盐度低于3或4 ppt时，比重计和盐度计的精确度不高，并且不能作为淡水中总溶解固体浓度的替代值。它们广泛应用于海洋水域和内陆咸水水域。

① ppt为非法定计量单位。详细的计算方法及换算关系请查看附录中的“单位体积重量”相关内容。

5.1.3 电导率

电被定义为电荷（电子和质子），这些电荷是能量的一种形式。以安培为单位测量的电流（I）是电路中流动的电荷量。电流与电压（U）有关，电压是电路中两点之间以伏特为单位测量的电荷差。以欧姆为单位测量的电阻（R）是电路中传递电流的难度。这三个变量之间的关系由欧姆定律（$I=U/R$）定义。未知电阻可使用由4个电阻器组成的惠斯通电桥电路进行测量（图5.4）。电阻器R_1和R_2具有已知电阻，电阻器R_A具有可调电阻，电阻R_X是由惠斯通电桥确定电阻的介质。通过调整R_A处的电阻，可以平衡电路，使流经包含R_X和R_2的电路上部（U）的电流量与流经包含R_1和R_A的电路下部（L）的电流量相同。平衡时没有电流流过电流计（G）。当达到该状态时，电流（I）和电阻（R）之间存在以下关系：

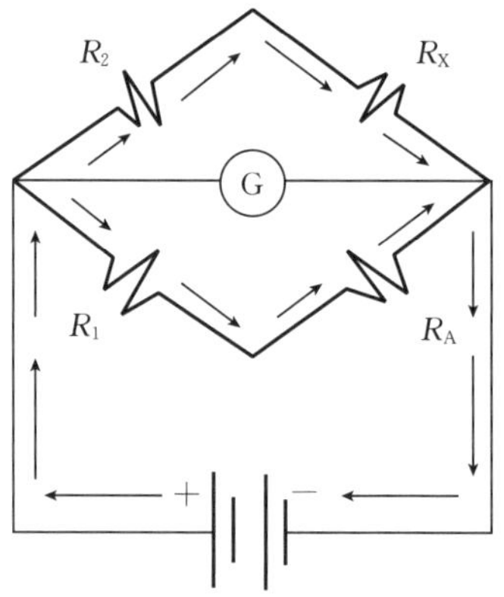

图5.4　用于确定未知电阻（R_X）的惠斯通电桥电路。电阻R_1和R_2为已知电阻，电阻R_A为可调电阻

$$I_U R_2 = I_L R_1$$
$$I_U R_X = I_L R_A$$

通过将上表达式除以下表达式并求解R_X，可以测量电阻：

$$I_U R_2 \div I_U R_X = I_L R_1 \div I_L R_A$$
$$R_X = R_2 R_A / R_1 \tag{5.4}$$

电导是电阻的倒数，惠斯通电桥电路的原理可以用来测量水的电导率。电阻和电导取决于导体的尺寸，电阻率和电导率的表达方式用于描述单位长度和横截面积的导体的电阻：

$$R=\rho L/A \text{ 或 } \rho=RA/L \tag{5.5}$$

式中，L表示长度；A表示横截面积；ρ表示导体的电阻率。其中，导体的尺寸以厘米为单位，R以欧姆为单位，ρ以欧姆·厘米为单位。在国际单位制中，R的单位为西门子（S），ρ的单位为西门子·厘米（西·厘米）。因为k是电阻率的倒数，

$$k=1/\rho \tag{5.6}$$

k的单位是欧姆·厘米的倒数（1/欧姆·厘米），通常称为姆欧/厘米（mho/cm）。姆欧（mho）是倒拼写的欧姆（ohm）。

不同材料的电阻率（和电导率）差别很大。在电路中用作电线的铜等金属通过自由电子导电，自由电子可以四处移动，因为它们不附着在金属阳离子上。等长的小直径导线的电阻（R）大于大直径导线的电阻，但两者的电阻率（ρ）相等，因为ρ是金属的特性，R是ρ乘以（L/A）的乘积。同样的推理也适用于电导（K）和电导率（k）。

纯水不是电的良好导体，因为液体中的电流由溶解的离子传导，随着水中离子浓度的增加，其导电率（EC）也增加。导电率的测量通常是水矿化程度的极好指标。

水的导电率是指1厘米^3（1厘米×1厘米×1厘米）的水立方体所提供的导电性。由于测定的特殊性，导电率有时也称为电导率（specific conductance）。导电率的标准为

0.010 0 N*KCl 溶液，该溶液在 25 ℃时的电导率为 0.001 413 姆欧/厘米。为了避免小数，通常以微姆欧/厘米，即在 0.010 0 当量/升 KCl 的情况下，以 1 413 微姆欧/厘米的单位报告电导率。在国际单位制（SI）中，单位微姆欧/厘米被其等效的每厘米微西门子（μS/cm）所取代。国际单位制很容易混淆，因为电导率仪可以选择西门子/米（S/m）、毫西门子/米（mS/m）、毫西门子/厘米（mS/cm）、微西门子/厘米（μS/cm）或其他电导和长度的组合。此外，有些仪表可能只有一个显示选项，但与微西/厘米不同。对于导电率来说，最初使用每厘米微姆欧的方法要优越得多，因为在报告和比较数据时出错的机会较少。科学家喜欢把科学单位搞混。

导电率随着温度的降低而降低，可通过以下公式将其调整至 25 ℃（EC_{25}）：

$$EC_{25}=EC_{m}/[1+0.0191\ (T-25)] \tag{5.7}$$

式中，EC_{m} 表示另一温度 T 单位为℃下的导电率（EC）。该公式假设已针对电池常数（调整电极尺寸变化所需的值）校正了电导率测量值。如例 5.2 所示，电导率随温度升高而增加。大多数现代电导率仪都有自动温度补偿器，读数显示为 25 ℃。

例 5.2 将 22 ℃下样品的 1 203 微姆欧/厘米电导率调整为 25 ℃。

解：

使用公式 5.7，

$$k_{25}=1\,203\ \text{微姆欧/厘米}\div[1+0.0191\ (22\ ℃-25\ ℃)]$$
$$=1\,276\ \text{微姆欧/厘米}$$

并非所有离子都携带相同的电流。表 5.1 提供了无限稀释条件下普通离子的等效电导（λ）。λ 的值等于 1 当量离子提供的电导。就钙而言，1 当量钙（40.08 克/摩尔÷2）的电导为 59.5 姆欧，而 1 当量钾（39.1 克/摩尔÷1）的电导为 73.5 姆欧。特定离子的等效电导与电导率有关，如下所示：

表 5.1　一些离子在无限稀释和 25 ℃下的等效离子电导（λ，姆欧·厘米²/当量）

（Sawyer and McCarty，1967；Laxen，1977）

阳离子	λ	阴离子	λ
氢（H^{+}）	349.8	氢氧根（OH^{-}）	198.0
钠（Na^{+}）	50.1	碳酸氢根（HCO_3^{-}）	44.5
钾（K^{+}）	73.5	盐酸根（Cl^{-}）	76.3
铵（NH_4^{+}）	73.4	硝酸根（NO_3^{-}）	71.4
钙（Ca^{2+}）	59.5	硫酸根（SO_4^{2-}）	79.8
镁（Mg^{2+}）	53.1		

$$k=\lambda N/1\,000 \tag{5.8}$$

式中，λ 表示等效电导（姆欧·厘米²/当量）；N 表示溶液中离子的当量浓度。溶液的电导率等于单个离子的电导率之和。如果用公式 5.8 计算电导率，它通常会大于测量的

* 当量浓度指单位体积溶液中所含溶质的克当量数。当量为非法定计量单位。详细的计算方法及换算关系请查看附录中的“当量浓度”相关内容。

电导率（例 5.3）。

例 5.3 估算 0.01 N 氯化钾的电导率，并将其与 1 413 微姆欧/厘米的标准测量值进行比较。

解：

(i) k_{K^+} =(73.5 姆欧·厘米^2/当量)(0.01 当量/升)/1 000 厘米^3/升
=0.000 735 姆欧/厘米

k_{Cl^-} =(76.3 姆欧·厘米^2/当量)(0.01 当量/升)/1 000 厘米^3/升
=0.000 763 姆欧/厘米

$k_{KCl}=k_{K^+}+k_{Cl^-}$=0.001 498 姆欧/厘米=1 498 微姆欧/厘米

(ii) 这大于 1 413 微姆欧/厘米的标准测量值。

测得的电导率小于估计值的原因在于溶液中阴离子和阳离子之间的静电相互作用，这会中和离子上的一部分电荷，并降低其导电能力（见第 4 章）。如表 5.2 所示，对于标准 KCl 溶液，随着离子浓度的增加，影响变得更大。在含有二价和三价离子的溶液中，静电效应更大。

表 5.2 氯化钾浓度与 25 ℃下测得的电导率之间的关系

浓度（N）	电导率（微姆欧/厘米）	
	测量值	计算值
0	0	
0.000 1	14.94	14.98
0.000 5	73.90	74.90
0.001	147.0	149.8
0.005	717.8	749
0.01	1 413	1 498
0.02	2 767	2 996
0.05	6 668	7 490
0.1	12 900	14 980
0.2	24 820	29 960
0.5	58 640	74 900
1.0	111 900	149 800

由于并非所有离子都具有相同的等效电导，因此含有相同总离子浓度的水样可能具有不同的电导率值。例如，主要含有钾、氯化物和硫酸盐的水比含有等量总离子但以钙、镁和碳酸氢盐为主的水具有更高的电导率（比较表 5.1 中离子的等效电导）。然而，对于特定的水体，如图 5.5 所示，电导率和总溶解固体浓度之间通常存在正相关性。在特定地理区域的地表水中，这种关系也是相当恒定的。这是因为在特定区域的地表水中，离子之间的比例通常相当恒定，无论是总溶解固体浓度还是 $TDS=K\times EC$，以及 $K=TDS/EC$。水源中的 k 值从 0.5 到 0.9 不等（Walton，1989），van Niekerk et al.（2014）报告了代

表南非 14 条河流的 38 个地点的 k 值为 0.50～0.80（平均值=0.68）。海水的 k 值约为 0.7，各地的变化通常很小。

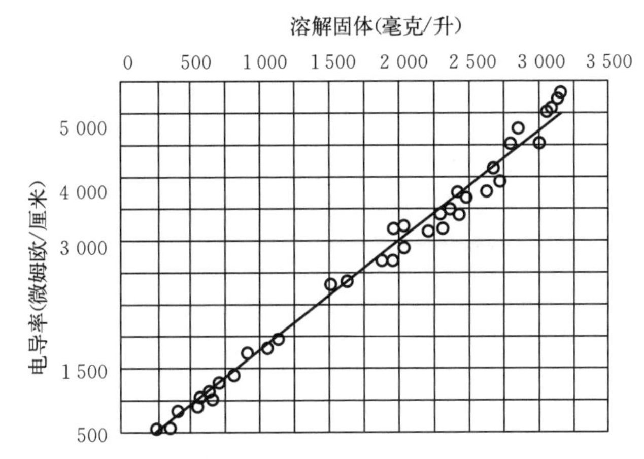

图 5.5 通过水的分析测定的溶解固体与 12 个月内亚利桑那州比拉斯市吉拉河每日样品的电导率进行比较（Hem，1970）

已对电导率仪进行了改进，能够以总溶解固体或盐度浓度显示结果。此类装置的精度取决于特定水中总溶解固体/电导率或盐度/电导率的比率与仪表中用于将电导率转换为总溶解固体浓度或盐度的比率的接近程度。某些仪表可以选择已知的比率。

矿化最弱的水是电导率通常小于 5 微姆欧/厘米的蒸馏水。雨水的电导率通常小于 50 微姆欧/厘米。内陆地表水在潮湿地区的电导率很少大于 500 微姆欧/厘米；但是，在干旱地区的水域，电导率通常大于 5 000 微姆欧/厘米。饮用水的电导率通常为 50～1 500 微姆欧/厘米。通常假设淡水的电导率上限约为 1 500 微姆欧/厘米，而海水的电导率约为 50 000 微姆欧/厘米。

5.1.4 碱度和硬度

在潮湿地区，淡水中的主要阳离子是钙和镁，而碳酸氢根和碳酸根是主要阴离子，如例 5.4 中使用的样品数据所示。钙和镁通常通过滴定法一起测量，并报告为总硬度。水中的碱性物质（主要是 HCO_3^- 和 CO_3^{2-}）也可以通过酸滴定法一起测定，结果报告为总碱度。由于硬度和碱度通常代表总溶解固体浓度的很大一部分，这两个变量的浓度可确定此类水域的相对矿化度。

5.2 阴阳离子平衡

电中性原理要求带正电的离子（阳离子）的当量之和等于带负电的离子（阴离子）的当量之和。在大多数天然水体中，主要离子占离子总重量的大部分，主要离子之间的电荷基本上是中性的。这通常可以用来检验水样分析的有效性。在精确分析中，测得的主要阳离子和主要阴离子的毫当量之和应该几乎相等，如例 5.4 所示。

例 5.4 对水样的分析显示 121 毫克/升碳酸氢盐（HCO_3^-）、28 毫克/升硫酸盐（SO_4^{2-}）、17 毫克/升氯化物（Cl^-）、39 毫克/升钙（Ca^{2+}）、8.7 毫克/升镁（Mg^{2+}）、8.2 毫克/升钠（Na^+）和 1.4 毫克/升钾（K^+）。检查结果的准确性。

解：

阴离子：

121 毫克 HCO_3^-/升÷61 毫克 HCO_3^-/毫当量=1.98 毫当量 HCO_3^-/升

28 毫克 SO_4^{2-}/升÷48 毫克 SO_4^{2-}/毫当量=0.58 毫当量 SO_4^{2-}/升

17 毫克 Cl^-/升÷35.45 毫克 Cl^-/毫当量=0.48 毫当量 Cl^-/升

总和=3.04 毫当量阴离子/升

阳离子：

39 毫克 Ca^{2+}/升÷20.04 毫克 Ca^{2+}/毫当量=1.95 毫当量 Ca^{2+}/升

8.7 毫克 Mg^{2+}/升÷12.16 毫克 Mg^{2+}/毫当量=0.72 毫当量 Mg^{2+}/升

8.2 毫克 Na^+/升÷23 毫克 Na^+/毫当量=0.36 毫当量 Na^+/升

1.4 毫克 K^+/升÷39.1 毫克 K^+/毫当量=0.04 毫当量 K^+/升

总和=3.07 毫当量阳离子/升

电荷平衡（阴离子/阳离子）：

$$3.04/3.07\times100=99.02\%$$

阴阳离子接近平衡，即使没有测量所有离子的浓度，分析也可能相当准确。

阴阳平衡概念还可以构建圆饼图，以说明水中离子的当量比例（例 5.5 和图 5.6）。每个圆饼的一半是阴离子，另一半是阳离子。圆饼给一个离子的比例与该离子的浓度成正比，单位为毫当量/升。为了比较不同水域的矿化程度，圆饼的直径可以与样品中离子的总毫当量成比例。

例 5.5 使用例 5.4 中的数据制作圆饼图。

解：

一个圆圈中有 360°，因此阳离子和阴离子各有 180°。阴离子或阳离子的圆饼图度数取决于其与总阴离子或总阳离子的比率乘以 180°（圆饼图的一半）：

HCO_3^-=(1.98 毫当量/3.04 毫当量)×180°=117.2°

SO_4^{2-}=(0.58 毫当量/3.04 毫当量)×180°=34.3°

Cl^-=(0.48 毫当量/3.04 毫当量)×180°=28.5°

Ca^{2+}=(1.95 毫当量/3.07 毫当量)×180°=114.3°

Mg^{2+}=(0.72 毫当量/3.07 毫当量)×180°=42.2°

Na^+=(0.36 毫当量/3.07 毫当量)×180°=21.1°

K^+=(0.04 毫当量/3.07 毫当量)×180°=2.4°

该数据绘制成圆饼图见图 5.6。

阴阳离子平衡可能并不总是为水分析的准确性提供无可争议的证据。笔者曾将太平洋沿岸新喀里多尼亚（一个距离澳大利亚东海岸相当远的岛屿）的一个水样送到一个实验室进行主要离子分析。使用便携式仪表取样时测得的电导率为 49 500 微姆欧/厘米，这是正常海水的合理电导率。实验室报告了类似的电导率，98%的阴阳离子百分比表明对主要离

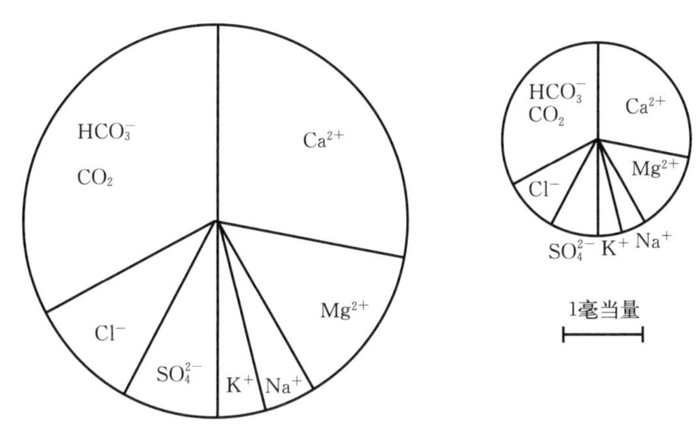

图 5.6 两种水中主要离子比例的圆饼图。圆圈的直径与每升总离子的毫当量成正比

子进行了准确分析。然而，实验室提供的主要离子加和后的总测量浓度为 48 000 毫克/升。这将对应于约 68 600 微姆欧/厘米（48 000 毫克/升÷0.7）的电导率。进一步调查表明，用于分析中测量阴离子和阳离子浓度的仪器校准错误，并且给出了所有主要离子偏高的错误值。

5.3 天然水中的主要离子

5.3.1 雨水

大气中含有海洋来源的盐、灰尘、燃烧产物和云中电活动产生的硝酸盐。大气中的颗粒被雨水冲走，雨水中含有溶解的矿物质。表 5.3 提供了从美国 48 个相邻州中 18 个地区收集的雨水中 7 种矿物成分的平均浓度。不同地点的成分浓度差异很大，变量的最高浓度是最低浓度的 6～220 倍。几个变量（尤其是钠和氯）的最高总浓度来自海洋附近的位置。例如，得克萨斯州布朗斯维尔市和华盛顿州塔科马市沿海地区的钠浓度分别为 22.3 和 14.5 毫克/升，而在密苏里州哥伦比亚市和内华达州伊利市的内陆地区，各自的值分别为 0.33 和 0.69 毫克/升。根据表 5.3 中报告的离子浓度计算美国雨水的平均电导率为 25.7 微姆欧/厘米，假设 pH 为 6。

表 5.3 美国 18 个地区雨水中 7 种成分的浓度（毫克/升）(Carroll，1962)

成分	平均值±标准差	范围
钠	2.70±5.95	0.10～22.30
钾	0.29±0.31	0.07～1.11
钙	1.48±1.71	0.23～6.50
氯离子	3.24±7.10	0.13～22.58
硫酸根	1.48±1.32	0.03～5.34
硝酸根	2.31±1.17	0.81～4.68
氨	0.43±0.52	0.05～2.21

在整个美国，雨水中六种主要离子的平均浓度低于内陆地表水中常见的这些离子的浓度。然而，铵，尤其是硝酸盐的平均浓度高于包括海洋在内的地表水中的浓度。由于化石燃料燃烧产生的二氧化硫污染大气，人口稠密和工业化地区的雨水可能具有特别高的硫酸盐浓度。

由于气团来源和降雨事件持续时间的不同，某一地点的雨水成分因风暴而异。最初的雨水往往比风暴后期发生的雨水杂质浓度更高，因为最初的雨水往往会将大部分颗粒从大气中带走。

5.3.2 内陆水

内陆地表水由集雨区径流（地表径流）、河流、湖泊、水库、池塘和沼泽所组成。地表径流与土壤有短暂的接触，但这是将其矿物质含量提高到雨水含量以上的第一个机会。河流携带地表水流和地下水渗流（基流）。地下水的矿物质含量通常比地表水流更高，因为它在地质构造中已存在数月至数年。由于渗入土壤，地下水中的溶解氧通常会耗尽，并充满二氧化碳。二氧化碳降低了水的 pH，许多矿物质在低 pH 和低氧含量（低氧化还原电位）下更易溶解。二氧化碳的存在将提高水溶解石灰石、钙、硅酸盐、长石和其他一些矿物的能力。此外，河水与河床中的土壤和地质物质接触。这些因素导致河水中矿物质的浓度高于地表水，但河水中矿物质的浓度可能低于地下水。河流通常流入静止的水体，在那里停留的时间比河流中的时间长。这使得水与底土的接触时间更长，矿物溶解的机会更大。

每种矿物都有特定的溶解度，取决于温度、pH、二氧化碳和溶解氧的浓度以及与之接触的水的氧化还原电位。如果接触时间足够长，矿物会溶解，直到溶解的离子浓度与固相矿物之间达到平衡（Li et al.，2012）。在普遍风化、气候潮湿的地方，土壤可能被高度淋溶，只含有少量可溶性矿物。在有大量岩石露出地面且风化作用未产生深层土壤的区域，落在表面的雨水几乎没有机会溶解矿物。当然，与许多类型的岩石相比，石灰岩非常可溶，与雨水接触的石灰岩具有更大的矿化机会。在更干旱的地区，没有足够的降水量从土壤剖面中浸出矿物质。盐可能在干旱地区的土壤表层或半干旱地区的土壤剖面的中间深度积聚。这为地表水流矿化提供了比许多湿润地区更大的机会。

大型河流有广阔的流域，水来自各种地质和气候带，从而对离子组成产生平均效应。Livingstone（1963）给出了各大洲较大河流水的平均成分，并计算了河水主要成分的世界平均浓度（表 5.4）。世界平均总溶解固体浓度为 120 毫克/升，但各大陆的平均总溶解固体浓度范围从澳大利亚河流的 59 毫克/升到欧洲河流的 182 毫克/升。个别离子成分的变化甚至比总溶解固体的变化更大。在全球范围内，碳酸氢根是主要阴离子，钙是主要阳离子。

表 5.4　不同大陆主要河流水中主要成分的平均浓度（毫克/升）（Livingstone，1963）

大陆	HCO_3^-、CO_3^{2-}	SO_4^{2-}	Cl^-	Ca^{2+}	Mg^{2+}	Na^+	K^+	SiO_2	合计[a]
北美洲	68	20	8	21	5	9	1.4	9	142
南美洲	31	4.8	4.9	7.2	1.5	4	2	11.9	69
欧洲	95	24	6.9	31.1	5.6	5.4	1.7	7.5	182

（续）

大陆	HCO_3^-、CO_3^{2-}	SO_4^{2-}	Cl^-	Ca^{2+}	Mg^{2+}	Na^+	K^+	SiO_2	合计[a]
亚洲	79	8.4	8.7	18.4	5.6	(9.3)[b]		11.7	142
非洲	43	13.5	12.1	12.5	3.8	11	—	23.2	121
大洋洲	32	2.6	10	3.9	2.7	2.9	1.4	3.9	59
平均	58	11.2	7.8	15.0	4.1	6.3	2.3	13.1	120

[a] 总和约等于总溶解固体（TDS）；合计数据中还包括表中未列举的 NO_3^- 和 Fe

[b] 钠钾之和

各大陆平均河水中的二氧化硅浓度大于几种主要离子的浓度（表 5.4）。含硅矿物在地壳中很常见，包括石英、云母、长石、角闪石和其他岩石。硅的常见形式是组成普通沙子的二氧化硅（称为硅石）。近 28%的地壳由硅构成，40%的矿物含有硅元素。这些矿物溶解后释放出硅酸（H_4SiO_4），如长石中的钠长石（$NaAlSi_3O_8$）和沙子（SiO_2）所示：

$$2NaAlSi_3O_8+2CO_2+11H_2O=2Na^++2HCO_3^-+4H_4SiO_4+Al_2Si_2O_5(OH)_4 \quad (5.9)$$

沙子在水中也会轻微溶解，形成如下硅酸：

$$SiO_2+2H_2O=H_4SiO_4 \quad (5.10)$$

硅酸分解如下所示：

$$H_4SiO_4=H^++H_3SiO_4^- \quad K=10^{-9.46} \quad (5.11)$$

$$H_3SiO_4^-=H^++H_2SiO_4^{2-} \quad K=10^{-12.56} \quad (5.12)$$

母体硅酸与电离 $H_3SiO_4^-$ 的比率取决于 pH 或更具体地说取决于氢离子浓度：

$$(H_3SiO_4^-)/(H_4SiO_4)=10^{-9.46}/(H^+) \quad (5.13)$$

pH 升高有利于硅酸解离。pH 必须为 9.46，比值才为 1.0。地表水的 pH 通常低于 9，以未解离硅酸为主。

小河的流域很小，水中离子成分的浓度反映了有限区域内的地质和气候条件。例如，美国亚拉巴马州奥本市附近的河流的总溶解固体通常小于 100 毫克/升，但有一条河流从石灰岩区域流出，其总溶解固体浓度约为 200 毫克/升。一个区域内小河流的水的离子组成比该区域较大河流的水的离子组成变化更大，而该区域较大流域内的情况更为多样。一些相对较小河流中主要矿物成分的浓度（表 5.5）说明了这种变化。新斯科舍省的摩泽河水的离子浓度非常稀，因为它流经的区域地质构造由坚硬、高度不溶的岩石组成，土壤没有高度发育也不肥沃。佐治亚州的埃托瓦河水质亦然，因为它流经的地区由于高降水量和高温度，土壤风化和淋溶现象非常严重。但是，埃托瓦河比摩泽河的矿化度更高。佛罗里达州的威斯拉库奇河也流经一个土壤风化和高度淋溶的区域，但其流域中有石灰岩地层。石灰石的溶解导致水的矿化程度高于摩泽河或埃托瓦河。堪萨斯州的共和河流域降水量相对较低，土壤深厚肥沃，水的矿化度比降水量较大、土壤发育不良或高度淋溶的地区的河水高。新墨西哥州的佩科斯河水流经一个干旱地区，与其他四条河流相比，其水体矿化度较高。佩科斯河中的硫酸盐、氯化物和钠含量极为丰富。这是因为在干旱地区，蒸发量超过降水量，土壤中积累了高浓度的可溶性盐。石灰岩（碳酸钙和碳酸镁）的可溶性不如干旱地区土壤中碱金属和碱土金属元素的硫酸盐和氯化物。

表 5.5 美国和加拿大一些相对较小河流中主要矿物的浓度（毫克/升）（Livingstone，1963）

河流[a]	HCO_3^-、CO_3^{2-}	SO_4^{2-}	Cl^-	Ca^{2+}	Mg^{2+}	Na^+	K^+	SiO_2	TDS
MR	0.7	4.3	6.1	3.6	2.5	(5.5)[b]		3.0	27
ER	20	3.1	1.4	3.8	1.2	2.5	1.0	10	43
WR	118	23	10	44	3.8	5.0	0.3	7.6	213
RR	244	64	7.6	53	15	34	10	49	483
PR	139	1 620	755	497	139	488	10	29	3 673

[a] MR：加拿大新斯科舍省摩泽河；ER：美国佐治亚州埃托瓦河；WR：美国佛罗里达州威斯拉库奇河；RR：美国堪萨斯州共和河；PR：美国新墨西哥州佩科斯河

[b] 钠钾之和

溪流的成分也会随着流量的变化而变化。离子浓度随着流量的减少而增加，反之亦然。这种现象对于干旱地区的小河流尤其明显（图 5.7），暴雨径流稀释了更为高度矿化的基流。

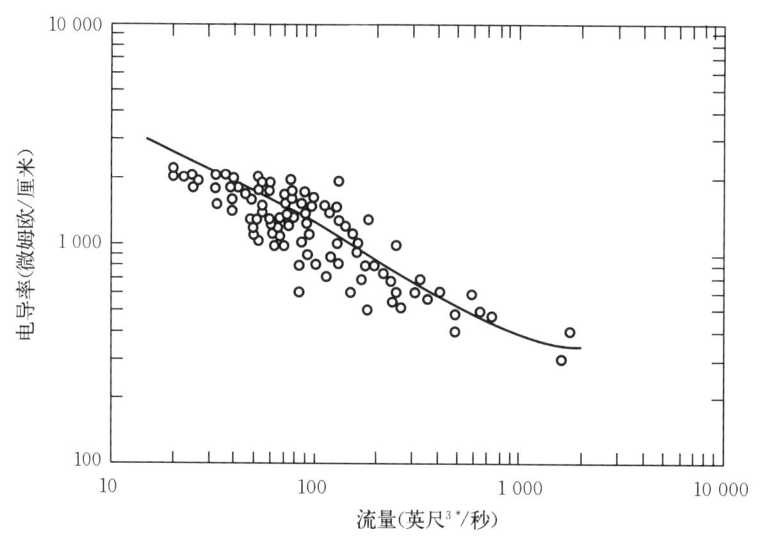

图 5.7 1943 年 10 月 1 日至 1944 年 9 月 30 日旧金山河在克利夫顿市，亚利桑那州，每天水样的电导率和每天的平均流量（Hem，1970）

开放盆地湖泊有流入和流出，其化学成分通常与同一区域的河水相似（表 5.6）。新斯科舍省、亚拉巴马州和佛罗里达州的湖泊在总溶解固体浓度和主要离子浓度方面与同一地区河水中的湖泊非常相似（表 5.5）。得克萨斯州西部的湖泊（表 5.6）位于干旱地区，其成分与同一干旱地区的佩科斯河（表 5.5）相似。封闭盆地湖泊有河流流入，但没有河

* 立方英尺为非法定计量单位。1 英尺³=0.028 米³。

流流出，离子通过蒸发浓缩。加利福尼亚州的小硼砂湖和位于以色列、巴勒斯坦和约旦之间的死海（表 5.6）是封闭盆地。

表 5.6 一些湖泊主要矿物成分的浓度（毫克/升）（Livingstone，1963）

湖泊[a]	HCO_3^-、CO_3^{2-}	SO_4^{2-}	Cl^-	Ca^{2+}	Mg^{2+}	Na^+	K^+	TDS
ANS[b]	2.7	5.4	5.2	2.3	0.5	3.2	0.6	20
LOA	25.6	3.2	1.2	3.1	1.7	2.6	1.4	46
LOF	136	28	29	41	9.1	2.2	1.2	277
LBT	159	555	560	38	0.1	(642)[c]	1 970	
LBC	8 166	10	905	8	24	3 390	317	13 600
DS	240	540	208 020	15 800	41 960	34 940	7 560	315 040

[a] ANS：新斯科舍省 9 个湖泊的平均值；LOA：亚拉巴马州奥本市奥格尔特里湖；LOF：佛罗里达州奥基乔比湖；LBT：得克萨斯州巴尔莫雷亚湖；LBC：加利福尼亚州小硼砂湖；DS：死海

[b] Boyd C. E，未发表数据

[c] 钠钾之和

池塘水的成分反映了特定区域的土壤成分。当然，如果气候干燥，蒸发产生的离子浓度可能会掩盖该地区土壤化学成分的影响。表 5.7 提供了密西西比州和亚拉巴马州几个自然地理区域池塘水平均成分的一些数据。所有地区的年降水量在 130～160 厘米/年，年平均气温差异不超过 2 或 3 ℃。但是，由于土壤化学成分的差异，池塘水中主要成分的浓度有所不同。密西西比州的亚祖盆地拥有肥沃的重黏土，其中含有游离碳酸钙，具有较高的阳离子交换容量。亚拉巴马州黑带草原、石灰岩山谷和高地的土壤不如亚祖盆地的土壤肥沃，但它们通常含有石灰岩。其他三个地理区域的土壤肥沃度较低，高度淋溶，不含石灰石。表 5.7 中的水主要是含有不同浓度其他主要离子的稀释的碳酸氢钙和碳酸氢镁溶液。

表 5.7 亚拉巴马州和密西西比州不同地理区域人工池塘水中主要成分的浓度（毫克/升）（Arce and Boyd，1980）

湖泊[a]	HCO_3^-、CO_3^{2-}	SO_4^{2-}	Cl^-	Ca^{2+}	Mg^{2+}	Na^+	K^+	TDS
MYB	307	—	14.2	61.7	20.8	—	5.1	—
Ala								
BBP	51.1	4.3	6.8	19.7	1.5	4.3	1.5	94.4
LVU	42.2	4.2	6.6	11.9	4.7	4.2	3.2	112.0
AP	18.9	6.6	3.2	5.0	2.8	2.9	1.7	60.2
CP	13.2	1.8	5.5	3.4	1.1	2.9	2.8	44.3
PP	11.6	1.4	2.6	2.7	1.4	2.6	1.4	34.5

[a] MYB：密西西比州亚祖盆地；Ala：亚拉巴马州；BBP：黑带草原；LVU：石灰岩山谷和高地；AP：阿巴拉契亚高原；CP：滨海平原；PP：山麓高原

地下水主要成分的浓度变化很大。在特定区域的地表下可能存在多个含水层，每个地层可能具有不同的特征。对亚拉巴马州中西部 80 千米半径范围内 100 多口水井的水进行了分析（Boyd and Brown，1990）。井水中的主要离子有五种分布模式（图 5.8）。矿化度最高的水域（A）（平均总溶解固体＝1 134 毫克/升）的碳酸氢盐和钙比例适中，氯化物和钠比例较大，其他主要离子比例相对较小。在中度矿化水中观察到三种模式（平均总溶解固体为 247～372 毫克/升）。在其中一类水（B）中，碳酸氢盐是主要阴离子，钠是主要阳离子；其他离子相对稀少。在大多数中度矿化水（C）中，碳酸氢盐是主要阴离子，钙是主要阳离子。在其他中度矿化的水域（D），氯化物的比例大于碳酸氢盐，钙和镁与钠和钾大致成比例。在弱矿化水（E）（平均总溶解固体＝78 毫克/升）中，碳酸氢盐是主要阴离子，但硫酸盐比例大于其他四种类型。钙和镁与钠和钾大致成比例。

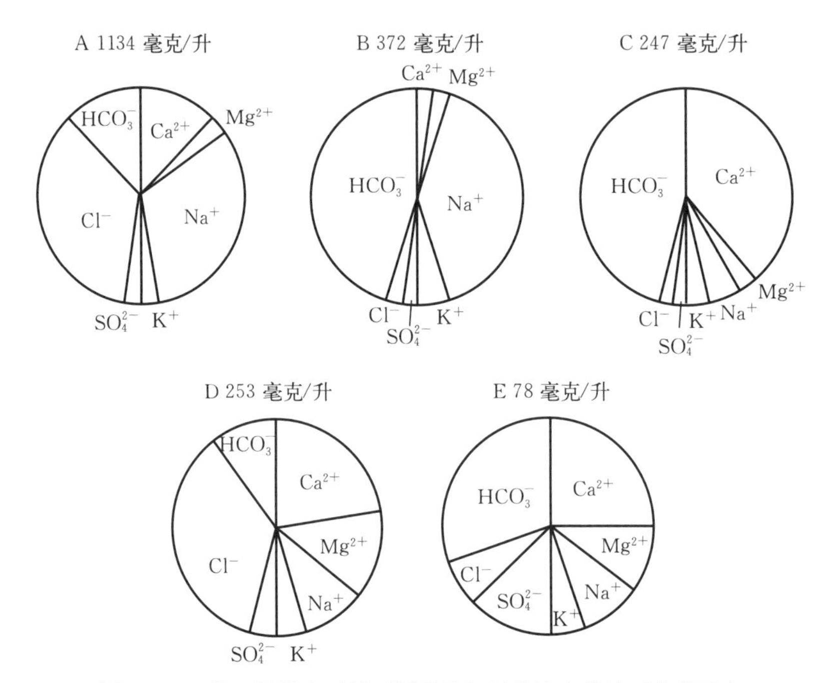

图 5.8　亚拉巴马州中西部不同总溶解固体浓度的地下水样品中主要离子的分布（Boyd，1990）

主要含有钠和氯化物以及 1 134 毫克/升总溶解固体（图 5.8 中的 A）的水来自受亚拉巴马州某些地区氯化钠地下沉积物影响的含水层。主要含有碳酸氢盐和钠（B）的水是一种有趣现象的结果，这种现象有时在沿海平原上发现，称为地下水自然软化（Hem，1970）。碳酸氢盐和钠浓度高的地下水出现在地表地层含有石灰石的区域，而地下含水层含有吸附大量钠的固体。含水层中含有钠，因为它们在早期地质时期充满了海水。随着海岸平原的抬升，海水被淡水所取代。向下渗透的雨水充满二氧化碳，溶解石灰石，增加碳酸氢盐、钙和镁的浓度。到达含水层后，渗透水中的钙被交换为含水层固体中的钠，从而形成稀释的碳酸氢钠溶液。

5.3.3 沿海海水和海洋海水

海洋基本上被溶解的无机物质所饱和，并且与这些物质或多或少处于平衡状态。全世界海洋的化学成分非常相似（表 5.8）。成分的变化很可能与盐度的变化非常相似。例如，北太平洋地区的盐度为 31～33 ppt，而大西洋的一些地区的盐度为 36～37 ppt。地中海和红海的盐度超过 38 ppt（World Ocean Atlas，2018）（https://www.nodc.noaa.gov/OC5/woa18/woa18data.html）。

表 5.8 海水中主要离子的平均组成（毫克/升）（Goldberg，1963）

成分	浓度	成分	浓度
Cl^-	19 000	HCO_3^-	142（28 毫克 C/升）
Na^+	10 500	Br^-	65
SO_4^{2-}	2 700（900 毫克 S/升）	Sr^{2+}	8
Mg^{2+}	1 350	SiO_2	3（以 Si 计）
Ca^{2+}	400	$B(OH)_3$、$B(OH)_4^-$	4.6（以 B 计）
K^+	380	F^-	1.3

海水和河水在河口混合在一起。由于大多数河水中的离子比海水稀释得多，河口水中的离子比例通常反映了海水中的离子比例。河口特定位置的河口水盐度可能会随着水深、时间和淡水流入而发生很大变化。在河流的沿海河段，河流底部可能出现盐水密度楔，导致盐度的深度分层。潮汐作用导致海水进出河口，从而引起盐度变化。如图 5.9 所示，雨后大量淡水输入会稀释河口的盐度。作者曾访问过洪都拉斯的一个小河口，两天前，一场暴雨肆虐的飓风刚刚过去。在几个地方绘制了盐度剖面图，显示当时只有淡水存在。在与海水交换有限的河口，由于淡水流入减少和蒸发引起离子浓缩，在旱季盐度可能会增加。这些河口的盐度可能在 40～60 克/升甚至更高，但在雨季，盐度会下降。

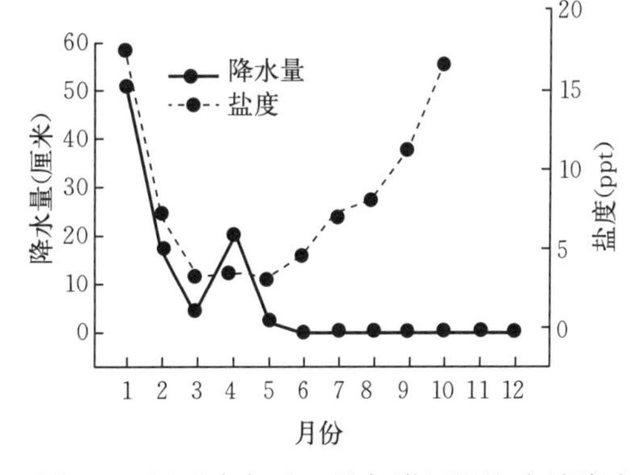

图 5.9 厄瓜多尔瓜亚基尔附近沿海水域降水与盐度之间的关系

5.4 天然水体中溶解的有机物

天然水体还含有动植物残骸分解产生的溶解有机物。水体接收源自外部和内部的有机物，这些有机物在物理、化学和生物学过程的作用下逐渐分解，其中一部分变得小到足以溶解。水生生物也可以将可溶性有机化合物直接排泄到水中。土壤和水中的有机物是处于不同分解阶段的动植物残留物、分解过程中化学和生物合成的化合物以及腐烂微生物及其残留物的混合物。

水体中的有机质尚未被深入研究过，但关于陆地土壤有机质的许多已知信息通常适用于水生系统中的有机质。事实上，水生系统中的大多数有机物都存在于沉积物中，其行为与土壤有机物相似。有机质在性质上不是腐殖质就是非腐殖质。非腐殖物质由碳水化合物、蛋白质、肽、氨基酸、脂肪、蜡、树脂、色素和其他相对低相对分子质量的化合物组成。这些化合物很容易被微生物分解，在土壤或水中的浓度都不高。

腐殖质是微生物合成和分解的产物。它以一系列未知但高相对分子质量的酸性、黄色至黑色大分子存在。土壤有机质中通常60%～80%为腐殖质。腐殖质化学尚未被很好地理解，但它由形成聚合物的多相分子混合物组成。腐殖质中聚合物的摩尔质量从几百克/摩尔到超过300 000克/摩尔。一种假说认为，在腐殖质形成过程中，木质素和微生物合成的其他化合物衍生的多酚与氨基化合物聚合在一起，形成具有功能性酸性基团的各种相对分子质量的聚合物。通常认为腐殖质由三类化合物组成：腐殖酸、黄腐酸和胡敏素。与腐殖酸相比，黄腐酸具有更高的氧含量、更低的碳含量、更低的相对分子质量和更高的酸度。黄腐酸呈淡黄色，而腐殖酸呈深棕色或黑色。胡敏素的性质定义不清。胡敏素与黄腐酸和腐殖酸的不同之处在于不溶于碱。腐殖物质分解非常缓慢，并在土壤中积累。胡敏素不溶于水，但腐殖酸在pH>1.0时可溶于水，黄腐酸在所有pH下都可溶（Steelink，2002）。由于其溶解性，腐殖酸和黄腐酸可存在于天然水体中，尤其是那些从森林地区流入的水体或含有大量高等水生植物的水体。一些腐殖质含量最高的水体出现在有泥炭沼泽的地区（Druvietis et al.，2010）。这些作者报告说，由于腐殖物质的影响，拉脱维亚的这些湖泊的赛克氏板能见度低至0.4米。

大多数相对清澈的水域的溶解有机物少于10毫克/升，但富含浮游植物的营养丰富水域的溶解有机物通常要多得多。最高浓度出现在被腐殖物质染色的水域，如沼泽湖泊和沼泽地。溶解的有机物会呈现颜色（通常是咖啡色或茶色）并限制光线的穿透。有机化合物能螯合金属，增加水中痕量金属的浓度。一些受污染的水体受纳废水中极高的有机物输入。

测定溶解有机物浓度［通常称为总溶解挥发性固体（Total dissolved volatile solids，TDVS）浓度］的一种方法是在450～500 ℃下灼烧总溶解固体分析的残留物，以烧掉有机物。重量损失是溶解的有机物或总溶解挥发性固体。总溶解固体和总溶解挥发性固体的测定通常结合到图5.1所示的同一方法中。总悬浮固体的无机部分通常称为总溶解固定性悬浮固体（Total dissolved fixed solids，TDFS），因为它在灼烧过程中不会丢失，TDFS=TDS−TDVS。

例5.6 灼烧重量为5.210 0克（例5.1）的蒸发皿和总溶解固体分析的干残渣，冷却后，蒸发皿和残渣重量为5.208 0克。估算总溶解挥发性固体浓度。

解：

总溶解挥发性固体=(5.210 0−5.208 0) 克×1 000毫克/克
×1 000毫升/升/100毫升样品

总溶解挥发性固体=20毫克/升

可使用燃烧有机物并测量释放的二氧化碳量的碳分析仪来估计溶解的有机物浓度。这种仪器很昂贵；一种更便宜的方法是用硫酸-重铬酸钾消化。在此程序中，用浓硫酸（H_2SO_4）和过量的标准重铬酸钾（$K_2Cr_2O_7$）处理过滤以去除悬浮颗粒后的水样。然后在回流装置中将其保持在沸腾温度下 2 小时。有时添加某些其他试剂作为催化剂或作为其他干扰物质中氯化物的抑制剂（Eaton et al.，2005）。有机物被 $Cr_2O_7^{2-}$ 离子氧化：

$$2\ Cr_2O_7^{2-} + 3\ 有机\ C^0 + 16H^+ = 4Cr^{3+} + 3CO_2 + 8H_2O \qquad (5.14)$$

用标准硫酸亚铁铵［$(NH_4)_2Fe(SO_4)_2$］反滴定法测定消解结束时剩余的重铬酸盐的量。反应中消耗的 $Cr_2O_7^{2-}$ 的毫当量等于样品中溶解有机碳的毫当量，如例 5.7 所示。

例 5.7 通过重铬酸盐消化估算溶解有机碳浓度。

情境：经过 2 微米过滤器的 20 毫升水样用浓 H_2SO_4、10.00 毫升 0.025 N $K_2Cr_2O_7$ 处理，并在沸腾温度下回流 2 小时。消化液需要 4.15 毫升 0.025N［$(NH_4)_2Fe(SO_4)_2$］（FAS）来还原剩余的 $Cr_2O_7^{2-}$。空白滴定需要 9.85 毫升的硫酸亚铁铵溶液。

解：

估算未消耗的 $K_2Cr_2O_7$：

空白（0.025 毫当量/毫升）（9.85 毫升 FAS）=0.246 毫当量

样品（0.025 毫当量/毫升）（4.15 毫升 FAS）=0.104 毫当量

$K_2Cr_2O_7$ 的消耗量为：

空白［（0.025 毫当量/毫升）（10.00 毫升 $K_2Cr_2O_7$）］−0.246 毫当量=0.004 毫当量

样品［（0.025 毫当量/毫升）（10.00 毫升 $K_2Cr_2O_7$）］−0.104 毫当量=0.146 毫当量

样品中的有机物等于 $K_2Cr_2O_7$ 的消耗量或（0.146−0.004）毫当量=0.142 毫当量。反应中有机碳的当量可以通过反应方程式 5.14 的描述来确定。在反应方程式 5.14 中，可观察到的 3 个化合价为 0 的碳原子，每个原子失去了 4 个电子，获得二氧化碳中化合价为 +4 的碳原子。反应中碳的当量通过碳的相对原子质量（12）除以每个碳原子转移的电子数（4）得到。

因此，20 毫升水样中溶解有机碳的量为：

0.142 毫当量 $K_2Cr_2O_7$ ×3 毫克 C/毫当量=0.426 毫克 C（20 毫升的样品）

或 21.3 毫克 C/升

5.5 溶解固体与依数性质

5.5.1 蒸汽压

溶液的依数性质是由溶质引起的物理变化，它取决于溶质的数量而不是溶质的类型。这些变化包括蒸汽压降低、冰点降低、沸点升高，以及溶质浓度越高渗透压越高。总溶解固体浓度影响水的依数性质。

法国化学家弗朗索瓦·拉乌尔在 18 世纪末发现，在相同温度下，溶液的蒸汽压小于其纯溶剂的蒸汽压。这一现象被称为拉乌尔定律，表示为

$$P_{溶液} = XP^{\circ} \qquad (5.15)$$

式中，$P_{溶液}$ 表示溶液的蒸汽压；X 表示纯溶剂的摩尔分数［溶剂摩尔数/(溶质摩尔

数+溶剂摩尔数)]；P°表示纯溶剂的蒸汽压。

这种现象的产生是因为溶质分子占据了溶剂分子之间的空间。溶液表面并非完全由溶剂分子组成，溶剂分子进入溶液上方空气的扩散速率将小于暴露在空气中的纯溶剂的扩散速率。随着溶质浓度的增加，蒸汽压降低。

5.5.2 冰点和沸点

水的蒸汽压等于大气压时就会沸腾。溶质会降低水的蒸汽压，为了实现沸腾，必须将溶液升高到比纯水更高的温度（例 5.8）。

在冰点时，水分子的运动速度慢到足以让氢键排列成冰的固体晶格。当然，水分子在水的固相和液相之间不断交换，但在冰点处，两相之间没有分子的净交换。正如溶质分子占据水面的空间并降低水分子进入空气的速率（降低蒸汽压）一样，溶质分子占据液态水中的空间。但是，溶质分子不会进入冰的晶体结构。总的效果是水中溶质的存在减慢了水分子进入固相的速度。这导致水分子的运动速度慢到足以在固相和液相之间的交换达到平衡时的温度降低，即导致冰点降低（例 5.8）。

溶质的作用源于溶质颗粒，一些物质溶解成离子而不是分子。因此，1 摩尔食盐（NaCl）产生 2 摩尔颗粒（1 摩尔 Na^+ 和 1 摩尔 Cl^-）。糖（蔗糖）以分子形式溶解，1 摩尔糖产生 1 摩尔颗粒。该现象是范特霍夫系数的基础，该系数用于将离子浓度调整为粒子浓度。

冰点降低和沸点升高的估算公式如下：

$$\Delta T_{fp}=i\times K_{fp}\times m \tag{5.16}$$

$$\Delta T_{bp}=i\times K_{bp}\times m \tag{5.17}$$

式中，ΔT_{fp}和 ΔT_{bp}分别为冰点和沸点的变化（℃）；i 表示范特霍夫系数；K_{fp}和 K_{bp}分别为冰点和沸点变化的比例常数；m 表示溶液的重量摩尔浓度（m=溶质的摩尔数/溶剂的千克数）*。水的 K_{fp}和 K_{bp}的典型值分别为 1.86 和 0.512 ℃·千克/摩尔。

例 5.8 估算在 20 ℃和标准压力下，1 摩尔/千克 KCl 水溶液中的蒸汽压、冰点降低和沸点升高。

解：

1 摩尔/千克 KCl 溶液由 74.55 克（1 摩尔）KCl 和 1 000 克水（55.56 摩尔）组成。范特霍夫系数为 2（$KCl=K^++Cl^-$）。摩尔分数 X=(55.5 摩尔)÷(2 摩尔+55.56 摩尔)=0.965。使用表 1.2 中的 P°和公式 5.15，溶液的蒸汽压为：

$$P_{溶液}=(0.965)(17.535\ 毫米汞柱)=16.92\ 毫米汞柱$$

使用公式 5.16 计算冰点降低：

$$\Delta T_{fp}=(2)(1.86\ ℃\cdot 千克/摩尔)(1\ 摩尔/千克)=3.72\ ℃$$

沸点的升高可通过公式 5.17 获得：

$$\Delta T_{bp}=(2)(0.512\ ℃\cdot 千克/摩尔)(1\ 摩尔/千克)=1.02\ ℃$$

虽然例 5.8 显示了 1 摩尔/千克 KCl 溶液的冰点和沸点发生了实质性变化，但与淡水

* m 代表重量摩尔浓度。详细的定义及计算方法请查看附录中的“重量摩尔浓度”相关内容。

相比，该溶液的总溶解固体浓度相当高。淡水在与纯水相同的温度下结冰和沸腾，但海水和一些内陆盐水的总溶解固体浓度非常高，足以对沸点和冰点产生显著影响。海水通常在－1.9 ℃结冰，在 100.6 ℃左右沸腾。

5.5.3 渗透压

如图 5.10 所示，溶液的渗透压是防止水分子通过半透膜从溶质稀的溶液流向溶质浓的溶液所需的压力或力。半透膜可渗透溶剂分子，但不可渗透溶质颗粒。假设水是溶剂，它将通过一个半透膜从稀溶液进入到更浓的溶液。理解这一现象的一个简单方法是，水分子和溶质分子不断地轰击膜的两侧。在膜面向稀溶液的一侧，撞击膜表面的水分子将多于膜面向浓溶液的一侧，因为稀溶液中每单位体积的水分子多于浓溶液中的水分子。水分子从稀溶液到浓溶液会有净迁移，直到两边达到平衡（浓度相等）。这个想法可以用压力来表示，因为压力可以施加在浓度高的一侧，以阻止水分子在膜上的净迁移（图 5.10）。完成这一任务所需的压力的量就是溶液的渗透压。渗透压方程为：

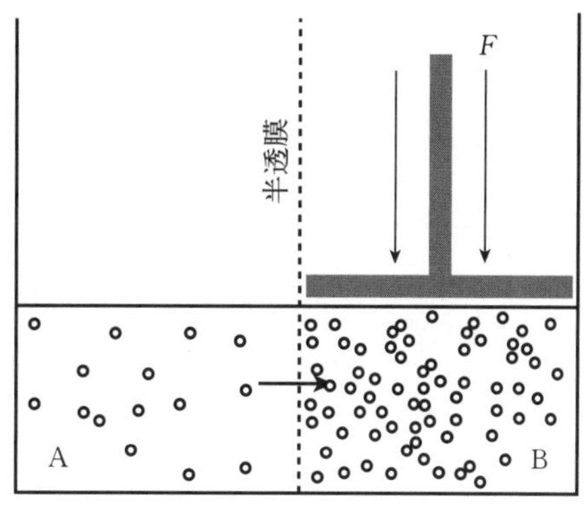

图 5.10　渗透压概念的说明

$$\pi = nRT/V \tag{5.18}$$

式中，π 表示渗透压（标准大气压）；n 表示溶液中溶质的摩尔数；R 表示理想气体常数（0.082 升·标准大气压/摩尔·开）；T 表示绝对温度（摄氏温度＋273.15 开）；V 表示溶液体积（升）。因为 n/V 等于溶质的摩尔浓度，方程式 5.18 变为：

$$\pi = CRT \tag{5.19}$$

式中，C 表示溶质的摩尔浓度。有些溶质中每个分子分解成两个或两个以上的粒子，范特霍夫系数用于解释这种现象，

$$\pi = iCRT \tag{5.20}$$

在以下示例中，将计算 0.1 摩尔/升 NaCl 和糖溶液的渗透压。

例 5.9　计算 25 ℃下 0.1 摩尔/升糖和氯化钠溶液的渗透压。

解：

糖溶解时不离子化；0.1 摩尔/升糖溶液的颗粒为 0.1 摩尔/升。氯化钠溶解成离子（$NaCl = Na^+ + Cl^-$），范特霍夫系数为 2。

使用公式 5.20，

糖＝(0.1 摩尔/升)（0.082 升·标准大气压/摩尔·开）(273.15 开＋25)

＝2.44 标准大气压

NaCl＝2（0.1 摩尔/升）(0.082 升·标准大气压/摩尔·开）(273.15 开＋25)

＝4.89 标准大气压

在将渗透压概念（图 5.10）应用于水生动物时，水生动物的体液代表一种溶液，周围的水是另一种溶液，动物分开两种溶液的部分可以被认为是膜。淡水动物的体液的离子

浓度高于周围的水；相对于环境来说具有高盐性或高渗性。咸水动物的体液中离子浓度低于周围的水；相对于环境来说是低盐性或低渗性。淡水鱼容易积水，因为它对环境具有高渗性，必须排泄水分并保留离子以保持渗透平衡（图 5.11）。而因为咸水鱼相对于环境是低渗的，所以会失水。为了补充这些水，鱼会喝进盐水；但为了防止过量盐分的积累，必须排出盐分（图 5.11）。每个物种都有一个最佳的盐度范围，在这个范围之外，动物必须消耗比正常更多的能量进行渗透压调节，从而牺牲其他过程，如生长。盐度对鱼类利用食物能量的影响如表 5.9 所示。当然，如果盐度偏离最佳范围太多，导致无法维持体内稳态，动物就会死亡。

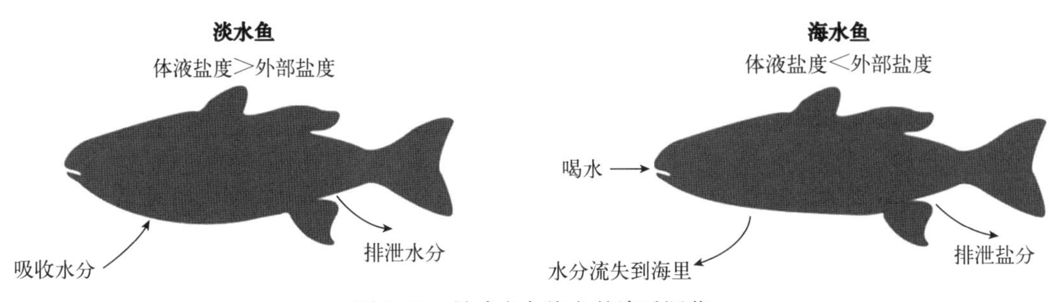

图 5.11　淡水鱼与海鱼的渗透调节

表 5.9　盐度对鲤生长过程中食物能量回收的影响（Wang et al.，1997）

盐度（ppt）	鱼类生长过程中食物能量的回收率（%）
0.5	33.4
2.5	31.8
4.5	22.2
6.5	20.1
8.5	10.4
10.5	−1.0

如果提供给植物的水含离子浓度过高，植物也会出现渗透调节问题。根据钠吸收率（SAR）预测溶解固体对灌溉水水质的影响

$$SAR = Na / \left[0.5\ (Ca + Mg)^{0.5}\right] \qquad (5.21)$$

式中，Na、Ca 和 Mg 代表各自离子浓度（毫当量/升）。表 5.10 提供了基于总溶解固体和钠吸收率的灌溉水使用的一些通用标准。

表 5.10　灌溉水中总溶解固体（TDS）和钠吸收率（SAR）的通用标准

植物的耐盐性	TDS（毫克/升）	SAR
所有物种，无有害影响	500	2～7
敏感品种	500～1 000	8～17
对许多常见物种有不利影响	1 000～2 000	18～45
仅适用于渗透性土壤上的耐性品种	2 000～5 000	46～100

5.6　溶解固体的去除

生产饮用水或用于分析实验室或工业过程的低电导率水时，可能需要去除水中的溶解固体。产生相对纯净的水的自然方式是蒸发，然后是大气中的水蒸气凝结和降水（见第3章）。这一自然过程通过蒸馏来模拟，在蒸馏过程中，水通过在室内加热转化为蒸汽，然后冷凝蒸汽并捕获冷凝液，如图5.12所示。溶解固体也可通过离子交换和反渗透从水中去除。

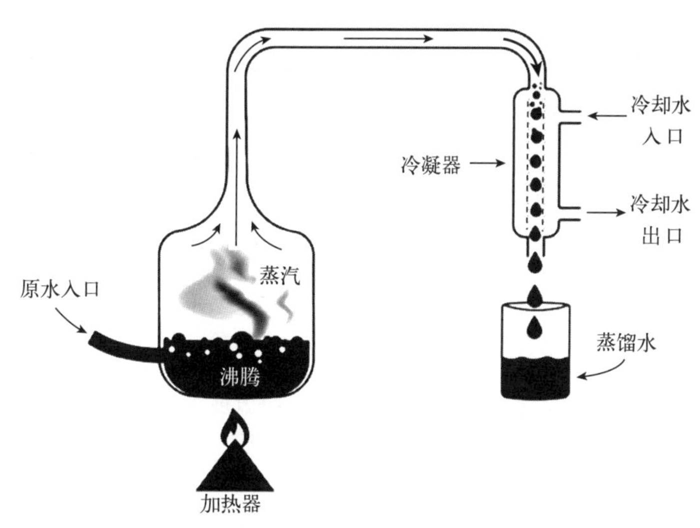

图5.12　水蒸馏装置示意图

5.6.1　离子交换

用于化学、生物和医学实验室或某些工业用途的溶解物质浓度非常低的相对小体积水，传统上是用小型蒸馏装置生产的。目前这种水主要是通过离子交换产生。蒸馏水有国际标准化组织（ISO）、美国材料试验学会（ASTM）和美国药典（USP）等标准。表5.11提供了这些组织的电导率标准。符合标准的蒸馏水或去离子水相当纯净。然而，由于水的离子化（$H_2O = H^+ + OH^-$，$K_w = 10^{-14}$），电导率不可能低于约0.055微姆欧/厘米。

表5.11　美国材料试验学会（ASTM）、国际标准化组织（ISO）和美国药典（USP）蒸馏水或去离子水的电导率标准

标准	电导率（微姆欧/厘米）
美国材料试验学会	
Ⅰ类	<0.06
Ⅱ类	<1.0
Ⅲ类	<2.5
Ⅳ类	<5.0

（续）

标准	电导率（微姆欧/厘米）
国际标准化组织	
一级	<0.1
二级	<1.0
三级	<5.0
美国药典	
美国药典（纯化级）	<1.3
美国药典（注射级）	<1.3

去离子装置由填充有阴离子交换树脂和阳离子交换树脂的柱组成。这些树脂通常是高分子聚合物；阴离子树脂的氢氧根离子与水中的阴离子交换，而阳离子树脂的氢离子与水中的阳离子交换。阴离子交换树脂的一个例子是具有许多季铵盐位点的聚合物。季铵盐基团中的氮与聚合物相连，季铵盐的三个甲基赋予氮正电荷。用氢氧化物处理树脂，使季铵盐上的电荷被氢氧根离子所饱和。当水通过树脂时，氢氧根离子与水中的阴离子交换，如下所示：

$$\text{聚合物—N}\ (CH_3)_3^+\ OH^- + Cl^- \rightarrow \text{聚合物—N}\ (CH_3)_3^+\ Cl^- + OH^- \quad (5.22)$$

普通的阳离子树脂是由含有许多磺酸基的聚合物组成的。磺酸基中的硫有两个双键氧和一个带负电荷的单键氧。氢离子中和单键氧上的电荷，当水通过树脂时，氢离子与水中的阳离子交换，如下所示：

$$\text{聚合物—}SO_3^-\ H^+ + K^+ \rightarrow \text{聚合物—}SO_3^-\ K^+ + H^+ \quad (5.23)$$

在二价离子的情况下，聚合物具有许多季铵盐或磺酸基团，并且附近两个位置上的氢氧根离子或氢离子被交换为二价阴离子或二价阳离子。在此过程中，释放到水中的氢离子和氢氧根离子结合形成水。当离子交换树脂被阴离子或阳离子饱和时，可分别用碱性或酸性溶液对其进行反洗、再生和进一步使用。

通常带负电的溶解有机物可以通过离子交换去除。活性炭过滤可用于去除未带电的溶解有机碳。活性炭是一种高度多孔的木炭，具有高达 2 000 米^2/克的巨大表面积。水可以通过活性炭柱，木炭能吸附水中许多溶解的有机物。

5.6.2 脱盐作用

在许多方面，整个人类都面临着古代水手射杀信天翁的问题，这给他和他的帆船带来了诅咒："水，到处都是水，没有一滴可以喝"（塞缪尔·泰勒·柯勒律治的《古舟子咏》）。海洋蕴藏着大量的水，但由于盐度高，不适合大多数人类饮用。海水淡化被提倡作为增加供人类使用的淡水供应的一种手段。有几种脱盐工艺，但大多数脱盐厂依靠蒸馏或反渗透。多级闪蒸蒸馏可以在第一阶段水蒸发时，从冷凝蒸汽中回收热量用于第二阶段水的蒸发，并且该过程重复几个阶段，使整个过程更加节能。在反渗透中，使用压力迫使水通过阻止溶解固体穿过的膜。

根据国际海水淡化协会（idadesal.org）的数据，截至 2015 年 6 月，150 多个国家共有 18 246 家海水淡化厂，生产量约为 8 680 万米^3/天（32 千米^3/年），约为 3 亿人供水。

海水在海洋中结冰时，发生自然脱盐，因为溶解的离子不会进入冰的结构中，而是被转移到液相。冰山和冰川代表着相对纯净的水，有人提出，这些大量的冷冻淡水可以作为淡水来源拖到沿海城市。这一想法尚未实现。

5.7 瓶装水

瓶装水生产已经成为一个巨大的全球产业。市政供水系统生产的水在微生物和化学质量上与瓶装水相似，但公众喜欢瓶装水。据估计，2017 年全球消费量为 4 000 亿升（0.4 千米^3），价值 2 400 亿美元（https://www.statista.com/statistics/387255/global-bottle-water-consumption/）。

瓶装水可以从泉水、水井或市政供水中获取，但大多数是通过蒸馏、去离子或反渗透进行净化的。氟可以添加到瓶装水中，大多数品牌都经过了微生物纯度测试。瓶装水的化学成分因类型和品牌而异，通常在瓶子标签上标明。表 5.12 列出了瓶装水的一般类型。

表 5.12 瓶装水的类型

水的类型	特色
重碳酸盐	碳酸氢盐＞600 毫克/升
硫酸化	硫酸盐＞200 毫克/升
氯化	氯化物＞200 毫克/升
钙化	钙＞150 毫克/升
镁质	镁＞50 毫克/升
氟化	氟＞1 毫克/升
苏打水	钠＞200 毫克/升
铁质	铁＞1 毫克/升
轻度矿化	TDS＜50 毫克/升
低度矿泉水	50＜TDS＜500 毫克/升
中度矿泉水	500＜TDS＜1 500 毫克/升
矿泉水	TDS＞1 500 毫克/升

资料来源：https://www.lenntech.com/mineral-water/bottled-water.htm.

在供水不卫生或水的外观、味道或气味不好的地方，瓶装水是一个很好的选择。在世界许多地方，选择瓶装水而不是城市自来水没有健康或其他方面的好处。瓶装水行业需要大量的塑料瓶，其中许多可能无法回收。与市政水处理厂相比，瓶装水行业在向消费者输送的每单位体积水中消耗更多的能源、排放更多的碳。

5.8 溶解固体的影响

总溶解固体浓度过高会干扰水的各种有益用途。随着内陆水域总溶解固体浓度的升高，渗透压增加，能够承受渗透压的水生物种将越来越少。不同土壤和气候区域的水生生态系统中总溶解固体浓度存在很大差异，水生群落的物种组成受对溶解固体的耐受性（或对盐度、电导率或渗透压的耐受性）的影响。具有良好、混合淡水鱼类动物群的生态系统通常总溶解固体浓度低于1 000毫克/升，但许多淡水鱼类和其他生物物种可能耐受5 000毫克/升总溶解固体。然而，为确实保护水生生物，淡水生态系统中的总溶解固体浓度不应超过1 000毫克/升。美国的几个州将“管道末端”排放到自然水体的总溶解固体限制为500毫克/升。在天然总溶解固体较大的水体中，通常允许排放较高的总溶解固体浓度限值。总溶解固体的浓度在河口自然波动，那里出现的物种适应了这些变化。总溶解固体浓度通常不是直接排放到海洋中的废水的问题，但反渗透海水淡化装置除外，该装置排放的水比海水中的盐浓度高得多。

高浓度的总溶解固体对人体的主要生理影响是硫酸钠和硫酸镁引起的通便作用。钠对患有高血压和心脏病的个人以及患有毒血症的孕妇也有不良影响。通常，建议氯化物和硫酸盐的上限为250毫克/升。过多的固体也会给水带来一种不良的味道，这种味道主要是由氯化物引起的。当水中总溶解固体浓度过高时，也会出现水管装置结垢和腐蚀问题。如有可能，公共供水的总溶解固体浓度不应超过500毫克/升，但有些可能高达1 000毫克/升或更高。牲畜用水可含有高达3 000毫克/升的总溶解固体，通常不会对动物造成不利影响。

结论

总溶解固体浓度是评估内陆水是否适合用作生活、农业和工业水源的最重要变量之一。电导率可能是评估淡水中溶解固体浓度最通用的方法，而盐度是河口和海水中溶解固体最广泛使用的指标。溶解固体浓度可能会对生物体产生负面影响，因为如果浓度超出可接受范围，就会出现渗透调节问题。海水淡化已成为许多沿海干旱国家的重要淡水来源。瓶装饮用水在许多国家已经成为一个巨大的产业，包括那些有安全城市供水的国家。

参考文献

Arce RG, Boyd CE, 1980. Water chemistry of Alabama ponds. Bulletin 522. Alabama Agricultural Experiment Station, Auburn University.

Austin RW, Halikas G, 1976. The index of refraction of seawater. US Department of Commerce Technical Information Series AD-A024800, Washington.

Baxter GP, Burgess LL, Daudt HW, 1911. The refractive index of water. J Am Chem Soc, 33: 893-901.

Boyd CE, 1990. Water quality in ponds for aquaculture. Alabama Agricultural Experiment Station, Auburn University.

Boyd CE, Brown SW, 1990. Quality of water from wells in the major catfish farming area of Alabama//Tave D. Proceedings 50th Anniversary Symposium Department of Fisheries and Allied Aquacultures, Auburn University.

Carroll D, 1962. Rainwater as a chemical agent of geologic processes—a review. Water-supply paper 1535-

G. United States Geological Survey, United States Government Printing Office, Washington.

Druvietis I, Springe G, Briende A, et al., 2010. A comparative assessment of the bog aquatic environment of the Ramsar site of Teici Nature Reserve and North Vidzeme Biosphere Reserve, Latvia//Klavins M. Mires and Peat. Salaspils, Latvia, University of Latvia Press.

Eaton AD, Clesceri LS, Rice EW, et al., 2005. Standard methods for the examination of water and wastewater. American Public Health Association, Washington.

Goldberg ED, 1963. Chemistry—the oceans as a chemical system//Hill MN. Composition of sea water, comparative and descriptive oceanography, Vol. Ⅱ. The sea. New York, Interscience Publishers: 3-25.

Hem JD, 1970. Study and interpretation of the chemical characteristics of natural water. Watersupply paper 1473. United States Geological Survey, United States. Government Printing Office, Washington.

Hutchinson GE, 1957. A treatise on limnology, vol Ⅰ, geography, physics, and chemistry. New York, Wiley.

Knudsen M, 1901. Hydrographical tables. Copenhagen, G. E. C. Gad.

Laxen DPH, 1977. A specific conductance method for quality control in water analysis. Water Res, 11: 91-94.

Lewis EL, 1980. The practical salinity scale 1978 and its antecedents. J Ocean Eng, 5: 3-8.

Lewis EL, Perkin RG, 1981. The practical salinity scale 1978: conversion of existing data. Deep Sea Res, 28: 307-328.

Li L, Dong S, Tian X, et al., 2012. Equilibrium concentrations of major cations and total alkalinity in laboratory soil-water systems. J App Aqua, 25: 50-65.

Livingstone DA, 1963. Chemical composition of rivers and lakes. Professional Paper 440-G. United States Geological Survey, United States Government Printing Office, Washington.

Lyman J, 1969. Redefinition of salinity and chlorinity. Lim and Ocean, 14: 28-29.

Millero FJ, Rainer F, Wright DG, et al., 2008. The composition of standard seawater and the definition of the reference-composition salinity scale. Deep-Sea Res, 55: 50-72.

Sawyer CN, McCarty PL, 1967. Chemistry for sanitary engineers. New York, McGraw-Hill.

Steelink C, 2002. Investigating humic acids in soil. Anal Chem, 74: 326-333.

UNESCO, 1981a. The practical salinity scale 1978 and the international equation of state of seawater 1980. UNESCO Technical Papers in Mar Sci 36, Paris.

UNESCO, 1981b. Background papers and supporting data on the practical salinity scale 1978. UNESCO Technical Papers in Mar Sci 37, Paris.

UNESCO, 1985. The international system of units (SI) in oceanography. UNESCO Technical Papers in Mar Sci 45, Paris.

van Niekerk H, Silberbauer MJ, Maluleke M, 2014. Geographical differences in the relationship between total dissolved solids and electrical conductivity in South African rivers. Water South Africa, 40: 133-137.

Walton NRG, 1989. Electrical conductivity and total dissolved solids—what is their precise relationship? Desal, 72: 275-292.

Wang JO, Liu H, Po H, et al., 1997. Influence of salinity on food consumption, growth, and energy conversion efficiency of common carp (*Cyprinus Carpio*) fingerling. Aqua, 148: 115-124.

Wright DG, Pawlowicz R, McDougall TJ, et al., 2011. Absolute salinity, "density salinity," and the reference-composition salinity scale: present and future use in the seawater standard TEOS-10. Ocean Sci, 7: 1-26.

6　悬浮固体、水色、浊度和光照

摘要

天然水体中含有悬浮颗粒物，这些颗粒物会增加浑浊度，使水体呈现明显的颜色，并干扰光线的穿透。这些颗粒物来源于侵蚀、流域的植物碎屑和水体中产生的微生物。悬浮颗粒包括从无限期悬浮的胶体到因湍流而悬浮的较大泥沙颗粒。颗粒在静水中的沉降速度由斯托克定律公式估算，主要取决于颗粒直径和密度。大的、致密的颗粒沉降最快。有机颗粒因其密度低而沉降缓慢，但浮游生物也具有降低沉降速度的适应性。所有波长的太阳辐射都会迅速“熄灭”，大约50%的辐射会在1米之内反射或转化为热量。在可见光谱中，清水对红光和橙光的吸收最强，其次是紫光，然后是黄光、绿光和蓝光，但水中的悬浮颗粒往往会吸收所有波长。悬浮固体的沉降会导致水体逐渐被“填满”，并破坏底栖生物。水体中的浊度和颜色会降低光合作用速率、降低生产力。清澈的水更令人赏心悦目，更适合休闲用，也更适合饮用。侵蚀控制、沉淀、化学絮凝和过滤技术用于颜色和浊度控制。

引言

天然水体中含有的颗粒不同于真正的溶液，而是抵抗重力暂时或永久悬浮的。这些颗粒物被称为悬浮固体，但许多人称之为颗粒物质。严格来说，后一个术语不应使用，因为所有溶解或悬浮的颗粒都是物质。较大的悬浮颗粒会根据其密度和尺寸不断沉降，但湍流可能会阻止或减缓其沉降速度。悬浮颗粒和某些溶解物质使水变色，并干扰光线的通过，使水变得不那么透明，增加其浊度。

悬浮物可以是无机物，也可以是有机物，包括生物体、碎屑和土壤颗粒。浊度限制光的穿透，并对水生植物的生长具有强大的限制作用。悬浮颗粒物也会沉降到水体底部，导致底部栖息地严重退化。饮用水和许多工业用水经过处理，以去除过多的浊度和颜色。

6.1　悬浮颗粒

6.1.1　来源

水体中的悬浮土壤颗粒通常来源于流域的降雨侵蚀、流水造成的河床侵蚀、波浪造成

的海岸线侵蚀以及湖泊和池塘中沉积物的再悬浮。有机颗粒物来源于落叶、地表径流使有机颗粒物悬浮在集水区上、水体中浮游生物和细菌的生长，以及死亡的水生生物的残余物(碎屑)。

悬浮颗粒物的大小和密度变化很大（表 6.1）。体积更大、密度更高的颗粒，如沙子和粗粉土，往往会很快沉降到底部。浊度是由于细粉土和黏土颗粒不能迅速沉降造成的，而含有大量土壤颗粒的水则显得“浑浊”。浮游植物、浮游动物和碎屑也会使水体浑浊。在未受污染的天然水体中，悬浮有机物的总量通常小于 5 毫克/升，但在营养丰富、浮游生物丰富的水体中，有机颗粒的浓度可能大于 50 毫克/升。

表 6.1 水中颗粒的典型尺寸和密度

颗粒	最大尺寸或宽度（微米）	颗粒密度（克/厘米^3）
水分子	0.000 282	1.0
溶解无机离子	0.000 4～0.000 6	可变
溶解有机化合物	0.005～0.05	可变
细菌	0.2～10	1.02～1.1
黏土	0.5～2	2.7～2.8
浮游植物	2～2 000	1.02～1.20
粉土	2～50	2.65～2.75
肉眼可见的粒子	＞40	—
沙	50～2 000	2.6～2.7
浮游动物	100～2 500	1.02～1.20
有机碎屑	0.2～2 500	0.8～1.0

6.1.2 沉降特性

根据粒径，矿物土壤颗粒有两种粒度分类方案（表 6.2）。颗粒很少是球形的，通过筛分分析进行粒度分类的颗粒分离取决于颗粒的最大尺寸。有机颗粒也根据颗粒大小进行分类。球形颗粒的沉降速度与其尺寸（直径）和密度有关。当颗粒在重力作用下沉降时，它们的向下运动与浮力和阻力相反。浮力等于沉降颗粒置换的水的重量，该力的增加与颗粒体积成正比。净重力是重力和浮力的差值，它使粒子沉降。随着沉降颗粒速度的增加，与颗粒相对于水的向下运动相反的黏性摩擦力增加。这个力就是阻力。当阻力与净重力一样大时（图 6.1），颗粒以恒定速度沉降，称为最终沉降速度。影响颗粒在水中沉降的变量组合在斯托克定律公式中，用于估算最终沉降速度：

表 6.2 美国农业部（USDA）和国际土壤科学学会（ISSS）基于筛分分析的土壤颗粒分类

颗粒分数名称	USDA（毫米）	ISSS（毫米）
沙砾	＞2	＞2
极粗沙	1～2	—

（续）

颗粒分数名称	USDA（毫米）	ISSS（毫米）
粗沙	0.5～1	0.2～2
中沙	0.25～0.5	—
细沙	0.1～0.25	0.02～0.2
极细沙	0.05～0.1	—
粉土	0.002～0.05	0.002～0.02
黏土	<0.002	<0.002

$$v_s=\frac{g\ (\rho_p-\rho_w)\ D^2}{18\mu} \qquad (6.1)$$

式中，v_s 表示最终沉降速度（米/秒）；g 表示重力加速度（9.81 米/秒^2）；ρ_p 表示颗粒密度（千克/米^3）；ρ_w 表示水的密度（千克/米^3）；D 表示颗粒直径（米）；μ 表示水的黏度（牛顿·秒/米^2）。

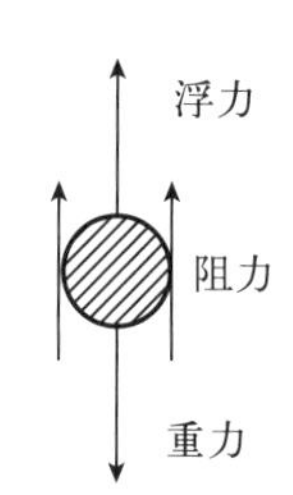

净重力=重力−浮力

当净重力=阻力时，粒子以恒定速度沉降

图 6.1　作用在沉降粒子上的力

沉降理论是为理想的球形颗粒而建立起来的，但它通常适用于悬浮颗粒。颗粒的直径和密度越大，沉降越快（例 6.1）。水的黏度和密度随着温度的升高而降低（表 1.5），颗粒在温水中的沉降速度比在冷水中更快。有机质的颗粒密度远小于沙子、淤泥和黏土（表 6.1）。矿物颗粒比同等大小的有机颗粒沉降得更快。

例 6.1　比较 30 ℃下直径为 0.000 1 毫米的黏土颗粒和直径为 0.02 毫米的粉土颗粒的最终沉降速度。

解：

应用公式 6.1，并从表 1.5 中获得 30 ℃条件下的水密度和黏度，

$$v_s\ 粉土=\frac{(9.81\ 米/秒^2)\ (2\ 700-995.7)\ 千克/米^3\ (2\times10^{-5}米)^2}{18\ (0.798\times10^{-3}牛·秒/米^2)}$$

$$v_s\ 粉土=5.2\times10^{-4}米/秒$$

$$v_s\ 黏土=\frac{(9.81\ 米/秒^2)\ (2\ 700-995.7)\ 千克/米^3\ (1\times10^{-7}米)^2}{18\ (0.798\times10^{-3}牛·秒/米^2)}$$

$$v_s\ 黏土=1.16\times10^{-8}米/秒$$

淤泥颗粒由于直径更大，下沉速度比黏土颗粒快得多。

细菌细胞很少下沉，因为大多数细胞的密度小于水。浮游植物细胞非常小，但其中许多细胞仍倾向于下沉。许多物种都具有减少或防止沉降的适应性，如增加浮力的气体空泡或增加阻力的突出物。有些物种有鞭毛、纤毛或其他运动方式来避免下沉。这些适应被称为形状阻力，这一概念表示为粒子下沉的速度与等密度球体下沉的速度之比（Padisák et al.，2003）。对于浮游藻类，形状阻力系数范围为 0.476～2.008。形状阻力值越大，浮游

生物的沉降速度越慢。斯托克斯（Stokes）定律公式通常不适用于微生物的沉降速率。在天然水体中，湍流对颗粒沉降也起着关键作用。湍流条件可能会使粒子悬浮的时间比用斯托克斯定律公式的一般形式进行的计算所预期的要长得多。

6.1.3 胶体

胶体颗粒的大小从 0.001 到 1 微米不等。尽管比大多数分子都大，但胶体颗粒非常小，即使它们不是真正的溶液，也会留在水中。胶体颗粒有几种不同于溶解分子和悬浮颗粒的性质。一道窄的光束通过真实溶液时，其路径无法观察得到。在胶体悬浮液中，光的路径是可见的，因为胶体大到足以散射光。胶体的光散射效应被称为廷德尔效应，以纪念英国物理学家约翰·廷德尔（John Tyndall），他最先描述了这种效应。在暗场显微镜下观察的胶体悬浮液中，胶体颗粒表现为在黑暗背景下不规则移动的亮点。胶体颗粒的随机运动是由水分子轰击造成的。胶体粒子的随机运动称为布朗运动。除非使用孔径非常小的特殊过滤器，否则无法通过过滤去除水中的胶体颗粒。胶体颗粒相对于体积而言有巨大的表面积，这赋予了它们很大的表面吸附能力。大多数胶体带有净正电荷或净负电荷，但同一类型的所有胶体都带相同的电荷并相互排斥。天然水中发现的胶体黏土颗粒（<200 微米）带负电。胶体上电荷的中和作用可以使分散的粒子聚集在一起，并从溶液中聚集和沉淀。在市政供水厂，悬浮的带负电荷的黏土颗粒通常通过添加铝离子来中和其表面的电荷而从水中沉淀出来。

6.2 水色

大型水体通常呈蓝色，因为它们的表面反映了天空的颜色。天然水的真正颜色来自阳光进入水中后未被吸收的光线。因为水对可见光谱的红端比蓝端吸收得更强烈，所以蓝色和蓝绿色的光会散射回来并可见。这使清澈的海水呈现蓝色，但溶解和悬浮颗粒也会吸收光线并影响颜色。水真正的颜色包括由水本身和溶解在水中的物质产生的颜色。

浮游植物的大量繁殖将海水染成各种深浅的绿色、蓝绿色、黄色、棕色、红色，甚至黑色。悬浮矿物颗粒的颜色也可能有很大差异（各种深浅的黑色、红色、黄色、灰色和白色）。单宁和木质素通常赋予水一种黄棕色的，像茶水一样的外观，但当其浓度较高时，水可能呈现黑色。井水可能含有微量悬浮铁和锰氧化物，它们分别呈黄色或黑色。去除悬浮颗粒后，颜色从水中消失，这被称为表观颜色，而真实颜色仍然存在。

6.3 浊度、光照和光合作用

植物生长的水体的上部照明层被称为透光带。这一层的底部通常被认为接收 1%的入射光。公海中的透光带厚度约 200 米。淡水湖泊的营养状况从贫营养化（营养贫乏，植物生长稀少）到富营养化（营养丰富，植物生长旺盛）。基于湖泊营养状态的透光带厚度为：超贫营养型，50～100 米；贫营养型，5～50 米；中营养型，2～5 米；富营养型，<2 米（Wetzel，2001）。由于悬浮的土壤颗粒或单宁和木质素而产生浑浊的湖泊，其生产力可能

较低，但其透光带与富营养化水体的透光带一样浅。如果水体中没有浮游生物水华，小水体（如鱼塘）中的透光带可能会延伸到底部。

第二章讨论了光在水中的穿透与能量、热量和温度的关系，但可见光的亮度也很重要。可见光的原始单位是烛光，1 烛光等于特定类型和尺寸的蜡烛（标准蜡烛）产生的光。今天使用的基本单位是坎德拉（cd），用国际单位制定义为发光强度，相当于 2 046 开下每平方厘米黑体辐射发光强度的 1/60。此外，1 坎德拉也相当于 1/683 瓦/球面度（sr）。球面度是立体几何中弧度的等效物。1 弧度是一个圆的圆周上长度等于其半径（r）的片段，而 1 球面度是一个球面上面积等于半径平方（r^2）的区域。一个圆有 2π 弧度，因此与 1 弧度相关的面积是圆形面积的 $1/2\pi$ 或≈16%。球体的表面积是 $4\pi r^2$，球面是 4π 球面度，1 球面度是一个球体表面积的 $1/4\pi$ 或≈8%。

流明（lm）是光通量的单位，等于光源在所有方向上的强度为 1 坎德拉时通过立体角发出的光量。勒克斯（lx）是一个表面的光亮度，等于 1 流明/米^2 或 1 坎德拉·球面度/米^2。直射阳光的亮度为 30 000～100 000 勒克斯，而办公室的亮度为 320～500 勒克斯。一个 200 瓦的灯泡可以提供大约 1 600 勒克斯光亮度。

可见光谱由 380～750 纳米（0.38～0.75 微米）的波长组成，光谱的不同颜色如表 6.3 所示。在清水中，可见光衰减很快（猝灭），只有约 25%的可见光穿过海洋表面到达 10 米深。纯水对光的吸收率依次为：红色和橙色＞紫色＞黄色、绿色和蓝色。因此，当光线穿透到更深处时，光谱会迅速改变。天然水体中含有溶解和悬浮物质，这些物质会进一步干扰光线的穿透。浮游植物在可见光范围内吸收光，在红色和橙色范围内，最大吸收在 600～700 纳米，在绿色和黄色范围内，最低吸收在 500～600 纳米。腐殖物质特别喜欢蓝光和紫光。无机粒子倾向于吸收整个光谱中的光。水中溶解的盐不会干扰光的穿透。

表 6.3　可见光的光谱

颜色	波长（纳米）	颜色	波长（纳米）
蓝紫色	380～450	黄色	570～590
蓝色	450～495	橙色	590～620
绿色	495～570	红色	620～750

光合作用的光被用各种单位测量，范围从瓦特（功率单位）到勒克斯（照度单位）不等，但光合作用有效辐射（PAR）是光合作用中最有意义的光。植物色素的光吸收峰为：叶绿素 a，430 和 665 纳米；叶绿素 b，453 和 642 纳米；类胡萝卜素，449 和 475 纳米，但这些色素吸收范围更广，甚至吸收一些绿光。因此，光合作用有效辐射被认为是波长 400～700 纳米波段的光线。

通过将光子的阿伏伽德罗数（6.022×10^{23}）表示为光的 1 摩尔，可以将光合作用的可用光置于摩尔当量的基础上。水下测光仪测量光合作用有效辐射（PAR）作为光合作用光子通量（PPF），单位为微摩尔/(米^2·秒) [μmol/(m^2·s)]。在中纬度夏季晴天，PAR 对水体的峰值输入量通常在 1 400～1 500 微摩尔/(米^2·秒)。

在类似条件下，浑水的温度往往高于清水。这是因为浑水中的悬浮固体会吸收热量。一个小池塘在浮游植物水华开始时，下午表层水温为 31 ℃，水华高峰期为 35 ℃。两个水体 60 厘米深处的水温在这两天几乎相同（Idso and Foster，1974）。

赛克氏板是评估水体透明度的有用工具。它是一个直径为 20 厘米的圆盘，涂有交替的黑白象限，在底部下方加重，并在其上表面连接一条校准线（图 6.2）。这个圆盘在水中可见的深度是赛克氏板的可见度。赛克氏板能见度提供了一个相当可靠的消光系数估计值：

$$K=\frac{1.7}{Z_{SD}} \tag{6.2}$$

式中，Z_{SD}表示赛克氏板能见度（米）。

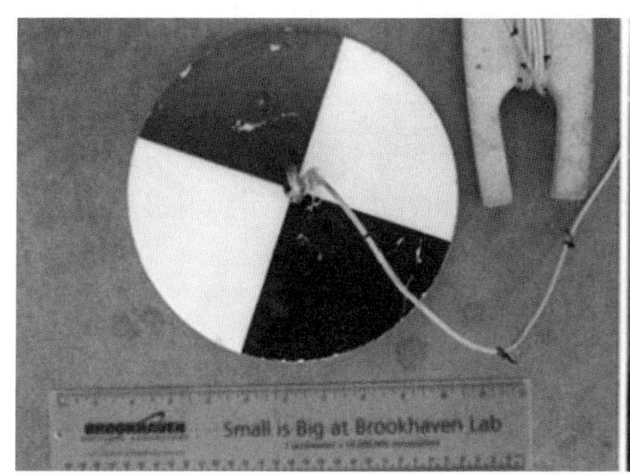

图 6.2　左图：赛克氏板；右图：将赛克氏板放入水中

人们经常表达对清澈水体的渴望，但并非所有人都持有这种偏好，或者至少不是所有水体都有这种偏好。有一句古谚以稍有不同的形式表述，其中包含着以下真理："水至清则无鱼"。显然，许多文化都是独立提出这句谚语的。

6.4　浊度和水色的评估

6.4.1　直接浊度测量

多年来测量浊度的标准方法是杰克逊浊度计。该仪器由一根校准过的玻璃管、一个管架和一支蜡烛组成。将灯座内的玻璃管直接安装在蜡烛上方，然后将用于浊度测量的水样缓慢添加到管中，直到无法再看到蜡烛火焰。根据二氧化硅（SiO_2）标准校准玻璃管，1 毫克 SiO_2/升相当于 1 个杰克逊浊度计单位（JTU）。杰克逊浊度计单位中的浊度由校准管中的水的深度表示，该深度是遮蔽蜡烛火焰所必需的。杰克逊浊度计的浊度读数不会小于 25 杰克逊浊度计单位，它已被采用浊度法原理的浊度计所取代。

浊度计是一种仪器，其中光束通过水样，测量与光束成 90°角的散射光量。散射光的数量随着浊度的增加而增加。浊度分析用浊度计的校准标准是福尔马肼悬浮液，福尔马肼悬浮液的组成是 5.0 毫升体积的硫酸肼溶液（每 100 毫升 1 克）和六甲撑四胺溶液（每

100 毫升 10 克）混合，并用蒸馏水稀释至 100 毫升。该溶液的浊度为 400 浊度计浊度单位（NTU），可进一步稀释以校准浊度计（Eaton et al.，2005）。大多数天然水体的浊度小于 50 浊度单位，但浊度值可以在<1 浊度单位到>1 000 浊度单位之间。在天然水体中，浊度测量法与杰克逊浊度计测量的浊度之间没有直接关系。

标准分光光度计也可用于测量浊度（Kitchner et al.，2017），方法是将 750 纳米处的吸光度与福尔马肼制备的标准曲线进行比较。结果报告为福尔马肼衰减单位（FAU），福尔马肼衰减单位与浊度法测量的甲嗪浊度单位（FTU）之间有良好的一致性。

6.4.2 悬浮固体

总悬浮固体（TSS）浓度是通过用已知皮重玻璃纤维过滤器过滤样品来确定的，过滤器和残留物在 102 ℃下干燥，过滤器的重量增加是由保留在其上的悬浮固体引起的（图 6.3）。悬浮有机物浓度可通过灼烧总悬浮固体分析中的残留物来确定。灼烧时的重量损失等于残渣的有机成分。总悬浮固体浓度的这一部分称为总挥发性悬浮固体（TVSS）。例 6.2 说明了总悬浮固体和总挥发性悬浮固体分析的计算。当然，过滤和未过滤的水样部分可以在已知皮重的蒸发皿中蒸发至干燥，两个蒸发皿中残留物重量的差异就是总悬浮固体浓度（见图 5.1）。

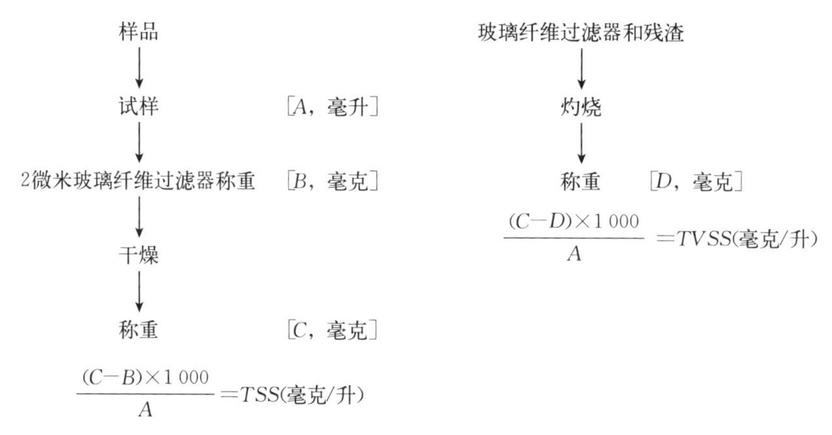

图 6.3　总悬浮固体（TSS）和总挥发性悬浮固体（TVSS）测定流程

例 6.2　总悬浮固体和总挥发性悬浮固体浓度的计算。

解：

100 毫升水样通过一个重量为 1.250 00 克的玻璃纤维过滤器。干燥后，过滤器重量为 1.253 05 克。估算总悬浮固体浓度。

TSS =(1.253 05−1.250 00) 克（10^3 毫克/克）(1 000 毫升/升)/100 毫升
=30.5 毫克/升

玻璃纤维过滤器和总悬浮固体分析的残留物在 550 ℃下灼烧后重量为 1.252 11 克。计算总挥发性悬浮固体浓度。

$TVSS$ =(1.253 05−1.252 11) 克（10^3 毫克/克）(1 000 毫升/升)/100 毫升
=9.4 毫克/升

总悬浮固体浓度和总挥发性悬浮固体浓度之间的差值代表悬浮无机固体。这部分通常被称为总固定悬浮固体（TFSS）；例 6.2 中的总固定悬浮固体浓度为 21.1 毫克/升。

6.4.3 可沉降固体

有时需要估计从水中快速沉降的固体体积。这可以通过一个称为伊姆霍夫（Imhoff）锥瓶的 1 升的倒锥瓶（图 6.4）来实现，该倒锥瓶具有刻度，可以目测沉积物的体积。将水倒入锥体中，静置 1 小时。1 小时后，从锥体底部的校准标记中读取可沉降固体的体积，单位为毫升/升。可沉降固体的体积必须为 1 毫升或更大，以便准确测量。可沉降固体分析通常仅针对含有大量粗大悬浮颗粒的废水。

图 6.4 底部有可沉降固体的伊姆霍夫锥瓶

6.4.4 赛克氏板

如上文所述，赛克氏板用于估计水的透明度。然而，赛克氏板能见度与水中悬浮颗粒物浓度之间通常有密切关系。与赛克氏板能见度降低相关的浊度来源通常可以通过水体的表观颜色和悬浮固体颗粒的外观来确定。

6.5 悬浮固体的清除

控制悬浮固体的最常见方法是集雨区保护，以防止侵蚀和由此造成的地表水流总悬浮固体污染，以及水体侵蚀控制，以避免岸线侵蚀和沉积物再悬浮。悬浮固体可通过沉淀池从废水中去除。化学絮凝可用于去除小型水体中的悬浮固体。

6.5.1 沉淀池

典型的沉淀池设计如图 6.5 所示，可以看出，沉淀池一旦加满水，流入量必须等于流出量。颗粒的终端沉降速度（v_s）由公式 6.1 确定。特定沉淀池设计用于去除的最小粒径因应用而异，但通常为 0.01～0.1 毫米。

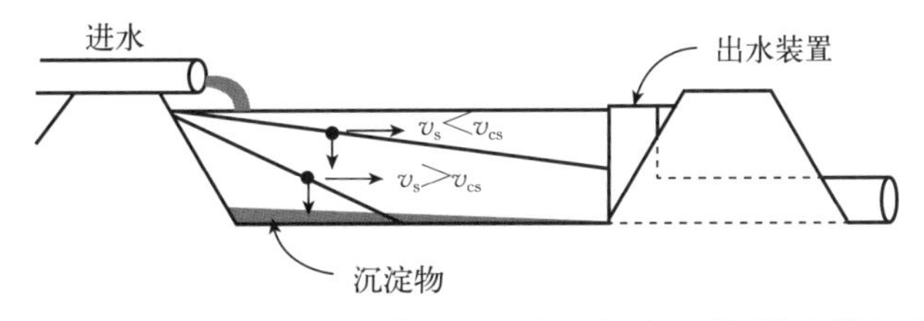

图 6.5 沉淀池的基本示意图说明了沉淀速度对悬浮固体去除的影响；v_s 和 v_{cs} 分别为终端和临界沉降速度

临界沉降速度（v_{cs}）是颗粒必须沉降才能去除的最小速度（图 6.5）。临界沉降速度的值可确定为：

$$v_{cs}=\frac{D}{T_{HR}} \tag{6.3}$$

式中，v_{cs}以米/秒为单位；D 表示深度（米）；T_{HR} 表示水力停留时间（秒）。因为 $T_{HR}=V/Q$，

$$v_{cs}=\frac{D}{V/Q} \tag{6.4}$$

式中，V 表示沉淀池容积（米^3），Q 表示流入量（米^3/秒）。通过为沉淀池指定 1 米的深度，公式 6.4 变为：

$$v_{cs}=\frac{1}{A/Q}=\frac{Q}{A} \tag{6.5}$$

式中，A 表示沉淀池面积（米^2）。

在例 6.1 中，我们发现 0.02 毫米土壤颗粒的 $v_s=5.2\times10^{-4}$ 米/秒。该沉降速度可用于下面的沉降池面积计算（例 6.3）。

例 6.3 计算清除土壤颗粒≥0.02 毫米、最大流入量 0.5 米^3/秒的 1 米和 1.2 米深的沉淀池的面积。

解：

对于 1 米深的沉淀池，使用公式 6.5，

$$5.2\times10^{-4}\text{米/秒}=0.5\text{ 米}^3\text{/秒}/A$$

$$A=962\text{ 米}^2$$

1.2 米深的沉淀池要小 1/1.2（0.83）。其面积为 798 米^2。

随着时间的推移，沉淀池中会充满沉积物，通常建造比最小面积大 1.5 倍或以上。当然，为了保持设计 T_{HR}，水池也可以定期清理沉积物。

6.5.2 化学混凝剂

去除水中悬浮固体最常用的化学混凝剂是硫酸铝，通常称为明矾［$Al_2(SO_4)_3\cdot14H_2O$］。悬浮的黏土颗粒带负电荷，相互排斥。通过增加水中的阳离子浓度，黏土颗粒上的电荷会被中和，使其絮凝成团块，团块的重量足以沉降。阳离子在凝聚黏土颗粒中的有效性随着价态的增加而增加，通常使用三价铝离子。处理率是通过评估混浊水小容器中的一系列明矾浓度来确定的。通常，需要 15～30 毫克/升明矾来去除浊度。

明矾处理必须谨慎，因为铝在水中会发生酸性反应。

$$Al_2(SO_4)_3\cdot14H_2O=2Al^{3+}+3SO_4^{2-}+14H_2O \tag{6.6}$$

$$2Al^{3+}+6H_2O=2Al(OH)_3+6H^+ \tag{6.7}$$

每毫克明矾能产生足够的酸度中和约 0.5 毫克/升的碱度（以当量 $CaCO_3$ 表示）：

$$3CaCO_3+6H^+\rightarrow3Ca^{2+}+3H_2O+3CO_2 \tag{6.8}$$

在进行明矾处理之前，可以通过石灰处理来增加碱度。明矾被广泛用于清除水中的浊度，但硫酸铁和其他铁铝化合物也被用于此目的。

水质标准通常与总悬浮固体浓度、浊度和颜色有关。为了保护水生生态系统，总悬浮固体、浊度和颜色的变化不应超过季节平均浓度的 10%，或者光合活性补偿点的减少不应超过 10%。废水的水质标准可能包含总悬浮固体的限制，25 毫克/升的上限通常会提供良好的保护，防止水生生态系统中的过度浑浊和沉淀，50 毫克/升的限制可能会实现良好的保护。一些废水排放许可证可能会禁止浑浊的絮状物。

市政供水的最大允许浊度浓度通常约为 5 浊度单位，同时要求 95%的样本浊度小于 1 浊度单位。浊度通常通过化学混凝沉淀或过滤去除。这种处理可以去除粗颗粒的胶体颗粒，但不能去除溶解物质的真实颜色。高剂量氯化有时会去除单宁物质，但可能需要采用活性炭过滤器、阴离子交换或高锰酸钾处理。

6.5.3 水色测量

尽管许多人将清水与高纯度、浑水与污染联系在一起，但清水可能含有有害微生物，饮用水中应始终考虑病原体污染的可能性。水的浊度和颜色是一个重要的美学问题。用水者想要干净的饮用水，并且不希望他们的织物在洗涤过程中被污染，也不希望水槽、浴缸、淋浴器和玻璃器皿因暴露在高色度的水中而被污染。虽然没有强制性的颜色标准，但建议允许的限制是 15 颜色单位。

与测定其他变量浓度的方法相比，通常测量水中颜色的方法相对原始。它依赖于将天然水色与一系列标准颜色溶液在高度为 17.5 厘米或 20 厘米、体积分别为 50 或 100 毫升的透明管（纳氏管）中进行比较。用 100 毫升硝酸溶解 1.246 克氯铂酸钾和 1.00 克氯化钴，并用蒸馏水稀释至 1 000 毫升，制备出含有 500 颜色单位的溶液（Eaton et al.，2005）。制备含有 0（蒸馏水）至 70 颜色单位的标准样品，并将其置于纳氏管中。将水样过滤并放入纳氏管中，在与标准进行比较后，为样品指定一个颜色单位。如有必要，可使用蒸馏水稀释水样，以确定高色度样品的颜色读数。分光光度法是可行的；它显示颜色的色调，但不显示强度（Eaton et al.，2005）。

结论

水中的悬浮物会导致高浊度和过度沉淀。水体中的沉积使受影响区域变浅，并可能破坏底栖生物和鱼卵。浊度很少对鱼类和其他水生生物产生直接毒性或机械影响，但它限制了光线的穿透，降低了水体的生产力。公共供水中的浊度和颜色是不可取的，因为消费者需要干净的水。水中的浑浊度也会降低其娱乐价值，降低其美观度。

参考文献

Eaton AD，Clesceri LS，Rice EW，et al.，2005. Standard methods for the examination of water and wastewater. American Public Health Association，Washington.

Idso SB，Foster JM，1974. Light and temperature relations in a small desert pond as influenced by phytoplanktonic density variations. Water Resources Res，10：129－132.

Kitchner GB，Wainwright J，Parsons AJ，2017. A review of the principles of turbidity measurement. Prog Phys Geo，41：620－642.

Padisák J，Soróczki－Printér E，Rezner Z，2003. Sinking properties of some phytoplankton shapes and the relation of form resistance to morphological diversity of plankton—an experimental study. Hydrobio，500：243－257.

Wetzel RG，2001. Limnology. 3rd edn. San Diego，Academic.

7 溶解氧和其他气体

摘要

溶解氧和其他大气气体在水中的饱和溶解浓度随气体的分压和溶解性以及水的温度和盐度而变化。饱和状态下溶解氧和其他溶解气体的浓度随着海拔升高（气压降低）、盐度升高和温度升高而降低。它们在水中的浓度可以用毫克/升表示，但也可以用毫升/升、饱和度百分比、氧张力或其他单位表示。溶解氧和其他气体扩散到水体中的速度与各种因素有关，但最重要的是水中已存在的每种气体的浓度、空气和水之间的接触面积以及水中的湍流量。气体从空气中进入水中，直到达到饱和浓度，但如果水中的浓度超过饱和浓度，气体就会扩散到空气中。溶解氧对水质至关重要，因为它是有氧呼吸必不可少的。鱼类和其他水生动物对氧气的吸收是由水中的氧气压力控制的，而不是以毫克/升为单位的溶解氧浓度。低氧压力会使水生生物应激甚至死亡。水中溶解气体（包括氧气）浓度过高会导致鱼类和其他水生动物的气泡损伤。

引言

需氧生物，无论是生活在陆地上还是水中，都必须有氧气，否则就会窒息。几乎每个人都知道，虽然水分子（H_2O）主要由氧元素（88.89%）构成，但水生动物无法利用水分子中的氧；它们需要溶解在水中的氧气（O_2）。在溶解氧耗尽的湖水中，一条鱼在一个字面意义上充满氧元素的湖中会窒息而死。

溶解氧从大气中扩散到天然水中，或通过水生植物的光合作用释放到水中。分子氧只是空气的一种成分；大气是气体的混合物，包括氮气、氧气、氩气、二氧化碳、水蒸气和少量其他气体。气体可溶于水，大气气体和溶解气体之间存在平衡状态。地表水通常与氮气、氩气和微量气体接近平衡（饱和），但氧气和二氧化碳浓度因生物过程而变化。由于生物和地质因素，地下水中的气体浓度可能会有所不同。

溶解氧对水质很重要，因为它的存在是维持氧化状态所必需的，并且是有氧呼吸的末端电子受体。二氧化碳是呼吸的副产品，但它也是光合作用的碳源，是自然水体 pH 的主要决定因素，对水生动物可能有害。溶解氮在水中的浓度通常高于其他气体，但其对生物和化学过程的影响远小于氧气或二氧化碳。其他气体通常对水质影响不大。

本章主要介绍气体在水中的溶解度，重点介绍溶解氧。

7.1 大气气体和气压

大气层是环绕地球的一层气体，总厚度约为 300 千米。超过厚度约为 12 千米的对流层的范围之上，大气中的气体浓度大大降低。地球表面附近的大气含有 78.08%的氮气（N_2）和 20.95%的氧气（O_2）以及少量其他气体（表 7.1）。大气中含有物质颗粒，因此具有重量，空气密度随温度升高而降低（表 7.2），空气分子没有连接在一起，加热时，它们表现出更大的运动，需要更多的空间。

表 7.1 对流层中大气气体的平均体积百分比（%）

气体	百分比	气体	百分比
氮	78.08	氦	0.000 5
氧	20.95	甲烷	0.000 17
水蒸气	取决于湿度	氢	0.000 05
氩	0.93	一氧化二氮	0.000 03
二氧化碳	0.04	臭氧	0.000 004
氖	0.001 8	其他	—

表 7.2 标准大气压和不同温度下的空气重量密度

温度（℃）	密度（千克/米^3）	温度（℃）	密度（千克/米^3）
0	1.292 2	25	1.183 9
5	1.269 0	30	1.164 4
10	1.246 6	35	1.145 5
15	1.225 0	40	1.127 0
20	1.204 1		

地球表面上方大气的重量是大气压力（atmospheric pressure）[通常称为大气压（barometric pressure）]。大气压的参考点为平均海平面（MSL）和 0 ℃。这种条件下的压力称为标准温度和压力（STP），该压力的量被视为 1 标准大气压（atm）。大气压力还有许多其他测量单位（表 7.3），但在本章中，标准大气压和毫米汞柱（mm Hg）将用作压强单位。

表 7.3 标准大气压的几种表示方法

维度	缩写	数值
大气压	atm	1.000
英尺[a] 水柱	ft H_2O	33.895 8
英寸[b] 水柱	in H_2O	405.512
英寸汞柱	in Hg	29.921 3

（续）

维度	缩写	数值
米水柱	m H_2O	10.331
毫米汞柱	mm Hg	760
帕斯卡（牛顿每平方米）	Pa（N/m^2）	101 325
千帕斯卡	kPa	101.325
百帕斯卡	hPa	1 013.25
磅[c]每平方英寸	psi	14.696
千克每平方米	kg/m^2	1.033
巴	bar	1.013 25
毫巴	mbar	1 013.25

[a] 1英尺=0.30米

[b] 1英寸=2.54厘米

[c] 1磅=0.45千克

用气压计测量大气压力的传统方法如图7.1所示。该装置由一根上端封闭的抽真空管组成，该管垂直安装，其开口端伸入液体盘中。水不能被用作液体，因为在海平面上作用于其表面的大气力会使其在柱中上升到10.331米的高度。通过在气压计中使用汞（Hg），可以避免测量大气压力时使用如此长的水柱。水银（即汞）的密度是水的13.594倍，用水银气压计测量的标准大气压是760毫米汞柱。今天，有替代水银气压计测量大气压力的方法。最常见的无液气压计基本上是一个带有弹性顶部的盒子，部分排气。附有一个指针，用于记录由大气压力引起的顶部压缩程度。

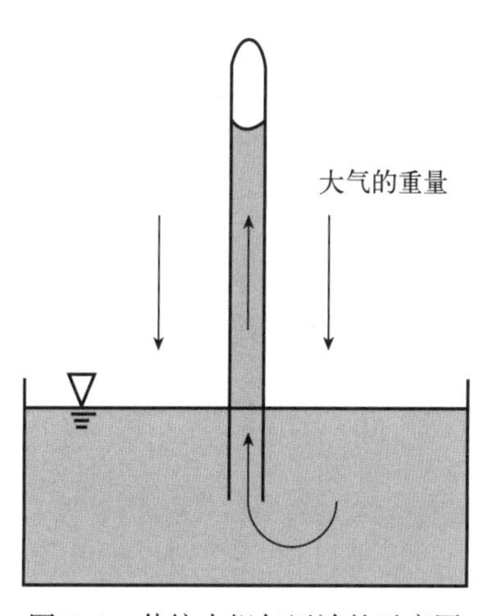

图7.1　传统水银气压计的示意图

如果没有气压计，则可使用Colt（2012）的以下公式，从海拔高度估算大气压力，如例7.1所示：

$$\log_{10} BP = 2.880\,814 - \frac{h}{19\,748.2} \tag{7.1}$$

式中，BP表示大气压力（毫米汞柱）；h表示海拔高度（米）。

例7.1　使用公式7.1估算500米处的大气压力。

解：

$$\log_{10} BP = 2.880\,814 - \frac{500\text{米}}{19\,748.2} = 2.880\,814 - 0.025\,319 = 2.855\,495$$

$$BP = 10^{2.855\,495} = 717\text{毫米汞柱}$$

如图7.2所示，根据公式7.1计算海拔升高对大气压力的影响。5 945米处的大气压力比海平面处低50%。

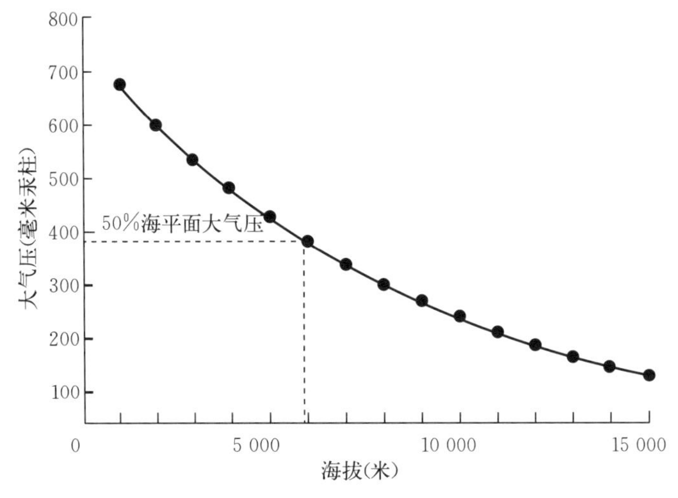

图 7.2 不同海拔高度的标准大气压

7.2 分压

几个世纪以来，人类就知道生命需要呼吸空气，但人们没有意识到他们需要的是空气中的氧气。18 世纪的英国牧师和化学家约瑟夫·普里斯特利（Joseph Priestly）在他著名的实验后评论道："我获得的空气质量是我所见过的最好的普通空气的五到六倍。"。他把氧气从空气中分离出来了。

根据道尔顿分压定律，互不反应的气体混合物产生的总压是混合物中各气体分压的总和。大气压力或大气压（*BP*）由单个大气气体的分压之和组成：

$$BP = P_{N_2} + P_{O_2} + P_{CO_2} + P_{H_2O} + P_{\text{其他气体}} \qquad (7.2)$$

式中，不同气体的分压 *P* 由下标表示。道尔顿定律还指出，每种气体的分压与其在混合物中的体积百分比成正比。

大气中气体的分压等于其体积百分比乘以总气体压力。在标准温度和压力下，基于干燥空气丰度较大的大气气体分压为：

$$P_{N_2} = (760)\ (0.780\ 8) = 593.4\ \text{毫米汞柱}$$
$$P_{O_2} = (760)\ (0.209\ 5) = 159.2\ \text{毫米汞柱}$$
$$P_{Ar} = (760)\ (0.009\ 3) = 7.07\ \text{毫米汞柱}$$
$$P_{CO_2} = (760)\ (0.000\ 40) = 0.30\ \text{毫米汞柱}$$

大气中很少有完全干燥的空气。在不同的地点和不同的时间，空气的水蒸气压力变化很大，饱和蒸汽压随着空气温度的升高而增加（表 1.2）。水蒸气稍微稀释了其他气体。0 ℃下的饱和蒸汽压为 4.58 毫米汞柱（0.006 0 标准大气压），100%相对湿度下的其他大气气体浓度将稀释 0.994 倍［=(760 毫米汞柱−4.58 毫米汞柱)÷760 毫米汞柱］。例如，如果标准大气压处的干空气含 20.95%的氧气，则标准大气压处的湿空气含 20.82%的氧气（20.95%的氧气×0.994）。稀释度在较高温度下增加，其系数为：5 ℃，0.991；

10 ℃，0.989；15 ℃，0.983；20 ℃，0.977；25 ℃，0.969；30 ℃，0.958；35 ℃，0.945。

7.3 气体溶解度

根据亨利气体溶解度定律，气体在水中的溶解度与该气体在水面上的分压成正比。在相同的分压下，气体的溶解度并不相等，亨利定律常数是平衡时水中气体浓度与水面上方空气中气体浓度的比值。

$$K_H=\frac{P}{C} \qquad (7.3)$$

式中，K_H 表示特定气体的亨利定律常数（升·标准大气压/摩尔）；P 表示气体的分压（标准大气压）；C 表示水中气体的浓度（摩尔/升）。表 7.4 中提供了氧的 K_H 值。

表 7.4 760 毫米汞柱和不同温度下淡水中氧溶解度的亨利定律常数（K_H）

温度（℃）	K_H（升·标准大气压/摩尔）	温度（℃）	K_H（升·标准大气压/摩尔）
0	455.0	25	769.2
5	510.3	30	845.1
10	568.5	35	925.7
15	631.0	40	1 011.0
20	697.5		

例 7.2 使用亨利定律常数计算 760 毫米湿空气中氧气在 0 ℃和 25 ℃水中的溶解度：

解：

使用公式 7.3 和表 7.4 中的 K_H，

0 ℃时：

$$C=\frac{P}{K_H}=\frac{0.209\,5\text{ 标准大气压}}{455.0\text{ 升}\cdot\text{标准大气压/摩尔}}=0.000\,46\text{ 摩尔/升}$$

$$0.000\,46\text{ 摩尔/升}\times32\text{ 克 }O_2\text{/摩尔}=0.014\,72\text{ 克/升}=14.72\text{ 毫克/升}$$

将 14.72 毫克/升乘以湿空气的稀释系数 0.994，得到 14.63 毫克/升。

25 ℃时：

$$C=\frac{0.209\,5\text{ 标准大气压}}{769.2\text{ 升}\cdot\text{标准大气压/摩尔}}=0.000\,272\text{ 摩尔/升}$$

$$0.000\,272\times32=0.008\,72\text{ 克/升}=8.72\text{ 毫克/升}$$

乘以湿空气的稀释系数 0.969，得到 8.45 毫克/升。

氮气和二氧化碳在 25 ℃时的 K_H 值分别为 1 600.0 升·标准大气压/摩尔和 29.76 升·标准大气压/摩尔。

气体溶解度通常用亨利定律表示，但大多数表示不同温度下溶解气体平衡浓度的表格是用本生吸收系数制作的。本生系数（β）可表示为体积（毫升或升）实际气体/(体积水·

标准大气压）或每升水每毫米汞柱压力的毫克气体（毫克/升·毫米汞柱）。Colt（2012）给出了不同温度和盐度下大气气体的β值。表 7.5 中提供了一些常见的β值。

表 7.5　不同温度下淡水中氮、氧和二氧化碳的本生吸收系数。系数以体积（毫升实际气体/毫升·标准大气压）**或重量**（毫克/升气体·毫米汞柱）**表示**

温度（℃）	本生吸收系数					
	氮气		氧气		二氧化碳	
	体积	重量	体积	重量	体积	重量
0	0.023 70	0.039 34	0.049 10	0.092 40	1.727 2	4.492 4
5	0.021 18	0.034 85	0.043 03	0.080 91	1.426 5	3.710 5
10	0.018 97	0.031 20	0.038 17	0.071 77	1.194 7	3.107 3
15	0.017 19	0.028 28	0.034 26	0.064 43	1.013 5	2.636 3
20	0.015 76	0.025 92	0.031 09	0.058 46	0.870 5	2.264 1
25	0.014 59	0.024 01	0.028 50	0.053 58	0.756 2	1.966 9
30	0.013 65	0.022 46	0.026 35	0.049 55	0.664 1	1.727 3
35	0.012 89	0.021 21	0.024 58	0.046 22	0.589 1	1.532 4
40	0.012 28	0.020 21	0.043 44	0.043 44	0.527 7	1.372 6

使用本生系数计算氧在水中的溶解度如例 7.3 所示。

例 7.3　使用本生系数计算 0 ℃和 760 毫米汞柱的平衡溶解氧浓度。

解：

使用实际气体的体积/体积系数（表 7.5）：

（1）根据阿伏伽德罗关于气体体积与质量的定律，1 摩尔氧气重 31.999 克，在标准大气压时占 22.4 升。因此，标准大气压处的氧气密度为：

$$\frac{32\text{ 克 }O_2/\text{摩尔}}{22.4\text{ 升/摩尔}}=1.428\,5\text{ 克/升}=1.428\,5\text{ 毫克/毫升}$$

（2）0 ℃下的本生系数为 0.049 10 毫升/毫升。乘以密度得出：

$$0.049\,10\text{ 毫升/毫升}\times1.428\,5\text{ 毫克/毫升}=0.070\,14\text{ 毫克 }O_2\text{/毫升或 }70.14\text{ 毫克 }O_2\text{/升}$$

（3）步骤 2 中的计算是纯氧，但大气中的氧气含量为 20.95%。因此，水中的氧浓度将为：

$$70.14\text{ 毫克/升}\times0.209\,5=14.694\text{ 毫克/升}$$

（4）步骤 3 中的浓度适用于干燥空气。之前，稀释系数 0.994 是针对 0 ℃计算的，湿空气的饱和浓度为：

$$14.694\times0.994=14.61\text{ 毫克/升}$$

使用本生系数（表 7.5）的重量版本，计算更容易。β值必须乘以空气中氧的分压。根据表 7.5，β=0.092 40 毫克/升·毫米汞柱，如前面在标准大气压下所示，氧分压为 159.2 毫米汞柱。

$$(0.092\,40\text{ 毫克/升·毫米汞柱})(159.2\text{ 毫米汞柱})=14.71\text{ 毫克/升}$$

调整湿空气的稀释系数为 0.994，得到 14.62 毫克/升。

例 7.3 中说明的相同方法可用于计算氮气、氩气和二氧化碳的溶解度。这三种气体在标准大气压的最终溶解度分别为氮气 23.05 毫克/升、二氧化碳 1.32 毫克/升和氩气 0.89 毫克/升。氮在水中的浓度最高，尽管其可溶性最低，但它比其他气体在大气中所占的体积百分比大得多。

Colt（1984）报告了不同温度和盐度的水中大气气体的本生系数。同时，他还计算了在水质工作中遇到的正常温度和盐度范围内，水中来自潮湿空气的大气气体。氧气、氮气和二氧化碳在选定温度和盐度下的溶解度分别见表 7.6、表 7.7 和表 7.8。气体的溶解度随着温度的升高而降低。这是因为水和气体分子的运动随着温度的升高而增加，并且随着温度的升高，运动越快的分子碰撞越频繁，从而阻碍气体分子进入水中。溶解的盐在水中形成水合物，在一定体积的水中，一部分水分子通过水合作用与盐离子紧密结合，不能自由溶解气体。实际上，盐度对气体的溶解度没有影响，但增加盐度会减少在给定体积水中溶解气体的自由水分子的量。

表 7.6 氧气的溶解度（毫克/升）随温度和盐度的变化（湿空气，大气压=760 毫米汞柱）（Benson and Krause，1984）

温度（℃）	盐度（克/升）								
	0	5	10	15	20	25	30	35	40
0	14.602	14.112	13.638	13.180	12.737	12.309	11.896	11.497	11.111
1	14.198	13.725	13.268	12.825	12.398	11.984	11.585	11.198	10.825
2	13.813	13.356	12.914	12.487	12.073	11.674	11.287	10.913	10.552
3	13.445	13.004	12.576	12.163	11.763	11.376	11.003	10.641	10.291
4	13.094	12.667	12.253	11.853	11.467	11.092	10.730	10.380	10.042
5	12.757	12.344	11.944	11.557	11.183	10.820	10.470	10.131	9.802
6	12.436	12.036	11.648	11.274	10.911	10.560	10.220	9.892	9.573
7	12.127	11.740	11.365	11.002	10.651	10.311	9.981	9.662	9.354
8	11.832	11.457	11.093	10.742	10.401	10.071	9.752	9.443	9.143
9	11.549	11.185	10.833	10.492	10.162	9.842	9.532	9.232	8.941
10	11.277	10.925	10.583	10.252	9.932	9.621	9.321	9.029	8.747
11	11.016	10.674	10.343	10.022	9.711	9.410	9.118	8.835	8.561
12	10.766	10.434	10.113	9.801	9.499	9.207	8.923	8.648	8.381
13	10.525	10.203	9.891	9.589	9.295	9.011	8.735	8.468	8.209
14	10.294	9.981	9.678	9.384	9.099	8.823	8.555	8.295	8.043
15	10.072	9.768	9.473	9.188	8.911	8.642	8.381	8.129	7.883
16	9.858	9.562	9.276	8.998	8.729	8.468	8.214	7.968	7.730
17	9.651	9.364	9.086	8.816	8.554	8.300	8.053	7.814	7.581
18	9.453	9.174	8.903	8.640	8.385	8.138	7.898	7.664	7.438
19	9.261	8.990	8.726	8.471	8.222	7.982	7.748	7.521	7.300
20	9.077	8.812	8.556	8.307	8.065	7.831	7.603	7.382	7.167

（续）

温度（℃）	盐度（克/升）								
	0	5	10	15	20	25	30	35	40
21	8.898	8.641	8.392	8.149	7.914	7.685	7.463	7.248	7.038
22	8.726	8.476	8.233	7.997	7.767	7.545	7.328	7.118	6.914
23	8.560	8.316	8.080	7.849	7.626	7.409	7.198	6.993	6.794
24	8.400	8.162	7.931	7.707	7.489	7.277	7.072	6.872	6.677
25	8.244	8.013	7.788	7.569	7.357	7.150	6.950	6.754	6.565
26	8.094	7.868	7.649	7.436	7.229	7.027	6.831	6.641	6.456
27	7.949	7.729	7.515	7.307	7.105	6.908	6.717	6.531	6.350
28	7.808	7.593	7.385	7.182	6.984	6.792	6.606	6.424	6.248
29	7.671	7.462	7.259	7.060	6.868	6.680	6.498	6.321	6.148
30	7.539	7.335	7.136	6.943	6.755	6.572	6.394	6.221	6.052
31	7.411	7.212	7.018	6.829	6.645	6.466	6.293	6.123	5.959
32	7.287	7.092	6.903	6.718	6.539	6.364	6.194	6.029	5.868
33	7.166	6.976	6.791	6.611	6.435	6.265	6.099	5.937	5.779
34	7.049	6.863	6.682	6.506	6.335	6.168	6.006	5.848	5.694
35	6.935	6.753	6.577	6.405	6.237	6.074	5.915	5.761	5.610
36	6.824	6.647	6.474	6.306	6.142	5.983	5.828	5.676	5.529
37	6.716	6.543	6.374	6.210	6.050	5.894	5.742	5.594	5.450
38	6.612	6.442	6.277	6.117	5.960	5.807	5.659	5.514	5.373
39	6.509	6.344	6.183	6.025	5.872	5.723	5.577	5.436	5.297
40	6.410	6.248	6.091	5.937	5.787	5.641	5.498	5.360	5.224

表 7.7　氮气的溶解度（毫克/升）随温度和盐度的变化（湿空气，大气压=70 毫米汞柱）

温度（℃）	盐度（ppt）				
	0	10	20	30	40
0	23.04	21.38	19.85	18.42	17.10
5	20.33	18.92	17.61	16.40	15.26
10	18.14	16.93	15.81	14.75	13.77
15	16.36	15.31	14.32	13.40	12.54
20	14.88	13.96	13.09	12.28	11.52
25	13.64	12.82	12.05	11.33	10.65
30	12.58	11.85	11.17	10.52	9.91
35	11.68	11.02	10.40	9.82	9.26
40	10.89	10.29	9.73	9.20	8.70

表 7.8 暴露于总气压为 760 毫米汞柱、含 0.04%二氧化碳的潮湿空气中不同温度和盐度下在水中二氧化碳的溶解度（毫克/升）

温度（℃）	盐度（ppt）								
	0	5	10	15	20	25	30	35	40
0	1.34	1.31	1.28	1.24	1.21	1.18	1.15	1.12	1.09
5	1.10	1.08	1.06	1.03	1.01	0.98	0.96	0.93	0.89
10	0.93	0.91	0.87	0.85	0.83	0.81	0.79	0.77	0.75
15	0.78	0.77	0.75	0.73	0.70	0.68	0.66	0.65	0.64
20	0.67	0.65	0.63	0.62	0.61	0.60	0.58	0.57	0.56
25	0.57	0.56	0.54	0.53	0.52	0.51	0.50	0.49	0.48
30	0.50	0.49	0.48	0.47	0.46	0.45	0.44	0.43	0.42
35	0.44	0.43	0.42	0.41	0.40	0.39	0.39	0.38	0.37
40	0.39	0.38	0.37	0.36	0.36	0.35	0.35	0.34	0.33

7.4 气体溶解度表

表 7.6 中的氧溶解度适用于 760 毫米汞柱压力下的湿空气，可使用以下公式将其调整至不同的大气压：

$$DO_s = DO_t \frac{BP}{760} \quad (7.4)$$

式中，DO_s 表示根据压力校正的饱和溶解氧浓度；DO_t 表示 760 毫米处饱和溶解氧浓度（表 7.6）。

例 7.4 当 BP 为 710 毫米时，估算 26 ℃条件下溶解氧在淡水中的溶解度。

解：

表 7.6 中 26 ℃条件下淡水中溶解氧的溶解度为 8.09 毫克/升。因此，

$$DO_s = 8.09 \times \frac{710}{760} = 7.56 \text{ 毫克/升}$$

由于大气压力随海拔升高而下降，因此在海拔较高的同一温度下，气体的溶解度低于海平面。

例 7.5 在 3 000 米处，氧气在淡水（20 ℃）中的溶解度比在海平面上的溶解度小多少？

解：

根据图 7.2 或公式 7.1，3 000 米处的大气压约为 536 毫米，20 ℃和 760 毫米处的淡水中氧溶解度为 9.08 毫克/升（表 7.6）。因此：

$$DO_s = 9.08 \times \frac{536}{760} = 6.40 \text{ 毫克/升}$$

在 3 000 米处，氧的溶解度将比海平面处低 2.68 毫克/升。

表 7.6 中的氧溶解度数据适用于水面。将溶液中的气体保持在表面以下某个深度的压

力大于大气压力，其量等于静水压力（见第 1 章）。表 7.9 提供了不同水温和盐度下的静水压力，单位为毫米汞柱/米深度。为了估算水面以下某个深度处的气体溶解度，必须使用总压力而不是大气压力进行计算，如下所示：

$$DO_s = DO_t \frac{BP + HP}{760} \tag{7.5}$$

式中，HP 表示静水压力，单位为毫米汞柱/米深度（表 7.9）。

表 7.9　不同温度和盐度下的静水压力（毫米汞柱/米深度）（Colt，1984）

温度（℃）	盐度（ppt）								
	0	5	10	15	20	25	30	35	40
0	73.54	73.84	74.14	74.44	74.73	75.03	75.33	75.62	75.92
5	73.55	73.85	74.14	74.43	74.72	75.01	75.30	75.59	75.88
10	73.53	73.82	74.11	74.39	74.68	74.97	75.25	75.54	75.83
15	73.49	73.77	74.05	74.34	74.62	74.90	75.18	75.47	75.75
20	73.42	73.70	73.98	74.26	74.54	74.82	75.10	75.38	75.66
25	73.34	73.62	73.89	74.17	74.44	74.72	75.00	75.27	75.55
30	73.24	73.51	73.78	74.06	74.33	74.60	74.88	75.15	75.43
35	73.12	73.39	73.66	73.93	74.20	74.48	74.75	75.02	75.30
40	72.98	73.25	73.52	73.79	74.06	74.34	74.61	74.88	75.15

例 7.6　当大气压为 752 毫米时，在 25 ℃、盐度为 20 ppt、深度为 4.5 米的条件下，估算溶解氧在水中的溶解度。

解：

根据表 7.6，氧在 760 毫米、20 ppt 盐度和 25 ℃下的溶解度为 7.36 毫克/升。根据表 7.9，水在 25 ℃和 20 ppt 盐度下的静水压力为 74.44 毫米汞柱/米。计算如下：

$$DO_s = 7.36\text{ 毫克/升}\frac{752\text{ 毫米} + (4.5\text{ 米})(74.44\text{ 毫米汞柱/米})}{760\text{ 毫米汞柱}} = 10.53\text{ 毫克/升}$$

溶解氧浓度有时可能以毫升/升表示。要将毫克氧转换为毫升氧，必须根据现有温度和压力确定溶解氧密度。如果已知现有条件下 1 摩尔氧的体积，则可以计算氧的密度。

描述理想气体的压力、温度、体积和摩尔数关系的定律称为理想气体定律或通用气体定律。该定律的通用表达式是通用气体定律方程

$$PV = nRT \tag{7.6}$$

式中，P 表示压力（标准大气压）；V 表示体积（升）；n 表示气体摩尔数；R 表示通用气体定律常数（0.082 升·标准大气压/摩尔·开）；T 表示绝对温度（273.15+摄氏度）。

通用气体定律方程是解决与气体有关的理论和实际问题的有用工具。该方程将在例 7.7 中推导，以加强读者对气体定律的理解。

例 7.7　推导出通用或理想气体定律方程。

解：

气体质量中的分子数（n）取决于其体积（V）、温度（T）和压力（P）。如果压力在体积和温度都不变的情况下翻倍，则在相同体积中的分子数量将是原来的两倍，即 $n=kP$。如果温度和压力是常数，则气体的分子数也会随 V 直接变化，$n=kV$。如果 V 和 P 为常数，则 T 的增加将增加 P，必须去除气体分子以保持恒定 V，这表明分子的数量与温度成反比，即 $n=1/T$。我们可以用以下表达式总结关系：

$$n=\frac{kPV}{T}$$

式中，n、P、V 和 T 的单位与公式 7.6 中已定义的相同。

因为已知 1 摩尔气体在标准温度和压力（STP）时占 22.4 升，所以前面的表达式变为：

$$n=k\,\frac{(1\text{ 标准大气压})(22.4\text{ 升/摩尔})}{273\text{ 开}}=k\ (0.082\text{ 升}\cdot\text{标准大气压/摩尔}\cdot\text{开})$$

指定 n 为 1 摩尔，k 变为 1 摩尔/(0.082 升 · 标准大气压/摩尔 · 开)，我们可以按如下方式重新排列方程式：

$$PV/0.082=nT$$

以及

$$PV=n\ 0.082\ T$$

0.082 升 · 标准大气压/摩尔 · 开的量称为通用或理想气体定律常数。根据使用的压力单位，该常数还有其他值。通用气体定律方程的最终形式通常如下所示：

$$PV=nRT$$

气体定律方程可用于多种用途；例如，将水中溶解气体的重量转换为水中气体的体积（例 7.8）。

例 7.8 水含有 7.54 毫克/升溶解氧。压力为 735 毫米汞柱，温度为 30 ℃。请将溶解氧浓度转换为毫升/升。

解：

1 摩尔氧气的体积为：

$$\left(\frac{735\text{ 毫米汞柱}}{760\text{ 毫米汞柱}}\right)(V)=(1\text{ 摩尔})(0.082\text{ 升}\cdot\text{标准大气压/摩尔}\cdot\text{开})(303.15\text{ 开})$$

$$V=25.7\text{ 升/摩尔}$$

1 摩尔氧是 32 克，所以密度是：

$$\frac{32\text{ 克/摩尔}}{25.7\text{ 升/摩尔}}=1.245\text{ 克/升或 }1.245\text{ 毫克/毫升}$$

以毫升/升为单位的浓度为：

$$\frac{7.54\text{ 毫克/升}}{1.245\text{ 毫克/毫升}}=6.06\text{ 毫升/升}$$

7.5 饱和度百分比和氧的张力

由于生物活动，水中溶解氧的含量可能比现有条件下的饱和浓度高或低。水中溶解氧的饱和度百分比计算如下：

$$PS=\frac{DO_m}{DO_s}\times 100\% \quad (7.7)$$

式中，PS 表示饱和度百分比；DO_m 表示测得的溶解氧浓度（毫克/升）。在例 7.9 中对 PS 进行了计算。

例 7.9 当水温为 28 ℃且大气压为 732 毫米汞柱时，计算含有 10.08 毫克/升溶解氧的淡水表层水体的饱和度百分比。

解：

饱和时的溶解氧浓度为：

$$DO_s=7.81\ 毫克/升\times 732/760=7.52\ 毫克/升$$

饱和度百分比为：

$$PS=10.08/7.52\times 100\%=134\%$$

假设第二天早上，例 7.9 中的水体仅含 4.5 毫克/升溶解氧，温度和大气压分别为 24 ℃和 740 毫米。饱和百分比现在只有 55%。

鱼类和其他用鳃呼吸的水生生物是对水中溶解氧的压力而不是其浓度作出反应。生理学家常把溶解氧的压力称为氧张力。溶解氧的张力是指维持水中观测到的溶解氧浓度所需要的大气中的氧压力。标准大气压下空气中的氧分压为 159.2 毫米汞柱。为了估算氧张力，大气中的氧分压乘以 DO_m/DO_s 系数——氧张力与饱和度百分比密切相关。

例 7.10 估算盐度为 10 ppt、温度为 24 ℃的水中的氧张力，其中溶解氧为 9.24 毫克/升，大气压为 760 毫米汞柱。

解：

饱和时的浓度为 7.93 毫克/升。因此，

$$氧张力=\frac{9.24\ 毫克/升}{7.93\ 毫克/升}\times 159.2\ 毫米=185.5\ 毫米$$

在不同温度下，溶解氧饱和的水会有相同的氧张力。20 ℃下溶解氧为 9.08 毫克/升的淡水与 10 ℃下溶解氧为 11.28 毫克/升的淡水具有相同的氧张力。这是因为 DO_m/DO_s 系数对于两者都是统一的。水生生物将暴露在相同的氧气压力（张力）下，即使较冷的水的氧气浓度更高。同样值得注意的是，当含有一定浓度气体的水加热而没有气体损失到空气中时，气体张力和饱和度百分比增加。如果在 760 毫米汞柱和 18 ℃条件下，水中的溶解氧含量为 6.35 毫克/升，在相同的大气压下加热至 23 ℃，且没有氧气损失，则氧张力值从 107 毫米汞柱增加至 118 毫米汞柱，饱和度从 67%增加至 74%。

7.6 压力差（ΔP）

水中气体过饱和的原因有很多。当寒冷的雨水和雪水向下渗透到地下水位并变暖时，会引起气体过饱和。在温暖的天气里，来自井或泉水的水通常会比地面的环境温度低，并引起气体过饱和。当水流过高坝时，可能会夹带气泡。水会在大坝后面的水坑中，深入到水面以下相当深的地方。由此产生的静水压力增加会提高饱和状态下的溶解氧浓度，当水

上升并流入较浅区域时，会造成气体过饱和（Boyd and Tucker，2014）。

水泵的进水口漏气或浸没不当会导致气体过饱和。气泡会被吸入水中，由于泵造成的压力升高，会造成出水气体（空气）过饱和。水生植物在光合作用过程中会释放大量溶解氧，从而导致气体过饱和。

总气体压力（TGP）与给定深处总压力之间的差值称为压力差（ΔP）。在水面处，压力差可表示为：

$$压力差（\Delta P）=总气体压力-大气压力 \tag{7.8}$$

总气体压力可根据水中单个气体的分压（张力）确定：

$$压力差（\Delta P）=(P_{O_2}+P_{N_2}+P_{Ar}+P_{CO_2})-大气压力 \tag{7.9}$$

出于实用目的，P_{Ar}和P_{CO_2}可以从公式7.9中省略，但是对于溶解的氮浓度的分析是困难的。可使用相对便宜的仪器（称为饱和计）直接测量压力差。

一些压力差被水面以下深度的静水压力抵消。水生动物接触的实际压力差称为未补偿压力差：

$$压力差_{未补偿}=压力差-静水压 \tag{7.10}$$

不同深度和盐度的静水压（HP）值见表7.9。

气体溶解在鱼、虾和其他水生动物的血液中，并与外部条件达到平衡。如果水被气体过饱和，生活在水中的动物的血液也会饱和。在特定温度下，水生动物的血液与溶解气体处于平衡状态，如果动物移到更温暖的水中，血液中的气体将变得过饱和。如果过饱和气体不通过鳃迅速流失到周围的水中，那么血液中就会形成气泡。

血液中气泡的出现会导致气泡损伤，通常被称为气泡病。气泡损伤导致应激和死亡。卵可能浮到水面，幼体和鱼苗可能出现膀胱过度膨胀、颅骨肿胀、鳃片肿胀和其他异常。幼鱼和成年鱼气泡损伤的一个常见症状是血液中的气泡，这些气泡在头部、口腔和鳍条的表面组织中可见。受影响鱼类的眼睛也可能突出。

持续暴露于压力差值为25～75毫米汞柱的水生动物可能出现气泡损伤症状，如果暴露时间延长几天，一些受影响动物可能死亡。当压力差较大时，急性气泡损伤可能导致50%～100%的死亡率。

气泡损伤最常见于浅水或无法通过深潜逃离表层水体的生物体中。在更深的地方，静水压力增加了水中气体的平衡浓度，从而降低了压力差（例7.11）。

例7.11 随深度压力差减少的计算。

情境：

淡水水体的温度为28℃，表面的压力差为115毫米汞柱。水被彻底混合，所有深度的气体浓度和温度都相同。估算1.5米深度未补偿的压力差。

解：

使用公式7.10，并从表7.9中获得每米水深的静水压力（通过25°和30℃之间的外推），计算未补偿的压力差。

$$\begin{aligned}压力差_{未补偿}&=压力差-静水压=115毫米汞柱-(73.28毫米汞柱/米\times1.5米)\\&=5.1毫米汞柱\end{aligned}$$

在下午，表层水体溶解氧过饱和的现象很常见。这种情况通常不会对水生动物造成伤害，因为在下午和傍晚的几小时内过饱和，溶解氧浓度随深度降低，大多数动物可以进入更深的地方（深潜），在那里，较低的溶解浓度和较高的静水压力的组合会降低压力差。

7.7 气体迁移

关于空气和水之间气体迁移的大多数信息都是针对氧气建立的，但针对氧气提出的原理也适用于其他气体。在自然水体中，由于生物学、物理和化学过程，溶解氧浓度不断变化。尽管空气中的氧分压可能因大气压力的不同而不同，但水面上空气中的氧百分比是恒定的。当水与大气中的氧气处于平衡状态时，空气和水之间没有氧气的净迁移。当水中溶解氧不饱和时，氧气会从空气中迁移到水中；当水中溶解氧过饱和时，氧气会从水中扩散到空气中。导致氧气在空气和水之间净迁移的驱动力是氧气张力的差异。一旦达到平衡，空气和水中的氧气张力相同，净迁移停止。缺氧或富氧可表示为

$$D=DO_s-DO_m \tag{7.11}$$

$$S=DO_m-DO_s \tag{7.12}$$

式中，D 表示氧亏（毫克/升）；S 表示氧盈（毫克/升）；DO_s 表示在现有条件下饱和时氧在水中的溶解度（毫克/升）；DO_m 表示测得的溶解氧浓度（毫克/升）。

氧气在空气-水界面进入或离开水体。对于与空气接触的水薄膜，氧亏或氧盈越大，氧气进入或离开薄膜的速度越快。对于未受干扰的水，氧气的净迁移将取决于氧亏或氧盈的值、空气-水界面的面积、温度和接触时间。即使氧亏或氧盈很大，净迁移的速度也很慢，因为表面薄膜很快达到平衡，进一步的净迁移需要氧气从薄膜扩散到更大的水体，或从更大的水体扩散到薄膜。天然水域永远不会完全静止，氧气迁移的速度会随着湍流的加剧而增加。

溶解氧浓度随时间的变化率可表示为：

$$\frac{\mathrm{d}c}{\mathrm{d}t}=\frac{k}{F}\frac{A}{V}\ (C_s-C_m) \tag{7.13}$$

式中，$\mathrm{d}c/\mathrm{d}t$ 表示浓度变化率；k 表示扩散系数；F 表示液膜厚度；A 表示气体扩散的面积；V 表示气体扩散到的水的体积；C_m 表示溶液中气体的饱和浓度；C_s 表示溶液中气体的浓度。在 C_m 大于 C_s 的应用中，气体将从溶液中去除（$-\mathrm{d}c/\mathrm{d}t$）。

通过减小液膜厚度（F）和增加气体扩散的表面积（A），可以加速气体迁移。因为很难测量 A 和 F，所以通常将 A/V 和 k/F 比率结合起来，以确定总传递系数（$K_L\mathrm{a}$）：

$$\frac{\mathrm{d}c}{\mathrm{d}t}=K_L\mathrm{a}\ (C_s-C_m) \tag{7.14}$$

总传递系数反映了特定气液接触系统中存在的条件。重要的变量包括水域几何形状、湍流、液体特性、气液界面的范围和温度。温度会影响黏度，而黏度反过来会影响 k、F 和 A。可以使用以下表达式，针对温度的影响对 $K_L\mathrm{a}$ 值进行校正：

$$K_L\mathrm{a}_T=K_L\mathrm{a}_{20}\ (1.024)^{T-20} \tag{7.15}$$

式中，$K_L\mathrm{a}_T$ 表示温度 T 时的总气体传递系数；$K_L\mathrm{a}_{20}$ 表示 20 ℃时的总气体传递系数；T 表示液体温度（℃）。尽管接触系统中的每种气体都有唯一的 $K_L\mathrm{a}$ 值，但特定气体对应

的相对值与其分子直径成反比：

$$K_La_1/K_La_2=d_2/d_1 \quad (7.16)$$

式中，d 表示气体分子的直径。实验测定的一种气体的 K_La 可用于预测其他气体种类的 K_La 值。然而，主要大气气体的分子直径相似：氮气为 0.314 纳米，氧气为 0.29 纳米，二氧化碳为 0.28 纳米。

空气-水界面随湍流而变化，两个变量都不能准确估计。然而，在时间 1 和时间 2 之间，可以根据经验计算气体迁移系数，因为整合公式 7.14 可得：

$$K_La=\frac{\ln D_1-\ln D_2}{t_2-t_1} \quad (7.17)$$

式中，K_La 表示气体迁移系数（小时$^{-1}$）；t_1、t_2 分别为时间 1 和时间 2。等式 7.17 中可能使用各种单位，但为了方便起见，K_La 通常表示为小时$^{-1}$（1/时）。对于完全混合的水体，D 的自然对数与时间的关系图，或根据溶解氧纵分布曲线计算的未完全混合水体的 D 的自然对数，给出了一条直线，其中 K_La 是斜率（图 7.3）。

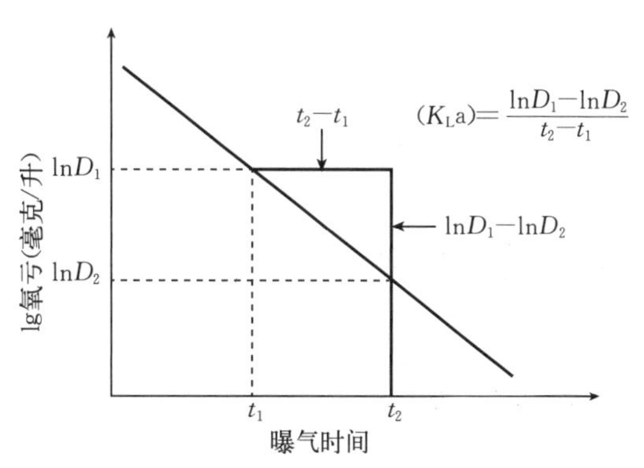

图 7.3 确定迁移系数（K_La）的方法图解

学生们经常对 K_La_{20} 术语的确切含义感到困惑，K_La_{20} 术语是以每小时的次数（小时$^{-1}$）表示的。理解 K_La_{20} 的一个简单方法是，它表明在 1 小时内，曝气方法可以将试验槽容积中的溶解氧浓度从 0 毫克/升提高到饱和的次数。

20 ℃的标准氧转移率可按如下公式计算：

$$SOTR=(K_La_{20})(C_s)(V) \quad (7.18)$$

式中，$SOTR$ 表示标准氧迁移速率（克 O_2/时）；C_s 表示 20 ℃和饱和条件下的溶解氧浓度（克/米^3）；V 表示水的体积（米^3）。注：记住微克/厘米^3 = 毫克/升。例 7.12 中提供了一个计算示例。

例 7.12 23 ℃的 K_La_T 为 0.027 5/时，在有风的日子，在 20 米^2 的水槽中，通过扩散对 30 米^3 的淡水再曝气。估算标准氧迁移速率（$SOTR$）。假设大气压=760 毫米汞柱。

解：

根据公式 7.15，

$$K_La_{20}=0.027\,5\div1.024^{23-20}=0.025\,6/\text{时}$$

以及使用方程 7.18：

$$SOTR=(0.025\,6/\text{时})(8.56\ \text{克}/\text{米}^3)(30\ \text{米}^3)=6.57\ \text{克}\ O_2/\text{时}$$

氧气通过 20 米^2 的表面扩散，就表面积而言，

$$SOTR=6.57\ \text{克}\ O_2/\text{时}\div20\ \text{米}^2=0.328\ \text{克}\ O_2/(\text{米}^2\cdot\text{时})$$

上述确定氧迁移速率的方法通常用于确定废水处理中使用的机械曝气器的标准氧迁移速率（美国土木工程师学会，1992）。将标准氧迁移速率除以施加在曝气装置上的功率，

可以估算出曝气设施的标准曝气效率。

实验室水槽中的标准氧迁移速率测量范围为静水中每小时 0.01～0.10 克氧气/米^2，湍流水中每小时高达 1.0 克氧气/米^2。在天然水体中，标准氧迁移速率的准确测量很困难，因为生物过程在测量期间增加或消耗氧气，并且循环模式很难评估。Schroeder（1975）报告，每 0.2 标准大气压（152 毫米汞柱）的饱和度不足，标准氧迁移速率为每小时 0.01～0.05 克氧气/米^2。Welch（1968）测量了池塘在 100%偏离饱和状态下每小时 0.1～0.5 克氧气/米^2 的标准氧迁移速率。最高标准氧迁移速率出现在有风的日子。

当波浪破裂形成白浪时，气体和空气的交换速度特别快。在小型湖泊和池塘中，水面通常相当平静，由于水面没有扰动，氧气的传输受到阻碍。以下公式（Boyd and Teichert - Coddington，1992）可用于将风速与小型池塘中风的再曝气率联系起来：

$$WRR=(0.153X-0.127)\left(\frac{C_s-C_m}{9.08}\right)(1.024^{T-20}) \tag{7.19}$$

式中，WRR 表示风的再曝气率［克 O_2/(米^2·时)］；X 表示水面上 3 米处的风速（米/秒）。

例 7.13 当大气压力为 760 毫米汞柱，夜间溶解氧浓度平均为 5 毫克/升时，对于 25 ℃下 1.5 米深的池塘，估算风速为 3 米/秒的风再曝气率和夜间（12 小时）通过扩散进入到池塘中的氧气。

解：

将氧气浓度和风速数据代入公式 7.19，有：

$WRR=$［(0.153)(3 米/秒)$-$0.127］(8.24$-$5.00)(1.024)^5/9.08

$WRR=$0.133 克 O_2/(米^2·时)

1 米^2 的水面下有 1.5 米^3 的水，所以：

0.133 克 O_2/(米^2·时)÷1.5 米^3/米^2=0.089 克 O_2/(米^3·时) 或

0.089 毫克 O_2/(升·时)

在 12 小时内，通过空气扩散进入池塘的溶解氧量是：

0.089 克 O_2/(米^2·时)×12 小时=1.07 毫克/升

7.8 河流再曝气

人们提出了几种估算河流再曝气速率的公式。针对流速在 0.15～0.5 米/秒、平均深度在 0.3～9 米的河流建立的一个此类公式（O'Connor and Dobbins，1958）如下所示：

$$k_s=3.93\nu^{0.5}H^{-1.5} \tag{7.20}$$

式中，k_s 表示河流再曝气系数（1/天）；ν 表示流速（米/秒）；H 表示平均深度（米）。k_s 可通过温度调节，溪流中的氧亏可按如下公式计算：

$$k_s'=k_s\left(\frac{C_s-C_m}{C_s}\right)1.024^{T-20} \tag{7.21}$$

式中，k_s'表示调整后的 k_s。可使用公式 7.18 估算大气扩散产生的每日氧气输入，其中体积项（V）被视为通过给定点的河流的水流，单位为米^3/天。

缓慢的河流再曝气系数最低，通常低于 0.35 天$^{-1}$（0.35/天）。中等至正常流速的大型河流的河流再曝气系数介于 0.35～0.7/天，而快速流动的河流的再曝气常数可能为 1.0 或稍大。对于有急流和瀑布的河流，再曝气的速率更高。

7.9 溶解氧浓度

氧气从空气扩散到水中或从水中扩散到空气中，会使天然水中的溶解氧浓度趋于平衡，但它们很少处于平衡状态。这是因为生物活动改变溶解氧浓度的速度快于在现有条件下扩散产生的平衡。影响溶解氧浓度的生物过程是绿色植物的光合作用和所有水生生物的呼吸。在白天，光合作用通常比呼吸发生得更快，溶解氧浓度增加。在有健康植物群落的水域，下午的溶解氧浓度通常会高于饱和状态。在夜间，光合作用停止，但呼吸作用继续使用氧气，并导致溶解氧浓度下降到饱和状态以下。随着水深的增加，溶解氧浓度也趋于下降，因为在更深的水域中，光照较少。

7.10 呼吸中的氧气和二氧化碳

与陆地动物相比，水生动物对氧气的吸收是一个更大的挑战。在 25 ℃和标准大气压下，饱和淡水中的分子氧体积为 6.29 毫升/升，而在大气（20.95%氧气）中，相同温度和压力下的氧体积约为 209.5 毫升/升（例 7.14）。在这种情况下，空气中的氧气含量是饱和地表水中氧气含量的 33 倍。与陆地动物需要的呼吸相比，水生动物和陆生动物吸收等量的氧气需要水生动物通过鳃泵送大得多的水量。假设例 7.14 中的鱼可以从水中吸收所有溶解氧，它必须每小时泵入 24.3 升水，以满足呼吸对分子氧的需求。而 0.73 升空气中含有相同数量的氧气。无论是鱼还是陆地动物都无法分别从水中或空气中吸收所有的分子氧，但例 7.14 说明了为什么水生环境中的氧气获得性比陆地环境中的更令人关注。

例 7.14 计算必须泵入鱼鳃的水的体积与为呼吸提供相同氧气量的陆地动物呼吸的空气量。

解：

在 25 ℃和 1 标准大气压下，淡水和空气中的氧气体积为：

1 摩尔氧气的体积为

$$PV=nRT$$

V=(1 摩尔)（0.082 升·标准大气压/摩尔·开）(298.15 开)÷1 标准大气压

V=24.45 升/摩尔

25 ℃和 1 标准大气压下的氧密度为：

32 克/摩尔÷24.45 升/摩尔=1.309 克/升或毫克/毫升

在 25 ℃和 1 标准大气压条件下的淡水在饱和状态下含有 8.24 毫克/升的溶解氧（表 7.6），以氧的体积为基础：

8.24 毫克/升÷1.309 毫克/毫升=6.29 毫升/升

假设 1 条 1 千克重的鱼每小时消耗 200 毫克氧气，对于这一点，所需的含氧量的水的体积为：

$$200\ 毫克\ O_2/时 \div 1.309\ 毫克\ O_2/毫升 = 152.8\ 毫升\ O_2/时$$

以及：

$$152.8\ 毫升\ O_2/时 \div 6.29\ 毫升\ O_2/升 = 24.3\ 升水/时$$

空气中含 20.95%的氧气（以体积计），与氧气一样，25 ℃和 1 大气压下的 1 摩尔空气占 24.45 升。

1 摩尔空气（25 ℃，1 大气压）中的氧气体积为：

$$24.45\ 升/摩尔 \times 0.2095 = 5.122\ 升$$

5.122 升氧气的重量为：

$$5.122\ 升 \times 1.309\ 克\ O_2/升 = 6.70\ 克\ O_2$$

空气中氧气的重量/体积浓度为：

$$6.70\ 克\ O_2/24.45\ 升 = 0.274\ 克\ O_2/升空气 = 274\ 毫克\ O_2/升空气$$

提供 200 毫克 O_2 的体积空气为：

$$200\ 毫克\ O_2/(274\ 毫克\ O_2/升空气) = 0.73\ 升空气$$

这条鱼必须泵入 24.3 升的水，使鳃接触到与陆地动物在 0.73 升空气中吸入肺部相同的氧气量。

当氧气从水中被移走时，必须通过从空气中扩散或光合作用释放氧气来替代，这两种过程都相对缓慢。空气运动通常会很快取代陆生动物在呼吸过程中消耗的氧气。人类可以大量聚集在一起观看户外景观或活动，而不会有窒息的危险。户外活动时，通常推荐的人体站立容量为 3～5 人/米^2。这是一种 200～400 千克/米^2 的人类生物量，远远大于自然水体中水生动物的现存量。

大气中氧气的浓度在陆地生态系统周围的空气中很少发生变化。在水体中，溶解氧浓度通常存在昼夜浮动，夜间最低，白天最高。许多其他事件，例如多云天气、浮游生物密度、风速、藻类突然死亡等，都会导致溶解氧浓度下降。应该清楚的是，水体中溶解氧的可获得性与陆地栖息地空气中氧气的可获得性相比，是一个更为关键的因素。

水生生物从水中吸收分子氧到血液中，并用于呼吸，但它们必须将呼吸过程中产生的二氧化碳排放到水中。鱼类和甲壳类动物的鳃提供了一个表面，水中的气体可以通过这个表面进入血液，反之亦然。鱼类的血细胞含有血红蛋白，甲壳类动物的血细胞携带血蓝蛋白；这些色素与氧气结合，使血液携带的氧气比溶液中携带的更多。这两种色素都是金属蛋白：血红蛋白有一个中心含铁的卟啉环；血蓝蛋白有一个中心有铜的卟啉环。因为鳃的氧气压力较高，血淋巴（体液）和血红蛋白在鳃处加载氧气，而组织在呼吸中使用氧气导致氧气压力较低，氧气在组织处卸载，血红蛋白（Hb）氧气的加载和卸载如下所示：

$$Hb + O_2 \rightarrow HbO_2 \quad (在鳃部) \tag{7.22}$$

$$HbO_2 \rightarrow Hb + O_2 \quad (在组织部) \tag{7.23}$$

水中氧张力对血红蛋白结合氧和释放氧的影响——氧血红蛋白解离曲线——如图 7.4 所示。温水鱼类的曲线通常为 S 形，冷水鱼类的曲线通常为双曲线。因此，温水鱼类比冷水物种在组织水平上卸载氧气的能力更强。这是冷水鱼类比温水鱼类需要更高溶解氧浓度的主要原因。

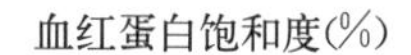

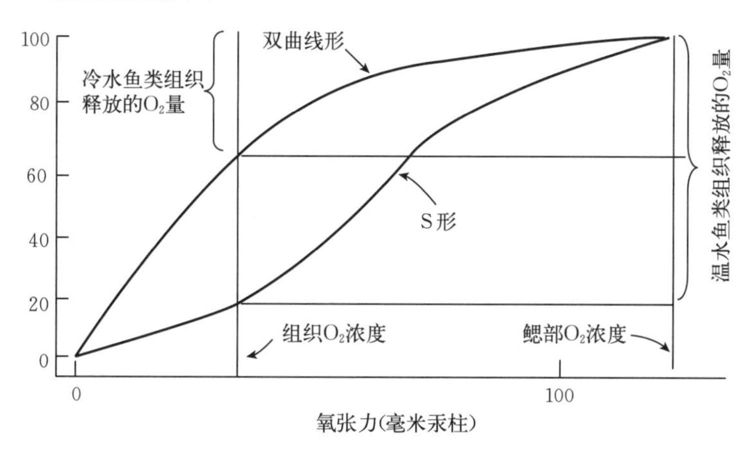

图 7.4 温水和冷水鱼的氧合血红蛋白饱和曲线

呼吸产生的二氧化碳溶解在组织的血淋巴中，并通过静脉血液输送到鳃，然后扩散到水中。水中高浓度的二氧化碳会抑制血液中二氧化碳的扩散。血液中二氧化碳的积累会降低血液 pH，从而导致一些负面的生理后果。

随着水中二氧化碳浓度的增加，它还会干扰鳃中血红蛋白与氧气的结合能力（图 7.5）。水中的高二氧化碳浓度会导致生物体需要更高的溶解氧浓度，以避免引起与氧相关的应激。

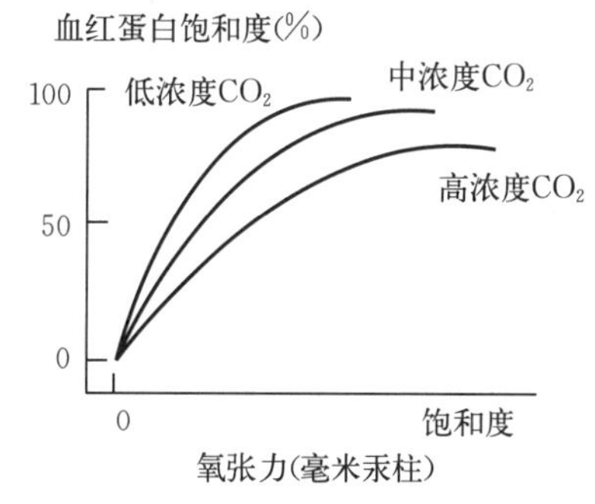

图 7.5 二氧化碳浓度对血红蛋白被氧饱和的影响

所有好氧水生生物都需要溶解氧，而水生生态系统中的大部分溶解氧被细菌和其他腐生微生物利用，这些微生物将有机物氧化成二氧化碳、水和无机矿物。化学自养微生物氧化还原无机化合物以获取能量，例如硝化细菌和硫化物氧化细菌，需要大量的溶解氧供应。

水生动物的耗氧量随品种、大小、温度、进食时间、体力活动和其他因素而变化。个体小的生物体每单位重量比同一品种的个体大的生物体消耗更多的氧气。例如，据报道，10 克大小的鲇每单位重量消耗的氧气约为 500 克大小的鲇的两倍。在生物体的温度耐受范围内，水温升高 10 ℃通常会使耗氧量增加 1 倍。研究表明，鱼类在进食后 1 小时消耗的氧气量是夜间禁食鱼类的两倍。随着流速的增加，逆流游泳的鱼以更高的速度使用氧气（Andrews et al.，1973；Andrews and Matsuda，1975）。

成年鱼的平均耗氧量通常在 200～500 毫克/(千克体重・时）之间（Boyd and Tucker，2014）。关于甲壳类动物耗氧量的信息较少，但似乎与鱼类的耗氧量相似。在天然水域，鱼类种群的现存量通常小于 500 千克/公顷，鱼类的耗氧量对溶解氧浓度没有很大影响（例 7.15）。

例 7.15 估算 500 千克的鱼苗从 10 000 米^3 水体中消耗的氧气量（毫克/升）。

解：

假设鱼在 24 小时内以 300 毫克/(千克·时）的速率呼吸。

使用的氧气为：

$$使用的\ O_2 = 300\ 毫克/(千克·时) \times 500\ 千克 \times 24\ 小时/天$$
$$= 3\ 600\ 000\ 毫克/天 = 3\ 600\ 克/天$$

O_2 浓度$=3\ 600$ 克/天/(10 000 米^3)$=0.360$ 克/(米^3·天)$=0.360$ 毫克/(升·天)

在水族馆、蓄水池或水产养殖生产设施中高密度养殖的鱼类对溶解氧的需求量比例 7.15 中发现的要大得多。

温水鱼类通常能在低至 1.0～1.5 毫克/升的溶解氧浓度下长期存活，而冷水鱼类则能在 2.5～3.5 毫克/升的溶解氧浓度下存活。然而，在溶解氧低的条件下鱼类和其他水生动物受到应激，容易生病，在低氧浓度下生长缓慢。一般来说，当溶解氧浓度不低于饱和浓度的 50%时，水生生物表现最好（Collins，1984；Boyd and Tucker，2014）。在海平面淡水中，15 ℃时 50%的饱和度约为 5 毫克/升，26 ℃时为 4 毫克/升。表 7.10 总结了溶解氧浓度对温水鱼类的影响。对冷水鱼类的影响相似，但发生在较高的溶解氧浓度下。水生生态系统的水质标准通常规定溶解氧浓度应高于 5 或 6 毫克/升，有些标准可能规定溶解氧浓度应至少为饱和度的 80%～90%。公共供水可能会列出略低的溶解氧标准，但很少低于 4 毫克/升。即使是用于灌溉或牲畜消费的水，溶解氧也应至少为 3 或 4 毫克/升。

表 7.10 溶解氧浓度对温水鱼类的影响

溶解氧（毫克/升）	影响
0～0.3	小鱼能在短时间内存活
0.3～1.5	如果暴露时间延长数小时，则会导致死亡
1.5～5.0	鱼能存活下来，但生长会很慢，而且鱼很容易生病
5.0 至饱和	理想范围
饱和以上	如果暴露时间延长，可能会造成气泡损伤

二氧化碳对大多数水生动物没有剧毒，但已被证明鱼类最好避免二氧化碳浓度达到或超过 10 毫克/升。如果溶解氧充足，大多数物种可以耐受高达 60 毫克/升的二氧化碳，但高浓度的二氧化碳会对鱼类产生麻醉作用。

结论

溶解氧是水生生态系统中最重要的水质变量。分子氧是有氧代谢的电子受体，所有好氧生物必须有充足的溶解氧供应。当溶解氧浓度较低或没有溶解氧时，厌氧微生物对有机物的分解会释放出还原物质，如氨、亚硝酸盐、亚铁、硫化氢和溶解的有机化合物到水中。在缺乏足够溶解氧的情况下，好氧微生物不能有效地氧化这些还原物质。溶解氧浓度低和某些有毒代谢物浓度高的组合会对水生生态系统的结构和功能造成严重的负面影响。

“清水”物种消失了，只有那些能够忍受高度污染的生物才能茁壮成长。这些生态系统的生物多样性低，不稳定，用途受到了极大的损害。

参考文献

American Society of Civil Engineers，1992. Measurement of oxygen transfer in clean water，2nd edn. American Society of Civil Engineers，New York.

Andrews JW，Matsuda Y，1975. The influence of various culture conditions on the oxygen consumption of channel catfish. Trans Am Fish Soc，104：322-327.

Andrews JW，Murai T，Gibbons G，1973. The influence of dissolved oxygen on the growth of channel catfish. Trans Am Fish Soc，102：835-838.

Benson BB，Krause D，1984. The concentration and isotopic fractionation of oxygen dissolved in freshwater and seawater in equilibrium with the atmosphere. Lim Ocean，29：620-632.

Boyd CE，Teichert-Coddington D，1992. Relationship between wind speed and reaeration in small aquaculture ponds. Aqua Eng，11：121-131.

Boyd CE，Tucker CS，2014. Handbook for aquaculture water quality. Auburn，Craftmaster Printers.

Collins G，1984. Fish growth and lethality versus dissolved oxygen//Proceedings specialty conference on environmental engineering，The American Society of Civil Engineers，Los Angeles：750-755.

Colt J，1984. Computation of dissolved gas concentrations in water as functions of temperature，salinity，and pressure，Special Publication 14. American Fisheries Society，Bethesda.

Colt J，2012. Dissolved gas concentration in water. New York，Elsevier.

O'Connor DJ，Dobbins WE，1958. Mechanism of reaeration in natural streams. Trans Am Soc Civ Eng，123：641-666.

Schroeder GL，1975. Nighttime material balance for oxygen in fishponds receiving organic wastes. Bamidgeh，27：65-74.

Welch HE，1968. Use of modified diurnal curves for the measurement of metabolism in standing water. Lim Ocean，13：679-687.

8　氧化还原电位

摘要

当一种物质被氧化时，失去电子；当一种物质被还原时，获得电子。氧化和还原发生在称为半电池的耦合中，其中一种物质（氧化剂）接受来自另一种物质（还原剂）的电子。氧化剂被还原，还原剂被氧化。两个半电池之间的电子流可以用电动势（伏特）测量。在25℃、1标准大气压的H_2和1摩尔/升H^+条件下氢半电池（$H_2 \rightarrow 2H^+ + 2e^-$）的电势为0.0伏；也就是说它的标准电极电位（$E^o$）为0.0伏。进出氢半电池的电子流是确定其他半电池E^o值的参考。正极E^o越大，半电池相对于氢电极的氧化程度越高；负E^o的情况正好相反。非标准条件下的氧化还原电位（E或E_h）用甘汞电极测量或用能斯特方程计算。含可测量溶解氧的水的E_h=0.50伏，在氧饱和度下，E_h=0.56伏。氧化还原电位表明特定环境中是否存在特定物质，并解释了水体和沉积物中溶解氧浓度下降时发生的反应顺序。氧化还原电位在分析化学和工业中有许多实际应用，但在水质调查中并不经常测量。

引言

氧化还原电位是对氧化还原反应中发生的电子转移方向和数量的测量。氧化还原电位指示一种物质是还原剂，向另一种物质提供电子，还是氧化剂并从另一种物质接受电子。它还提供了反应物的相对氧化和还原强度的指示。

在氧化还原反应中，还原剂提供（失去）的电子必须被氧化剂接受（获得）。氧化还原反应可以认为有两部分：还原剂释放电子；氧化剂接受还原剂释放的电子。反应的两个部分之间的电子流可以测量为电流——氧化还原电位。

氢（H_2）是比较一种物质相对氧化或还原能力的基础。在标准条件下（1.0摩尔/升H^+；1标准大气压H_2；25℃），氢的氧化还原电位被赋值为零。其他物质可以与氢相比较，它们的氧化还原电位可以相互比较。物质浓度、pH和温度影响氧化还原电位，但氧化还原可根据这些变量的差异进行调整。氧化还原电位可用于确定化学反应的终点、预测两种物质结合时是否会发生反应、确定某些物质是否可能存在于水环境中以及其他目的。

8.1 氧化-还原

质量作用定律、反应吉布斯自由能变化和平衡常数的原理可应用于氧化还原反应。氧化还原反应的驱动力可以用可测量的电流来表示。如氧化还原反应：

$$I_2 + H_2 = 2H^+ + 2I^- \tag{8.1}$$

碘被还原成碘化物，氢气被氧化成氢离子。反应可分为两部分，每个部分称为半电池，一部分显示丢失电子（e^-）导致氧化，另一部分显示得到电子导致还原：

$$H_2 = 2H^+ + 2e^- \tag{8.2}$$

$$I_2 + 2e^- = 2I^- \tag{8.3}$$

方程式 8.2 和方程式 8.3 的标准吉布斯反应自由能（ΔG^o）表达式分别为：

$$\Delta G^o = 2\Delta G_f^o H^+ + 2\Delta G_f^o e^- - \Delta G_f^o H_2$$

$$\Delta G^o = 2\Delta G_f^o I^- - \Delta G_f^o I_2 - 2\Delta G_f^o e^-$$

两个表达式的右侧相加时 $\Delta G_f^o e^-$ 项被消去，总和为：

$$2\Delta G_f^o H^+ + 2\Delta G_f^o I^- - \Delta G_f^o H_2 - \Delta G_f^o I_2$$

两个表达式之和与等式 8.1 中估算 ΔG^o 的表达式相同。

由于 $\Delta G_f^o e^-$ 项在两个半电池相加时被消去，因此 $\Delta G_f^o e^-$ 始终被赋值为零。此外，根据表 4.2，注意 $\Delta G_f^o H^+ = \Delta G_f^o H_2 = 0$。因此，氢半电池反应的 $\Delta G^o = 0$（方程式 8.2）。

8.2 标准氢电极

氢半电池（方程式 8.2）通常写为：

$$\frac{1}{2} H_2 = H^+ + e^- \tag{8.4}$$

氢半电池是一个有用的表达式。任何氧化-还原反应都可以写成两个半电池反应，其中氢半电池作为提供电子或接受电子半电池：

$$Fe^{3+} + e^- = Fe^{2+}, \ \frac{1}{2} H_2 = H^+ + e^- \tag{8.5}$$

$$Fe\ (s) = Fe^{2+} + 2e^-, \ 2H^+ + 2e^- = H_2\ (g) \tag{8.6}$$

在方程式 8.5 中，氢是还原剂，因为它提供了将 Fe^{3+} 还原为 Fe^{2+} 的电子。在方程式 8.6 中，H^+ 是氧化剂，因为它接受电子，从而将固体、金属铁或 Fe（s）氧化为 Fe^{2+}。

半电池之间的电子流可作为电流测量（图 8.1）。用 H_2 还原 I_2 的化学反应可以用来制造一个由两个半电池组成的电池，在其中可以测量电子流。该电池由 1 摩尔/升氢离子溶液和 1 摩尔/升碘溶液组成。在 1 标准大气压下将涂有铂黑、覆盖在氢气中的铂电极置于 1 摩尔/升氢离子溶液中以形成氢半电池或氢电极。在碘溶液中放置一个有光泽的铂电极以形成另一个电极。在两个电极之间用铂丝连接以便电子在两个半电池之间自由流动。连接两种溶液之间的盐桥允许离子从一侧迁移到另一侧并保持电中性。电子流是用电位计测量的。图 8.1 所示电池中的电子流从氢电极流向碘溶液。一开始碘-碘半电池比氢电极氧化性更强，电子从装置的氢一侧转移到碘溶液中，并将 I_2 还原为 I^-。H_2 氧化成 H^+ 是电子的来源。电子连续从氢电极流向碘半电池，直到达到平衡。

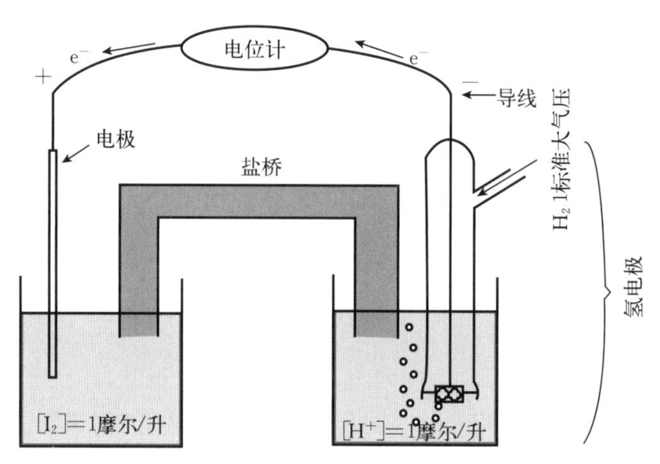

图 8.1　连接到碘半电池的氢半电池或电极

图 8.1 中的电位计最初可读到 0.62 伏碘半电池的标准电极电位（E^{o}）。E^{o} 的值随着反应的进行而下降，在平衡时 $E^{o}=0$ 伏。标准电极电位是指在标准条件下（单位活度和 25 ℃），标准氢电极（半电池）和任何其他半电池之间产生的初始电压。为使氧化还原反应达到平衡而在半电池之间转移的电子并不总是沿着图 8.1 所示的方向流动。在某些情况下，标准氢电极可能比另一半电池的氧化程度更高，电子将流向氢电极，氢电极将发生还原。有必要给 E^{o} 规定一个符号。如图 8.1 所示，当电子从氢电极流向另一半电池时，通常使用正号。正号表示另一半电池比氢电极氧化性更强。当氢电极氧化性比另一个半电池更强时，电子流向氢电极，并向 E^{o} 施加负号。该符号有时以相反的方式应用于 E^{o}，除非另有规定，否则 E^{o} 的符号可能会引起相当大的混淆。

已确定了许多半电池的 E^{o} 值，一些半电池列于表 8.1。氢电极的 E^{o}（0 伏）是表 8.1 中其他半电池的比较参考或标准。E^{o} 大于 0 伏的半电池比氢电极氧化性更强，E^{o} 小于 0 伏的半电池比氢电极还原性更强。可比较任意两个半电池的 E^{o}；无需仅与氢电极进行比较。

参考表 8.1 可以表明不同物质的相对氧化（或还原）程度。例如，臭氧（O_3）、次氯酸（HOCl）和高锰酸盐（MnO_4^-）比溶解氧［O_2（aq）］更具氧化性，因为它们的 E^{o} 值高于溶解氧。但是，出于同样的原因，溶解氧比三价铁（Fe^{3+}）、硝酸盐（NO_3^-）和硫酸盐（SO_4^{2-}）更具氧化性。

表 8.1　25 ℃下的标准电极电位

反应	E^{o}（伏）
O_3（g）$+2H^+ +2e^- = O_2$（g）$+H_2O$	+2.07
$Mn^{4+} + e^- = Mn^{3+}$	+1.65
$2HOCl + 2H^+ + 2e^- = Cl_2$（aq）$+2H_2O$	+1.60
$MnO_4^- + 8H^+ + 5e^- = Mn^{2+} + 4H_2O$	+1.51
Cl_2（aq）$+2e^- = 2Cl^-$	+1.39

（续）

反应	E°（伏）
Cl_2（g）$+2e^- = 2Cl^-$	+1.36
$Cr_2O_7^{2-}+14H^+ +6e^- = 2Cr^{3+}+7H_2O$	+1.33
O_2（aq）$+4H^+ +4e^- = 2H_2O$	+1.27
$2NO_3^- +12H^+ +10e^- = N_2$（g）$+6H_2O$	+1.24
MnO_2（s）$+4H^+ +2e^- = Mn^{2+}+2H_2O$	+1.23
O_2（g）$+4H^+ +4e^- = 2H_2O$	+1.23
Fe（OH）$_3$（s）$+3H^+ +e^- = Fe^{2+}+3H_2O$	+1.06
$NO_2^- +8H^+ +6e^- = NH_4^+ +2H_2O$	+0.89
$NO_3^- +10H^+ +8e^- = NH_4^+ +3H_2O$	+0.88
$NO_3^- +2H^+ +2e^- = NO_2^- +H_2O$	+0.84
$Fe^{3+}+e^- = Fe^{2+}$	+0.77
I_2（aq）$+2e^- = 2I^-$	+0.62
$MnO_4^- +2H_2O+3e^- = MnO_2$（s）$+4OH^-$	+0.59
$O_2+2H_2O+4e^- = 4OH^-$	+0.40
$SO_4^{2-}+8H^+ +6e^- = S$（s）$+4H_2O$	+0.35
$SO_4^{2-}+10H^+ +8e^- = H_2S$（g）$+4H_2O$	+0.34
N_2（g）$+8H^+ +6e^- = 2NH_4^+$	+0.28
Hg_2Cl_2（s）$+2e^- = 2Hg$（l）$+2Cl^-$	+0.27
$SO_4^{2-}+9H^+ +8e^- = HS^- +4H_2O$	+0.24
$S_4O_6^{2-}+2e^- = 2S_2O_3^{2-}$	+0.18
S（s）$+2H^+ +2e^- = H_2S$（g）	+0.17
CO_2（g）$+8H^+ +8e^- = CH_4$（g）$+2H_2O$	+0.17
$H^+ +e^- = \frac{1}{2}H_2$（g）	0.00
$6CO_2$（g）$+24H^+ +24e^- = C_6H_{12}O_6$（葡萄糖）$+6H_2O$	−0.01
$SO_4^{2-}+2H^+ +2e^- = SO_3^{2-}+H_2O$	−0.04
$Fe^{2+}+2e^- = Fe$（s）	−0.44

注：表中的（g）=气态，（l/aq）=液态或溶解的，（s）=固态或矿物形式

电极电位还可以揭示两种或两种以上特定物质是否能共存。例如，溶解氧和硫化氢不共存，因为氧的氧化程度高于硫化物及其来源：

$$O_2\text{（aq）}+4H^+ +4e^- = 2H_2O \quad E^{\circ}=1.27\text{ 伏} \qquad (8.7)$$

$$SO_4^{2-}+10H^+ +8e^- = H_2S\text{（g）}+4H_2O \quad E^{\circ}=0.34\text{ 伏} \qquad (8.8)$$

$$S\text{（s）}+2H^+ +2e^- = H_2S\text{（g）} \quad E^{\circ}=0.17\text{ 伏} \qquad (8.9)$$

如果存在溶解氧，硫化氢将被氧化成硫酸盐。还有许多其他与水质考虑相关的例子。一是水中亚铁（Fe^{2+}）的存在：

$$Fe^{3+}+e^- = Fe^{2+} \quad E^{\circ}=0.77\text{ 伏} \qquad (8.10)$$

如果水中含有溶解氧（$E^{\circ}=1.27$ 伏），氧化还原电位将过高，导致 Fe^{2+} 不存在，并且只能存在三价铁（Fe^{3+}）。另一个例子是亚硝酸盐，它很少以可观的浓度存在于有氧水中，因为它的氧化还原电位小于溶解氧的氧化还原电位。

8.3 电池电压与自由能变化

电池反应中的电压与反应的标准吉布斯自由能之间的关系可由以下公式确定：

$$\Delta G^{\circ}=-nFE^{\circ} \tag{8.11}$$

式中，ΔG° 表示吉布斯标准反应自由能（千焦/摩尔）；n 表示电池反应中转移的电子数，F 表示法拉第常数［96.485 千焦/(伏・克当量)］；E° 表示所有物质处于单位活度的反应的电压。n 和 F 值乘以电压，将电压转换为能量当量。因此：

$$\Delta G=-nFE \tag{8.12}$$

式中，ΔG 和 E 表示非标准条件。

例 8.1 测得方程式 8.1 中反应的 E° 为 0.62 伏（表 8.1）。结果表明，公式 8.11 给出的 ΔG° 值与公式 4.8 使用 ΔG_f° 表格值计算得出的 ΔG° 值相同（$\Delta G_f^{\circ} I_2=16.43$ 千焦/摩尔）：

解：

根据公式 8.11，ΔG° 为：

$$\Delta G^{\circ}=-[2\times0.62\text{ 伏}\times96.485\text{ 千焦/(伏・克当量)}]=-119.6\text{ 千焦}$$

ΔG° 可通过公式 4.8 从 ΔG_f° 的值计算得出，如下所示：

$$\Delta G^{\circ}=2\Delta G_f^{\circ}H^{+}+2\Delta G_f^{\circ}I^{-}-\Delta G_f^{\circ}I_2-\Delta G_f^{\circ}H_2$$

使用表 4.2 中的 ΔG_f° 值得出：

$$\Delta G^{\circ}=2\ (0)+2\ (-51.6)-(16.43)-0=-119.6\text{ 千焦}$$

因此，无论是从标准吉布斯反应自由能还是从标准电极电位计算，ΔG° 都是相同的（表 8.1）。

还要注意的是，ΔG° 的值可用于公式 8.11 中计算 E°：

$$\Delta G^{\circ}=-nFE^{\circ}$$

$$-119.6\text{ 千焦}=-(2)\ [96.485\text{ 千焦/(伏・克当量)}]\ (E^{\circ})$$

$$E^{\circ}=119.6\text{ 千焦}\div192.97\text{ 千焦/(伏・克当量)}$$

$$E^{\circ}=0.62\text{ 伏}$$

第 4 章表明，可使用以下公式估算反应过程中的反应自由能，直至达到平衡且 $\Delta G=0$ 和 $Q=K$。

$$\Delta G=\Delta G^{\circ}+RT\ln Q \tag{8.13}$$

式中，R 表示通用气体定律（也称为理想气体定律）方程常数的一种形式［0.008 314 千焦/(摩尔・开)］；T 表示绝对温度（开）；Q 表示反应商。

将公式 8.11 和公式 8.12 代入公式 8.13 得：

$$-nFE=-nFE^{\circ}+RT\ln Q$$

除以 $-nF$ 得到：

$$E=E^{\circ}-\frac{RT}{nF}\ln Q \tag{8.14}$$

因为 $R=0.008\,314$ 千焦/(摩尔·开)；$T=(25+273.15)$ 开；$F=96.48$ 千焦/(伏·克当量)；以 2.303 将自然对数转换为常用（以 10 为底）对数，公式 8.14 可写成：

$$E=E^{\circ}-\frac{0.059\,2}{n}\lg Q \tag{8.15}$$

公式 8.14 和公式 8.15 都是能斯特方程的形式；公式 8.15 适用于 25 ℃，公式 8.14 适用于其他温度。与 ΔG 一样，当达到平衡时，$E=0.0$ 伏，$Q=K$。电极电位 E 为氧化还原电位；它通常被称为 E_h。

例 8.2 使用 25 ℃，pH=7，溶解氧浓度为 8 毫克/升的水的能斯特方程计算氧化还原电位。

解：

$$\frac{8\text{ 毫克 }O_2/\text{升}}{32\,000\text{ 毫克/摩尔}}=10^{-3.60}\text{摩尔/升}$$

$$(H^+)=10^{-7}\text{摩尔/升（pH 7 时）}$$

适当的反应是：

$$O_2\ (aq)\ +4H^+ +4e^- =2H_2O$$

其中，$E^{\circ}=1.27$ 伏（表 8.1）：

$$E_h=E^{\circ}-\frac{0.059\,2}{n}\lg Q$$

其中：

$$\lg Q=\frac{1}{(O_2)\ (H^+)^4}\quad (H_2O\text{ 作为 }1)$$

所以：

$$E_h=1.27-\frac{0.059\,2}{4}\lg\frac{1}{(10^{-3.6})\ (10^{-28})}=1.27-\frac{0.059\,2}{4}\lg\frac{1}{(10^{-31.6})}$$

$$=1.27-(0.014\,8)\ (31.6)=0.802\text{ 伏}$$

pH 对氧化还原电位有影响，E_h 通常调整为 pH 7 时的值。要将 E_h 调节至 pH 7，中性以下的每个 pH 单位减去 0.059 2 伏，中性以上的每个 pH 单位加上 0.059 2 伏。该修正系数的来源如例 8.3 所示。许多研究人员将 E_h 值调整为 pH 7，并使用符号 E_7 而不是 E_h 报告氧化还原电位。

例 8.3 当溶解氧为 8 毫克/升（$10^{-3.60}$摩尔/升）且水温为 25 ℃，在 pH 为 5、6、7、8 和 9 时，下面反应的 E_h 是多少？

$$O_2\ (aq)+4H^+ +4e^- =2H_2O$$

解：

计算反应 E_h 的方法如例 8.2 所示：

$$E_h=1.27-\frac{0.059\,2}{4}\lg\frac{1}{(10^{-3.6})\ (H^+)^4}$$

pH 分别为 5、6、7、8 和 9 时，$(H^+)=10^{-5}$、10^{-6}、10^{-7}、10^{-8}和 10^{-9}摩尔/升。代入

前面的公式，得到如下 E_h 值：pH 5，0.921 伏；pH 6，0.862 伏；pH 7，0.802 伏；pH 8，0.743 伏；pH 9，0.684 伏。请注意，pH 每增加一个单位，E_h 就会降低 0.059 伏。

从公式 8.14 可以看出，温度变化也会导致 E_h 变化。然而，例 8.4 表明，温度引起的变化（0.001 6 伏/℃）远小于 pH 引起的变化。1 个单位的 pH 变化导致 pH 变化约为 10 ℃温度变化的 3 倍（对比例 8.3 和例 8.4）。系数 0.001 6 伏/℃可用于将 E_h 或 E_7 调节至 25 ℃的标准温度。这种调节通常是不必要的，因为现代氧化还原仪器通常有一个温度补偿器。

例 8.4　在 8 毫克/升溶解氧和 pH 7，$\lg Q=31.6$ 条件下，不同温度下下面反应的 E_h 值是多少？

$$O_2\ (aq)+4H^+ +4e^- =2H_2O$$

解：

在 0 ℃时，E_h 为：

$$E_h=E^\circ-\frac{(0.008\ 314\ \text{千焦/摩尔})\ (273.15\ \text{开})}{(4)\ [96.48\ \text{千焦/(伏·克当量)}]}\times 2.302\times 31.6$$

$$E_h=0.842\ \text{伏}$$

对于其他温度，重复 0 ℃的计算得出：

T(℃)	E_h(伏)	$\Delta E_h/T$(伏/℃)
0	0.842	
		0.016
10	0.826	
		0.016
20	0.810	
		0.015
30	0.795	
		0.016
40	0.779	

8.4　氧化还原电位的实际测量

虽然氢电极是一个标准的半电池，通常与其他半电池进行比较，但在实际的氧化还原电位测量中，它并没有用作参考电极。氧化还原测量最常用的参比电极是甘汞（Hg_2Cl_2）电极：

$$Hg_2Cl_2+2e^- =2Hg^+ +2Cl^- \qquad (8.16)$$

KCl 饱和甘汞电极在 25 ℃下的 $E^\circ=0.242$ 伏。常用 KCl 饱和甘汞电极的标准电极电位比表 8.1 中的氢电极标准电极电位 E° 值小 0.242 伏，如例 8.5 所示。

例 8.5　对表 8.1 中的 E° 值进行调整，以表示通过 KCl 饱和甘汞电极获得的电位。

(1) $O_2\ (aq)+4H^+ +4e^- =2H_2O$　　$E^\circ=1.27$ 伏

(2) $Fe^{3+}+e^- =Fe^{2+}$　　$E^\circ=0.77$ 伏

(3) $NO_3^- +2H^+ +2e^- =NO_2^- +H_2O$　　$E^\circ=0.84$ 伏

解：

半电池	E^0	校正系数	甘汞电极电位（伏）
(1)	1.27 −	0.242 =	1.028
(2)	0.77 −	0.242 =	0.528
(3)	0.84 −	0.242 =	0.598

如其他章节所示，氧化还原电位是解释许多与水质有关的化学和生物现象的有用概念。然而，在自然生态系统中实际使用氧化还原电位充满了困难。在自然水体和沉积物中，氧化还原电位受溶解氧浓度的控制。虽然溶解氧在氧化水中还原物质时会被消耗殆尽，但溶解氧不断被大气中的氧气扩散或光合作用中产生的氧气所取代，氧化还原电位通常保持相当恒定。

沉积物中氧化还原电位的测量尤其困难。氧化还原电位通常在几毫米的沉积物深度上发生剧烈变化。氧化还原探针尺寸相当大——与圆珠笔大小相当，因此无法确定氧化还原读数适用的沉积物中的精确深度。将探针插入沉积物中的行为也导致含氧的水沿着探针向下进入沉积物，从而改变氧化还原电位。

在分层水体的均温层、非分层水体的土壤-水界面以及底部土壤和沉积物中，溶解氧通常处于低浓度或缺乏状态，并形成还原条件。图 8.2 显示了整个水柱中含有溶解氧的水体中氧化还原电位的典型模式。在水柱和第 1 厘米沉积物中，氧化还原电位在 0.5～0.6 伏。然后，就在沉积物-水界面之下，氧化还原电位降至 0.1 伏以下。沉积物深度越深，氧化还原作用越轻微，这可能是因为较深的沉积物通常含有较少的有机物。

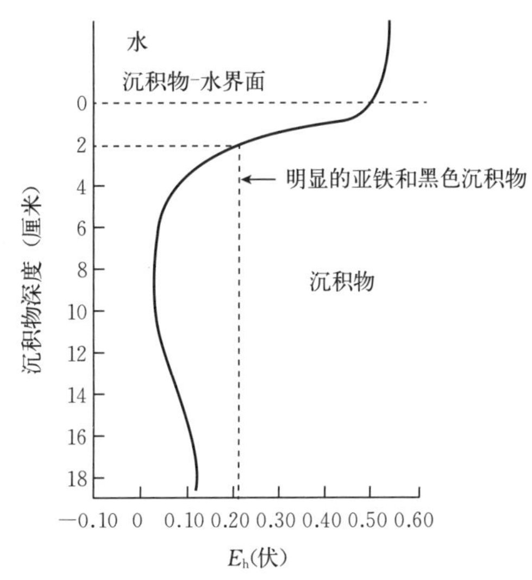

图 8.2 氧化表面沉积物中的氧化还原电位（E_h）分布

导致氧化还原电位降低的驱动力是微生物呼吸消耗的氧气。当分子氧耗尽时，某些微生物利用氧化的无机或有机物质作为代谢中的电子受体。还原环境中的氧化还原反应非常复杂，虽然它们是自发发生的，但微生物通常会加速这一过程。化合物种类繁多，相对还原和相对氧化的化合物的浓度在空间和时间上都有很大的差异，不可能分离出系统的特定成分。因此，最好将氧化还原探针插入所需位置并获得读数。然后，可以根据溶解氧建立的氧电位的偏离来解读该读数。

$$O_2\ (aq) + 4H^+ + 4e^- \rightarrow 2H_2O \qquad (8.17)$$

在 25 ℃和 pH 为 7 时，含氧良好的水中的氧电位相对于标准氢电极应为约 0.802 伏（802 毫伏）（见例 8.2）。当用 KCl 饱和甘汞电极测量时，含氧良好的表层水的氧电位约为 0.560 伏（560 毫伏）。在无氧水或土壤中观察到氧化还原电位下降，在均温层的水体和沉积物中的值低于－0.250伏。

用于测量氧化还原电位的商用设备对于含氧良好的水或对于还原的水或沉积物样品的氧化还原电位并非都提供相同的读数。这使得很难解释在天然水和沉积物中测量的氧化还原电位。然而，如果氧化还原电位低于使用特定仪器在氧饱和水中获得的值，则表明正在形成还原条件，并且环境的还原能力随着氧化还原电位的下降而增加。必须注意不要将空气或含氧水引入要测量氧化还原电位的介质中。

即使在低浓度下，水中溶解氧的存在也会稳定氧化还原电位（例8.6）。因此，氧电位（公式8.17）是比较水体及其沉积物中不同位置的氧化还原电位的标准。

例8.6 在25℃和pH 7条件下，请计算溶解氧浓度为1、2、4和8毫克/升的水的E_h。

解：

溶解氧的摩尔浓度可通过将毫克/升值除以32 000毫克/摩尔计算得出：1毫克/升＝$10^{-4.5}$摩尔/升；2毫克/升＝$10^{-4.2}$摩尔/升；4毫克/升＝$10^{-3.9}$摩尔/升；8毫克/升＝$10^{-3.6}$摩尔/升。使用溶解氧的摩尔浓度和10^{-7}摩尔/升（pH 7）的氢离子浓度来求表达式的解

$$E_h = 1.27 - \frac{0.0592}{4} \lg \frac{1}{(O_2)(H^+)^4}$$

E_h值如下：1毫克/升＝0.789伏；2毫克/升＝0.793伏；4毫克/升＝0.798伏；8毫克/升＝0.802伏。甘汞电极的相应读数为1毫克/升＝0.547伏；2毫克/升＝0.551伏；4毫克/升＝0.556伏；8毫克/升＝0.560伏。

从例8.6中可以看出，低至1毫克/升的溶解氧量将使E_h保持在0.8伏附近（甘汞电极接近0.56伏）。在溶解氧完全耗尽之前，自然系统不会强烈还原。

8.5 腐蚀

标准电极电位提供了一种预测金属腐蚀的方法。在腐蚀过程中，金属被氧化成离子形式并释放电子（阳极过程），电子被转移到水、氧或其他氧化剂（阴极过程），如含氧的水对铁金属腐蚀的简化评估所示（图8.3）。总体反应是：

$$2Fe^0 + O_2 + 2H_2O \rightarrow 2Fe^{2+} + 4OH^- \quad (8.18)$$

阳极过程是：

$$2Fe^0 \rightarrow 2Fe^{2+} + 4e^- \quad (8.19)$$

而阴极过程是：

$$O_2 + 2H_2O + 4e^- \rightarrow 4OH^- \quad (8.20)$$

在有氧存在的情况下，Fe^{2+}会在腐蚀金属表面沉淀为氧化铁。

腐蚀电位（$E_{腐蚀}$）可通过方程8.20的E^o和方程8.19的E^o之间的差值进行评估：

$$E_{腐蚀} = E^o_C - E^o_A$$

其中下标C和A分别表示阴极和阳极过程。

$$E_{腐蚀} = +0.40 - (-0.44) = +0.84 \text{ 伏}$$

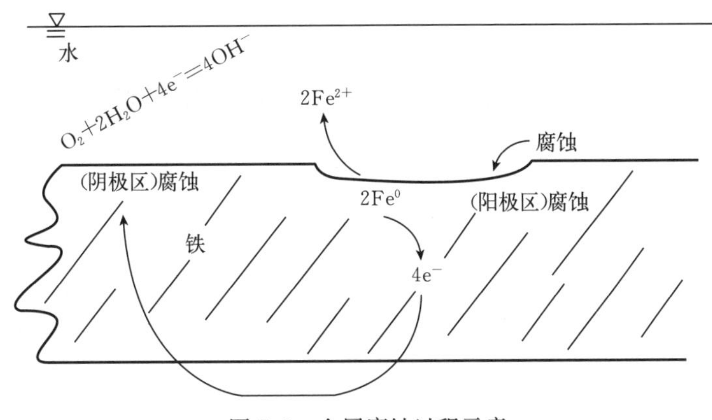

图 8.3 金属腐蚀过程示意

$E_{腐蚀}$为正值表明反应是可能的，并且在特定条件下会发生腐蚀。当然，这种简单的方法并不能表明预期的腐蚀程度。

pH 低，溶解氧浓度、二氧化碳浓度和溶解固体浓度高会增加水的腐蚀性。酸性水含有更多的氢离子以促进阴极反应，氧气在阴极与氢气反应加速腐蚀反应，二氧化碳降低 pH，较高的溶解固体浓度增加电导率。细菌的作用和硝酸盐或氯等氧化剂的存在也会加速腐蚀。

减少腐蚀常见的方法是在金属上涂上防腐涂层，以保护其不与环境接触，例如，在钢上涂锌、锡、树脂、塑料、油漆或油脂涂层。另一种方法是减少环境的腐蚀性，例如从水中去除溶解氧。还有一些减少腐蚀的电化学方法将不再讨论。

结论

氧化还原电位与溶解氧浓度直接相关。当溶解氧浓度高于 1 或 2 毫克/升时，氧化还原电位将很高。水生生态中氧化还原电位的主要价值在于解释沉积物-水系统中氧化和还原是如何发生的。氧化还原电位难以测量，因此在水生生态系统的水质标准中，它通常不是一个有用的变量。当然，上面讨论的与氧化还原电位有关的电化学概念是理解和控制对人类社会至关重要的金属结构和设备腐蚀的基础。氧化还原电位在分析化学和许多工业过程中也具有深远的重要性。

9 二氧化碳、pH 和碱度

摘要

pH 或氢离子浓度的负对数是水质的主要变量，因为氢离子影响许多反应。由于溶解的二氧化碳是酸性的，所以二氧化碳饱和的雨水自然是酸性的，通常 pH 约为 5.6。土壤和其他地质构造中的石灰石、硅酸钙、长石在二氧化碳的作用下溶解，以增加水中碳酸氢盐的浓度并提高 pH。可滴定碱的总浓度通常为碳酸氢盐和碳酸盐，以毫克/升碳酸钙表示，即总碱度。在土壤高度淋溶的潮湿地区，总碱度通常低于 50 毫克/升，但在土壤肥沃、存在石灰岩地层或气候干燥的地方，总碱度会更高。碱度增加了在低至中等 pH 水域进行光合作用时无机碳的可获得性。具有中等至高碱度的水体可以很好地缓冲 pH 的大幅波动，这是由于白天通过光合作用净消耗二氧化碳，并在没有光合作用的夜晚通过呼吸过程将二氧化碳返回水中。大多数水生生物的最适 pH 范围为 6.5～8.5，酸性和碱性致死点分别在 pH 4 和 pH 11 左右。鱼类和其他水生动物应避免高浓度的二氧化碳，但如果溶解氧充足，可以耐受 20 毫克/升或更高浓度的二氧化碳。水生生物的最佳碱度为 50～150 毫克/升。

引言

pH 是水质的主要变量，因为许多反应取决于 pH。正常的水既含有酸也含有碱，生物过程往往会增加酸度或碱度。这些对立的酸性和碱性物质之间的相互作用及其过程决定了 pH。二氧化碳在调节天然水的 pH 方面尤其有影响，这种溶解气体是酸性的，其浓度不断变化，因为水生植物的光合作用将其从水中清除，而水生生物的呼吸作用将其释放到水中。水的碱度主要来源于碳酸氢根和碳酸根离子，这些离子来自水中的二氧化碳与石灰石和某些其他矿物的反应。

碱度通过增加植物无机碳的利用率，从而在水生生物中起着重要作用。它还倾向于缓冲水的 pH，防止过度变化。了解 pH、二氧化碳和碱度之间的关系对于了解水质至关重要。

9.1 pH

9.1.1 概念

氢离子（H^+）是一个裸核，一个具有高电荷密度的质子。质子不能存在于水中，因为它被吸引到水分子带负电的一侧，从而产生一个离子对，称为水合氢离子（H_3O^+）。水的解离可以写成 $H_2O+H_2O=H_3O^+ +OH^-$，但为了简单起见，用 H^+代表 H_3O^+，水的解离表示为：

$$H_2O=H^+ +OH^- \quad (9.1)$$

pH 是氢离子浓度（H^+）的指数，基于方程式 9.1 的质量作用表达式：

$$\frac{(H^+)\ (OH^-)}{H_2O}=K_w \quad (9.2)$$

水的平衡常数（K）通常用 K_w 表示。水的解离程度很小，水在公式 9.2 中可以认为是单位 1：

$$(H^+)\ (OH^-)=K_w \quad (9.3)$$

水分解成等量的氢离子和氢氧根（OH^-）离子；氢离子代替公式 9.3 中的氢氧根离子，有：

$$(H^+)\ (H^+)=K_w$$

氢离子浓度是 K_w 的平方根：

$$H^+=\sqrt{K_w} \quad (9.4)$$

当然，氢氧根离子浓度与氢离子浓度有关：

$$OH^-=\frac{K_w}{H^+} \quad (9.5)$$

20 世纪初，丹麦化学家瑟伦·索任生（S. P. L. Sørensen）建议采用氢离子浓度的负对数，以提供一种方便的方法来表示很小的氢离子摩尔浓度。氢离子浓度的负对数称为 pH：

$$pH=-\log_{10}\ (H^+) \quad (9.6)$$

25 ℃下水的 K_w 为 $10^{-14.00}$（表 9.1）；pH 是：

$$pH=-\log_{10}\ (10^{-7.00})=-(-7.00)=7.00$$

纯水既不是酸性的，也不是碱性的，在反应中是中性的，因为它的氢离子和氢氧根离子浓度相等。负对数概念可应用于氢氧根离子浓度。pOH 是 OH^- 浓度的负对数。pOH 在 25 ℃时等于 14－pH，或在其他温度下等于 pK_w－pH。然而，pOH 在讨论水质时并不常用。

通常的做法是参考 pH 为 0～14 的范围，以便使 pH 7 为中值。当 pH 降至 7.0 以下时，酸性反应加剧；当 pH 高于 7.0 时，碱性反应加剧。纯水的 pH 仅在 25 ℃时为 7.00，其中 $K_w=10^{-14}$。中性点在较低温度下升高，在较高温度下降低（表 9.1）。pH 可能为负值，pH 也可能高于 14。在 25 ℃下，氢离子为 2 摩尔/升（$10^{0.3}$摩尔/升）的溶液的 pH 为－0.3；2 摩尔/升氢氧根离子溶液的 pH 为 14.3。

表 9.1　电离常数（K_w）、氢离子摩尔浓度（H^+）和不同温度下纯水的 pH

［氢氧根离子（OH^-）的摩尔浓度与（H^+）相同］

温度（℃）	K_w	（H^+）	pH
0	$10^{-14.94}$	$10^{-7.47}$	7.47
5	$10^{-14.73}$	$10^{-7.36}$	7.36
10	$10^{-14.53}$	$10^{-7.26}$	7.26
15	$10^{-14.35}$	$10^{-7.18}$	7.18
20	$10^{-14.17}$	$10^{-7.08}$	7.08
25	$10^{-14.00}$	$10^{-7.00}$	7.00
30	$10^{-13.83}$	$10^{-6.92}$	6.92
35	$10^{-13.68}$	$10^{-6.84}$	6.84
40	$10^{-13.53}$	$10^{-6.76}$	6.76

9.1.2　计算

很容易从氢离子浓度为 0.01 摩尔/升（10^{-2}摩尔/升）或 0.000 001 摩尔/升（10^{-6}摩尔/升）的溶液中估算 pH，因为 10^{-2}和 10^{-6}摩尔/升的负对数分别为 2 和 6。氢离子浓度通常不是 10 的精确倍数，转换比较麻烦（例 9.1）。

例 9.1　计算氢离子浓度为 0.002 摩尔/升的水的 pH。

解：

$$0.002\text{ 摩尔/升}=2\times10^{-3}\text{摩尔/升}$$

$$pH=-\log_{10}(H^+)=-(\log_{10}2+\log_{10}10^{-3})=-[0.301+(-3)]=2.70$$

pH 标度为对数；pH 为 6 的溶液的氢离子浓度是 pH 为 7 的溶液的 10 倍。这就引出了如何计算 pH 平均值的问题。将 pH 分别为 2、4 和 6 的各 1 升溶液混合制成的溶液的 pH 不是 4 而是 2.47；如例 9.2 所示。

例 9.2　计算 pH 为 2、4 和 6 的每种溶液各 1 升混合后的 pH。

解：

pH	1 升水中 H^+的摩尔数
2	0.01
4	0.000 1
6	0.000 001
合计	0.010 101 摩尔 H^+/3.0 升水

$$\text{平均}=0.010\,101\text{ 摩尔 }H^+\div3.0\text{ 升}=3.37\times10^{-3}\text{摩尔 }H^+/\text{升}$$

$$pH=-\log_{10}(3.37\times10^{-3})=-[0.53+(-3)]=2.47$$

直接将 pH 平均会得出错误的 pH 4.0。

将 pH 进行平均的说明（例 9.2）似乎在数学上是正确的，而且非常明显。然而，虽然该方法习惯性地用于计算不同 pH 溶液的混合溶液的平均 pH，但该方法在大多数水质应用中是不正确的（Boyd et al.，2011）。氢离子浓度的平均值不能提供正确的平均 pH，因为天然水中存在的缓冲物对最终 pH 的影响大于单独稀释。当数据集转换为氢离子以估计平均 pH 时，极端 pH 将扭曲平均 pH。pH 比氢离子浓度更符合正态分布，使 pH 更适合用于统计分析。pH 的电化学测量和对氢离子浓度的许多生物反应由能斯特方程描述。该方程表明，测量或观察到的反应与氢离子浓度的 10 倍变化呈线性关系。此外，可能最重要的是，在大多数应用中，pH 和其他变量之间的关系被报告为测量 pH 而非 H^+ 浓度对其他变量响应的观察效果。在大多数水质应用中，直接 pH 平均法的使用是绝对正确的，因此在受到指责时，请对自己充满信心。

9.1.3　天然水体的 pH

用玻璃电极测量 pH 的技术于 1936 年商业化，环境 pH 的测量很常见。在各种自然水体中已经有数百万次 pH 测量，有报道过 pH 低至 1，高达 13。

与石灰岩地层或半干旱或干旱地区的水相比，土壤高度淋溶的湿润地区的水的 pH 往往较低。但是，大多数天然水的 pH 在 6～9。

由于腐殖酸分子上的酸性基团，腐殖酸物质浓度高的水域往往 pH 较低，如下式所示，其中 R 代表有机（腐殖酸）部分：

$$RCOOH = RCOO^- + H^+ \tag{9.7}$$

例如，从南美丛林流出的河流中的水的 pH 可能为 4～4.5。有机酸的低 pH 对水生生物的危害不如强矿物酸造成的低 pH。此外，生活在丛林地区河流中的物种比其他水域的生物更能耐受低 pH。

9.2　二氧化碳

大气中二氧化碳的平均浓度约为 0.040%，雨滴在落到地面的过程中会被二氧化碳饱和。表 7.8 给出了不同温度和盐度的水中二氧化碳的平衡浓度。

溶解的二氧化碳与水反应生成碳酸（H_2CO_3）：

$$CO_2 + H_2O \rightleftharpoons H_2CO_3 \quad K = 10^{-2.75} \tag{9.8}$$

碳酸是一种二元酸：

$$H_2CO_3 \rightleftharpoons H^+ + HCO_3^- \quad K_1 = 10^{-3.6} \tag{9.9}$$

$$HCO_3^- \rightleftharpoons H^+ + CO_3^{2-} \quad K_2 = 10^{-10.33} \tag{9.10}$$

这里可以忽略第二次解离，因为如下文所述，在 pH 小于 8.3 时，它并不显著。

只有一小部分溶解的二氧化碳与水发生反应。根据方程式 9.8，可以看出比率 $(H_2CO_3):(CO_2)$ 为 0.001 78∶1。

$$\frac{(H_2CO_3)}{(CO_2)} = 10^{-2.75} = 0.00178$$

平衡时的碳酸浓度仅为二氧化碳浓度的 0.18%。虽然碳酸是一种强酸，但在与大气二氧化碳平衡的情况下，水中几乎不存在碳酸。此外，普通的分析方法无法区分碳酸和二氧化碳。

通过将分析的二氧化碳视为弱酸，将方程式 9.8 和方程式 9.9 平衡表达式相乘，推导出二氧化碳在水中酸性反应的表观反应和平衡常数，避免了这个难题。

$$\frac{(H_2CO_3)}{(CO_2)}\times\frac{(HCO_3^-)(H^+)}{(H_2CO_3)}=10^{-2.75}\times10^{-3.6}$$

$$\frac{(HCO_3^-)(H^+)}{(CO_2)}=10^{-6.35}$$

上述表观平衡表达式通常用于解释二氧化碳与水的反应，如下所示：

$$CO_2+H_2O \rightleftharpoons H^++HCO_3^- \quad K=10^{-6.35} \tag{9.11}$$

在第 4 章中，已经说明了可以使用公式 4.11 从 ΔG° 估算任何反应的 K。根据 ΔG° 估算的方程式 9.11 的 K 为 $10^{-6.356}$，与上面通过组合方程式 9.8 和方程式 9.9 相乘得出的值基本相同。

未被强于二氧化碳的酸污染的雨水的 pH 约为 5.6，二氧化碳通常不会将水的 pH 降低到 4.5 以下。这两点将在例 9.3 和例 9.4 中进行说明。

例 9.3 估算 25 ℃下二氧化碳饱和雨水的 pH。

解：

根据表 7.8，雨水中的二氧化碳浓度为 0.57 毫克/升（$10^{-4.89}$摩尔/升）。使用方程式 9.11，

$$\frac{(H^+)(HCO_3^-)}{(CO_2)}=10^{-6.35}$$

但 $$(H^+)=(HCO_3^-)$$

有 $$(H^+)^2=(10^{-6.35})(CO_2)$$

因此 $$(H^+)^2=(10^{-6.35})(10^{-4.89})=10^{-11.24}$$

$$(H^+)=10^{-5.62}$$

$$pH=5.62$$

如第 10 章所述，pH 较低的雨水含有一种比二氧化碳更强的酸。

例 9.4 井水含 100 毫克/升（$10^{-2.64}$摩尔/升）二氧化碳。使用方程式 9.11 计算 pH。

解：

如前例 9.3 所示，

$$(H^+)^2=(10^{-6.35})(CO_2)$$

对含 $10^{-2.64}$摩尔/升 CO_2 的水，有 $(H^+)^2=(10^{-6.35})(10^{-2.64})=10^{-8.99}$，

$$H^+=10^{-4.50}$$

$$pH=4.5$$

尽管据报道，天然水体中的二氧化碳浓度高达 650 毫克/升（Stone et al.，2018），但很少有天然水体含有超过 100 毫克/升的二氧化碳。因此，pH 低于 4.5 表明水含有比二氧化碳更强的酸。在地表水中，最常见的强酸是硫酸，其来源于可能是暴露于空气中的黄铁矿沉积物，并氧化生成硫酸（见第 11 章）。由于空气污染，雨水可能含有硫酸和其他强酸。

天然水可能含有比表 7.8 中提供的平衡浓度所指出的更多的二氧化碳。这是因为大多

数水所含的碳酸氢根比二氧化碳和水反应产生的碳酸氢根多（方程式 9.11）。H^+、HCO_3^- 和 CO_2 之间存在平衡，在给定的温度和 pH 下，随着 HCO_3^- 浓度的增加，水在平衡时可以容纳更多的 CO_2。例如，在 25 ℃和 pH 7 条件下，在含有 61 毫克/升（10^{-3}摩尔/升）HCO_3^- 的水中，平衡 CO_2 浓度为 9.85 毫克/升，但在含有 122 毫克/升（$10^{-2.55}$摩尔/升）HCO_3^- 的水中，平衡 CO_2 浓度为 27.8 毫克/升。在纯水中，25 ℃下的平衡浓度为 0.57 毫克/升（表 7.8）。

9.3　总碱度

碱度定义为以碳酸钙（$CaCO_3$）表示的可滴定碱的总浓度。碳酸钙是表示碱度的基础，因为添加碳酸钙通常是为了增加酸性水的 pH 和碱度。碳酸钙也是一些水煮沸时沉淀的物质，将在第 10 章中讨论。

对方程式 9.11 的考察表明，碳酸氢根是二氧化碳与水反应的产物。在与大气二氧化碳平衡时，未受污染的雨水或其他相对纯净的水中的 H^+ 和 HCO_3^- 浓度均为 $10^{-5.62}$摩尔/升（例 9.3）。HCO_3^- 的这一摩尔浓度等同于 0.144 毫克/升。$CaCO_3$ 与 HCO_3^- 的当量比为 50/61，总碱度浓度为 0.118 毫克 $CaCO_3$/升。当二氧化碳浓度为 100 毫克/升（例 9.4）时，纯水的总碱度仅为 1.58 毫克 $CaCO_3$/升。这种低浓度基本上无法通过分析检测到，二氧化碳也不是碱度的直接来源。此外，纯水中的（H^+）=（HCO_3^-），水的酸度（见第 11 章）与碱度相同。

二氧化碳增加了在土壤和其他地质构造中的石灰岩和某些其他矿物溶解，使碳酸氢盐（和碳酸盐）进入天然水体。淡水中的总碱度浓度通常在 5～300 毫克/升。虽然碱度通常几乎完全来自碳酸氢根和碳酸根，但一些水，尤其是受污染的水，含有相当数量的氢氧化物、氨、磷酸盐、硼酸盐或其他碱度。某些碱在中和酸度中的反应如下所示：

$$OH^- + H^+ \rightleftharpoons H_2O$$

$$CO_3^{2-} + H^+ \rightleftharpoons HCO_3^-$$

$$HCO_3^- + H^+ \rightleftharpoons CO_2 + H_2O$$

$$NH_3 + H^+ \rightleftharpoons NH_4^+$$

$$PO_4^{3-} + H^+ \rightleftharpoons HPO_4^{2-}$$

$$HPO_4^{2-} + H^+ \rightleftharpoons H_2PO_4^-$$

$$H_2BO_4^- + H^+ \rightleftharpoons H_3BO_4$$

$$H_3SiO_4^- + H^+ \rightleftharpoons H_4SiO_4$$

$$RCOO^- + H^+ \rightleftharpoons RCOOH$$

碳酸氢根和碳酸根通常构成天然水中的大部分碱度，但在某些情况下，其他离子可能对碱度有显著影响。例如，Snoeyink and Jenkins（1980）介绍了加利福尼亚州湾区的一个主要水源，该水源源自内华达山脉，那里的岩层富含硅酸盐矿物。水的碱度为 20 毫克/升，其中 4 毫克/升是来自硅酸。

碱度有时由以下方程式描述：

$$碱度=(HCO_3^-)+2\ (CO_3^{2-})+(OH^-)-(H^+) \qquad (9.12)$$

其中离子的输入单位为摩尔/升。

例 9.5 计算 pH=9（$H^+=10^{-9}$摩尔/升；$OH^-=10^{-5}$摩尔/升）的水样的碱度，该水样含有 61 毫克/升 HCO_3^-（10^{-3}摩尔/升）和 30 毫克/升 CO_3^{2-}（5×10^{-4}摩尔/升）。

解：

总碱度=（10^{-3}摩尔/升 HCO_3^-）+2（5×10^{-4}摩尔/升 CO_3^{2-}）+（10^{-5}摩尔/升 OH^-）-（10^{-9}摩尔/升 H^+）=（0.001 摩尔/升+0.001 摩尔/升+0.000 01 摩尔/升）-（0.000 000 001 摩尔/升）=0.002 01 摩尔/升

中和 0.002 01 摩尔/升碱度需要 0.002 01 摩尔/升 H^+，H^+ 的摩尔浓度和当量浓度相同。

碱度用当量 $CaCO_3$ 表示，中和 1 摩尔 $CaCO_3$ 需要 2 摩尔 H^+，例如 $CaCO_3+2H^+=Ca^{2+}+CO_2+H_2O$（1 摩尔 $CaCO_3$=2 当量 $CaCO_3$）。

0.002 01 当量 $H^+\times$50.04 克 $CaCO_3$/当量=0.100 58 克/升（100.58 毫克/升）$CaCO_3$ 的碱度。

9.3.1 碱度的测量

表达式（公式 9.12）说明了碱度的概念，但它没有提供估算天然水碱度的实用方法。总碱度通过用标准硫酸或盐酸滴定水样来确定（Eaton et al.，2005）。传统的测量方法是用 0.020 当量/升酸滴定至甲基橙终点。在 pH 为 4.4 时，甲基橙的颜色从黄色变为淡橙色。然而，滴定终点时水样的 pH 受酸和碳酸氢根反应（$HCO_3^-+H^+\longrightarrow CO_2+H_2O$）中产生的二氧化碳量的影响，当碳酸氢根被中和时，碱度较高的水样的 pH 将低于碱度较低的水样的 pH。

如果水样中的所有碱度都来自碳酸氢根，则在滴定过程中，每毫升碱度释放的二氧化碳量将达到最大值。假设总碱度浓度为 30、150 和 500 毫克/升，并使用 $2HCO_3^-$∶$CaCO_3$（122∶100）的比率，滴定终点处的二氧化碳（假设没有扩散到空气中的损失）将分别为 36.6、183 和 610 毫克/升或 $10^{-3.08}$、$10^{-2.38}$和 $10^{-1.86}$摩尔/升。根据方程式 9.11，可以看出，总碱度为 30、150 和 500 毫克/升时，终点的潜在 pH 分别为 4.72、4.36 和 4.10。当然，在滴定过程中，一些二氧化碳会流失到空气中。Taras et al.（1971）建议不同碱度的以下终点 pH：<30 毫克/升，5.1；30～500 毫克/升，4.8；>500 毫克/升，4.5。Eaton et al.（2005）将这些建议修改为碱度为 30、150、500 毫克/升时的终点 pH 为 4.9、4.6 和 4.3，分别比上述计算的潜在 pH 高约 0.2 个 pH 单位。

混合溴甲酚绿-甲基红指示剂可用于检测 pH 5.1 和 4.8，而甲基橙可用于检测 pH 4.5，但许多分析师更喜欢使用 pH 电极来检测终点。对于常规滴定，pH 4.5 通常用作所有总碱度浓度样品的终点。

总碱度的测量和计算如例 9.6 所示。

例 9.6 用 0.021 0 毫克当量/毫升硫酸滴定 100 毫升水样至 pH 为 4.5 的终点。滴定消耗 18.75 毫升硫酸。请计算总碱度。

解：

碱度或 $CaCO_3$ 的毫克当量等于滴定中使用的酸的毫克当量：

(18.75 毫升)(0.021 0 毫克当量/毫升)=0.394 毫克当量 $CaCO_3$

当量 $CaCO_3$ 的重量为：

(0.394 毫克当量)(50.04 毫克 $CaCO_3$/毫克当量)=19.72 毫克 $CaCO_3$

换算成毫克每升，

19.72 毫克 $CaCO_3$×(1 000 毫升/升)/100 毫升水样=197.2 毫克/升

在 pH<8.3 的水样中，碱度通常认为仅来自碳酸氢根。pH>8.3 的样品通常同时含有碳酸根和碳酸氢根，但如果 pH 特别高，则可能不含碳酸氢根。此类样品可能仅含有碳酸根，或碳酸根和氢氧根，或仅含有氢氧根。酚酞指示剂在 pH 8.3 以上为粉红色，在 pH 较低时为无色，可用于 pH>8.3 的样品中，将总碱度滴定分为两个步骤：测定将 pH 降至 8.3 所需的酸体积，并继续滴定至 pH 4.5（或其他选定终点），以测定需要中和样品中的所有碱的酸的总体积。第一步提供了酚酞碱度的估计值，当然，整个滴定的结果给出了总碱度。酚酞碱度（PA）和总碱度（TA）可用于计算三种可能的碱度：碳酸氢根、碳酸根和氢氧根。

关于酚酞碱度和总碱度滴定量之间的关系，有 5 种可能的情况（表 9.2）：

(1) PA=0。只有碳酸氢根，滴定是简单的 $HCO_3^- + H^+ = CO_2 + H_2O$。

(2) PA<0.5 TA。有两种反应。在第一步中，反应是 $CO_3^{2-} + H^+ = HCO_3^-$，并且 CO_3^{2-} 产生的 HCO_3^- 与样品中已经存在的 HCO_3^- 混合。第二步是中和所有碳酸氢根。碳酸根碱度为 2PA，碳酸氢根碱度为 TA−2PA。

(3) PA=0.5 TA。显示这一结果的样品仅含有碳酸根，滴定的第二部分涉及第一步将碳酸根转化为碳酸氢根形成的 HCO_3^- 的中和。碳酸根碱度=2PA 或 TA。

(4) PA>0.5 TA。这一结果揭示了氢氧根的存在和碳酸氢根的缺乏。在滴定的第一步中，反应为 $OH^- + H^+ = H_2O$ 以及 $CO_3^{2-} + H^+ = HCO_3^-$。第一步产生的碳酸氢根在第二步中和。氢氧根碱度为 2PA−TA，而碳酸根碱度为 2（TA−PA）。没有碳酸氢根碱度。

(5) PA=TA。这类水样仅含有氢氧根碱度，通常 pH 大于 12。氢氧根中和后，pH 将降至 4.5 或更低。氢氧根中和后，样品没有 pH 缓冲能力，在滴定曲线中 pH 从大约 10 基本垂直降至约 4.5（图 9.1）。

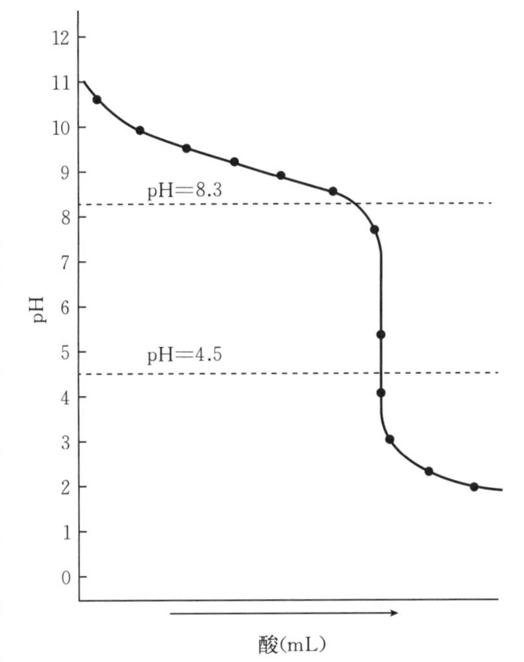

图 9.1 强碱（如氢氧化钠）与强酸（如盐酸）的滴定曲线

表 9.2 总结了五种碱度关系。

表 9.2　三种碱度与总碱度（TA）和酚酞碱度（PA）酸滴定测量值的关系

滴定结果	碱度的种类		
	碳酸氢根	碳酸根	氢氧根
PA=0	TA	0	0
PA<0.5TA	TA−2PA	2PA	0
PA=0.5TA	0	2PA（或 TA）	0
PA>0.5 TA	0	2（TA−PA）	2PA−TA
PA=TA	0	0	TA（或 PA）

9.3.2　碱度的来源

许多水体的主要碱度来源是石灰石，描述石灰石溶解的方程式中通常使用碳酸钙

$$CaCO_3 = Ca^{2+} + CO_3^{2-} \tag{9.13}$$

已经通过实验确定了方程式 9.13 的几个 K_{sp}值，但最合适的似乎是 $10^{-8.3}$（Akin and Lagerwerff，1965）。该 K_{sp}与根据方程式 9.13 的 ΔG° 估算的 $10^{-8.34}$的 K_{sp}非常一致。

使用 K_{sp} $CaCO_3 = 10^{-8.3}$计算的封闭碳酸钙-纯水系统（无二氧化碳）中的碳酸根平衡浓度为 4.25 毫克/升（总碱度为 7.08 毫克/升）。这个估计并不完全正确，因为 CO_3^{2-} 与 H^+反应生成碳酸氢根（方程式 9.10 中的反向反应）。这使得更多的碳酸钙溶解，并增加相对于 H^+浓度的 OH^-浓度，pH 增加到高于中性。然而，根据方程式 9.13 的 K_{sp}计算出的总碱度浓度将远低于与大气二氧化碳平衡的开放式碳酸钙-水系统中测得的碱度。

二氧化碳与石灰岩发生反应，如下所示，包括钙质石灰岩（$CaCO_3$）和白云质石灰岩（$CaCO_3 \cdot MgCO_3$）：

$$CaCO_3 + CO_2 + H_2O \rightleftharpoons Ca^{2+} + 2HCO_3^- \tag{9.14}$$

$$CaCO_3 \cdot MgCO_3 + 2CO_2 + 2H_2O \rightleftharpoons Ca^{2+} + Mg^{2+} + 4HCO_3^- \tag{9.15}$$

大多数石灰岩既不是方解石也不是白云石，而是碳酸钙∶碳酸镁的比例通常大于 1 的混合物。石灰岩的溶解度很低，但在二氧化碳的作用下，它们的溶解度大大增加。

在二氧化碳存在下碳酸钙的溶解度的质量作用表达式（见方程式 9.14）为：

$$(Ca^{2+})(HCO_3^-)^2/(CO_2) = K$$

通过将方程式 9.10 的质量作用方程式的倒数与方程式 9.11 和方程式 9.13 的质量作用方程式的积结合起来，可以得出如下相同的表达式和 K 值：

$$\frac{HCO_3^-}{(H^+)(CO_3^{2-})} \times \frac{(H^+)(HCO_3^-)}{CO_2} \times (Ca^{2+})(CO_3^{2-}) = \frac{1}{10^{-10.33}} \times 10^{-6.35} \times 10^{-8.3}$$

在安排上述表达式时，有必要使用方程式 9.10 中质量作用方程式的倒数，以便分母中有（H^+）和（CO_3^{2-}）。相乘后，这些项减少为

$$(Ca^{2+})(HCO_3^-)^2/(CO_2) = 10^{-4.32}$$

揭示了方程式 9.14 的 K 值为 $10^{-4.32}$，这与使用方程式的 ΔG°估计的 K 值 $10^{-4.35}$非常吻合。如方程式 9.14 所示，可获得方程式 9.15 的 K。

对于当前约400 ppm* 的大气二氧化碳水平，可使用例9.7所示的方程式9.14的质量作用形式估算任何二氧化碳浓度下的钙和碳酸氢根浓度。

例9.7　计算25 ℃下固相方解石和蒸馏水与大气二氧化碳平衡时的钙和碳酸氢根浓度。

解：

从表7.8可以看出，淡水中的二氧化碳含量为0.57毫克/升（$10^{-4.89}$摩尔/升），与大气中的二氧化碳浓度保持平衡。根据方程式9.14，溶解的每摩尔$CaCO_3$产生1摩尔Ca^{2+}和2摩尔HCO_3^-。因此，我们可以设（Ca^{2+}）=X和（HCO_3^-）=$2X$，将这些值代入方程式9.14的质量作用形式，可得：

$$(X)(2X)^2/10^{-4.89}=10^{-4.32}$$

以及：

$$4X^3=10^{-9.21}=6.17\times10^{-10}$$

$$X^3=1.54\times10^{-10}=10^{-9.81}$$

$$X=10^{-3.27}\text{摩尔/升}=5.37\times10^{-4}\text{摩尔/升}$$

有　Ca^{2+}=（5.37×10^{-4}摩尔/升）（40.08克Ca^{2+}/摩尔）

=0.021 5克/升=21.5毫克/升

以及　HCO_3^-=（5.37×10^{-4}摩尔/升）（2）（61克HCO_3^-/摩尔）

=0.065 5克/升=65.5毫克/升

或53.7毫克/升总碱度

例9.7中计算的钙和碳酸氢根浓度与Frear and Johnston（1929）在二氧化碳浓度占大气总气体0.04%的情况下通过实验确定的22.4毫克/升钙和67.1毫克/升碳酸氢根的浓度非常一致。例9.7中计算的碳酸氢根浓度相当于54毫克/升总碱度。当然，石灰岩很少以方解石的形式以纯碳酸钙存在。其他形式的溶解度不同，有些比方解石更易溶解（Sá and Boyd，2017）。

对方程式9.14的检查表明，碳酸氢根中一半的碳来自碳酸钙，一半来自二氧化碳。每个碳酸钙分子溶解产生的可溶性碳是封闭系统（无二氧化碳）中溶解的两倍。此外，在与碳酸钙的反应中，从水中去除二氧化碳可以让更多的大气二氧化碳进入水中。这种影响是有限的，因为当达到平衡时，碳酸钙的溶解停止。结果是，二氧化碳对碳酸钙（或其他碱度源）的作用提供了一种增加碳酸钙或其他碱度来源溶解度和捕获大气二氧化碳的方法。

方程式9.14也可用于说明大气二氧化碳浓度增加对方解石溶解度的影响。20世纪60年代，夏威夷莫纳罗亚天文台的大气二氧化碳浓度约为320 ppm，但今天，该天文台测得的浓度略高于400 ppm。使用320和400 ppm的大气二氧化碳，25 ℃淡水中平衡时的溶解二氧化碳浓度已从20世纪60年代的约0.42毫克/升增加到今天的0.57毫克/升。这导致25 ℃条件下方解石-水-空气系统的总碱度从48毫克/升相应增加至约54毫克/升——大气二氧化碳增加25%，碱度增加12.5%（Somridhivej and Boyd，2017）。当然，其他碱

* ppm为非法定计量单位。详细的计算方法及换算关系请查看附录中的“单位体积重量”相关内容。

度源的溶解度也随着大气中二氧化碳浓度的增加而增加。

大气来源的水中二氧化碳浓度在渗入土壤和下方地层时会增加。这是因为静水压力随着深度的增加而增加，使得水在平衡状态下能容纳更多的二氧化碳。此外，由于植物根系和土壤微生物的呼吸作用，土壤中往往含有丰富的二氧化碳。作为碱度来源的矿物质在土壤和下方地质构造中的溶解度通常比在地表上大得多。地下水的碱度通常高于地表水。

在水体中，有机物的分解也会产生二氧化碳，水可能会被二氧化碳过饱和。这种现象可能导致水体的总碱度浓度高于基于平衡二氧化碳浓度的计算结果。

水中溶解的离子浓度较高时，石灰岩和其他碱度源的溶解会增加，因为溶度积是基于活度而非测量的摩尔浓度（Garrels and Christ，1965）。活度通过活度系数乘以测得的摩尔浓度来估算。如果溶液的离子强度增加，溶液中离子的活度系数降低。因此，必须有更多的矿物溶解，才能在溶液离子强度更大的情况下达到平衡，也就是说，由于这些离子的活度系数降低，测量的来源于溶解矿物离子摩尔浓度必须增加。方解石和其他矿物一样，随着水离子强度的增加，溶解程度也在增加。

从碳酸根生成碳酸氢根的反应是平衡反应，必须存在一定量的二氧化碳才能在溶液中保持一定量的碳酸氢根。如果平衡时二氧化碳的量增加或减少，碳酸氢根的浓度将发生相应的变化。添加二氧化碳将导致更多的碳酸钙溶解和更高的碱度，而去除二氧化碳将导致碳酸钙沉淀和较低的碱度。当高碱度且富含二氧化碳的井水或泉水接触大气时，碳酸钙通常会随着与大气二氧化碳的平衡而沉淀。

关于水质和湖沼学的教科书常常无意中给读者留下这样的印象：石灰石是水中碱性的唯一来源。二氧化碳还与硅酸钙和其他硅酸盐反应，如下所示的长石、橄榄石和钾长石，生成碳酸氢根：

$$\underset{\text{硅酸钙}}{CaSiO_3} + 2CO_2 + 3H_2O \longrightarrow Ca^{2+} + 2HCO_3^- + 4H_4SiO_4 \quad (9.16)$$

$$\underset{\text{橄榄石}}{Mg_2SiO_4} + 4CO_2 + 4H_2O \rightleftharpoons 2Mg^{2+} + 4HCO_3^- + 4H_4SiO_4 \quad (9.17)$$

$$\underset{\text{钾长石}}{2KAlSi_3O_8} + 2CO_2 + 11H_2O \rightleftharpoons Al_2Si_2O_5(OH)_4 + 4H_4SiO_4 + 2K^+ + 2HCO_3^- \quad (9.18)$$

硅酸钙是天然水中碱度的主要来源（Ittekkot，2003）。在不含石灰岩或硅酸钙的酸性土壤区域，长石风化也是碱度的重要来源。

方程式 9.16、方程式 9.17 和方程式 9.18 的 K_s 可从它们的 ΔG° 中得出。由于二氧化碳对碱性矿物源溶解的影响已得到充分证明，因此不会估算这些 K 值。应确定水体的实际碱度，因为不同地方的碱度来源不同，而且往往未知，因此无法进行准确计算。天然水体通常与大气中的二氧化碳或构成碱度的矿物质并不处于平衡状态。在上面的例子中，计算碱度浓度只是为了促进对天然水碱度传递过程的理解。

9.4 化学平衡

碳酸钙的水溶产物为钙和碳酸氢根（方程式 9.14），但会存在极少量的二氧化碳和碳酸根。二氧化碳的存在是因为它与碳酸氢根（方程式 9.11）处于平衡状态，而碳酸根则是由于碳酸氢根的解离（方程式 9.10）而产生的。处于平衡状态的碳酸氢根溶液含有二氧化碳、碳酸氢根和碳酸根。二氧化碳是酸性的，碳酸根是碱性的，因为它会水解：

$$CO_3^{2-}+H_2O=HCO_3^-+OH^- \qquad (9.19)$$

水解反应也可以写成：

$$CO_3^{2-}+H^+=HCO_3^- \qquad (9.20)$$

由于氢离子来自水的解离，氢氧根离子浓度升高以保持平衡常数。方程式 9.20 是方程式 9.10 的逆反应。在方程式 9.10 中，碳酸氢根是一种酸，正向反应的平衡常数可称为 K_a。在反向反应中，碳酸根作为碱，碱性反应的平衡常数称为 K_b。在这种反应中，$K_aK_b=K_w$ 或 10^{-14}。因此，方程式 9.10 的反向反应（或方程式 9.20 的正向反应）的平衡常数为：

$$K_b=10^{-14}\div10^{-10.33}=10^{-3.67}$$

因此，碳酸根作为碱（$K_b=10^{-3.67}$）的强度大于二氧化碳（$K=10^{-6.35}$）或碳酸氢根（$K_a=10^{-10.33}$）作为酸的强度。因此，处于平衡状态的碳酸氢根溶液是碱性的。

我们可以通过乘法结合方程式 9.11 和方程式 9.10 的质量作用表达式，确定与碳酸钙和大气二氧化碳平衡的弱碳酸氢根溶液的 pH：

$$\frac{(H^+)(HCO_3^-)}{(CO_2)}\times\frac{(H^+)(CO_3^{2-})}{(HCO_3^-)}=10^{-6.35}\times10^{-10.33}$$

由于两种表达式中的碳酸氢根浓度相同，且当碳酸氢根处于最大浓度时，二氧化碳和碳酸根的浓度可忽略不计，因此总体表达式减少至：

$$(H^+)^2=10^{-16.68}$$

$$(H^+)=10^{-8.34}$$

上述计算表明，出于实用目的，pH 高于 8.3 的水不含游离二氧化碳，并且碳酸根在 pH 为 8.3 时开始出现。

为了观察二氧化碳在平衡状态下从碳酸氢根溶液中移走时会发生什么，我们可以将碳酸氢根作为碱和酸的反应结合起来：

$$HCO_3^-+H^+=H_2O+CO_2 \quad (\text{作为碱——中和 } H^+)$$

$$(+) \quad HCO_3^-=H^++CO_3^{2-} \quad (\text{作为酸——释放 } H^+)$$

得到：

$$2HCO_3^-=CO_2+CO_3^{2-}+H_2O \qquad (9.21)$$

当二氧化碳被去除时，碳酸根会增加，碳酸根的水解会导致 pH 升高（方程式 9.19 和方程式 9.20）。大多数天然水体都含有钙，由于碳酸根浓度增加导致碳酸钙沉淀，因此 pH 的升高会有所缓和。

在光合作用过程中，水生植物消耗二氧化碳，使 pH 升高。一旦 pH 上升到 8.3 以上，游离二氧化碳就会耗尽，但大多数水生植物都可以使用碳酸氢根作为碳源（Korb et al.，1997；Cavalli et al.，2012）。水生植物从碳酸氢根中利用二氧化碳涉及碳酸酐酶，但具体机制尚未完全阐明。方程式 9.21 说明了整体影响，它表明碳酸氢根浓度会减少，而碳酸根浓度会增加。积聚在水中的碳酸根会水解生成碳酸氢根和氢氧根离子（方程式 9.19），但每生成一个碳酸根，就会消耗两个碳酸氢根（方程式 9.21）。此外，水解反应仅将一部分碳酸根转化为碳酸氢根。在 pH>8.3 的水中，随着光合作用的进行，水中的碳酸根和氢氧根离子浓度增加，pH 升高。当然，根据钙浓度的不同，pH 的升高将受到碳酸钙沉淀的限制。

耐受极高 pH 的水生植物继续使用碳酸氢根，包括由碳酸根水解形成的碳酸氢根，导致氢氧根离子在水中积聚，并具有极高的 pH（Ruttner，1963）。这种效应在阴离子主要由钾和镁平衡、钙浓度较低的水中尤其常见（Mandal and Boyd，1980）。

一些水生植物在光合作用中将碳酸氢根用作碳源，从而在其表面积累碳酸钙。一个很好的例子是被称为石藻的大型海藻属的种类恰拉（*Chara*，轮藻属），因为它们有被碳酸钙包裹的倾向。据报道，恰拉的干样品含有高达 20%的钙（Boyd and Lawrence，1966）。大多数大型海藻干重含有 1%或 2%的钙，而恰拉样本很可能被相当于干重一半的碳酸钙包裹。

浮游植物通过光合作用消耗二氧化碳，导致碳酸钙沉淀，这通常会导致湖泊、河流或池塘变白（Thompson et al.，1997）。碳酸钙形成一种细小的沉淀物，不会迅速沉淀，水呈乳白色或白色。在夜间当二氧化碳浓度增加时，碳酸钙沉淀物溶解，但在一些水中，碳酸钙在底部沉淀并与沉淀物混合。由此产生的高碳酸钙浓度沉积物被称为泥灰岩（Pentecost，2009）。

pH、二氧化碳、碳酸氢根和碳酸根的相互依赖关系如图 9.2 所示。图中显示，在 pH 低于 5 时，二氧化碳是无机碳的唯一重要形态。在 pH 高于 5 时，碳酸氢根的比例相对于二氧化碳增加，直到碳酸氢根在 pH 约为 8.3 时成为唯一重要的形态。pH 高于 8.3 时，出现碳酸根，如果 pH 继续升高，碳酸根相对于碳酸氢根的重要性增加。

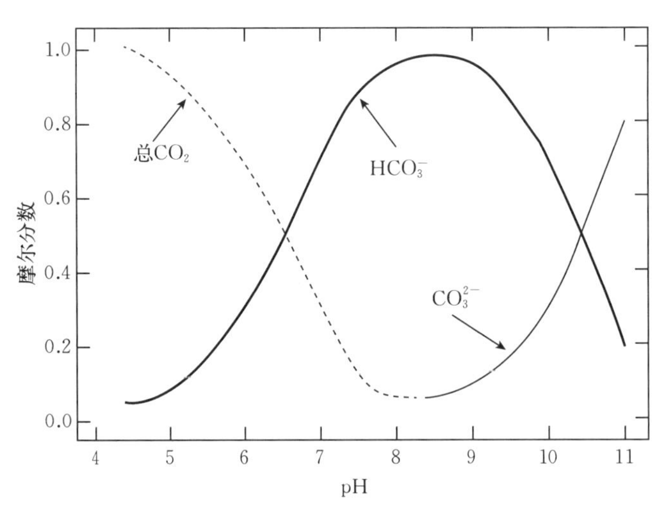

图 9.2　pH 对总 CO_2、HCO_3^- 和 CO_3^{2-} 相对比例的影响。一种组分的摩尔分数是其所有摩尔数的小数

水生植物可利用的无机碳的量取决于 pH 和碱度。在相同的碱度下，随着 pH 的升高，二氧化碳的含量减少，但在相同的 pH 下，随着碱度的升高，二氧化碳的浓度增加。当然，水生植物能使用碳酸氢根甚至碳酸根作为碳源。因此，很难估计特定水体中植物可

利用的无机碳的实际数量。Saunders et al.（1962）提供了将总碱度（毫克/升）转换为有效碳（毫克/升）的列线图，其中一部分如表 9.3 所示。这个列线图可能提供了可用无机碳的合理估计。

表 9.3　将总碱度（毫克/升，以 $CaCO_3$ 计）**转换为水生植物可利用碳**（毫克/升，以 C 计）**的系数。将系数乘以总碱度即得**

pH	温度（℃）					
	5	10	15	20	25	30[a]
5.0	8.19	7.16	6.55	6.00	5.61	5.20
5.5	2.75	2.43	2.24	2.06	1.94	1.84
6.0	1.03	0.93	0.87	0.82	0.78	0.73
6.5	0.49	0.46	0.44	0.42	0.41	0.40
7.0	0.32	0.31	0.30	0.30	0.29	0.29
7.5	0.26	0.26	0.26	0.26	0.26	0.26
8.0	0.25	0.25	0.25	0.24	0.24	0.24
8.5	0.24	0.24	0.24	0.24	0.24	0.24
9.0	0.23	0.23	0.23	0.23	0.23	0.23

[a] 外推估计

9.5　缓冲

缓冲物是允许水抵抗 pH 变化的物质。缓冲物由弱酸及其共轭碱（盐）或弱碱及其共轭酸的混合物组成。酸性缓冲物可由乙酸及其共轭碱乙酸钠制成，而碱性缓冲物可由氢氧化铵及其共轭酸氯化铵制成。

采用一种由乙酸（CH_3COOH）和乙酸钠（CH_3COONa）制成的缓冲液进行说明。初始 pH 由乙酸的解离决定

$$CH_3COOH = CH_3COO^- + H^+ \quad K = 10^{-4.74} \qquad (9.22)$$

如果添加更多 H^+，它会与 CH_3COO^- 结合，形成 CH_3COOH 并抵抗 pH 变化。如果加入 OH^-，它与 H^+ 反应生成 H_2O，CH_3COOH 分解生成 CH_3COO^-，pH 保持相当恒定。乙酸钠作为 CH_3COO^- 的一种来源，超过 CH_3COOH 单独解离的可能性，从而增加缓冲能力。

缓冲液的 pH 可以通过一个方程式来计算，该方程式源自弱酸（HA）在含有共轭碱（A^-）的溶液中的平衡表达式，弱酸的平衡表达式如下所示：

$$HA = H^+ + A^- \qquad (9.23)$$

式中，HA 表示弱酸，如乙酸；A^- 表示弱酸的共轭碱，如醋酸钠。弱酸的平衡常数（K_a）为

$$K_a = (H^+)(A^-)/(HA) \qquad (9.24)$$

取方程式 9.24 两边的负对数：

$$-\log_{10}K_a = -\log_{10}[(H^+)(A^-)/(HA)]$$

可重排为：

$$-\lg K_a = -\lg(H^+) - \lg[(A^-)/(HA)] \tag{9.25}$$

通过用等价 pK 代替$-\lg K_a$，用 pH 代替$-\lg H$，方程式 9.25 变为

$$pK_a = pH - \lg[(A^-)/(HA)]$$

或

$$pK_a + \lg[(A^-)/(HA)] = pH$$

重排写成：

$$pH = pK_a + \log_{10}[(A^-)/(HA)] \tag{9.26}$$

方程式 9.26 被称为亨德森-哈塞尔巴奇方程。它是以美国生物化学家 L. J. 亨德森和丹麦生物化学家 K. A. 哈塞尔巴奇的名字命名的，前者首先描述了缓冲液平衡常数与其 pH 的关系，后者将亨德森方程转化为对数形式。

亨德森-哈塞尔巴奇方程式揭示了弱酸及其共轭碱在接近弱酸 pK_a 的 pH 下对溶液的缓冲作用。此外，溶液的 pH 将由共轭碱的浓度与弱酸的浓度之比决定。当方程式 9.26 中的 $(A^-)=(HA)$ 时，比率 $(A^-)/(HA)=1.0$，$\lg 1.0=0$，$pH=pK_a$。当添加 H^+ 时，形成 HA，但从共轭碱中可获得更多 A^-，使 pH 变化最小。添加 OH^- 可去除 H^+，即 $OH^- + H^+ = H_2O$，但弱酸中可获得更多 H^+，使 pH 变化最小。

缓冲液的 pH 随着 H^+ 或 OH^- 的添加而变化，但变化相对较小，在缓冲液中添加 OH^-，如例 9.8 所示。

例 9.8 当添加 0.01 摩尔/升和 0.05 摩尔/升 OH^- 时，计算 HA 和 A^- 各为 0.1 摩尔/升的缓冲液（$pK_a=7.0$）的 pH 变化。

解：

为简单起见，假设添加 OH^- 不会导致缓冲液体积发生变化。添加 0.01 摩尔/升 OH^- 将使（AH）减少至 0.09 摩尔/升，并将（A^-）增加至 0.11 摩尔/升，而 OH^- 增加 0.05 摩尔/升将导致浓度为 0.15 摩尔/升 A^- 和 0.05 摩尔/升 AH。

pH 为：

添加 0.01 摩尔/升 OH^-：

$$pH = 7.0 + \lg(0.11/0.09)$$

$$pH = 7.0 + \lg 1.222 = 7.0 + 0.087 = 7.09$$

添加 0.05 摩尔/升 OH^-：

$$pH = 7.0 + \lg(0.15/0.05)$$

$$pH = 7.0 + \lg 3 = 7.0 + 0.48 = 7.48$$

从例 9.8 可以看出，氢氧根离子的加入改变了缓冲液的 pH。然而，pH 的增加远小于在 pH 为 7 的纯水中添加相同数量的 OH^- 时的增加量，如例 9.9 所示。

例 9.9 计算添加 0.01 摩尔/升和 0.05 摩尔/升的 OH^- 对初始 pH 为 7 的纯水 pH 的影响。

解：

添加 0.01 摩尔/升 OH^-：

$$10^{-7}\text{摩尔/升 }OH^- + 10^{-2}\text{摩尔/升 }OH^- = 0.0000001\text{ 摩尔/升} + 0.01\text{ 摩尔/升}$$
$$\approx 10^{-2}\text{摩尔/升}$$
$$pOH = -\lg(10^{-2}) = 2$$
$$pH = 14 - 2 = 12$$

添加 0.05 摩尔/升 OH^-

$$10^{-7}\text{摩尔/升 }OH^- + 0.05\text{ 摩尔/升 }OH^- = 10^{-1.30}\text{摩尔/升 }OH^-$$
$$(H^+) = 10^{-12.7}\text{摩尔/升}$$
$$pH = 12.7$$

二氧化碳、碳酸氢根和碳酸根缓冲水的 pH 变化。通过比较氢氧化钠溶液（无缓冲容量）的滴定曲线形状与含有碱度的天然水样的滴定，可以很容易看出这一点。氢氧化钠溶液中的 pH 突然下降（图 9.1），但水样中的 pH 逐渐下降（图 9.3）。由于光合作用和呼吸作用引起的二氧化碳浓度波动，在 24 小时内，低碱度水的 pH 波动比高碱度水大（图 9.4）。

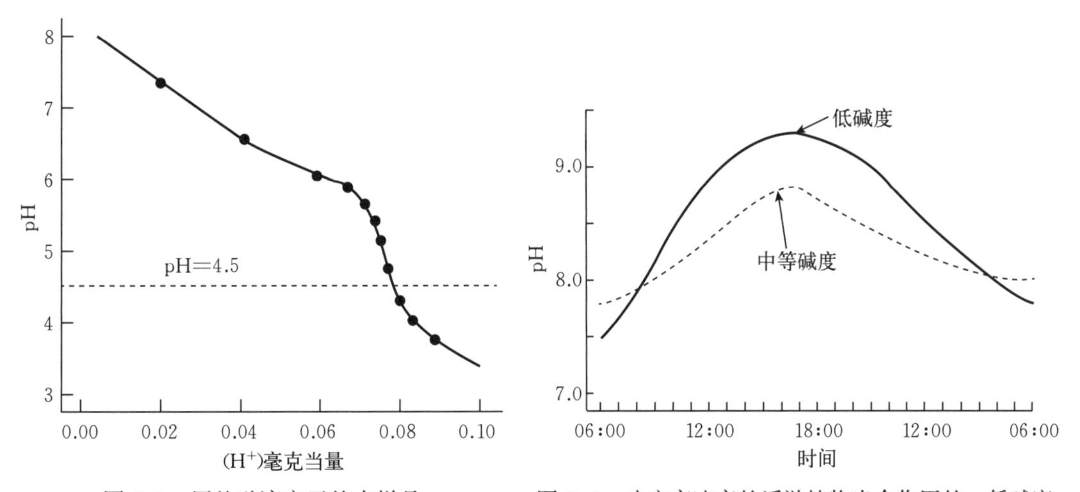

图 9.3 用盐酸滴定天然水样品

图 9.4 响应高速率的浮游植物光合作用的、低碱度或中等碱度水体中的 pH 昼夜变化

当 pH 低于 8.3 时，由于添加的氢离子与碳酸氢根反应生成二氧化碳和水，因此 pH 变化很小，由此产生碱度缓冲作用。少量添加氢氧根离子将降低氢离子浓度，但二氧化碳和水会发生反应，形成更多氢离子，从而最大限度地减少 pH 的变化。pH 低于 8.3 的天然水中的缓冲系统可用亨德森-哈塞尔巴奇方程式表示如下：

$$pH = 6.35 + \log_{10}(HCO_3^-)/(CO_2) \tag{9.27}$$

式中，6.35 是方程式 9.11 反应常数的负对数或 pK。注意，就缓冲液而言，二氧化碳是酸，碳酸氢根离子是盐或共轭碱。

在 pH 为 8.34 及以上，当添加氢离子时，它将与碳酸根离子反应形成碳酸氢根。加入氢氧化物会与碳酸氢根发生反应，形成碳酸根和水。将方程式 9.10 放入亨德森-哈塞尔巴奇方程形式可得

$$pH = 10.33 + \log_{10}(CO_3^{2-})/(HCO_3^-) \tag{9.28}$$

9.6 天然水的碱度和 pH

天然水体的总碱度浓度范围为 0 毫克/升至 500 毫克/升以上。下面给出了一个总碱度浓度分类体系：

低于 10 毫克/升——非常低

10～50 毫克/升——低

50～150 毫克/升——中等

150～300 毫克/升——高

超过 300 毫克/升——非常高

中等至高总碱度的水体通常与集雨区土壤中的石灰岩沉积物有关。例如，亚拉巴马州和密西西比州沿海平原地区不同地理区域水体的总碱度范围为 2～200 毫克/升。较低的值始终与沙质土壤有关，较高的值与土壤中含有游离碳酸钙的区域有关（Boyd and Walley，1975）。Livingstone（1963）在调查世界河流和湖泊的化学成分时没有提供碱度数据，但他的碳酸氢根数据可以推断碱度。Livingstone 的数据表明，土壤发育较弱或高度淋溶的地区碱度极低或较低，集雨区土壤中石灰岩含量丰富的湿润地区碱度适中，而半干旱或干旱气候地区的水体碱度适中或较高。海水的平均总碱度为 116 毫克/升。封闭盆地湖泊的碱度非常高。来自富含有机土壤地区的水体往往碱度非常低或很低。

水的碱度与 pH 密切相关。一般来说，pH 会随着碱度的增加而增加。不含可测量碱度的水的 pH 低于 5，碱度非常低或很低的水的 pH 往往在 5～7，中等和高碱度水的 pH 通常在 7～8.5，而碱度极高的水的 pH 可能在 9 或以上。海洋的平均 pH 约为 8.1。在低碱度水体中，光合作用对 pH 的影响更大，因为它们的缓冲能力较低。在极低至中等碱度的水体，密集的浮游植物水华可能会导致下午 pH 上升至 9 以上。在夜间，这种水体的 pH 通常会下降到一个更低的值。

在包括美国在内的几个国家的沿海平原上，有一些地区的水渗透过碳酸钙矿床，并积累中高浓度的钙和碳酸氢根。这些水随后进入一个含水层，该含水层含有大量的钠，因为在地质历史中，它曾被海水饱和。补给含水层的水中的钙被交换为地层地质基质中的钠。从含水层中抽出来的井水的碱度和钠含量较高，但钙含量较低。Hem（1970）将这一过程称为地下水的自然软化。当这些水被用于灌注鱼塘时，光合作用的影响可能会导致对鱼类有毒的极高 pII（Mandal and Boyd，1980）。

9.7 碱度系统的重要性

9.7.1 pH

水的 pH 在水生生态系统中很重要，因为它影响水生生物。鳃组织是鱼类受 pH 过低影响的主要靶器官。当鱼类暴露于低 pH 时，鳃表面的黏液量增加。过多的黏液干扰呼吸气体和离子通过鳃的交换。因此，血液酸碱平衡失调导致呼吸应激和血液中氯化钠浓度降低，从而导致渗透性紊乱是酸应激的主要生理症状。当然，在低 pH 下，水中的铝离子浓度会增加，有时，除 pH 影响之外，可能会发生铝的毒性作用。

鱼类的鳃损伤也可能发生在碱性溶液中（高 pH）。鳃丝基部的黏液细胞肥大，鳃上皮与壁柱细胞分离。鳃损伤会导致呼吸和血液酸碱平衡问题。在高 pH 条件下，鱼眼的晶状体和角膜也会受到损害（Boyd and Tucker，2014）。

表 9.4 总结了 pH 与水生动物的关系。酸性和碱性致死点约为 pH 4 和 pH 11。pH 在 6.5～9 的水域最适合水生生物生存。在鱼类和其他一些水生动物中，当 pH 降至 6.5 以下时，繁殖就会减少。大多数权威人士建议，应保护水生生态系统免受酸性或碱性污染物的影响，使 pH 保持在 6.5 至 8.5 或 9.0。当然，许多水的 pH 可能自然低于 6.5，少数水的 pH 可能高于 9.0。

饮用水的 pH 应为 6.5～8.5。此外，pH 过低或过高的水将具有腐蚀性。如果供水是酸性的，可以使用石灰（氧化钙或氢氧化钙）来提高 pH，减少管道腐蚀。

表 9.4 pH 对鱼类和其他水生生物的影响

pH	影响
4	酸致死点
4～5	不繁殖[a]
4～6.5	许多品种生长缓慢[a]
6.5～9	最适范围
9～11	生长缓慢和对生殖有不利的影响
11	碱致死点

[a] 一些鱼在源自丛林的低 pH 的河水中表现很好

9.7.2 二氧化碳

高浓度的二氧化碳对鱼类有麻醉作用，更高浓度的二氧化碳可能会导致死亡。环境浓度很少高到足以引起麻醉效应或死亡；通常的影响是呼吸。二氧化碳必须通过从鳃扩散离开鱼类或无脊椎动物，而周围水中的外部浓度高会降低二氧化碳的释放速度。由此导致二氧化碳在血液中积聚，降低血液 pH，造成有害影响。更重要的是，高浓度的二氧化碳干扰了鱼血液中血红蛋白的氧气载荷。这导致最低可忍受的溶解氧浓度升高。在这方面，当天然水中的溶解氧浓度较低时，二氧化碳浓度几乎总是较高的。

鱼能感觉到游离二氧化碳浓度的微小差异，并显然试图避开二氧化碳浓度高的区域。然而，如果溶解氧浓度较高，则可以耐受 10 毫克/升或更多的二氧化碳。大多数物种将在含有高达 60 毫克/升游离二氧化碳的水中生存。支持良好鱼类种群的水通常含有少于 5 毫克/升的游离二氧化碳（Ellis，1937）。在低碱度富营养化水域，游离二氧化碳通常在下午 0 毫克/升到黎明 5 或 10 毫克/升之间波动，对水生生物没有明显的不良影响。

光合作用需要二氧化碳，但其浓度与 pH 和总碱度密切相关。在相同的 pH 下，碱度较高的水比碱度较低的水含有更多可用于光合作用的碳。但是，在相同的碱度下，游离二氧化碳（气态形式）的可用性将随着 pH 的增加而降低。

9.7.3 碱度

水的碱度是一个重要的变量，因为由于碱度和碳可获得性之间的关系，生产力与碱度有关。总碱度值为0～50毫克/升的水域通常比总碱度浓度为50～200毫克/升的水域产量低（Moyle，1946）。碱度太高，则生产率降低。石灰有时可以用来增加水的碱度。

碱度对水的使用有很大影响。碳酸盐硬度高（高碱度和高硬度）的水在加热时会产生沉积物。公共供水允许总碱度高达400～500毫克/升。

结论

二氧化碳、碳酸氢根和碳酸根浓度之间的关系控制着大多数天然水体的pH。二氧化碳在水中发生酸性反应。在白天，植物从水中吸收的二氧化碳通常比通过呼吸返回的要多，pH也会升高。二氧化碳在pH为8.3时会耗尽，但许多水生植物可以使用碳酸氢根作为光合作用的无机碳源。植物使用碳酸氢根中一半的碳，另一半以碳酸根的形式释放到水中。碳酸根水解导致pH持续升高。光合作用在夜间停止，呼吸产生的二氧化碳导致pH下降。

石灰石、硅酸钙和长石的溶解是天然水中碱度的来源，溶解的二氧化碳提高了这些矿物的溶解性。碱度通常主要由碳酸氢盐组成，碳酸氢盐与二氧化碳和氢离子平衡。碱度是无机碳的储备，$CO_2-HCO_3^--CO_3^{2-}$ 系统对水起到缓冲的作用。缓冲能力随着碱度的增加而增加。

参考文献

Akin GW，Lagerwerff JV，1965. Calcium carbonate equilibria in aqueous solution open to the air. I. The solubility of calcite in relation to ionic strength. Geochimica et Cosmochimica，29：343－352.

Boyd CE，Lawrence JM，1966. The mineral composition of several freshwater algae. Proc Ann Conf SE Assoc Game Fish Comm，20：413－424.

Boyd CE，Tucker CS，2014. Handbook for aquaculture water quality. Auburn，Craftmaster Printers.

Boyd CE，Walley WW，1975. Total alkalinity and hardness of surface waters in Alabama and Mississippi. Bulletin 465. Alabama Agricultural Experiment Station，Auburn University.

Boyd CE，Tucker CS，Viriyatum R，2011. Interpretation of pH，acidity and alkalinity in aquaculture and fisheries. N Am J Aqua，73：403－408.

Cavalli G，Riis T，Baattrup－Pedersen A，2012. Bicarbonate use in three aquatic plants. Aqua Bot，98：57－60.

Eaton AD，Clesceri LS，Rice EW，et al.，2005. Standard methods for the examination of water and wastewater. American Public Health Association，Washington，DC.

Ellis MM，1937. Detection and measurement of stream pollution. U. S. Bur Fish Bull，22：367－437.

Frear CL，Johnston J，1929. The solubility of calcium carbonate (calcite) in certain aqueous solutions at 25 ℃. J Am Chem Soc，51：2082－2093.

Garrels RM, Christ CL, 1965. Solutions, minerals and equilibria. New York, Harper and Row.

Hem JD, 1970. Study and interpretation of the chemical characteristics of natural water. Watersupply Paper 1 473. United States Geological Survey, United States Government Printing Office, Washington, DC.

Ittekkot V, 2003. A new story from the Ol' Man River. Science, 301: 56 - 58.

Korb RE, Saville PJ, Johnston AM, et al., 1997. Sources of inorganic carbon for photosynthesis by three species of marine diatom. J Phycol, 33: 433 - 440.

Livingstone DA, 1963. Chemical composition of rivers and lakes. Professional Paper 440 - G. United States Government Printing Office, Washington, DC.

Mandal BK, Boyd CE, 1980. The reduction of pH in water of high total alkalinity and low total hardness. Prog Fish - Cult, 42: 183 - 185.

Moyle JB, 1946. Some indices of lake productivity. Trans Am Fish Soc, 76: 322 - 334.

Pentecost A, 2009. The marl lakes of the British Isles. Freshwater Rev, 2: 167 - 197.

Ruttner F, 1963. Fundamentals of limnology. Toronto, University of Toronto Press.

Sá MVC, Boyd CE, 2017. Variability in the solubility of agricultural limestone from different sources and its pertinence for aquaculture. Aqua Res, 48: 4292 - 4299.

Saunders GW, Trama FB, Bachmann RW, 1962. Evaluation of a modified C - 14 technique for shipboard estimation of photosynthesis in large lakes. University of Michigan, Ann Arbor.

Snoeyink VL, Jenkins D, 1980. Water chemistry. New York, John Wiley and Sons.

Somridhivej B, Boyd CE, 2017. Likely effects of the increasing alkalinity of inland waters on aquaculture. J World Aqua Soc, 48: 496 - 502.

Stone DM, Young KL, Mattes WP, et al., 2018. Abiotic controls of invasive nonnative fishes in the Little Colorado River, Arizona. Am Midl Nat, 180: 119 - 142.

Taras MJ, Greenberg AE, Hoak RD, et al., 1971. Standard methods for the examination of water and wastewater. 13 th edn. American Public Health Association, Washington, DC.

Thompson JB, Schultze - Lam S, Beveridge TJ, et al., 1997. Whiting events: biogenic origin due to the photosynthetic activity of cyanobacterial picoplankton. Lim Ocean, 42: 133 - 141.

10 总硬度

摘要

水的总硬度是由二价阳离子产生的，二价阳离子主要来自以当量碳酸钙表示的钙和镁。1毫克/升钙的总硬度当量为2.5毫克/升，而1毫克/升镁的总硬度当量为4.12毫克/升。在潮湿地区的水中，硬度和碱度的浓度通常相似，但在干旱地区的水中，硬度往往超过碱度。作为一个生物因素，硬度通常不如碱度重要，但它在供水和使用中非常重要。当水被加热或pH升高时，含有相当碱度的水中高浓度的钙和镁会导致水垢的形成。这会导致水管堵塞，并在锅炉和热交换器上积聚水垢。朗格利尔（Langelier）饱和度指数通常用于确定水是否有可能导致结垢。二价离子也会沉淀肥皂，增加了肥皂在家用和商业洗衣房中的使用。软化水的传统方法是通过石灰-纯碱法将钙沉淀为碳酸钙，将镁沉淀为氢氧化镁。水也可以通过沸石等阳离子交换介质进行软化。

引言

水被称为软水或硬水这一相当奇怪的名称显然源于这样一种观察，即某些来源的水在管道和容器中煮沸时会产生沉淀物。造成沉淀物的水体被称为硬水，而不产生此类沉淀物的水体被称为软水。干燥后，硬水也会在玻璃杯、管道固定装置和其他物体上留下斑点。此外，硬水不会产生大量肥皂泡沫，这是由于水中的矿物质沉淀肥皂造成的，并形成熟悉的浴缸环。

水的硬度显然对用水很重要。硬水会堵塞管道，在锅炉中形成水垢，浪费肥皂，并在各种固定装置和家用物品上造成不必要的斑点和污渍。硬度也与碱度密切相关，硬度的大小以及硬度与碱度的比值会影响其他水质变量和自然水体中的生物过程。

本章介绍硬度、硬度测量及其对水质和用水的影响。

10.1 定义和来源

总硬度定义为水中二价阳离子的总浓度，以当量碳酸钙表示。如果水含有10毫克/升的钙，那么产生的硬度为25毫克/升的$CaCO_3$，因为钙的相对原子质量为40，而碳酸钙的相对分子质量为100。比率100/40乘以钙浓度得出的硬度相当于碳酸钙。

二价阳离子钙、镁、锶、亚铁和锰会导致水中的硬度。地表水通常是含氧的，不含二价铁或锰。很少有内陆水域的锶含量超过1或2毫克/升，钙和镁是几乎所有地表水（包括海洋）硬度的主要来源。地下水通常是无氧的，含有还原的铁和锰（Fe^{2+}和Mn^{2+}），这有助于提高硬度，但当从含水层中抽出的水被氧化时，这两种离子就沉淀，铁和锰的硬度就会降低。

与碱度一样，石灰石、硅酸钙和长石的溶解是硬度的来源。如第9章所述，雨水中的二氧化碳加速了石灰石、硅酸钙和长石的溶解，并且随着水的向下渗透，溶解了根和微生物呼吸释放的二氧化碳，这种能力增加。一些含水层实际上包含在地下石灰岩地层中，这些含水层中的地下水通常具有较高的硬度。通过白云质石灰岩、硅酸钙和长石的溶解获得硬度（钙和镁），如方程式9.14至方程式9.18所示。此外，当石膏（$CaSO_4 \cdot 2H_2O$）和干旱地区土壤中常见的某些镁盐溶解时，会将钙和镁带入水中。在干旱地区，水中的离子通过蒸发浓缩，从而增加硬度。

由于硬度通常来源于石灰石或硅酸钙的溶解，许多天然水中钙和镁的浓度在化学上几乎等同于碳酸氢盐和碳酸盐的浓度。然而，在酸性土壤区域，碱度的中和可能会导致硬度大于碱度。在干旱地区，蒸发导致离子浓缩引起碱度以碳酸钙沉淀，造成碱度相对于硬度降低。碱度（也表示为碳酸钙当量）有时超过自然软化的地下水的硬度（见第9章）。

10.2 硬度的测定

如上所述，硬度报告为其碳酸钙当量，每升每毫克钙等于碳酸钙硬度的2.5毫克/升。类似的计算表明，镁的硬度系数为4.12，锰为1.82，铁为1.79，锶为1.14。如果已知水的离子组成，则可根据二价离子的浓度计算总硬度，如下面示例所示。

例10.1 水样含有50毫克/升的钙、5毫克/升的镁和0.5毫克/升的锶。请计算总硬度。

解：

50毫克Ca^{2+}/升×2.50＝125毫克/升$CaCO_3$

5毫克Mg^{2+}/升×4.12＝20.6毫克/升$CaCO_3$

0.5毫克Sr^{2+}/升×1.14＝0.57毫克/升$CaCO_3$

总硬度＝(125＋20.6＋0.57)＝146.17毫克/升$CaCO_3$

与根据二价阳离子浓度计算硬度不同，更常见的是通过使用Eaton et al.（2005）所述的螯合剂——乙二胺四乙酸（EDTA）滴定样品来测量总硬度浓度。该滴定试剂与二价阳离子形成稳定的络合物，如钙的滴定：

$$Ca^{2+} + EDTA = Ca \cdot EDTA \qquad (10.1)$$

EDTA的每个分子与一个二价金属离子络合，终点用指示剂铬黑T检测。指示剂与样品中的少量钙结合，并将其紧紧固定，形成酒红色。当水样中的所有Ca^{2+}被螯合后，EDTA从指示剂中夺取Ca^{2+}，溶液变蓝。终点非常清晰。每摩尔EDTA等于1摩尔Ca-

CO_3 当量。示例 10.2 示范了通过 EDTA 滴定计算硬度。

例 10.2 滴定 100 毫升水样需要 12.55 毫升 0.009 5 摩尔/升 EDTA 溶液。计算总硬度。

解：

每摩尔 EDTA 等于 1 摩尔 $CaCO_3$：

$$(12.55\ 毫升)(0.009\ 5\ 摩尔/升)=0.119\ 毫摩尔/升\ CaCO_3$$

$$(0.119\ 毫摩尔/升)(100.08\ 毫克\ CaCO_3/毫摩尔/升)=11.91\ 毫克\ CaCO_3$$

11.91 毫克 $CaCO_3$ ×(1 000 毫升/升)/100 毫升=119 毫克/升 $CaCO_3$ 当量总硬度

例 10.2 所示溶液中的步骤可组合成一个公式，用于根据 EDTA 滴定法估算硬度：

$$总硬度（毫克/升\ CaCO_3）=\frac{(M)\ (V)\ (100\ 080)}{S} \qquad (10.2)$$

式中，M 表示 EDTA 的摩尔浓度（摩尔/升）；V 表示 EDTA 的体积（毫升）；S 表示样品体积（毫升）。

10.3 硬度浓度

内陆水体的硬度在高淋溶酸性土壤的湿润地区可能为 5～75 毫克/升，在石灰质土壤的湿润地区为 150～300 毫克/升，在干旱地区为 1 000 毫克/升或更高。平均海水含有约 1 350 毫克/升镁、400 毫克/升钙和 8 毫克/升锶（表 5.8）；其计算硬度约为 6 571 毫克/升。供水用的水的硬度通常分类如下：

小于 50 毫克/升——软水

50～150 毫克/升——中度硬水

150～300 毫克/升——硬水

大于 300 毫克/升——非常硬

这类似于第 9 章中给出的总碱度分类。

10.4 硬度问题

普通肥皂，硬脂酸钠，溶解成硬脂酸离子和钠离子，但在硬水中，硬脂酸离子以硬脂酸钙的形式沉淀：

$$2C_{17}H_{35}COO^- + Ca^{2+} \longrightarrow (C_{17}H_{35}COO)_2Ca\downarrow \qquad (10.3)$$

因此，泡沫形成受到限制，硬脂酸钙沉淀。这会浪费肥皂，在商业洗衣店尤其麻烦。用硬水清洗的家用物品上的沉淀物也很难去除。

煮沸硬水的容器中通常会形成水垢。这是由于沸腾和碳酸钙沉淀导致二氧化碳流失到空气中造成的：

$$Ca^{2+} + 2HCO_3^- \xrightarrow[\triangle]{} CaCO_3\downarrow + CO_2\uparrow + H_2O \qquad (10.4)$$

这种现象会导致家用煮水设备和大型商业锅炉中积聚水垢。这些沉淀物通常被称为锅炉水垢。

水垢也会在水管中形成，尤其是热水管，会部分堵塞水管，减少流量。换热器表面形成碳酸钙会降低换热器的效率。

10.5 硬度类型

水的硬度有时分为钙硬度和镁硬度。从总硬度中减去钙硬度即得到镁硬度。钙硬度可根据钙浓度进行估算，或水样先用高 pH 沉淀镁，以紫脲酸铵做指示剂，用 EDTA 滴定直接测量（Eaton et al.，2005）。紫脲酸铵指示剂在沉淀镁所需的高 pH 下稳定，但其功能与铬黑 T 相同。

硬度也可分为碳酸盐硬度和非碳酸盐硬度。在总碱度小于总硬度的水中，碳酸盐硬度等于总碱度。这是因为硬度阳离子的毫当量比碱性阴离子（碳酸氢盐和碳酸盐）的毫当量多。在总碱度等于或大于总硬度的水中，碳酸盐硬度等于总硬度。在这种水中，碱性阴离子的毫当量等于或超过硬度阳离子（钙和镁）的毫当量。表 10.1 给出了总碱度小于总硬度的水和总碱度等于或大于总硬度的水的示例。当总碱度小于总硬度时，除了碳酸盐和碳酸氢盐，还会有大量硫酸盐和氯化物。在总碱度大于总硬度的水中，除了钙和镁，还会有大量的钠和钾。

表 10.1 有和没有非碳酸盐硬度的水中的硬度分数和离子浓度

变量	样品 A	样品 B
总碱度（毫克 $CaCO_3$/升）	52.5	162.5
总硬度（毫克 $CaCO_3$/升）	142.5	43.1
碳酸钙硬度（毫克 $CaCO_3$/升）	52.5	43.1
非碳酸钙硬度（毫克 $CaCO_3$/升）	90.0	0.0
$HCO_3^- + CO_3^{2-}$（毫当量/升）	1.05	3.25
$SO_4^{2-} + Cl^-$（毫当量/升）	1.81	0.25
$Ca^{2+} + Mg^{2+}$（毫当量/升）	2.23	0.86
$Na^+ + K^+$（毫当量/升）	0.63	2.64

如果加热含有碳酸盐硬度的水，二氧化碳被排出，碳酸钙、碳酸镁或两者都会沉淀，如方程式 10.4 中碳酸钙沉淀所示。硫酸盐、氯化物、钠和钾不会通过煮沸沉淀，但在煮沸足够长的时间后，可以通过沉淀去除水中的碳酸盐硬度。因为它可以通过加热去除，所以碳酸盐硬度被称为暂时硬度。当然，煮沸并不能去除没有非碳酸盐硬度的水的所有硬度或碱度，因为碳酸钙和碳酸镁具有一定程度的溶解性。

碳酸盐硬度与锅炉结垢有关。煮沸后残留在水中的硬度称为永久硬度。因为碳酸氢盐和碳酸盐在沸腾过程中与部分钙和镁一起沉淀，所以永久硬度也称为非碳酸盐硬度，以及：

$$非碳酸盐硬度=总硬度-碳酸盐硬度 \tag{10.5}$$

10.6 硬度的生物学意义

在150～200毫克/升范围内，天然淡水的生物生产力随着硬度的增加而增加（Moyle，1946，1956）。硬度本身的生物学意义不如碱度。生产力取决于二氧化碳、氮、磷和其他营养物质的可用性、合适的pH范围以及许多其他因素。通常，在集雨区土壤肥沃但酸性不强的地方，碱度往往会随着其他溶解离子浓度的增加而增加。硬度和碱度通常会成比例增加，在潮湿地区的许多水域中，它们可能大致相等。然而，由于分析原因，过去测量总硬度比确定总碱度更容易。硬度成了生产力的一个常见指标。如今，没有理由遵循这一传统，水生生态系统的生产力指数应该基于总碱度或其他变量。

10.7 水的软化

传统上有两种软化水的方法：石灰-纯碱法和沸石法（Sawyer and McCarty，1978）。石灰-纯碱法流程包括用氢氧化钙（石灰）处理水，以去除碳酸钙，并将碳酸氢镁转化为碳酸镁，如下反应所示：

$$Ca(OH)_2 + CO_2 = CaCO_3 \downarrow + H_2O \tag{10.6}$$

$$Ca(OH)_2 + Ca(HCO_3)_2 = 2CaCO_3 \downarrow + 2H_2O \tag{10.7}$$

$$Ca(OH)_2 + Mg(HCO_3)_2 = MgCO_3 + CaCO_3 \downarrow + 2H_2O \tag{10.8}$$

碳酸镁是可溶的，它会与石灰反应生成氢氧化镁，如下式所示：

$$Ca(OH)_2 + MgCO_3 = CaCO_3 \downarrow + Mg(OH)_2 \downarrow \tag{10.9}$$

石灰还可以通过以下反应去除镁相关的非碳酸盐硬度：

$$Ca(OH)_2 + MgSO_4 \longrightarrow CaSO_4 \downarrow + Mg(OH)_2 \downarrow \tag{10.10}$$

然后加入碳酸钠（苏打灰），通过反应去除与钙相关的非碳酸盐硬度：

$$Na_2CO_3 + CaSO_4 \longrightarrow Na_2SO_4 + CaCO_3 \downarrow \tag{10.11}$$

处理后的水含有过量的石灰，pH较高。添加二氧化碳以去除石灰，并将pH降低到可接受的水平。石灰-纯碱处理后的总硬度浓度为50～80毫克/升。

沸石是一种高阳离子交换容量的铝硅酸盐矿物，用作离子交换剂。天然沸石源于火山，在许多地方出现的这种矿物的沉积物被开采为沸石的来源，用于软化水或其他目的。合成沸石也被广泛用于同样的目的。在工业过程中，沸石上用于软化水的阳离子交换位点通过暴露于氯化钠溶液而被钠饱和。该沸石包含在柱或床中，硬水通过该柱或床，水中的钙和镁离子与沸石上的钠交换，导致水软化，如下所示：

$$\underset{\text{进水}}{2Ca^{2+}, Mg^{2+}, 5HCO_3^-, Cl^-} \longrightarrow \underset{\text{沸石柱}}{\left[\text{沸石}\,6Na^+ \longrightarrow \text{沸石}\,2Ca^{2+}, Mg^{2+}\right]} \longrightarrow \underset{\text{出水}}{5HCO_3^-, Cl^-, 6Na^+} \tag{10.12}$$

当沸石床将大量钠交换为钙和镁而失效时，可采用高浓度氯化钠反洗沸石柱或沸石床再生对水的软化能力。

10.8 碳酸钙饱和度

水的碳酸钙饱和度影响使用过程中碳酸钙沉淀或水结垢的可能性。已经制定了几种标度潜力指数，其中最流行的是朗格利尔饱和指数（Langelier，1936）。对该指数的完整解释超出了本书的范围，但公式是：

$$LSI = pH - pH_{sat} \quad (10.13)$$

式中，*LSI* 表示朗格利尔指数；pH 表示水的 pH；pH_{sat} 表示水的碳酸钙饱和时的 pH。

$$pH_{sat} = (9.3 + A + B) - (C + D) \quad (10.14)$$

式中，$A = (\lg TDS - 1)/10$；$B = [-13.12 \times \lg（摄氏度 + 273）] + 34.55$；$C = \lg（Ca^{2+} \times 2.5) - 0.4$；$D = \lg（CaCO_3 碱度）$。

对于总溶解固体（TDS）浓度<500 毫克/升的水体，pH_{sat}可使用简化公式（Gebbie，2000）：

$$pH_{sat} = 11.5 - \lg（Ca^{2+}）- \lg（总碱度） \quad (10.15)$$

当 $LSI = 0$ 时，水被碳酸钙饱和。*LSI* 为负数的水碳酸钙不饱和，具有潜在的腐蚀性（见第 8 章），因为碳酸钙在表面上的沉淀保护其免受腐蚀。当 *LSI* 为正值时，水没有腐蚀性，但它可能会导致结垢的问题。*LSI* 的计算如例 10.3 所示。

例 10.3 计算 20 ℃、pH 7.7、20 毫克/升 Ca^{2+}、75 毫克/升总碱度和 375 毫克/升总溶解固体的水的朗格利尔饱和指数。

解：

根据公式 10.14 计算 pH_{sat}值：

$$A = (\lg 375 - 1)/10 = 0.16$$

$$B = [-13.12 \times \lg（20 + 273）] + 34.55 = 2.18$$

$$C = \lg（20 \times 2.5）- 0.4 = 1.30$$

$$D = \lg（75）= 1.88$$

$$pH_{sat} = (9.3 + 0.16 + 2.18) - (1.30 + 1.88) = 8.46$$

使用公式 10.13 计算 *LSI*

$$LSI = 7.7 - 8.46 = -0.76$$

可以使用简化的盖比方程（公式 10.15）代替公式 10.14，因为 $TDS < 500$ 毫克/升。结果为：

$$pH_{sat} = 11.5 - \lg 20 - \lg 75 = 8.32$$

有：

$$LSI = 7.7 - 8.32 = -0.62$$

这两种方法的计算结果都表明，水具有腐蚀性，但不会导致结垢。

假设例 10.3 中提到的水位于一个湖泊中，该湖泊在夏季会出现密集的浮游生物水华，pH 上升至 8.6，水温上升至 28 ℃。根据朗格利尔估算 pH_{sat}的方法（公式 10.14），*LSI* 为+0.29，根据 Gebbie（2000）估算 pH_{sat}的快捷方法（公式 10.15），*LSI* 为+0.28。在较高的 pH 和水温下，水可能会导致结垢，尤其是在下午，由于光合作用 pH 较高，如第 9 章所述。

结论

硬度是水在许多用途中影响其使用的一个重要因素。水的硬度最常见的表现是产生肥皂水所需的肥皂量。硬度可能被称为水的肥皂浪费特性，因为在硬水中不会产生肥皂泡，直到导致硬度的矿物质通过与肥皂结合从水中去除。肥皂去除的物质明显是一种在某些水中洗澡时会在浴缸上形成圈的不溶性浮渣。

硬度低于 50 毫克/升的水被认为是软水。在大多数情况下，硬度为 50～150 毫克/升并不令人反感，但所需的肥皂量会随着硬度的增加而增加。洗衣店或其他使用大量肥皂的行业通常会发现，将硬度浓度降低到 50 毫克/升左右是有益的。硬度为 100～150 毫克/升的水会在蒸汽锅炉中沉积大量水垢。硬度超过 150 毫克/升是显而易见的。在 200～300 毫克/升或更高的水平下，常见的做法是对家用水进行软化。如果市政供水需要软化，硬度应降低至 85 毫克/升左右。进一步软化整个公共供水并不经济。

当水受热形成水垢时，首先沉积的水垢是碳酸钙，因为它比碳酸镁更难溶解。在没有二氧化碳的情况下，水在溶液中只能携带约 14 毫克/升的碳酸钙。在相同条件下，碳酸镁的溶解度是碳酸钙的 5 倍多，约为 80 毫克/升。

参考文献

Eaton AD, Clesceri LS, Rice EW, et al., 2005. Standard methods for the examination of water and wastewater. American Public Health Association, Washington.

Gebbie P, 2000. Water stability—what does it mean and how do you measure it? //Proceedings 63rd Annual Water Industry Engineers and Operators Conference, Warrnambool: 50 - 58.

Langelier WF, 1936. The analytical control of anti - corrosion water treatment. J Am Water Works Assoc, 28: 1500 - 1521.

Moyle JB, 1946. Some indices of lake productivity. Trans Am Fish Soc, 76: 322 - 334.

Moyle JB, 1956. Relationships between the chemistry of Minnesota surface waters and wildlife management. J Wildlife Man, 20: 303 - 320.

Sawyer CN, McCarty PL, 1978. Chemistry for environmental engineering. New York, McGraw - Hill.

11 酸度

摘要

pH 在 4～8.3 的水体中的酸度是由二氧化碳和溶解的腐殖物质引起的。pH＜4.0 的水通常含有硫酸或其他强酸，但仍含有二氧化碳，可能也有腐殖酸化合物。低 pH 与生产力和生物多样性低有关。酸度是用标准氢氧化钠滴定法测量的，单位为每升毫克碳酸钙。土壤或沉积物中硫化物的氧化会自然导致低 pH 和酸度高。采矿过程中暴露的黄铁矿物质的氧化，以及燃料燃烧释放到大气中的硫和氮化合物的氧化，也是地表水酸度的来源。大气中二氧化碳浓度升高导致二氧化碳溶解度增加，这对降雨和淡水水体的 pH 影响不大。然而，它正在导致海洋酸化，并干扰钙化生物的生物碳酸钙沉淀。石灰材料通常用于中和酸度。

引言

淡水水体的 pH 通常在 6～9，但有些水体的 pH 较低，这限制了生物群落的类型和丰度。酸性水可分为三类：低碱度，清晨 pH 为 5～6；无碱度，pH 为 4～5；高酸性，pH＜4。二氧化碳是碱度低但可测量的水中酸度的主要来源。pH 在 4～5 的水中，没有碱度，二氧化碳和腐殖物质是酸度的来源。据报道，腐殖物质会将 pH 略微降低到 4 以下，但大多数 pH＜4 的水含有比二氧化碳或腐殖化合物更强的酸。二氧化碳和通常情况下腐殖物质也会存在 pH＜4 的水中。自然水体中 pH＜4.0 的最常见原因是存在天然或人为来源的强酸（通常是硫酸）。

水质调查中通常不测量酸度，但一些水受到低 pH 的影响，评估水质条件需要测量酸度。本章解释了酸度的概念、测量方法、影响及其缓解措施。

11.1 水中酸度的概念

pH 是水中氢离子浓度的指标，但氢离子浓度和 pH 与酸度不同。Eaton et al.(2005) 将水的酸度定义为容量系数：中和给定体积的水中氢离子浓度所需的强碱的量。

换句话说，酸度可以描述为水中可滴定酸的总浓度。根据这一描述，酸度可被视为与碱度相反，因为碱度是水中可滴定碱的总浓度。这一描述可以被理解为酸度是负碱度，在许多方面这是一个不错的类比。酸度的概念令人困惑，因为大多数天然水既含有酸度，也含有碱度。这是因为二氧化碳是一种酸，存在于 pH<8.3 的水中，而在 pH>5.6 的水中，水中含有碳酸氢根作为其主要碱度来源。碱度滴定的实际终点 pH 低于 5.6，这是由于酸与碳酸氢根反应在滴定容器中产生的二氧化碳积聚所致（见第 9 章）。

pH 在 5.6～8.3 的水同时含有酸碱性的概念似乎与通常的概念相反，即 pH<7 是酸性条件，pH>7 是碱性条件。实际上这两个概念都是正确的：pH 在 5.6～7 的水是酸性的，但含有碱性物质；而 pH 在 7～8.3 的水是碱性的，但含有酸性物质。

大多数天然水体中的酸度是由作为弱酸的二氧化碳和也是作为弱酸的腐殖物质引起的。二氧化碳浓度通常不足以将 pH 降低到 4.5 以下；腐殖物质可能会将 pH 降低至 3.7 或 3.8。pH 较低的水体含有强酸。pH ≥4.5 的水样通常被认为只含有二氧化碳。pH<4.5 的水被认为含有比二氧化碳更强的酸，但也含有二氧化碳产生的酸度。水可能只有二氧化碳酸度，但大多数水也有腐殖物质的酸度。

弱酸不会明显解离，$K_a<10^{-2}$的酸通常被指定为弱酸。读者应注意，K_a 10^{-2}大于 K_a 10^{-3}。强酸具有更大的 K_a，并被假定为完全解离（表 11.1）。K_a 通常不用于强酸，因为它的值很大。0.01 摩尔/升醋酸溶液的 pH 为 3.39，而 0.01 摩尔/升盐酸（强酸）溶液的 pH 为 2.0。在 0.01 摩尔/升醋酸溶液中，醋酸离子与未解离醋酸的比率为：

表 11.1　几种常见弱酸和强酸的性质

酸	解离	K_a	台架酸典型当量浓度	0.1 当量/升溶液 pH
二氧化碳	$CO_2+H_2O=H^++HCO_3^-$	$10^{-6.35}$		
乙酸	$CH_3COOH=H^++CH_3COO^-$	$10^{-4.74}$	17.4	2.9
黄腐酸	—	$\approx10^{-3.20}$		
腐殖酸	—	$10^{-4.9}\sim10^{-3.80}$		
单宁酸	—	$10^{-6}\sim10^{-5}$		
磷酸	$H_3PO_4=H^++H_2PO_4^-$	$10^{-2.13}$	14.8	1.5
	$H_2PO_4^-=H^++HPO_4^{2-}$	$10^{-7.21}$	—	
	$HPO_4^-=H^++PO_4^{3-}$	$10^{-12.36}$	—	
硼酸	$H_3BO_3=H^++H_2BO_3^-$	$10^{-9.14}$	—	5.2
	$H_2BO_3^-=H^++HBO_3^{2-}$	$10^{-12.74}$	—	
	$H_2BO_3^{2-}=H^++BO_3^{3-}$	$10^{-13.8}$	—	
盐酸	$HCl=H^++Cl^-$	非常大	11.6	1.1
硝酸	$HNO_3=H^++NO_3^-$	非常大	15.6	1.0
硫酸	$H_2SO_4=H^++HSO_4^-$	非常大	36	1.2
	$HSO_4^-=H^++SO_4^{2-}$	$10^{-1.89}$	—	

$$\frac{(CHCOO^-)}{(CH_3COOH)}=\frac{K_a}{(H^+)}=\frac{10^{-4.74}}{10^{-3.39}}=10^{-1.35}=0.045$$

0.01 摩尔/升溶液中的醋酸解离率约为 4.3% [0.045×100%/(1+0.045)]，但 0.01 摩尔/升溶液中的强酸如 HCl 完全解离。

强酸是无机的，通常被称为矿物酸，但也有弱酸，如二氧化碳、硼酸和硅酸（表 11.1）。强酸包括硝酸、硫酸和盐酸，在化学实验室中被广泛使用，因此被称为台架酸。相对分子质量、解离步数以及浓溶液中的摩尔浓度并不能决定酸的强弱。弱或强的名称取决于酸的解离程度。中和 50 毫升 0.1 当量/升硼酸所需的氢氧根离子毫当量数与中和相同体积的 0.1 当量/升硫酸所需的氢氧根离子毫当量数相同。

第 9 章解释了二氧化碳是弱酸的原因，其在水中的表观反应为 $CO_2+H_2O=HCO_3^-+H^+$，$K_a=10^{-6.35}$。溶解的腐殖酸物质为弱酸，K_a 值为 $10^{-8}\sim10^{-4}$（Steelink，2002）。黄腐酸为浅黄色至黄棕色，而腐殖酸为深棕色至灰黑色。在对腐殖物质进行了研究的大多数土壤中，黄腐酸的摩尔质量在 1 000～10 000 克/摩尔，而腐殖酸的摩尔质量在 10 000～100 000 克/摩尔。腐殖物质的复合分子是具有羧基、酚、酯、内酯、羟基、醚和醌附着在有机聚合物的骨架上（Steelink，1963，2002）。如图 11.1 所示的腐殖酸由脂肪族基团连接的芳香族基团组成，官能团连接到芳香族和脂肪族基团上。黄腐酸如图 11.2 所示，与腐殖酸中发现的脂肪族基团没有联系。黄腐酸的羟基和羧基与相对分子质量的比例也比腐殖酸高。

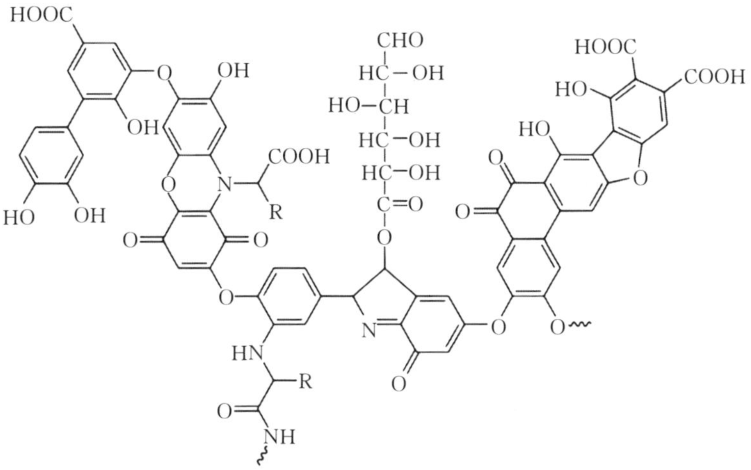

图 11.1 典型腐殖酸的结构式（图片由知识共享提供）

在黄腐酸中 C/O 重量比约为 1.0，但在腐殖酸中约为 1.8。含氧官能团羧基（COOH）和酚基（OH）解离，将氢离子释放到水中：

$$R—COOH=R—COO^-+H^+$$

$$R—OH=R—O^-+H^+$$

Shinozuka et al.（2004）发现，黄腐酸中的羧基平均含量为 5.34 毫摩尔/克，而腐殖酸中的羧基平均含量仅为 3.08 毫摩尔/克。黄腐酸的酸性比腐殖酸强，因为黄腐酸含有更多的羧基，而且可能还有更多的酚基。黄腐酸和腐殖酸都存在于天然水中，但它们在水中的相对分子质量往往小于土壤中的相对分子质量。Beckett et al.（1987）发现河水中黄腐酸的平均摩尔质量为 1 910 克/摩尔；腐殖酸的平均摩尔质量为 4 390 克/摩尔。

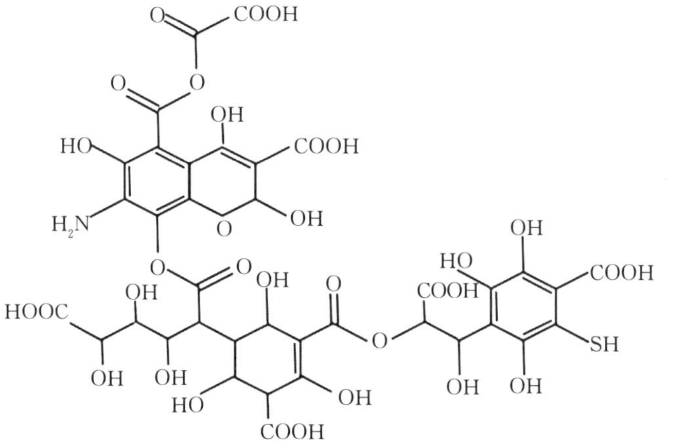

图 11.2 典型黄腐酸的结构式（图片由知识共享提供）

单宁酸是一种特别有趣的腐殖物质，因为它通常存在于植物中，且具有高度水溶性。一些水生植物的单宁酸浓度特别高。Boyd（1968）报告说，12 种沉水维管植物的平均单宁浓度为（4.6±4.63）%（范围为 0.8%～15.6%干重），而 20 种挺水维管植物的平均单宁浓度为（6.1 ±4.6）%（范围为 0.8%～15.6%干重）。沉水植物巴西狐尾藻和水盾草以及挺水植物黄花水龙、毛草龙、莼菜和白睡莲含有超过 10%的单宁酸。大型藻类的单宁浓度低于 1%（干物质基础）。

单宁酸是一种多酚分子，含有大量酚羟基，但不含羧基（图 11.3）。单宁可分为可水解单宁和凝缩单宁。可水解形式由碳水化合物残基连接的没食子酸聚合物组成，而凝缩形式由类黄酮聚合物组成（Geissman and Crout，1969）。酚类基团使其具有弱酸性。纯化的单宁酸摩尔质量为 1 701.2 克/摩尔，经验分子式为 $C_{76}H_{52}O_{46}$。单宁酸的 $K_a \approx 10^{-10}$，所以它的酸性不如大多数既有羧基又有酚基的黄腐酸和腐殖酸。木质素磺酸是植物木质素的分解产物，也是一种弱酸。Lawrence（1980）分析了加拿大安大略省南部六条小河的水，发现平均含 4.0 毫克/升黄腐酸（46% C）、1.0 毫克/升单宁酸（54% C）和 5.6 毫克/升木质素磺酸（49% C）。因此，这三种腐殖物质在 6.78 毫克/升测量的溶解有机碳浓度中贡献了约 5.12 毫克/升。溶解有机碳的其余大部分可能是腐殖酸。

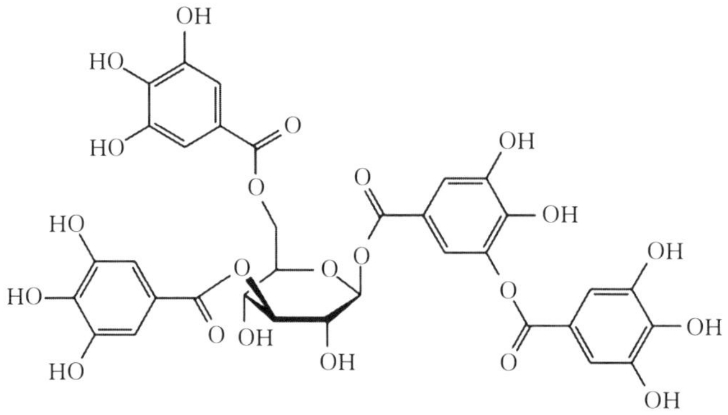

图 11.3 典型单宁酸的结构式（图片由知识共享提供）

一些营养不良湖泊的水溶液中可能含有超过 100 毫克/升的腐殖物质。这类水域的 pH 通常为 4～6，但有 pH 低至 3.7 的记录（Klavins et al.，2003）。营养不良的水域被腐殖物质高度染色成深色，并且它们几乎不含碱度。

11.2 土壤和沉积物中的酸性硫酸盐酸度

环境中最常见的强酸是硫酸，它可能来自天然或人为来源。有些地区的土壤和其他地质构造中含有大量金属硫化物，尤其是硫化铁。富含硫化物的土壤常见于现有或以前的沿海沼泽，如盐沼和红树林生态系统。这些地区的沉积物含有丰富的湿地植物有机物、河流流入的含铁土壤颗粒和海水中的硫酸盐。湿地植物中有机物的分解在这些沿海湿地的沉积物中创造了无氧条件。厌氧细菌利用氧化铁和硫酸盐中的氧去氧化沉积物中的有机物。微生物呼吸的代谢物亚铁和硫化氢在沉积物间隙水中积累。该条件有利于硫化铁的产生，如以下未平衡方程式所示：

$$\underbrace{\text{有机物}+Fe(OH)_3+SO_4^{2-}}_{\text{沉积物内}} \xrightarrow{\text{厌氧细菌}} \underbrace{Fe(OH)_2+H_2S+CO_2}_{\text{溶解于间隙水中}}+H_2O \quad (11.1)$$

厌氧微生物在间隙水的溶液相呼吸的还原产物之间发生反应，形成硫化铁：

$$Fe(OH)_2+H_2S \longrightarrow FeS+2H_2O \quad (11.2)$$

在无氧环境中可能存在大量硫化氢的情况下，硫化亚铁很容易转化为黄铁矿（FeS_2）（Rickard and Luther，1997）。其反应是：

$$FeS+H_2S \longrightarrow FeS_2+H_2\uparrow \quad (11.3)$$

请注意，在方程式 11.3 中，FeS_2 中的硫的价态应为－1，该价态通常不指定给硫。Schippers（2004）和 Borda（2006）将黄铁矿中 S 的价态定为－1，但－1 价会给其他人造成两难的局面（Nesbitt et al.，1998）。那些不同意硫为－1 价的人通过将 FeS_2 中的 S_2 称为－2 价的过硫离子来解决这个难题。

据报道，美国南部南卡罗来纳州沿海地区的一些土壤含有高达 5.5%的硫化物（Fleming and Alexander，1961）。在印度尼西亚、菲律宾、泰国、马来西亚、澳大利亚和许多其他国家，土壤中硫化物浓度高的沿海地区很常见。与湿地或温暖气候无关的海洋沉积物中也会形成金属硫化物。18 世纪，瑞典动植物分类学家和植物学家卡尔·林奈首次对荷兰某些土壤进行了酸性硫酸盐土壤的描述（Fanning，2006）。

除硫化铁之外，在无氧环境中还会形成硫化铜（CuS）、硫化锌（ZnS）、硫化锰（ZnS）和其他金属硫化物（Rickard and Luther，2006）。黄铁矿和其他金属硫化物是煤和其他一些矿床的常见成分。采矿通常会暴露出高硫化物含量的覆盖层，并产生含有硫化物的弃土堆。

含硫量在 0.75%或以上的土壤归类为潜在酸性硫酸盐土壤（Soil Survey Staff，1994）。虽然含有金属硫化物的土壤是无氧的，但这些化合物是不溶的，对土壤酸度几乎没有影响。当潜在酸性硫酸盐土壤暴露于空气或含氧水时，会发生氧化并产生硫酸。而后，潜在的酸性硫酸盐土壤转为活性酸性硫酸盐土壤。暴露于大气的土壤中硫化物的氧化速率比暴露于含氧水的沉积物中的硫化物氧化速率大得多。黄铁矿的氧化是一种复杂的反应，根据黄铁矿沉积物或酸性硫酸盐土壤中的条件以多种方式发生（Chandra and Gerson，2011）。

根据 Sorensen et al.（1980）的说法，黄铁矿与氧气反应生成硫酸亚铁和硫酸。硫酸的存在使硫酸亚铁进一步氧化为硫酸铁。硫酸铁的存在也会使黄铁矿氧化为硫酸。这些反应如下所示：

$$FeS_2 + H_2O + 3.5O_2 \longrightarrow FeSO_4 + H_2SO_4 \quad (11.4)$$

$$2FeSO_4 + 0.5O_2 + H_2SO_4 \longrightarrow Fe_2(SO_4)_3 + H_2O \quad (11.5)$$

$$FeS_2 + 7Fe_2(SO_4)_3 + 8H_2O \longrightarrow 15FeSO_4 + 8H_2SO_4 \quad (11.6)$$

硫酸铁在黄铁矿氧化中起着重要作用，硫杆菌属细菌的活性极大地促进了硫酸亚铁生成硫酸铁，在酸性条件下，硫酸铁氧化黄铁矿的速度很快。

硫酸铁可根据以下的反应水解并生成硫酸：

$$Fe_2(SO_4)_3 + 6H_2O \longrightarrow 2Fe(OH)_3 + 3H_2SO_4 \quad (11.7)$$

$$Fe_2(SO_4)_3 + 2H_2O \longrightarrow 2Fe(OH)SO_4 + H_2SO_4 \quad (11.8)$$

硫酸铁还可以与黄铁矿反应生成元素硫，元素硫会被微生物氧化成硫酸：

$$Fe_2(SO_4)_3 + FeS_2 \longrightarrow 3FeSO_4 + 2S \quad (11.9)$$

$$S + 1.5O_2 + H_2O \longrightarrow H_2SO_4 \quad (11.10)$$

在酸性硫酸盐土壤中，氢氧化铁可以与碱（如钾）发生反应，形成黄钾铁矾，一种碱性硫酸铁：

$$3Fe(OH)_3 + 2SO_4^{2-} + K^+ + 3H^+ \longrightarrow KFe_3(SO_4)_2(OH)_6 \cdot 2H_2O + H_2O \quad (11.11)$$

黄钾铁矾相对稳定，但在酸性已被中和的较老化的酸性硫酸盐土壤中，黄钾铁矾倾向于水解如下：

$$KFe_3(SO_4)_2(OH)_6 \cdot 2H_2O + 3H_2O \longrightarrow 3Fe(OH)_3 + K^+ + 2SO_4^{2-} + 3H^+ + 2H_2O \quad (11.12)$$

还原性硫化合物有几种纯粹的化学氧化和微生物介导的氧化，它们会造成沉积物中的酸度。重要的一点是，所有这些反应最终都会导致硫酸的释放。通过氧与硫的反应总结了所有反应（方程式 11.10）。例 11.1 给出了潜在酸性硫酸盐土壤潜在酸度的计算示范。

例 11.1　计算含有 5.5%硫化物硫的水成土（容重=1.15 吨/米^3）的潜在酸度。

解：可使用方程式 11.10 获得近似答案。潜在酸性报告为当量碳酸钙。化学计量关系为：

$$S + 1.5\,O_2 + H_2O \longrightarrow H_2SO_4$$

$$CaCO_3 + H_2SO_4 \longrightarrow Ca^{2+} + CO_2 + SO_4^{2-} + H_2O$$

因此：

$$S \longrightarrow H_2SO_4 \longrightarrow CaCO_3$$

1 千克含 5.5%硫的土壤中含有 0.055 千克硫。化学计量比为：

$$\begin{array}{ccc} 0.055\text{ 千克} & & X \\ S & = & CaCO_3 \\ 32 & & 100 \end{array}$$

$$X=0.17\text{ 千克 }CaCO_3/\text{千克土壤}$$

深度为 15 厘米的 1 公顷土壤的重量为 10 000 米^2×0.15 米×1 150 千克/米^3=1 725 000 千克。潜在酸度的量等于：

$$1\ 725\ 000\text{ 千克/公顷}\times 0.17\text{ 千克 }CaCO_3/\text{千克土壤}=293\ 250\text{ 千克 }CaCO_3/\text{公顷或 }293.3\text{ 吨/公顷}$$

硫酸溶解土壤中的铝、锰、锌、铜和其他金属，酸性硫酸盐土壤和矿山弃土产生的径流酸性很强，通常含有潜在的有毒金属离子。酸性硫酸盐土壤中产酸的潜力在很大程度上取决于黄铁矿的数量和粒度、含黄铁矿材料中是否存在交换性碱和碳酸盐、氧和溶质与土壤的交换以及硫杆菌的丰度。由于氧和溶质的交换以及硫杆菌的丰度受深度限制，酸性硫酸盐条件通常是表层土壤现象。

酸性硫酸盐土壤的渍水限制了氧气的可获得性，当土壤变得无氧时，硫酸的产生停止。硫酸盐在无氧条件下被脱硫弧菌属细菌还原为硫化物。在天然水域中，沉积物-水界面通常是有氧的，会有硫酸的生成，但速度比沉积物暴露在空气中时慢得多。

开挖矿山的弃土堆中黄铁矿的氧化会导致硫酸以径流形式进入河流，降低 pH。地下矿山的渗漏也可能是酸性的。过去，露天煤矿开采是向河流排放酸性物质的主要来源，因为煤矿上方的覆盖层被剥离并堆积在地表上。从煤层上方移除的最后一层覆盖层被含有硫化物的煤颗粒污染。这些受污染的物质最终往往会堆积在弃土堆的顶部，促进与大气中的氧气接触，并将硫化物氧化成硫酸。雨水和径流从矿井弃土中移走的酸流入河流，导致酸化。酸性水也可能从矿井中渗出或泵出，导致受纳水体酸化。

露天开采作业的现代工序是分离受煤炭污染的覆盖层，并将其与其他覆盖层分开堆放。一旦煤层开采完毕，受污染的覆盖层就会被放回开采区，并用储存的非酸性覆盖层覆盖。弃土材料的碱化和在其上种植草皮也减少了酸性废水问题。大多数国家都有关于矿山废水处理的规定，在某些情况下，废水或河流用石灰石处理以中和酸度。

11.3 酸性大气沉降

雨水的自然 pH 约为 5.6，因为雨水在穿过大气时会被二氧化碳饱和。大气中的二氧化碳浓度正在增加，但这对雨水的 pH 几乎没有影响。降水中的 pH<5.6 通常是大气受含硫和氮气体的污染造成的。酸雨问题是由于燃料的燃烧引起的，在城市化和工业区以及这些地区的主要风向上最为严重。据报道，加拿大东部和美国东北部降水的年平均 pH 为 4.2～4.4，个别风暴的降雨 pH 较低（Haines，1981）。

与二氧化硫一起排放的硫化氢和其他硫化物在大气中被氧化成二氧化硫。在大气的气相中，二氧化硫和氮氧化物（NO_x）形成强酸，反应的顺序如下：

$$2H_2S+3O_2 \longrightarrow 2H_2O+2SO_2$$

$$SO_2+\cdot OH \longrightarrow HOSO_2\quad\text{（羟磺酰自由基）}$$

$$HOSO_2 + O_2 \longrightarrow HO_2 \cdot + SO_3 \quad (三氧化硫)$$

$$SO_3 + H_2O \longrightarrow H_2SO_4$$

$$NO_2 + \cdot OH \longrightarrow HNO_3$$

或

$$NO_x + \cdot OH \longrightarrow HNO_{x+1}$$

在云的水滴中，二氧化硫的反应方式略有不同：

$$SO_2 + H_2O = SO_2 \cdot H_2O$$

$$SO_2 \cdot H_2O \longrightarrow H^+ + HSO_3^- \quad (亚硫酸氢根离子)$$

$$HSO_3^- \leftrightarrow H^+ + SO_3^{2-}$$

$$SO_3^{2-} + H_2O_2 \leftrightarrow SO_4^{2-} + H_2O$$

化石燃料的燃烧是大气中酸性物质的主要来源。所有燃烧燃料行业的排放量大致与能源使用量成正比。排放物不仅包括硫化氢、二氧化硫和氮氧化物，还包括可继续氧化并产生酸度的颗粒物质。湿沉降（降雨、降雪、露水等）和颗粒物的干沉降可以将酸度传递到地球表面。在发展中国家，在收获后焚烧农作物秸秆和其他农业废弃物往往有时会造成大量烟雾。然而，这些排放仅占硫排放量的 0.1%（Smith et al.，2011）。

值得注意的是，全球二氧化硫排放量一直在迅速增加，但在发达国家从 20 世纪 70 年代开始努力消除排放物中的硫之后，排放量有所下降。自 21 世纪初以来，随着全球工业化扩张，硫排放量再次迅速增加。

大气中二氧化碳浓度的上升是与降水或地表淡水水体酸化有关的一个重要因素。然而，增加的大气二氧化碳确实会影响海洋二氧化碳浓度、pH 和碳酸钙饱和度水平。随着大气中二氧化碳的增加，二氧化碳在海洋中的溶解度增加。尽管海洋的中等碱度具有缓冲能力，但较高的二氧化碳浓度会略微降低海洋的 pH。Caldeira and Wickett（2003）报告称，自工业革命开始（18 世纪中期）以来，海洋的平均 pH 下降了 0.1 个 pH 单位。美国环境保护局（https://www.epa.gov/climateindicators/climate - change - indicators - ocean- acidity）提供了 1987—2015 年间百慕大和夏威夷附近海洋 pH 的数据。pH 分别从 8.12 下降至 8.06 和 8.07。平均每年下降约 0.002 个 pH 单位，自 1987 年以来，下降轨迹基本保持不变。一些作者，如 Feely et al.（2004）预测，到 2100 年，海洋 pH 将再下降 0.3～0.4 个单位。

海洋 pH 的降低导致 pH 降低到碳酸钙饱和度以下，有利于文石和方解石的溶解。文石和方解石构成了钙化海洋生物的外壳，较薄的外壳会对这些生物的生存和生长产生负面影响（Orr et al.，2005）。对海洋生态的影响可能是巨大的。

11.4 酸度的测量

测量酸度的最简单方法是用标准氢氧化钠溶液滴定水样，将其从初始 pH 滴定至 pH 8.3。通常使用 0.010 当量/升氢氧化钠溶液，但必要时可使用其他标准溶液，以获得合适的滴定体积（滴定管读数）。记录将 pH 提高至甲基橙终点（或 pH 计测得的 pH 为 4.5）所需的碱量，如果对二氧化碳酸度感兴趣，则继续滴定至 pH 为 8.3（酚酞终点）。

酸度滴定如例 11.2 所示。

例 11.2　用 0.022 当量/升 NaOH 将 pH 为 3.1 的 100 毫升水样滴定至 pH 为 4.5，然后继续滴定至 pH 为 8.3。滴定至 pH 4.5 的所用的碱的体积为 3.11 毫升，滴定中使用的总碱为 3.89 毫升。请估算总酸度和矿物酸度。

解： 这里可以使用与碱度计算（如例 9.5）相同的方法，因为结果将再次报告为毫当量 $CaCO_3$。以毫当量 $CaCO_3$ 表示的总酸度等于整个滴定中使用的碱的毫当量：

（3.89 毫升）（0.022 当量/升）＝0.085 6 毫当量 NaOH＝毫当量酸度

＝毫当量 $CaCO_3$

样品中 $CaCO_3$ 的重量当量为：

（0.085 6 毫当量 $CaCO_3$）（50.04 毫克 $CaCO_3$/毫当量）＝4.28 毫克 $CaCO_3$

将样品中的 $CaCO_3$ 毫克数转换为样品中每升 $CaCO_3$ 毫克数，

（4.28 毫克 $CaCO_3$）（1 000 毫升/升）/（100 毫升）＝42.8 毫克/升 $CaCO_3$

重复相同的程序计算用于滴定至 pH 4.5 的碱体积，以获得矿物酸度。结果为 34.2 毫克/升 $CaCO_3$。

样品总酸度为 42.8 毫克/升，矿物酸度为 34.2 毫克/升。8.6 毫克/升的差值代表样品中二氧化碳的酸度。

酸性水可能含有可测量浓度的金属离子，滴定过程中可能与氢氧化物发生反应，如下所示：

$$Fe^{3+} + 3OH^- \longrightarrow Fe(OH)_3 \qquad (11.13)$$

这会导致过高估计酸度。这种差异可以通过热过氧化物处理方法来防止（Eaton et al.，2005）。在热过氧化物法中，通过额外定量添加 5.00 毫升的 0.02 当量/升硫酸，将样品 pH 降至 4.0 以下（如有必要）。加入 5 滴 30%过氧化氢（H_2O_2），将样品煮沸 5 分钟。冷却至室温后，根据需要，用标准氢氧化钠滴定样品至 pH 3.7、4.5 或 8.3。热硫酸-过氧化氢处理消除了潜在的干扰物质，必须根据添加的酸度校正滴定体积。即从（毫升 NaOH×当量/升 NaOH）的乘积中减去（毫升 H_2SO_4×当量/升 H_2SO_4）的乘积。

根据为终点选择的 pH 计算酸度的方程式如下：

没有热过氧化物预处理，

$$酸度（毫克\ CaCO_3/升）=(N_b)(V_b)(50)(1\,000)\div S \qquad (11.14)$$

式中，N_b 表示标准 NaOH（毫当量/毫升）；V_b 表示使用的 NaOH 体积（毫升）；50 表示毫克 $CaCO_3$/毫当量；1 000 表示毫升/升；S 表示样品体积（毫升）。

有热过氧化物预处理，

$$酸度（毫克\ CaCO_3/升）=[(N_b \times V_b)-(N_a \times V_a)](50)(1\,000)\div S \qquad (11.15)$$

式中，N_a 表示 H_2SO_4 当量浓度（毫当量/毫升）；V_a 表示 H_2SO_4 体积（毫升）。

11.5　酸度的影响

由于 pH 低、营养物浓度低以及光穿透受限，腐殖物质浓度高的水体通常生产力较低。这些水域的生物多样性也相对较低。有研究表明，大麦秸秆在天然水中的分解产物

(可能是腐殖物质)起到了杀藻剂的作用(Everall and Lees，1996)。然而，没有证据表明，腐殖质染色的水域初级生产力和生物多样性低下是一种直接的毒性影响。

酸度对物种多样性和生产力的最严重影响通常出现在 pH<5 时。酸雨现象就是一个很好的例子。1950—1980 年间，加拿大和美国东北部一些地区的湖泊 pH 下降了 1～2 个单位(Haines，1981；Cowling，1982)。水生生物在所有营养层次上都受到了影响；品种丰度、生产力和物种多样性都有所下降。造成鱼类急性死亡、生长减少、繁殖失败、骨骼畸形和重金属积累增加(Haines，1981)。

上一段有一个众所周知的例外。从热带雨林流出的河流通常 pH 为 4～5，腐殖物质浓度较高，但它们通常有多样且繁茂的鱼类群落。这些鱼类可能适应低 pH，但有证据表明，腐殖酸和黄腐酸引起的低 pH 对鱼类的危害小于矿物酸引起的低 pH(Holland et al.，2015)。在较低的 pH 下，有机物的分解比较慢。较高的酸度有利于真菌而非细菌，真菌在分解有机物方面不如细菌有效。在排水不良区域的静水中，浅水和边缘区域通常有水生大型植物和芦苇沼泽植物。这些植物氮浓度低，纤维含量高，分解速度慢，有机物残留量大。高酸度的土壤和水在泥炭沼泽和有机土壤地区很常见。

腐殖物质对哺乳动物的毒性较低，在游泳、洗澡或生活用水中，这些物质的浓度升高不会产生直接毒性问题(de Melo et al.，2016)。当然，人们希望有干净的水用于这些方面，而在用于景观美化的水体中，通常首选干净的水(Smith et al.，1995；Nassar and Li，2004)。城市供水中高浓度的腐殖物质也存在问题，因为这些物质与游离氯残留物发生反应，产生三卤甲烷，这是一种疑似致癌物(Rathbun，1996)。去除水源中的腐殖物质很困难。最常用的方法是化学絮凝，但浓度降低很难超过 40%～60%。其他方法包括膜过滤、活性炭吸附和臭氧氧化。

11.6 酸度的缓解

至少从 13 世纪起，石灰石、石灰和其他碱性材料就被用来中和酸度，以改善农作物的生长(Johnson，2010)。Hasler et al.(1951)的一项早期研究证实了 pH 升高对沼泽湖水质的影响。在威斯康星州的凯瑟湖，碱化改善了鱼类生产条件，将 pH 从 5.6 增加到 7.1～7.5，碱度从 3.0 毫克/升增加到 15～19 毫克/升，赛克氏板能见度从 2.0 米增加到 4.3～5.7 米。鱼类生产条件大大改善。在垂钓鱼塘和水产养殖池塘中，使用石灰材料也是一种常见做法(Boyd，2017)。

最常见的中和水体酸度的药剂是通过粉碎石灰石制成的农业石灰石。这种石灰材料的酸中和值通常为 90%～100% $CaCO_3$ 当量。另外两种常见的碱化材料是生石灰(氧化钙或氧化钙和氧化镁的混合物)和熟石灰(氢氧化钙或氢氧化钙和氢氧化镁的混合物)。生石灰是通过在火炉中煅烧石灰石制成的，所产生的化学反应以碳酸钙为石灰石来源进行说明：

$$CaCO_3 \xrightarrow[\triangle]{} CaO + CO_2\uparrow \tag{11.16}$$

熟石灰是用水处理生石灰制成的：

$$CaO + H_2O \longrightarrow Ca(OH)_2 \quad (11.17)$$

生石灰的酸中和值通常为160%～180%$CaCO_3$当量，而熟石灰的酸中和值为130%～140%$CaCO_3$当量。

碳酸氢钠和氢氧化钠也可用于中和酸，但它们往往比石灰石产品更昂贵。碳酸氢钠和氢氧化钠的酸中和值分别约为60%和125%$CaCO_3$当量。

一开始，水体中酸度的中和看上去似乎很简单。含有10 000米^{3}且酸度为100毫克/升$CaCO_3$的水体需要1 000千克的碱化材料（以当量$CaCO_3$表示）来中和其酸度（10 000米^3×100毫克$CaCO_3$/升酸度×10^{-3}千克/克=1 000千克$CaCO_3$）。这种量的碱化材料只能中和水中的酸度。需要额外的碱化材料来提高水的碱度。例如，将碱度提高到50毫克/升需要另外500千克$CaCO_3$当量。

仅如前面所述，无法实现有效的碱化。在酸性水体中，沉积物含有酸度，这种酸度必须中和，否则会消耗水中的碱度。土壤酸度比水的酸度更难测量。沉积物的石灰需要量可通过农业土壤测试方法改进的程序进行测定（Han et al.，2014；Boyd，2017）。

酸性废水用碱化材料处理，以中和酸性，防止对受纳水体中的生物体造成损害。酸性水会腐蚀水管和其他管道装置。因此，在排放酸性废水之前对其进行碱化处理，可以保护输送系统免受腐蚀。

结论

水体的生产力和生物多样性随着pH的降低而降低，大多数碱度很低或没有碱度（pH<5.5）的水域被认为是营养不良的。一个例外情况是酸度主要来自热带丛林腐殖物质的水域。最低pH出现在地表水中，其中含有土壤中黄铁矿氧化产生的硫酸、酸性矿井废水或酸性降水产生的硫酸。酸度可用标准氢氧化钠滴定法测定。碱化材料（石灰石、生石灰和熟石灰）通常用于缓解酸度。

参考文献

Beckett R，Jue Z，Giddings JC，1987. Determination of molecular weight distributions of fulvic and humic acids using flow field - flow fractionation. Environ Sci Tech，21：289 - 295.

Borda MJ，2006. Pyrite//Lai R. Encyclopedia of soil science. New York，Taylor & Francis：1385 - 1387.

Boyd CE，1968. Freshwater plants：a potential source of protein. Econ Bot，22：359 - 368.

Boyd CE，2017. Use of agricultural limestone and lime in aquaculture. CAB Rev，12（15）.

Caldeira K，Wickett ME，2003. Anthropogenic carbon and ocean pH. Nature，425：365.

Chandra AP，Gerson AR，2011. Pyrite（FeS_2）oxidation：a sub - micron synchrotron investigation of the initial steps. Geochim Cosmochim Acta，75：6239 - 6254.

Cowling EB，1982. Acid precipitation in historical perspective. Environ Sci Tech，16：110 - 123.

de Melo BA，Motta FL，Santana MH，2016. Humic acids：structural properties and multiple functionalities for novel technological developments. Mater Sci Eng C，62：967 - 974.

Eaton AD，Clesceri LS，Rice EW，et al.，2005. Standard methods for the examination of water and wastewater. American Public Health Association, Washington, DC.

Everall NC, Lees DR, 1996. The use of barley - straw to control general and blue - green algal growth in a Derbyshire reservoir. Water Res, 30: 269 - 276.

Fanning DS, 2006. Acid sulfate soils//Lai R. Encyclopedia of soil science. New York, Taylor & Francis: 11 - 13.

Feely RA, Sabine CL, Lee K, et al., 2004. Impact of anthropogenic CO_2 on the $CaCO_3$ system in the ocean. Science, 305: 363 - 366.

Fleming JF, Alexander LT, 1961. Sulfur acidity in South Carolina tidal marsh soils. Soil Sci Soc Am Proc, 25: 94 - 95.

Geissman TA, Crout DHG, 1969. Organic chemistry of secondary plant metabolism. San Francisco, Freeman.

Haines TA, 1981. Acid precipitation and its consequences for aquatic ecosystems: a review. Trans Am Fish Soc, 110: 669 - 707.

Han Y, Boyd CE, Viriyatum R, 2014. A bicarbonate method for lime requirement to neutralize exchangeable acidity of pond bottom soils. Aqua, 434: 282 - 287.

Hasler AD, Brynildson OM, Helm WT, 1951. Improving conditions for fish in brown - water bog lakes by alkalization. J Wildl Manag, 15: 347 - 352.

Holland A, Duivenvoorden LJ, Kinnear SHW, 2015. Effect of key water quality variables on macroinvertebrate and fish communities within naturally acidic wallum streams. Mar Freshw Res, 66: 50 - 59.

Johnson DS, 2010. Liming and agriculture in the Central Pennines. Oxford, BAR Publishing.

Klavins M, Rodinov V, Druvietis I, 2003. Aquatic chemistry and humic substances in bog lakes in Latvia. Boreal Environ Res, 8: 113 - 123.

Lawrence J, 1980. Semi - quantitative determination of fulvic acid, tannin and lignin in natural waters. Water Res, 14: 373 - 377.

Nassar JL, Li M, 2004. Landscape mirror: the attractiveness of reflecting water. Landsc Urban Plan, 66: 233 - 238.

Nesbitt HW, Bancroft GM, Pratt AR, et al., 1998. Sulfur and iron surface states on fractured pyrite surfaces. Am Min, 83: 1067 - 1076.

Orr JC, Fabry VJ, Aumont O, et al., 2005. Anthropogenic ocean acidification over the twenty - first century and its impact on calcifying organisms. Nature, 437: 681 - 686.

Rathbun RE, 1996. Disinfection byproduct yields from the chlorination of natural waters. Arch Environ Contam Toxicol, 31: 420 - 425.

Rickard D, Luther GW Ⅲ, 1997. Kinetics of pyrite formation by the H_2S oxidation of iron (Ⅱ) monosulfide in aqueous solutions between 25 and 125 ℃: the mechanisms. Geochim Cosmochim Acta, 61: 135 - 147.

Rickard D, Luther GW Ⅲ, 2006. Metal sulfide complexes and clusters. Rev Mineral Geochem, 61: 421 - 504.

Schippers A, 2004. Biogeochemistry of metal sulfide oxidation in mining environments, sediments, and soils//Amend JP, Edwards KJ, Lyons TW. Sulfur biogeochemistry: past and present, Special Paper 379. Geological Society of America, Washington, DC: 49 - 62.

Shinozuka T, Shibata M, Yamaguchi T, 2004. Molecular weight characterization of humic substances by MALDI - TOF - MS. J Mass Spectrom Soc Jpn, 52: 29 - 32.

Smith DG, Croker GF, McFarlane K, 1995. Human perception of water appearance. 1. Clarity and color for bathing and aesthetics. N Z J Mar Fresh Res，29：29－43.

Smith SJ，van Aardenne J，Kilmont Z，et al.，2011. Anthropogenic sulfur dioxide emissions：1850－2005. Atmos Chem Phys，11：1101－1116.

Soil Survey Staff，1994. Keys to soil taxonomy. 6 th edn. United States Department of Agriculture，Soil Conservation Service，Washington，DC.

Sorensen DL，Knieb WA，Porcella DB，et al.，1980. Determining the lime requirement for the blackbird mine spoil. J Environ Qual，9：162－166.

Steelink C，1963. What is humic acid? Proc Cal Assoc Chem Teach，7：379－384.

Steelink C，2002. Investigating humic acids in soils. Anal Chem，74：327－333.

12 微生物与水质

摘要

浮游植物和细菌比其他水生微生物对水质的影响更大。浮游植物是主要的初级生产者，而细菌负责大部分有机物的分解和养分的循环。本章概述了微生物生长、光合作用和呼吸作用，并讨论了测量水体初级生产力和呼吸作用的方法。水体中的生产者和分解者的综合生理活动导致白天 pH 上升和溶解氧浓度增加，二氧化碳浓度降低，而夜间则相反。在非分层水体中，有氧条件通常存在于水柱和沉积物-水界面。然而，无氧沉积物出现的深度在贫营养水体中通常大于几厘米，在富营养水体中通常大于几毫米。在无氧沉积物（或水）中，化能营养细菌的代谢活性在分解发酵产生的有机化合物方面非常重要。尽管化能营养细菌有助于确保有机物的更完全分解，但这些微生物产生的有毒代谢废物，特别是亚硝酸盐和硫化氢，可以进入水柱。通常被称为蓝细菌的蓝绿藻往往在富营养化水域的浮游植物群落中占主导地位。蓝绿藻可导致表面浮渣和浅的热分层，对其他藻类和水生动物有毒，或在公共供水中产生味道和气味问题。

引言

水生生态系统中生活着多种微型生物，包括藻类、细菌、真菌、原生动物、轮虫、苔藓虫和节肢动物。藻类是主要的生产者，细菌和真菌是分解者。微型动物以微型动植物及其遗骸为食。它们是水生生态系统食物网中初级生产者和大型动物之间的纽带。所有这些生物在生态上都很重要，但悬浮在水柱中的微型藻类（浮游植物）和悬浮在水柱中以及生活在沉积物中的细菌对水质的影响比其他微型生物更大。浮游植物通过光合作用产生大量的有机物，并在此过程中向水中释放大量的氧气。细菌分解有机物以释放（再循环）无机养分。细菌的呼吸和浮游植物的呼吸和光合作用对水中的 pH、二氧化碳和溶解氧浓度有显著影响。某些细菌和其他微生物是致病性的，一些种类的藻类会给水以及鱼和其他水生食用动物的肉带来不良的味道和气味。

虽然浮游植物和细菌是本章的重点，但我们也将讨论植根于水体底部和边缘的大型水生植物，因为它们有时是水生栖息地的主要植物。此外，所有消费生物都通过将有机物作为食物，参与有机物降解和养分循环的过程。

12.1 细菌

细菌和其他单细胞微生物的一个主要区别在于，细菌细胞的细胞核没有膜包围，称为原核生物，相反，真核生物细胞核被膜所包围。细菌可以是单细胞的，也可以是丝状的，它们的细胞通常是球形或圆柱形（杆状）。它们可以自由地生活在水中，附着在表面、沉积物中以及其他生物体内。有几种类型可以运动。有些细菌对植物、动物或人类具有致病性。

大多数细菌的食物来源是死的有机物，而少数几种细菌能够合成有机物。这两类细菌分别称为异养细菌和自养细菌。专性好氧菌在没有氧气的情况下不能生存，专性厌氧菌在有氧气的环境中不能生存，兼性厌氧菌在有氧或无氧的情况下都能生存。有些种类在没有分子氧的情况下可以从硝酸盐、硫酸盐、二氧化碳或其他无机化合物中获得氧。

大多数细菌的主要生态作用是分解有机物并使其基本无机成分再循环，如二氧化碳、水、氨、磷酸盐、硫酸盐和其他矿物质。一些细菌会引起疾病，对水体中的某些物种产生重大影响。也有一些细菌和病毒会导致饮用含这些生物的水的人类患病。

12.1.1 生理学

营养素在生长和新陈代谢中有三种功能：①它们是制造生物的生物化学物质的原料。有机营养素中的碳和氮用于制造蛋白质、碳水化合物、脂肪和微生物细胞的其他成分。②营养素为生长和化学反应提供能量。有机营养素在呼吸作用中被氧化，释放的能量被用来驱动化学反应，合成生长和维持所需的生物化学物质。③营养素在呼吸中也充当电子受体和氢受体。有氧呼吸的末端电子受体和氢受体是分子氧。在无氧呼吸中，一种有机代谢物或无机物质代替氧作为电子受体或氢受体。

12.1.2 生长

水和沉积物中含有能分解几乎任何有机物质的微生物种类。有些物质的分解速度比其他物质快，但几乎没有有机化合物能完全抵抗微生物的分解。在有机物稀少的地方，微生物活动缓慢，但活跃生长的微生物、休眠孢子和其他繁殖体几乎无处不在。有机物的增加为微生物的生长提供了底物，微生物的数量也随之增加。一般来说，降解有机物所必需的细菌存在于自然界中。通常不需要添加细菌。如果分解很慢，那是因为环境条件不利于微生物的快速作用，或者有机底物不易分解。

细菌通过二分裂繁殖。一个细胞分裂成两个细胞，新细胞继续分裂。细胞分裂之间的时间称为代时或倍增时间。给定时间后出现的细菌细胞数（N_t）可根据初始细胞数（N_o）和世代数（n）计算得出：

$$N_t = N_o \times 2^n \tag{12.1}$$

代时短的微生物数量增加迅速（例 12.1）。

例 12.1 将有机物添加到每毫升含有 10^3 个细菌细胞的水中。这些细菌每 4 小时就会加倍。估计 36 小时后的细菌细胞数量。

解：

36 小时内发生的世代数为：

$$n=36\text{ 小时}\div 4\text{ 小时/代}=9\text{ 代}$$

36 小时后的细胞数量可以用公式 12.1 计算。

$$N_t=10^3\times 2^9=512\times 10^3=5.12\times 10^5\text{ 个细胞/毫升（36 小时增加 512 倍）}$$

当细菌被接种到新鲜的有机底物中时，它们需要很短的时间来适应新的条件。细胞数量很少或没有增加的时期称为迟滞期（图 12.1）。微生物利用新的底物后快速生长，这个周期称为对数期。经过一段时间的快速生长后，达到一个稳定期，在此期间细胞数量保持相对恒定。随着底物的消耗和代谢副产物的积累，生长减慢，出现细胞数量减少的衰退期。

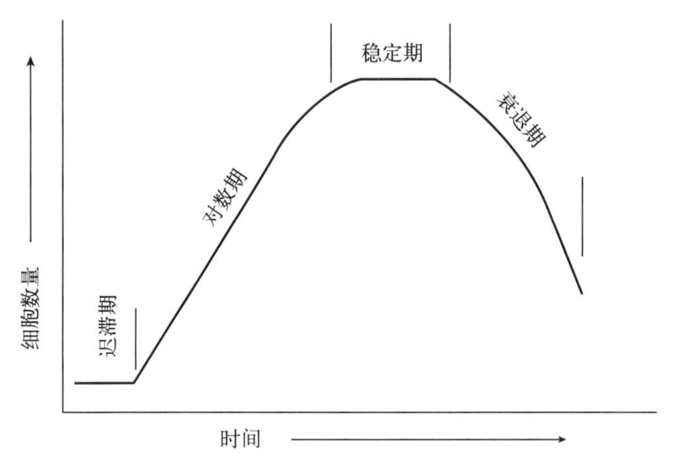

图 12.1　微生物培养物中生长的特征阶段

细菌种群的代时可根据对数阶段的细胞数量数据计算。公式 12.1 可改写为：

$$\lg N_t=\lg N_o+n\lg 2 \quad (12.2)$$

变为：

$$0.301n=\lg N_t-\lg N_o \quad (12.3)$$

以及：

$$n=(\lg N_t-\lg N_o)\div 0.301 \quad (12.4)$$

代时（g）是根据给定时间间隔（t）产生的代数（n）来计算的：

$$g=t/n\text{ 或 }n=t/g \quad (12.5)$$

将式 12.4 中的 n 替换为 t/g：

$$g=0.301t\div(\lg N_t-\lg N_o) \quad (12.6)$$

公式 12.6 的实用性如例 12.2 所示。

例 12.2　细菌培养在 12 小时内从 10^4 个细胞/毫升增加到 10^8 个细胞/毫升。使用公式 12.6 计算代时。

解：

$$g=0.301\times12\div(8-4)=0.903\text{ 小时}=54\text{ 分钟}$$

细菌的代时因种类而异，对于给定的种类，代时随温度、底物可获得性和其他环境因素而变化。当细菌快速生长时，它们也会迅速分解底物。例如，在微生物以对数方式生长的水中，二氧化碳的释放速率以对数方式增加。

12.1.3 有氧呼吸

有氧呼吸是植物和动物生理学、代谢过程和普通生物化学书籍中的一个主题。尽管如此，本章将会提供有氧呼吸的主要特征的简要概述。读者应该注意到，有氧呼吸对所有生物体都是一样的，它涉及有机化合物氧化成二氧化碳和水。呼吸的目的是从有机化合物中释放能量，并将其储存在三磷酸腺苷（ATP）的高能磷酸键中：

$$\text{二磷酸腺苷（ADP）}+PO_4+\text{能量}\rightleftharpoons ATP \qquad (12.7)$$

ATP 中储存的能量可用于驱动细胞内的化学反应。当能量从 ATP 释放时，再生成 ADP 并重复使用。

在碳水化合物有氧代谢中，葡萄糖分子经过糖酵解和柠檬酸循环（也称为克雷布斯循环或三羧酸循环），然后被完全氧化为二氧化碳。糖酵解是由许多酶（下面的方程式中没有指出）催化的一系列有序反应，这些酶将 1 个葡萄糖分子转化为 2 个丙酮酸分子：

$$C_6H_{12}O_6 \longrightarrow 2C_3H_4O_3+4H^+ \qquad (12.8)$$

糖酵解过程中每摩尔葡萄糖形成 2 摩尔 ATP，但不会释放二氧化碳。因此，糖酵解不需要氧气。

在有氧呼吸中，糖酵解产生的丙酮酸分子与辅酶 A（CoA）和烟酰胺腺嘌呤二核苷酸（NAD^+）反应，形成乙酰辅酶 A 分子：

$$\text{丙酮酸}+CoA+2NAD^+\rightleftharpoons \text{乙酰 }CoA+2NADH+2H^++CO_2 \qquad (12.9)$$

丙酮酸形成乙酰辅酶 A 是一种氧化脱羧反应，其中每个丙酮酸分子中去除 2 个 H^+、2 个电子和 1 个 CO_2 分子——每个进入糖酵解的初始葡萄糖分子总计提供 4 个 H^+ 和 2 个 CO_2 分子。乙酰辅酶 A 的形成将糖酵解与柠檬酸循环联系起来。虽然糖酵解不需要氧气，但乙酰辅酶 A 的产生和柠檬酸循环需要氧气。

柠檬酸循环的第一步是乙酰辅酶 A 和草酰乙酸反应生成柠檬酸。在随后的反应中，酶也催化了有机酸的一系列转化，进入循环的每个柠檬酸分子释放 8 个 H^+ 和 2 个 CO_2 分子。这解释了一个葡萄糖分子中 6 个有机碳原子的氧化。1 个草酰乙酸分子也在循环中再生（再循环），它可以再次与乙酰辅酶 A 反应。

糖酵解和柠檬酸循环中葡萄糖氧化产生的氢离子可还原 NAD、NADP（烟酰胺腺嘌呤二核苷酸磷酸）和 FAD（黄素腺嘌呤二核苷酸）。在柠檬酸循环中释放 H^+ 的代表性反应如下：

$$\underset{\text{（异柠檬酸）}}{C_6H_8O_7} \rightarrow \underset{\text{（草酰琥珀酸）}}{C_6H_6O_7} + 2H^+$$

以及：

$$NADP^++2H^+\rightleftharpoons NADPH+H^+ \qquad (12.10)$$

柠檬酸循环中的酶与电子传递系统接触，并被再次氧化。这些氧化过程中释放的能量用于 ATP 合成，再生的 NAD、NADP 和 FAD 再次用作氢受体。酶的再氧化是由一系列细胞色素酶完成的，这些酶将电子从一种细胞色素化合物传递到另一种细胞色素化合物。在电子传输系统中，ADP 与无机磷酸盐结合形成 ATP，H^+ 离子与分子氧结合形成水。

1 摩尔葡萄糖在有氧呼吸（糖酵解和柠檬酸循环）中可形成 38 摩尔 ATP 分子。ATP 分子包含葡萄糖氧化过程中理论上释放能量的大约 1/3。不用于形成 ATP 的能量会以热量的形式流失。在有氧呼吸中，1 摩尔葡萄糖消耗 6 摩尔氧气，释放 6 摩尔二氧化碳和水。这种化学计量在呼吸的总结方程式中有说明：

$$C_6H_{12}O_6 + 6O_2 \longrightarrow 6CO_2 + 6H_2O + \text{能量} \qquad (12.11)$$

这个方程式通常是对所有类型的需氧生物体（微观或宏观的）和植物、动物、细菌或真菌的呼吸的总体结果的充分总结。

12.1.4 有氧呼吸中氧的化学计量

有机物包含大量的有机化合物，其中大多数比葡萄糖更复杂。细菌分泌的胞外酶能将复杂的有机物分解成小到足以被吸收的颗粒。这些颗粒通过酶作用在细菌细胞内进一步分解，直到它们小到足以用于糖酵解。这些碎片经历呼吸反应的方式与葡萄糖碎片相同。

产生的二氧化碳摩尔数与消耗的氧气摩尔数之比为呼吸商（RQ）：

$$RQ = CO_2/O_2 \qquad (12.12)$$

参考公式 12.11 可以发现，在葡萄糖氧化过程中，6 个氧分子被消耗，6 个二氧化碳分子被释放，即 $RQ=1.0$。其他类别的有机物所含的碳∶氧∶氢比值与碳水化合物不同（表 12.1），RQ 可能小于或大于 1.0。例如，考虑脂肪的氧化作用：

$$C_{57}H_{104}O_6 + 80O_2 \longrightarrow 57CO_2 + 52H_2O + \text{能量} \qquad (12.13)$$

表 12.1 三大类有机化合物的碳、氢和氧含量（%）

类别	C 含量	H 含量	O 含量
碳水化合物	40	6.7	53.3
蛋白质	53	7	22
脂肪酸	77.2	11.4	11.4

上述反应的呼吸商为 $57CO_2/80O_2$ 或 0.71。与碳水化合物相比，氧化程度更高的有机化合物（相对于碳，含氧更多）的呼吸商将大于 1.0，而脂肪和蛋白质等还原性化合物的呼吸商将小于 1.0。因此，有机物的还原程度越高，氧化单位数量所需的氧气就越多（例 12.3）。

例 12.3 计算完全氧化每克碳水化合物、蛋白质和脂肪中的有机碳所需的氧气量。

解：

假设碳浓度为：碳水化合物，40%；蛋白质，53%；脂肪，77.2%（表 12.1）。质量为 1 克的碳水化合物、蛋白质和脂肪分别为 0.4 克 C、0.53 克 C 和 0.772 克 C。将有机碳转化为 CO_2 的化学计量比为：

$$C+O_2 \longrightarrow CO_2$$

计算耗氧量的合适比率为：

$$C\text{克数}\div 12=O_2\text{需要量}\div 32$$

$$O_2\text{需要量}=32\ (C\text{克数})\div 12$$

$$O_2\text{碳水化合物}=32\times 0.4\div 12=1.07\text{克}$$

$$O_2\text{蛋白质}=32\times 0.53\div 12=1.41\text{克}$$

$$O_2\text{脂肪}=32\times 0.772\div 12=2.06\text{克}$$

根据有机化合物的还原程度与其分解所需氧气之间的关系，可以看出，有机物的质量与其分解所需氧气的质量之间不存在直接的比例关系。然而，有机物中的碳百分比与完全分解有机物所需的氧气量之间存在直接的比例关系。当然，一些复杂的有机物比简单的碳水化合物更耐腐烂，因此，有机物的分解速率并不总是与碳浓度有关。化合物中有机碳的数量与其氧化释放的能量之间也有直接关系。食物组的燃烧比热为：碳水化合物，4.1 千卡/克；蛋白质，5.65 千卡/克；脂肪，9.4 千卡/克。代谢能是营养的重要因素，碳水化合物和蛋白质被认为具有 4 千卡/克的代谢能，而脂肪具有 9 千卡/克的代谢能（Jumpertz et al.，2013）。

12.1.5 无氧呼吸

在无氧条件下，某些种类的细菌、酵母和真菌继续呼吸，但在缺乏分子氧的情况下，无氧呼吸的末端电子受体是有机或无机化合物。二氧化碳可能在无氧呼吸中产生，但其他最终产物包括酒精、甲酸盐、乳酸、丙酸盐、乙酸盐、甲烷、其他有机化合物、气态氮、亚铁、锰和硫化物。

发酵是一种常见的无氧呼吸。能够进行发酵的生物体将复杂的有机化合物水解为简单的有机化合物，这些化合物可用于与糖酵解相同的过程中生产丙酮酸。在发酵过程中，丙酮酸不能以分子氧作为末端电子受体和氢受体被氧化成二氧化碳和水。丙酮酸形成过程中从有机物中去除的氢离子通过烟酰胺腺嘌呤二核苷酸转移到代谢的中间产物。

在普通生物学教科书中，传统上以葡萄糖生产乙醇作为发酵案例。在这个过程中，葡萄糖转化为丙酮酸，每个葡萄糖分子产生 4 个 ATP 分子。从丙酮酸中去除的氢离子随着二氧化碳的释放转移到乙醛中。总结方程式如下：

$$\underset{\text{(葡萄糖)}}{C_6H_{12}O_6} \longrightarrow \underset{\text{(丙酮酸)}}{2C_3H_4O_3}+4H^+ \tag{12.14}$$

$$2C_3H_4O_3 \longrightarrow \underset{\text{(乙醛)}}{2C_2H_4O}+CO_2 \tag{12.15}$$

$$2C_2H_4O+4H^+ \longrightarrow \underset{\text{(乙醇)}}{2CH_3CH_2OH} \tag{12.16}$$

除了产生二氧化碳，发酵还可能产生氢气（H_2）。当 NADH 在低氢气压力下氧化并释放氢气时，明显形成氢气，如下所示：

$$NADH+H^+ \longrightarrow NAD^+ +H_2 \tag{12.17}$$

乙醇只是许多可以通过发酵生产的有机化合物中的一种。例如，一些微生物将葡萄糖转化为乳酸：

$$C_6H_{12}O_6 \longrightarrow 2C_3H_4O_3 + 4H^+ \quad (12.18)$$

（葡萄糖）　　（丙酮酸）

$$2C_3H_4O_3 + 4H^+ \longrightarrow 2C_3H_6O_3 \quad (12.19)$$

（乳酸）

在乳酸生产中，不会像在乙醇生产中那样释放二氧化碳（方程式 12.15 和方程式 12.16）。

发酵不会完全氧化有机物。在乙醇生产中，葡萄糖中只有 1/3 的有机碳被转化为二氧化碳，而在葡萄糖发酵成乳酸的过程中，没有二氧化碳产生。结果，二氧化碳和有机产物在发酵发生的区域中积累。幸运的是，发酵的最终产物能够被以使用无机物质而不是分子氧作为电子受体的微生物氧化。如果分解随着发酵停止，环境很快就会变得非常具有酸性，并含有大量的中间物、有机分解产物。

使用硝酸盐作为电子受体的细菌可以水解复杂的化合物，并将水解产物氧化为二氧化碳。硝酸盐被还原为亚硝酸盐、氨、氮气或一氧化二氮。在硝酸盐还原菌出现的区域，一部分有机碳被完全氧化为二氧化碳，一部分转化为有机发酵产物。

铁和锰还原菌利用氧化铁和锰化合物作为氧化剂的方式与硝酸盐还原菌利用硝酸盐的方式相同。它们吸收有机发酵产物并将其氧化为二氧化碳。亚铁（Fe^{2+}）和锰（Mn^{2+}）作为呼吸的副产物释放。

硫酸盐还原菌和产甲烷菌不能水解复杂的有机物或分解来自其他细菌水解活动的简单碳水化合物和氨基酸。它们利用发酵产生的短链脂肪酸和简单的醇作为有机碳源。硫酸盐还原菌利用硫酸盐作为氧源，将发酵产物氧化成二氧化碳。硫化物作为副产物释放。

发酵产物也可被产生甲烷的细菌利用。在最常见的甲烷生成方法中，一个简单的有机分子被发酵，二氧化碳被用作电子（氢）受体，如下所示：

$$CH_3COOH + 2H_2O \longrightarrow 2CO_2 + 8H^+ \quad (12.20)$$

$$8H^+ + CO_2 \longrightarrow CH_4 + 2H_2O \quad (12.21)$$

两个反应相加得到：

$$CH_3COOH \longrightarrow CH_4 + CO_2 \quad (12.22)$$

一些细菌还可以利用二氧化碳作为氧化剂，将发酵过程中产生的氢气转化为甲烷：

$$4H_2 + CO_2 \longrightarrow CH_4 + 2H_2O \quad (12.23)$$

甲烷生产是一个重要的过程，因为发酵过程中积累的氢气必须处理掉，否则会抑制发酵过程。

在水中或沉积物中存在替代电子受体，如硝酸盐、铁、硫酸盐和其他氧化无机化合物，有利于厌氧分解。水生环境中有机物的完全分解需要好氧和厌氧生物。厌氧生物在沉积物中尤其重要，因为有机物倾向于沉淀到水体底部，无氧条件通常发生在沉积物-水界面以下几厘米或几毫米处。在富营养化水体中，在热分层过程中，均温层会变成无氧。

特定的有机残渣的完全分解需要很长时间。容易分解的化合物在几天到几个月内被氧化。在有机残渣分解过程中，细菌会死亡，也会分解。分解缓慢的有机物被合成分解得更慢（几年）的复杂有机物，这种物质的残渣需要很多年才能分解。将有机残渣完全分解为基本无机元素可能需要数百年的时间。

12.1.6 环境对细菌生长的影响

影响细菌生长和呼吸的主要因素是温度、氧气供应、水分利用率、pH、矿物质营养以及有机底物的组成和利用率。温度对生长的影响如图 12.2 所示。生长受到低温的限制，存在一个狭窄的最佳温度范围，温度太高也可能不利于良好的生长，并且温度可能达到微生物的热致死点。

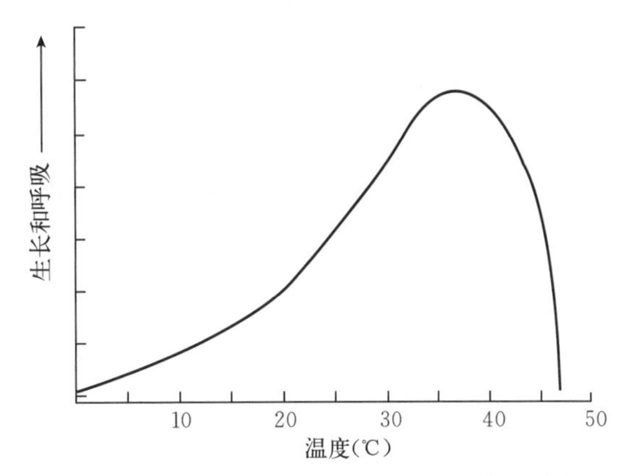

图 12.2 微生物生长和呼吸对温度的典型响应

根据范霍夫定律，许多化学反应的速率随着温度升高 10 ℃而增加两倍或三倍。大多数生理过程都是化学反应，并严格遵守范霍夫定律。温度升高 10 ℃时，反应速率增加的系数通常约为 2 或 3，通常称为 Q_{10}。在次优温度下，增加 10 ℃通常会使呼吸和生长加倍。如果温度升高 10 ℃，有机物的分解速率也将加倍。自然水域和沉积物中的大多数细菌可能在 30～35 ℃的温度下生长最好，而分解速率在更高的温度下会减慢。

需要持续供氧来支持有氧细菌的活动，但是兼性和厌氧细菌在无氧条件下继续分解有机物。新鲜有机物中的可浸出和易水解化合物在有氧或无氧条件下分解速度相同，但生物结构残留物（复杂大分子）的无氧分解速度慢于有氧分解（Kristensen et al.，1995）。

水生生境中水分丰富，因此水生生物的分解不会受到水分不足的阻碍。细菌在 pH 为 7～8 时生长旺盛，在中性或弱碱性环境中的分解速度比在酸性环境中更快。细菌必须具有无机营养素，如硫酸盐、磷酸盐、钙、钾等，但这些营养素通常可以从底物中获得，即使它们存在于低浓度的水中。

有机底物的性质尤其重要。有机物的原生质组分比结构（细胞壁）组分分解得更快。芦苇或其他大型水生植物的纤维状残余物的分解速度比死去的浮游植物的残余物慢。含氮量高的有机残留物通常比含氮量低的残留物分解得快，因为细菌需要大量的氮，而含氮量高的残留物通常含有最少的结构成分。有机物倾向于在温度较低且芦苇植物生长丰富的水体中积累，芦苇植物具有较高的纤维含量和较低的氮含量。这些水体的 pH 通常较低，它们充满了缓慢分解的植物残留物，形成了沼泽。

12.1.7 估算细菌丰度

估算细菌丰度的常用方法是对水样或与水混合的沉积物样品进行连续稀释，将最终稀释液倒入皮氏培养皿中，添加液化培养基，然后混合。孵育培养皿，对培养基中形成的菌落数计数。假设每个菌落源自单个细胞或菌丝，每毫升菌落形成单位（CFU）中的细菌计数是菌落数乘以稀释系数。由于变异程度高，计数通常是一式三份。

某些类型细菌的代谢活性可作为其存在或丰度的指标。例如，在含有乳糖培养基的培养管中形成气体表明存在乳糖发酵细菌。氨转化为硝酸盐表明存在硝化细菌。氧气消耗率或二氧化碳释放率可以指示有机物的分解率，分解细菌的丰度与二氧化碳释放率有关。

12.2 沉积物呼吸

分解发生在水和沉积物中，有氧呼吸对水质的主要影响是消耗溶解氧，释放二氧化碳、氨和其他矿物质。沉积物-水界面上方的絮状沉积物层和上部几厘米或几毫米的沉积物含有大量新鲜的、易于分解的有机物。

水生生态系统中的微生物活性通常在絮凝层和上层沉积物中最大。氧的吸收源于絮凝层中的呼吸，以及沉积物中还原性代谢物的呼吸和化学氧化。已测量到沉积物呼吸速率可高达每天 20～30 克 O_2/米^2，但速率通常为每天 5 克 O_2/米^2 或更低。用于沉积物呼吸的溶解氧消耗如例 12.4 所示。

例 12.4 根据 3 米深水体中 2 克 O_2/(米^2 · 天) 的沉积物呼吸估算水中溶解氧的损失。

解：

1 米^2 沉积物区域上方的水柱将包含 3 米^3 的水。记住，1 毫克/升与 1 克/米^3 相同，

$$\frac{2\text{克}\ O_2/\text{米}^2}{3\text{米}^3\ \text{水体}/\text{米}^2}=0.67\ \text{克}/\text{米}^3\ \text{或}\ 0.67\ \text{毫克}/\text{升}$$

沉积物孔隙水或水柱中的氧气也可能通过纯化学反应消耗，而不会产生生物影响，如以下方程式所示：

$$2Fe^{2+}+0.5O_2+2H_2O \longrightarrow Fe_2O_3+4H^+ \quad (12.24)$$

$$Mn^{2+}+0.5O_2+H_2O \longrightarrow MnO_2+2H^+ \quad (12.25)$$

$$H_2S+2O_2 \longrightarrow SO_4^{2-}+2H^+ \quad (12.26)$$

一些细菌还可以介导还原性代谢产物的氧化反应，并在过程中消耗氧气。很难将呼吸耗氧量与化学耗氧量分开，沉积物耗氧量的测量通常包含这两种过程的综合耗氧量。

代谢产物的氧化是很重要的，因为较深的沉积物是无氧的，无氧呼吸的还原性代谢产物可以向上扩散或通过生物扰动向上混合。当进入沉积物的有氧区时，还原性代谢物可能被化学氧化或通过微生物活动氧化。在沉积物-水界面无氧的情况下，还原性代谢物会进入水柱，其中一些是有毒的。这些代谢物的化学和生物氧化对于防止水柱中出现有毒条件非常重要。

有机物分解控制水和沉积物中的氧化还原电位。只要溶解氧充足，就只有有氧分解发生。然而，当溶解氧浓度降至 1 或 2 毫克/升时，某些细菌开始使用硝酸盐中的氧。当硝酸盐缺乏时，氧化还原电位下降，当硝酸盐耗尽时，细菌开始在呼吸中使用氧化态的铁和锰。氧化还原电位继续下降，直到硫酸盐和二氧化碳最终成为氧的来源。由于氧化性无机化合物的利用是连续的，因此不同的细菌还原在时间上是连续的，或者发生在沉积物的不同层中。例如，当一个水体热分层时，它不再从光照下发生光合作用的表层获得溶解氧。当需氧菌分解有机物时，有机物沉淀到均温层中，溶解氧和氧化还原电位下降。简而言之，一旦溶解氧耗尽，硝酸盐支持呼吸；当硝酸盐消失时，铁和锰化合物在呼吸中成为氧

化剂；硫酸盐和二氧化碳在氧化还原电位下降时起氧化剂的作用。

由于溶解氧不能在孔隙水中迅速向下移动，沉积物比水更快变得缺氧。氧的有效性随着沉积物深度的增加而下降，这导致不同过程的分区（图 12.3）。这种分区将在没有化学分层水体中的沉积物中形成，但在大多数非分层水体中，沉积物的薄表层仍保持有氧状态，如图 12.3 所示。如果有机质输入较高，整个沉积物团块（包括其表面）在分层和非分层水体中可能都会变得高度还原。非分层湖泊及其沉积物中氧化还原电位的垂直剖面如图 12.3 所示。

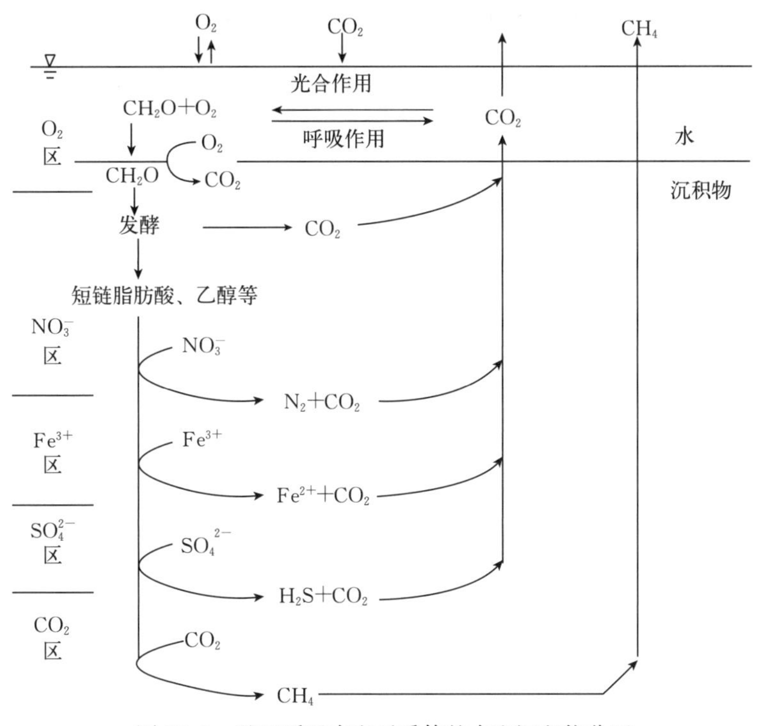

图 12.3　基于呼吸中电子受体的水和沉积物分区

厌氧微生物呼吸的结果是在湖泊、池塘和其他水体的均温层水域中出现还原性无机化合物，包括亚硝酸盐、亚铁、锰、硫化物和甲烷以及许多还原性有机化合物。当这些还原物质扩散或混合到含有溶解氧的水中时，它们将被氧化。如果还原物质进入有氧水中的速率超过氧化速率，则可能会持续存在还原物质的平衡浓度。一些细菌可以将氨氧化成硝酸盐，从而降低水中的氨浓度。这一过程将在第 13 章中讨论。

12.3　浮游植物

水生植物区系多样性非常丰富，包含数千种。其中包括微小的悬浮在水中的浮游藻类（浮游植物），生活在水底或在水中形成毯子的大型藻类，缺乏叶绿素的真菌是分解者而不是和其他植物一样的生产者，缺乏高等植物特有的花朵和导水组织的地钱和苔藓，以及全身都有导水组织的维管植物。浮游植物、大型藻类和维管植物通常在大多数水生生态系统中以不同的比例存在，但浮游植物的生物活性更高，在大多数水体中对水质的影响比其他植物更大。

12.3.1 生物学

浮游植物主要分布在甲藻门、裸藻门、蓝藻门、绿藻门和不等鞭毛藻门。包括鞭毛藻目的甲藻门主要是海洋生物。与甲藻门类似的裸藻门包含有鞭毛的能动生物，其中最著名的是眼虫藻属的种类。被称为绿色藻类的绿藻，大多是淡水生物。这个门的成员包括大型藻类，如海洋属的石莼、淡水属的水绵，以及许多浮游植物属。一些常见的浮游生物属是栅列藻属、小球藻属和新月藻属。不等鞭毛藻门是海洋和淡水藻类的一个大门，包括黄绿藻（黄绿藻科）、金藻（金藻科）、褐藻（褐藻科）和硅藻（硅藻科）。蓝藻是蓝绿藻。然而，这一组藻类是原核生物样细菌，分类学权威认为蓝绿藻是蓝细菌。但是，在本书中，这些生物被称为蓝绿藻。关于浮游植物系统学的更完整的讨论超出了本书的范围，但是有许多书籍和网站可以获得更多的信息。

蓝藻对水质的影响特别大。它们在富含营养的水域往往很丰富，许多种类的浮游蓝藻被认为是不受欢迎的。它们会遭受突然种群崩溃，在水面上形成浮渣，少数种类可能对其他水生生物有毒，一些种类会将气味化合物排泄到水中。这些有气味的化合物可能在饮用水中产生不良气味和味道，或使鱼类和其他水生食用动物产生不良味道。

浮游植物的生长需要阳光，因此只有在有超过1%入射光的光照水中才能发现活跃生长的浮游植物。浮游植物的密度略大于水的密度，因此它们倾向于从透光带（光照表层）下沉，但所有种类都有适应能力，例如体积小、形态不规则，通常有凸出表面、气泡或运动方式，以降低其下沉速度，并允许其即使在低湍流的水中也保持悬浮。几乎所有的水域都含有浮游植物，营养丰富的水域含有足以导致浑浊和变色的浮游植物量。被浮游植物污染的水域称为浮游植物水华，呈现绿色、蓝绿色、红色、黄色、棕色、黑色、灰色或其他各种颜色。

浮游植物的繁殖通常是通过上述细菌的二分裂进行的。浮游植物的寿命很短，单个细胞的存活时间可能不超过1或2周。随着死亡细胞的沉淀，它们很快破裂，原生质内容物溢出到水中。天然水域通常含有大量来自死亡浮游植物的有机碎屑。

大多数种类的浮游植物容易传播。大气中含有许多种类的孢子和营养体。如果将一瓶无菌营养液开放到大气中，藻类群落将很快形成。涉水鸟类经常将浮游植物从一个水体传播到另一个水体。这是因为浮游植物繁殖体黏附在它们的外表面，有活力的藻类孢子和营养体穿过它们的消化道。在栖息地定居的浮游植物种类取决于其繁殖体恰好进入的栖息地的适宜性。

假设一个不含藻类的营养丰富的水箱暴露在室外。空气中的浮游植物种类将落入水箱中，进入水箱中的种类主要是偶然的结果。然而，水箱中存在的种类将取决于环境条件。此外，一旦浮游植物开始生长，它们将经历一个演替过程，直到达到浮游植物群落的高潮。该群落最终将使环境不适合其生长和崩溃（图12.1），或者季节可能会改变，使条件更适合其他种类。因此，浮游植物群落的种类组成在不断变化。

12.3.2 光合作用

光合作用是绿色植物从阳光光子中获取能量并利用它将二氧化碳以碳水化合物的形式还原为有机碳的过程。图 12.4 描述了光合作用反应的基本特征。

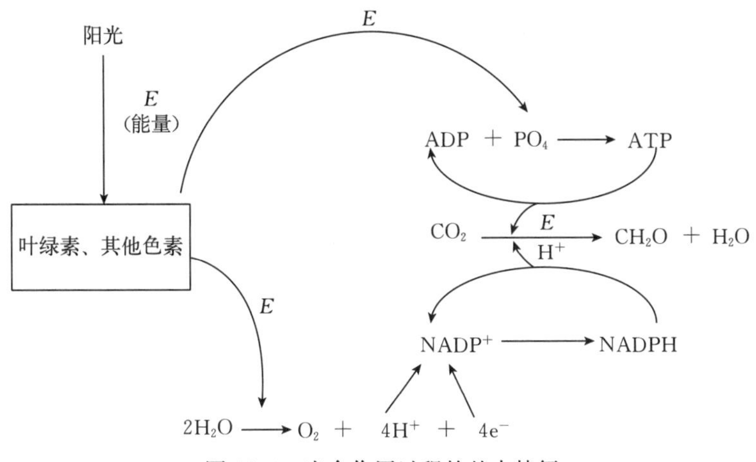

图 12.4　光合作用过程的基本特征

在光合作用的光反应中，阳光照射植物细胞中的叶绿素和其他光敏色素，这些色素捕获光子。这种能量用于一种称为光解的反应，将水分子分解成分子氧、氢离子或质子以及电子。2 个水分子产生 1 个氧分子、4 个氢离子和 4 个电子。然后氢离子和电子与烟酰胺腺嘌呤二核苷酸磷酸离子（$NADP^+$）发生反应，并转化为其非电离形式（NADPH）。色素捕获的能量还将 ADP 转化为 ATP，这一过程称为光化磷酸化。

光合作用的第二个阶段不依赖于光，因此也称为暗反应，尽管它也发生在有光的时候。在一系列酶催化反应中，来自 ATP 和氢离子的能量以及来自水光解的电子将二氧化碳还原为碳水化合物（CH_2O）和水。当然，$NAPD^+$ 和 ADP 会被再生并重复用于光反应。

光合作用的总结方程式可以写成：

$$2H_2O+CO_2 \xrightarrow{光} CH_2O+H_2O+O_2 \tag{12.27}$$

然而，传统上，光合作用的产物是葡萄糖（$C_6H_{12}O_6$）。这是通过将方程式 12.27 乘以 6 来实现的：

$$12H_2O+6CO_2 \xrightarrow{光} C_6H_{12}O_6+6H_2O+6O_2 \tag{12.28}$$

当然，方程式 12.28 可用更熟悉的形式表示，从反应方程式两侧减去 $6H_2O$，得到：

$$6H_2O+6CO_2 \xrightarrow{光} C_6H_{12}O_6+6O_2 \tag{12.29}$$

绿色植物可以产生自己的有机物，称为自养。光合作用和植物生产所需的资源是二氧化碳、水、阳光和无机养分。分子氧和氢可通过光合作用中的水光解获得。其他养分主要由陆生植物从土壤溶液中吸收，水生植物从水中吸收。大多数植物的必需矿物质营养素是氮、磷、硫、钾、钙、镁、铁、锰、锌、铜和钼。一些植物还需要以下一种或多种物质：

钠、硅、氯化物、硼和钴。

12.3.3 生化同化

植物利用光合作用中固定的碳水化合物作为能量来源和原料来合成其他生化化合物，包括淀粉、纤维素、半纤维素、果胶、木质素、单宁、脂肪、蜡、油、氨基酸、蛋白质和维生素。这些化合物被植物用来构建身体和执行生命所必需的生理功能。植物必须做生物功来维持自身生长和繁殖。做这项功的能量来自光合作用中产生的有机物的生物氧化。

12.3.4 控制浮游植物生长的因素

浮游植物的生长需要阳光，但靠近水面的强烈阳光可能会抑制某些种类的生长。一些水体含有足够的悬浮矿物或有机颗粒的浊度，大大限制了光线的穿透，减少了浮游植物的生长。浮游植物的生长对温暖有良好的反应。最高的生长速度通常出现在春季和夏季，但在较冷的月份，生长速度会持续较慢。可测量的光合作用速率甚至可能发生在透明的冰下。

相对于植物的需求而言，供应最短缺的养分将限制生长。例如，如果磷是相对于植物需求而言供应最短缺的营养素，则产量将限制在环境磷浓度下的可能数量（图 12.5）。如果向水中添加磷，植物的生长就会增加，生长将持续，直到第二短缺营养物变得有限。进一步的生长可以通过添加更多的第二限制性营养素来实现。图 12.6 是多个限制因素的情况。

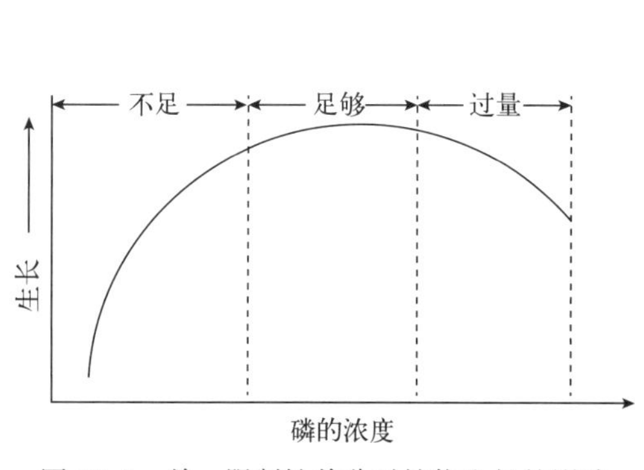

图 12.5 单一限制性养分对植物生长的影响

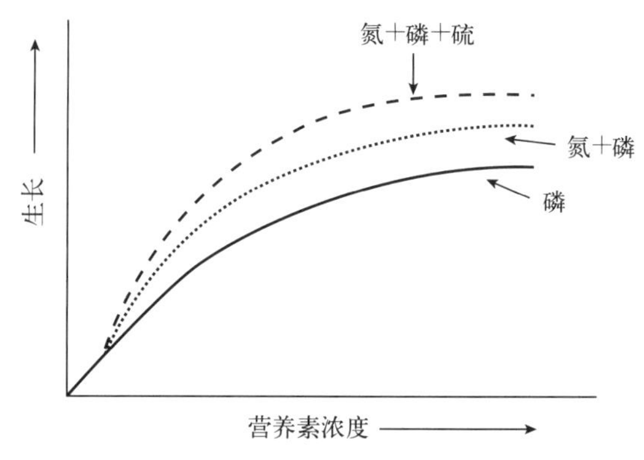

图 12.6 植物生长的多个限制因素示例

有一个重要的警告，过多的营养素可能会限制某些物种的生长。添加更多的磷通常会刺激某些浮游植物种类的生长，同时抑制其他种类的生长。富营养化水体可能具有较高的初级生产力，但浮游植物种类相对较少。

限制因素和耐受范围的概念也适用于其他环境因素，如光照强度（图 12.7）。植物生长有一个耐受范围，在这个范围内，对于生长而言光线可能不足、最佳或过度。如果超出耐受范围，植物就会死亡。这一段中表达的观点分别被称为利比希的“最小定律”和谢尔福德的“容忍定律”。

任何一种或多种必需营养素的缺乏都可能限制浮游植物在自然水域中的生长。然而，在大多数水体中，磷以及较小程度上的氮是最重要的限制性营养素。一项对 49 个美国湖泊的研究表明，35 个湖泊中的磷限制了浮游植物的生长，而 8 个湖泊中的氮限制了浮游植物的生长 (Miller et al.，1974)，其余湖泊被认为是其他因素限制了浮游植物的生长。即使在营养供应充足的情况下，浊度也可能限制生长。

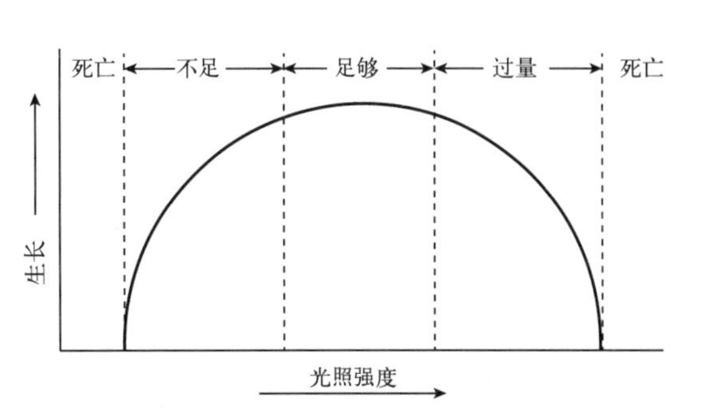

图 12.7　植物对光的响应示例，说明了对特定因子的耐受范围

表 12.2 显示了淡水、海水和浮游植物中必需植物营养素的典型浓度。通过将浮游植物中每种元素的浓度除以水的浓度得到的浓缩系数表明，浮游植物积累的每种元素的浓度高于水中元素的浓度。相对于浮游植物中这两种营养素的浓度而言，水中的磷和氮比其他元素的含量要少。氮和磷的缺乏往往是淡水、半咸水和海水中浮游植物生长最常见的营养限制。尽管人们普遍认为磷在海洋环境中不像在淡水环境中那样可能成为限制因素，但对这一主题的文献综述 (Elser et al.，2007) 表明，淡水、海洋和陆地生态系统的氮和磷限制是相似的。当然，有些水域磷和氮以外的营养物质限制了浮游植物的生长。铁和锰尤其可能限制海洋浮游植物的生产力。

表 12.2　海水、淡水和浮游植物中的营养物浓度

元素	浓度（毫克/升）		浮游植物	浓缩系数	
	海水	淡水	（毫克/千克）[a]	海水	淡水
磷	0.07	0.03	230	3 286	7 667
氮	0.5	0.3	1 800	3 600	6 000
铁	0.01	0.2	25	2 500	125
锰	0.002	0.03	4	2 000	133
铜	0.003	0.03	2	667	100
硅	3	2	250[b]	83	125
锌	0.01	0.07	1.6	1.6	23
碳	28	20	12 000	429	600
钾	380	2	190	0.5	95
钙	400	20	220	0.55	11
硫	900	5	160	0.18	32
硼	4.6	0.02	0.1	0.02	5
镁	1 350	4	90	0.07	22.5
钠	10 500	5	1 520	0.14	304

[a] 基于湿重

[b] 硅藻的浓度要大得多

Redfield（1934）观察到海洋浮游植物中碳、氮、磷的平均分子比约为 106∶16∶1（重量比 41∶7∶1）；这个比率被称为 Redfield 比率。然而，这一比例并不意味着以 7∶1 的比例向生态系统中添加氮和磷将是促进浮游植物生长的最有效比例。正如我们将在第 13 和 14 章中看到的那样，在水生生态系统中，氮的循环比磷的循环多得多。需要添加比 7∶1 更窄的氮磷比，以实现水中 7∶1 的比例。

关于引起水体中浮游植物水华所必需的氮和磷的浓度，一直存在很多争论。浮游植物对氮和磷的反应在不同的水生生态系统中是不同的，浮游植物的显著水华可能需要浓度为 0.01～0.1 毫克/升的可溶性无机磷和 0.1～0.75 毫克/升的无机氮。

许多湖沼学家认为碳不会限制自然水域中浮游植物的生长，但藻类培养研究表明，不能完全排除碳作为水生生态系统限制因素的可能性（King，1970；King and Novak，1974；Boyd，1972）。此外，一些研究人员还观察到，当天然水体中的总碱度增加至 100～150 毫克/升时，浮游植物产量和鱼类产量会增加。这一观察结果并不一定表明，碱度较高的水体具有较高的可用碳浓度，从而有更大的浮游植物生产力。这项研究是在天然水域进行的，这些水域没有人为施肥，也没有受到人类活动的污染。与低碱度的水相比，高碱度的水体往往具有更多的植物营养素。碱度和浮游植物生产力之间的相关性可能与氮和磷的有效性差异有关，而不是与二氧化碳浓度或碱度本身不同有关（Boyd and Tucker，2014）。

浮游植物的生产力也可能受到大型植物生长的调节，因为这些植物与浮游植物竞争养分。漂浮在池塘表面的大型植物和表面有叶子的植物会遮蔽水柱，极大地限制浮游植物的生长。某些大型植物还分泌对浮游植物有毒的化感物质。不管原因如何，向含有大量大型植物群落的水体中添加营养物质通常不会导致浮游植物水华；相反，它们刺激了大型植物的进一步生长。

12.3.5 浮游植物丰度估算

每毫升或每升水的个体（单细胞、菌丝或菌落）数量可通过显微镜检查直接确定。不同种类有其特有的大小，与浮游植物丰度计数相比，每单位水的浮游植物细胞体积可以更好地估计生物量。然而，要测量样本中浮游植物的体积是非常困难的。必须编制一个公式来估算存在的每种藻类的数值，并乘以每单位体积水中该藻类的数量。

评估浮游植物丰度的间接方法很普遍。通过测定过滤从水样中去除的颗粒物的叶绿素 a 来提供浮游植物丰度的量度。由于颗粒有机物通常主要由浮游植物组成，这一变量指示了许多水域中浮游植物的丰度。目前还没有将浮游植物与其他颗粒物分离的合适技术，因此必须谨慎评估结果。

赛克氏板能见度随着浮游生物丰度的增加而降低，在许多水体中，赛克氏板能见度可以作为浮游植物丰度的有用量度。当然，我们必须考虑到当用赛克氏板评估浮游生物丰度时，有多少浊度来自其他来源。

12.3.6 浮游植物对水质的影响

浮游植物活动对水质最深刻的影响是 pH、溶解氧和二氧化碳浓度的变化。在水体中，相对于呼吸而言，光合作用通常在白天起主导作用，而在夜间则相反。换句话说，白天溶解氧净增加，二氧化碳净减少，夜间则相反。二氧化碳浓度的变化影响 pH。当二氧化碳减少时，pH 增加。二氧化碳、溶解氧和 pH 的每日变化如图 12.8 所示。随着浮游植物丰度的增加，这三个变量浓度的日波动幅度将趋于增加。

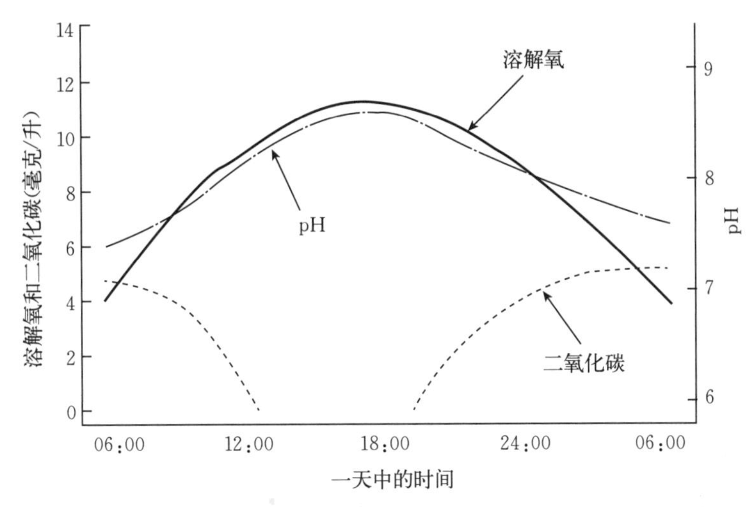

图 12.8 富营养化水体 24 小时内 pH、溶解氧和二氧化碳浓度的变化

光有效性随着深度的增加而降低，因此浮游植物的光合作用速率将随着深度的增加而降低。在下午，表层水的溶解氧和 pH 往往高于较深的水，而二氧化碳则相反。

热分层湖泊中溶解氧浓度的分层如图 12.9 所示。该湖泊可被视为富营养化，因为均温层中的缺氧是区分富营养（营养丰富）和贫营养（营养缺乏）湖泊的标准。

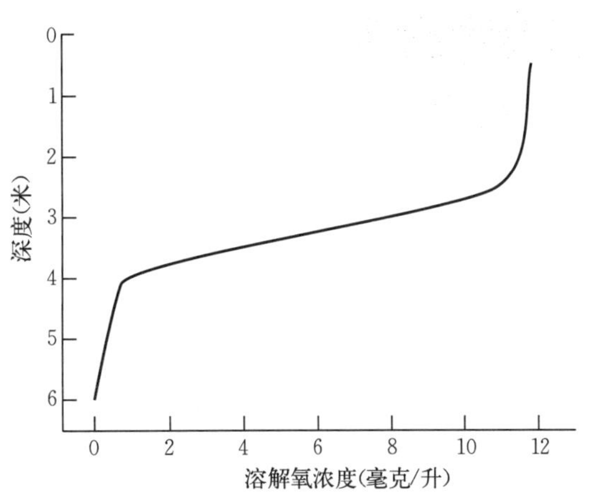

图 12.9 热分层富营养化湖泊中溶解氧浓度随深度的变化

浮游植物水华有时会很快死亡。浮游植物突然大量死亡（通常称为“倒藻”）可导致溶解氧浓度严重降低。死亡的特点是全部或大部分浮游植物突然死亡，随后死亡的藻类迅速分解。溶解氧浓度急剧下降，可能下降到足以导致鱼类死亡的程度。倒藻的确切原因尚未确定，但它们通常涉及蓝藻的密集表面浮渣。当溶解氧浓度高、二氧化碳浓度低、pH 高时，通常在平静、晴朗的日子发生倒藻。有人认为这种组合是由于光氧化过程杀死蓝藻的（Abeliovich and Shilo，1972；Abeliovich et al.，1974）。

文献记录到亚拉巴马州奥本市一个鱼塘中蓝藻种群密集的变异鱼腥藻完全倒藻的事件（Boyd et al.，1975）。在 3 月和 4 月多风的日子里，池塘的水柱中含有均匀密度的变异鱼腥藻。4 月下旬，连续几天晴朗平静的天气导致 4 月 29 日水面出现浮游植物浮渣。4 月 29 日下午，浮游植物死亡，4 月 30 日池塘水呈棕色，浑浊，藻类腐烂。在 4 月 30 日至 5 月 5 日期间采集的水样中，未观察到活的变异鱼腥藻菌丝，只见到少数其他藻类。在 5 月 5—8 日期间，一个新的浮游植物群落发展起来，主要由鼓藻类组成。变异鱼腥藻种群死亡后，溶解氧浓度迅速下降至 0 毫克/升，溶解氧保持在或接近该浓度近一周，直到新的浮游植物群落形成。所有浮游植物的死亡并不像上面描述的那样壮观，但它们是鱼塘中相当常见的事件。

天气深刻地影响溶解氧浓度。在晴天，水体的溶解氧浓度通常在黄昏时接近饱和。在多云的日子里，光合作用受到光线不足的限制，溶解氧浓度通常低于黄昏时的正常浓度。阴天之后的夜晚溶解氧耗尽的概率大于晴天之后的夜晚（图 12.10）。在异常寒冷、大风和暴雨期间，水体可能发生热消层或流转。流转后可能会发生鱼类死亡，因为均温层大量缺氧水与变温层水突然混合会导致快速耗氧。与天气有关的溶解氧低的问题在浮游植物丰富的水体中最为常见。

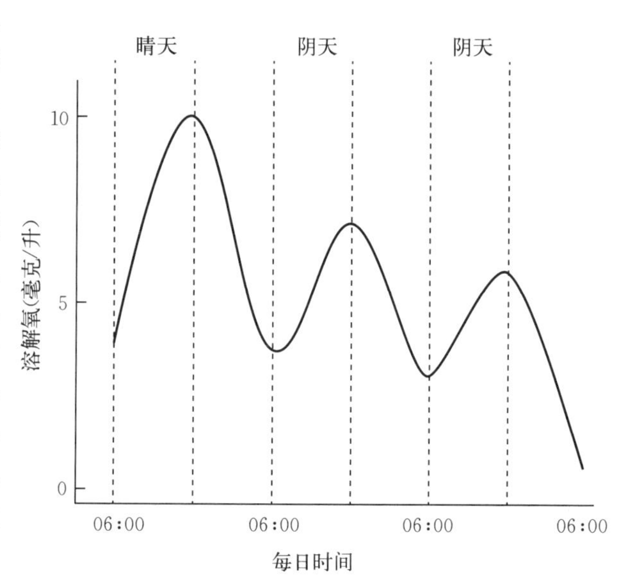

图 12.10 晴天和阴天鱼塘溶解氧浓度的每日波动

浮游植物还通过去除水中的营养物质和作为有机物来源而影响水质。当浮游植物快速生长时，水体中的氨氮浓度和可溶性活性磷浓度通常会下降。

12.4 测定光合作用和呼吸作用

黑白瓶技术是一种相对简单的测量光合作用和呼吸速率的方法。在其最简单的应用中，该程序步骤如下：将三个瓶子［通常为 300 毫升生化需氧量（BOD）瓶子］装满来自相关水体的水——两个透明的瓶子和一个不透明的瓶子。立即在其中一个透明瓶（初始瓶，IB）中测量溶解氧浓度。另一个透明的瓶子，称为白瓶（LB），和不透明的瓶子，称为黑瓶（DB），在水体中培养。培养一段时间后，取下瓶子，测量溶解氧浓度。

初始瓶提供培养开始时白瓶和黑瓶水中溶解氧浓度的估计值。在培养过程中，光合作用和呼吸都发生在白瓶中，光合作用产生的部分氧气用于呼吸。白瓶中溶解氧的增加代表净光合作用的量。没有光进入黑瓶，光合作用不会发生，但呼吸会消耗溶解氧。黑瓶中溶解氧的损失代表浮游植物和其他微生物的呼吸作用。光合作用产生的氧气总量（总光合作用）是净光合作用产生和用于呼吸的溶解氧的总和。

如果目的是确定深度对光合作用和呼吸的影响，或获得水柱中光合作用和呼吸的平均

速率，则必须将瓶子装满多个深度的水，然后在这些深处培养。这种设计是必要的，因为光合作用速率对光强度敏感，而光的穿透随深度而降低。温度和浮游生物的丰度也因深度不同而不同，并影响光合作用和呼吸。

白天光照强度在变化，影响光合速率。最理想是培养 24 小时，但瓶内微生物的沉淀、黑瓶内溶解氧的耗尽或白瓶内溶解氧的过饱和都会改变呼吸和光合作用速率。这些“瓶效应”使得有必要将培养时间限制在几小时内。从黎明到中午的培养（前提是初始溶解氧足够高，足以维持黑瓶中的呼吸）比从中午到黄昏的培养更为可行，因为中午的水域溶解氧浓度已经很高。如果瓶子在黎明培养，中午取出，培养期将代表光周期的一半。另一种方法是在特定的时间间隔内培养瓶子，并在培养间隔和整个光周期内测量太阳辐射。培养期内每日辐射的占比可通过将培养期内的辐射除以当天的总辐射来确定。光合作用总量被认为等于培养期内的总量乘以培养期内每日总辐射与接收辐射的比率。

可以从黑白瓶的数据计算三个变量：净光合作用（NP）、总光合作用（GP）和水柱呼吸（R）。当然，净光合作用会被低估，因为浮游植物以外的生物会促进呼吸作用，降低净光合作用。这些计算公式如下：

$$NP=LB-IB \tag{12.30}$$

$$R=IB-DB \tag{12.31}$$

$$GP=NP+R \tag{12.32}$$

或

$$GP=LB-DB \tag{12.33}$$

所有变量均以毫克/升溶解氧表示。当瓶子在不同深度培养时，可以对结果进行平均，以获得水柱的值。通过考虑培养期的长度和培养期内的辐射量，可以将结果调整为 24 小时。计算如例 12.5 所示。

例 12.5　以下数据是在 1.75 米深的水柱中，在 0.1、0.5、1.0 和 1.5 米处进行黑白瓶培养的平均结果。

$IB=4.02$ 毫克/升

$LB=6.75$ 毫克/升

$DB=2.98$ 毫克/升

培养期＝黎明至中午（6.5 小时），计算 24 小时内的 NP、GP 和 R。

解：

在培养期内，

$$NP=6.75-4.02=2.73 \text{ 毫克/升}$$

$$R=4.02-2.98=1.04 \text{ 毫克/升}$$

$$GP=6.75-2.98=3.77 \text{ 毫克/升}$$

假设晴天，数值可能会加倍，以提供光周期的总数。在整个 11 小时的黑暗期间，呼吸将持续，因此夜间呼吸将仅为白天值的 11/13。夜间呼吸必须从白天 NP 中减去，以估算 24 小时 NP。

光合作用和呼吸速率可以用面积表示（通常为平方米）。这是通过将整个水柱中 NP、GP 和 R 的平均值乘以水深来实现的。NP、GP 和 R 的值也可以用碳表示。在呼吸和光合作用的一般表达式中，1 摩尔氧可以等同于 1 摩尔二氧化碳或碳。碳（C）相对原子质量与氧（O_2）相对分子质量之比为12/32或0.375，可用于将氧浓度转换为碳浓度。

12.5 补偿深度

由于光照减弱，光合速率随着深度的增加而降低。在大多数水体中，有一个深度，光合作用产生的氧气等于呼吸中使用的氧气。在这个称为补偿深度或补偿点的深度处，净光合作用为零。当深度小于补偿深度时，浮游植物产生的溶解氧将比水柱中微生物用于呼吸的溶解氧更多。深度大于补偿深度时，呼吸中使用的溶解氧将多于光合作用产生的溶解氧。

在分层水体中，补偿深度通常与温跃层相对应，在均温层中不产生氧气。由于分层，在均温层区形成了一个氧债。当发生消层时，来自均温层的水与变温层的水混合，必须满足累积的氧债。这会导致流转时溶解氧浓度的降低，这与均温层氧债的大小成正比。

在没有热分层的水体中，每天都有底层水和表层水的混合。如果深度大于补偿深度的氧亏超过深度浅于补偿深度的氧盈混合，则可能导致溶解氧浓度低。在未分层的水体中，浅于补偿深度的水中的氧盈与较深水域的氧亏之间的差值（图12.11）表示水柱中鱼类和其他较大生物的可用氧，其呼吸不包括在黑白瓶测量和沉积物呼吸中。

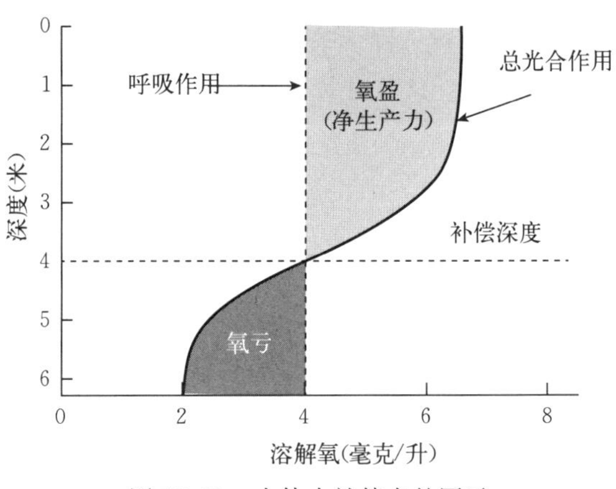

图12.11 水体中补偿点的图示

12.6 有害藻类

任何类型的浮游植物都可能对水生动物有害，如果现存生物量的总和变得足够大，将导致溶解氧消耗。然而，少数种类的藻类可能对水生动物甚至对人类和牲畜有直接毒性。这些藻类包括称为定鞭藻门的某些单细胞海生藻类，以及一些蓝绿藻、甲藻、硅藻和绿胞藻。有毒藻类，特别是那些引起海洋水域赤潮现象的藻类，可以在大范围内造成大量鱼类死亡。

通过食物链传递的毒素可能对食用某些水产品的人类健康构成威胁。最好的例子是贝壳类中毒，双壳类软体动物如牡蛎、贻贝、蛤蜊和扇贝从水中过滤有毒藻类——某些甲藻、硅藻和蓝绿藻，并在其组织中积累藻类毒素。贝类中毒有四种类型：失忆症（ASP）、腹泻（DSP）、神经毒性（NSP）和麻痹症（PSP），可能导致人类食用不当或未煮熟的贝类，其影响范围从腹泻（DSP）或异常感觉（NSP）引起的不愉快到失忆症和可能的永久性认知损害（ASP），甚至死亡（PSP的死亡率为10%～12%）。一些蓝绿藻已知会引起人类过敏反应，主要是皮疹。曾经有过家畜和野生动物由于饮用有毒藻类滋生的池塘水而死。

众所周知，藻类，尤其是蓝藻，会产生导致自来水中不良味道和气味的化合物。两种最常见的令人不快的化合物是土臭素和2-甲基异龙脑。这些相同的化合物可以被鱼、虾和其他水生动物吸附，并给肉带来不良的味道和气味。此类产品被视为“异味”，在市场上的可接受性较低。藻类色素可能积聚在虾的肝胰腺中，当虾被煮熟时，肝胰腺破裂，藻类色素使虾头变色。这种虾加工成“连头”虾在市场上通常是不可接受的。

防止饮用水和池塘中食用动物水产养殖中异味的主要方法是使用杀藻剂硫酸铜，它对造成这种现象的蓝绿藻特别有毒（Boyd and Tucker，2014）。这种处理方法也普遍用于世界各地的许多市政供水水库。在极端情况下，饮用水有时会通过活性炭过滤器去除味道和气味。

12.7 碳和氧循环

从生态学和水质的角度来看，呼吸作用和光合作用是完全相反的过程，如下所示：

$$6CO_2+6H_2O\underset{\text{呼吸作用}}{\overset{\text{光合作用}}{\rightleftharpoons}}C_6H_{12}O_6+6O_2 \tag{12.34}$$

当然，这两个反应的生化过程明显不同，虽然反应并不完全相反，但总体结果是相反的。

在光合作用中，浮游植物和其他植物从环境中去除二氧化碳，捕获太阳能，并利用这些能量将二氧化碳中的无机碳还原为碳水化合物中的有机碳，并将氧气释放到环境中。在呼吸作用中，生物体将有机碳氧化为二氧化碳的无机碳，并消耗环境中的氧气，释放热能和二氧化碳。植物通常会产生比它们使用的更多的有机物和氧气，这是供动物、细菌和其他异养生物使用的净光合作用。过剩的氧气被好氧异养生物用作呼吸中的氧化剂。生态系统中的有机物是生物体的残余物，它主要由植物遗骸组成，因为生态系统中植物生物量的生产大大超过动物生物量。

碳和氧的动力学在自然界中紧密交织在一起。当有机碳被固定时，释放氧气，当有机碳被矿化时消耗氧气。地球上的生命依赖于来自太阳的能量输入以及碳和氧的循环转换。图12.12以简单形式描述了全球碳和氧循环。由生产者、消费者和分解者生物体之间的所有有机物质转移组成的食物网，可以通过扩大碳循环中包括食物（有机物质）和能量在生态系统中移动的所有途径来制备。

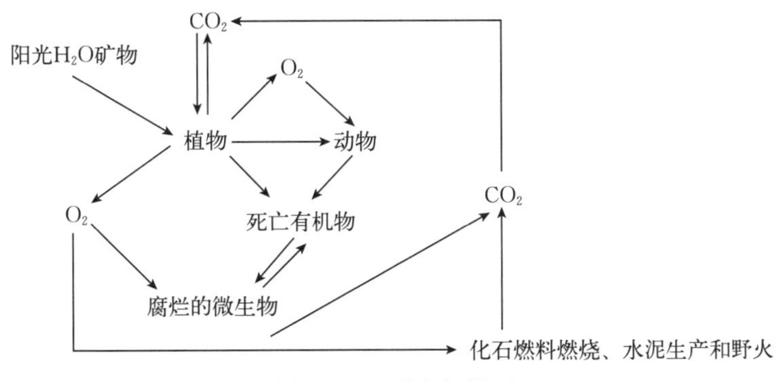

图12.12 碳和氧循环

自1750年左右的工业时代开始以来，碳循环发生了巨大的变化，由此导致了人口的增加。化石燃料使用的增加、森林砍伐的加速、水泥制造和其他人为活动导致了比早期历史更大的二氧化碳排放。大气中的二氧化碳浓度已从约280 ppm增加到今天的约400 ppm（图12.13）。大多数科学家认为，这种增长是全球变暖、气候变化、海平面上升和海洋酸化的主要原因。

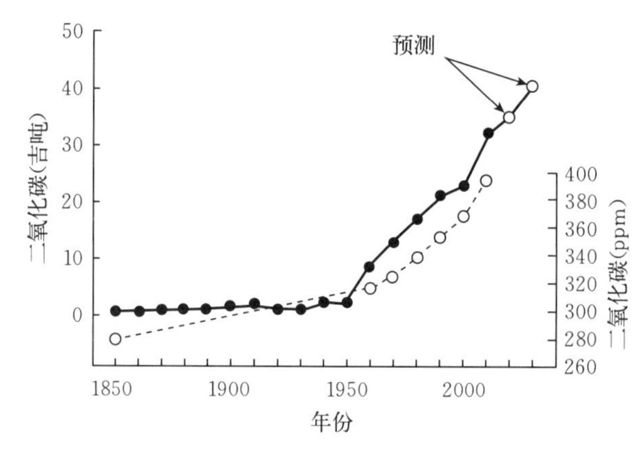

图12.13　以10年为间隔，从1850—2030年对全球人为二氧化碳排放量的年度估计（点），以及1958—2012年在夏威夷莫纳罗亚测量的大气二氧化碳浓度变化（圈）
（Boyd和McNevin，2014）

在过去的一个世纪里，由于极地冰层融化和变暖导致海水热膨胀，全球平均表面温度上升了约0.78℃，平均海平面上升了17厘米。气候变化导致了更加极端的天气。美国国家海洋和大气管理局保存的极端天气指数在1920—1970年间波动，但没有显示出明显的增长模式，但自那时以来，该指数呈现出上升趋势。海洋平均pH从1988年的8.12降至2008年的8.09，这导致许多海洋无脊椎动物的碳酸钙外壳变薄。预计这些变化将在21世纪剩余时间内加速（Boyd and McNevin，2015）。

12.8　人类病原体与氯化消毒

供人类使用的水源可能受到病原体的污染。一些最严重的水传播感染，如伤寒、痢疾和霍乱，在发达国家并不常见，但水传播疾病在发展中国家仍然具有重要意义。引起水传播疾病的生物体包括病毒、细菌、原生动物、螨虫和蠕虫。

被人类病原体污染的水域通常也被人类粪便污染。大肠菌群细菌用于识别可能被人类废物污染的水，而含有大量大肠菌群的水由于可能存在水传播疾病而对健康构成危害。

大肠菌群是好氧兼性厌氧、革兰氏阴性、不形成芽孢的杆状细菌，在35℃条件下48小时内发酵乳糖并生成气体。一些这种微生物可在土壤和植被中发现，但粪便大肠菌群大肠杆菌通常来源于温血动物的粪便。粪便大肠菌群与粪便链球菌的比例有时用于区分受人类粪便大肠菌群污染的水与受其他温血动物粪便大肠菌群污染的水。人类的粪便大肠菌群：粪便链球菌比率高于4.0，但其他温血动物的比率为1.0或更低（Tchobanoglous and Schroeder，1985）。粪便大肠菌群不应存在于饮用水中，但在某些情况下，公共卫生当局可能允许每100毫升含有多达10个总大肠菌群，前提是不存在粪便大肠菌群。当水含有大肠菌群时，应在人类饮用之前对其进行消毒。城市供水最常用的消毒方法是氯化消毒。

1850年左右，维也纳的医院开始使用氯作为洗手液，约翰·斯诺在霍乱暴发期间为英国伦敦的布罗德街水泵进行消毒。然而，直到20世纪初，它才被广泛用于公共供水的消毒。乔治·C. 怀特的《怀特氯化和替代消毒剂手册》(Black and Veatch Corporation，2010）对氯化进行了出色的回顾。常见的商用氯消毒剂是氯气（Cl_2）、次氯酸钠（NaOCl）和次氯酸钙［$Ca(OCl)_2$］。但是，氯胺，特别是一氯胺（NH_2Cl）正越来越多地用于饮用水消毒。

氯气与水反应生成盐酸（HCl）和次氯酸（HOCl）：

$$Cl_2 + H_2O \longrightarrow HOCl + H^+ + Cl^- \qquad (12.35)$$

盐酸完全解离，但次氯酸根据以下方程式部分解离：

$$HOCl \rightleftharpoons H^+ + OCl^- \quad K = 10^{-7.53} \qquad (12.36)$$

水的氯化消毒可产生4种氯：非消毒剂的氯，以及具有消毒能力的氯、次氯酸和次氯酸根离子，称为游离氯残留物。氯和次氯酸的消毒能力大约是次氯酸根的100倍(Snoeyink and Jenkins，1980)。水中主要的游离氯残留取决于pH，而不是所使用的氯化合物类型（图12.14)。氯仅在极低的pH下出现，HOCl是pH 2～6的主要残留物；HOCl和OCl^-都在pH 6～9之间大量出现，但HOCl相对于OCl^-随着pH的增加而下降；OCl^-是pH 7.53以上的主要残留物（图12.14)。

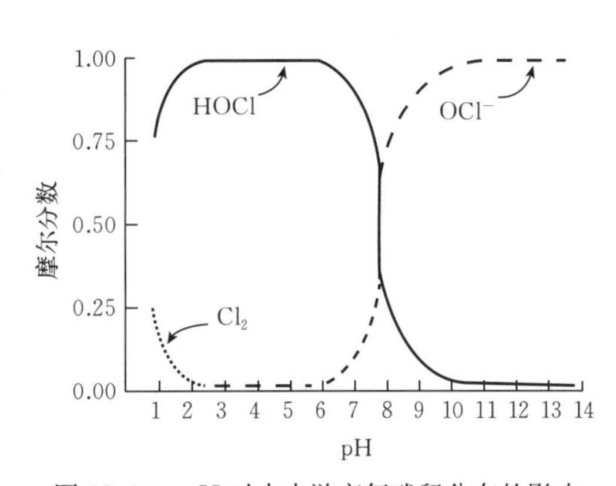

图12.14 pH对水中游离氯残留分布的影响

pH为7时的消毒通常需要约1毫克/升的游离氯残留物。HOCl∶OCl^-的比率随着pH的增加而降低，范围从pH 6时的32∶1到pH 9时的0.03∶1。随着pH的升高，需要更高浓度的游离氯残留物，因为随着HOCl在游离氯残留物中的比例降低，消毒能力降低。

游离氯残留物参与许多反应，降低其消毒能力。游离氯残留物会氧化有机物、亚硝酸盐、亚铁和硫化物，并且由于游离氯残留物被还原为氯化物，因此失去了消毒能力。游离氯残留物还与有机氮化合物、酚类和腐殖酸结合生成有机氯化合物。这些化合物中至少有一组三卤甲烷被怀疑是人类的致癌物（Jimenez et al.，1993)。

氯的一种常见的额外反应是形成氯胺：

$$\text{一氯胺}\ NH_3 + HOCl \longrightarrow NH_2Cl + H_2O \qquad (12.37)$$

$$\text{双氯胺}\ NH_2Cl + HOCl \longrightarrow NHCl_2 + H_2O \qquad (12.38)$$

$$\text{三氯胺}\ NHCl_2 + HOCl \longrightarrow NCl_3 + H_2O \qquad (12.39)$$

由于这些无关反应会降低游离氯残留的浓度，因此在确定消毒氯剂量时必须考虑这些反应。通常使用氯化剂处理水样，直到确定提供所需游离氯残留浓度所需的剂量。

氯胺由于两个原因而越来越受欢迎。它们不太可能与有机物反应生成三卤甲烷和其他副产品，并且与传统含氯化合物相比，它们在配水系统中的残留期更长。

来自阳光的能量驱动次氯酸还原为无毒氯化物的反应，如下所示：

$$2HOCl \xrightarrow{\text{阳光}} 2H^{+} + 2Cl^{-} + O_2 \qquad (12.40)$$

结论

水质的生物学方面极为重要，因为微生物的光合作用和呼吸作用是控制水体和水生生态系统沉积物中溶解氧动态和氧化还原电位的主要因素。溶解氧浓度可能是与水生生态系统整体健康相关的最重要变量。在高度富营养化的生态系统中，浮游植物的过度生产导致有机物的高浓度、溶解氧浓度的昼夜大幅度波动以及沉积物-水界面的低氧化还原电位。低溶解氧浓度对水生物种造成应激，只有那些对低溶解氧浓度最具耐受性的物种才能在富营养化水体中繁衍生息。通常，尽管初级生产力水平很高，富营养化生态系统的物种多样性和稳定性仍会下降。

依靠指示物种的存在与缺乏或相对丰度来评估生态系统的营养状态和指示水生生态系统的相对污染程度的技术已经开发出来。然而，这些程序既困难又耗时。一种评估水体营养状态的不那么烦琐的技术是测量初级生产力。Wetzel（1975）根据平均净初级生产力对湖泊营养状态进行了如下排序：超贫营养，<50 毫克 C/(米^2·天)；寡营养，50～300 毫克 C/(米^2·天)；中等营养，250～1 000 毫克 C/(米^2·天)；富营养化，>1 000 毫克 C/(米^2·天)。

也可以使用更简单的营养状态测量方法。例如，分层期间水体均温层中溶解氧的消耗表明富营养化状况。在浮游生物是浊度的主要来源的水域中，由赛克氏板能见度确定的水的透明度可以指示营养状态。在贫营养水体的赛克氏板能见度可能为 4～5 米或以上，而高度富营养化的水体中，赛克氏板能见度小于 1.0 米。当然，在光穿透受到悬浮土壤颗粒或腐殖物质限制的情况下，赛克氏板能见度不是一个很好的生产力指标。叶绿素 a 浓度不难测量，它们为浮游植物丰度和池塘、湖泊、水库、沿海水域的营养状况提供了一个很好的指标。表 12.3 提供了叶绿素 a 浓度与湖泊和水库营养状态之间的关系。

表 12.3　水库和湖泊中叶绿素 a 浓度与条件之间的关系

叶绿素 a（微克/升）		条件
年均值	年最大值	
<2	<5	少营养、美观、浮游植物含量极低
2～5	5～15	中营养型，有些藻类混浊，美感降低，不太可能缺氧
5～15	15～40	中营养型，明显藻类混浊，美感降低，可能缺氧
>15	>40	富营养化，浮游植物高水平生长，显著降低审美吸引力，底水严重缺氧，其他用途减少

水体中的微生物也会对人类和动物的健康产生重大影响。改善卫生条件以防止人类废物污染公共供水和饮用水消毒方法是继续努力改善公共卫生的重要里程碑。当然，鱼类和

其他野生动物的许多疾病也可以通过水传播。

过多藻类的存在会使水变色，并产生表面浮渣，降低审美价值，而浮游藻类产生的浊度会限制水下能见度，使水不适合游泳和其他水上运动。公共供水中的一些浮游植物种类会给饮用水带来难闻的味道和气味。在饮用水中引起不良味道和气味的藻类化合物也能被鱼类和其他水生生物吸收。藻类化合物的吸收会污染水生食用动物的肉，使其不受消费者欢迎，甚至对消费者的健康有害。贝类中毒是由藻类毒素引起的，可导致人类出现各种疼痛症状甚至死亡。

参考文献

Abeliovich A，Shilo M，1972. Photo - oxidative death in blue - green algae. J Bacteriol，11：682 - 689.

Abelivoich A，Kellenberg D，Shilo M，1974. Effects of photo - oxidative conditions on levels of superoxide dismutase in *Anacystis nidulans*. Photochem Photobiol，19：379 - 382.

Black and Veatch Corporation，2010. White' s Handbook of chlorination and alternative disinfectants. 5th edn. Hoboken，Wiley.

Boyd CE，1972. Sources of CO_2 for nuisance blooms of algae. Weed Sci，20：492 - 497.

Boyd CE，McNevin AA，2015. Aquaculture，resource use，and the environment. Hoboken，Wiley - Blackwell.

Boyd CE，Tucker CS，2014. Handbook for aquaculture water quality. Auburn，Craftmaster Printers.

Boyd CE，Prather EE，Parks RW，1975. Sudden mortality of a massive phytoplankton bloom. Weed Sci，23：61 - 67.

Elser JJ，Bracken M，Cleland EE et al. ，2007. Global analysis of nitrogen and phosphorus limitation of primary producers in freshwater，marine and terrestrial ecosystems. Ecol Lett，10：1135 - 1142.

Jimenez MCS，Dominguez AP，Silverio JMC，1993. Reaction kinetics of humic acid with sodium hypochlorite. Water Res，27：815 - 820.

Jumpertz R，Venti CA，Le DS，et al. ，2013. Food label accuracy of common snack foods. Obesity，21：164 - 169.

King DL，1970. The role of carbon in eutrophication. J Water Pollut Control Fed，42：2035 - 2051.

King DL，Novak JT，1974. The kinetics of inorganic carbon - limited algal growth. J Water Pollut Control Fed，46：1812 - 1816.

Kristensen E，Ahmed SI，Devol AH，1995. Aerobic and anaerobic decomposition of organic matter in marine sediment：which is fastest? Limnol Oceanogr，40：1430 - 1437.

Miller WE，Maloney TE，Greene JC，1974. Algal productivity in 49 lake waters as determined by algal assays. Water Res，8：667 - 679.

Redfield AC，1934. On the proportions of organic deviations in sea water and their relation to the composition of plankton//Daniel RJ. James Johnstone memorial volume. Liverpool，University Press of Liverpool：177 - 192.

Snoeyink VL，Jenkins D，1980. Water chemistry. New York，Wiley.

Tchobanoglous G，Schroeder ED，1985. Water quality：characteristics，modeling，modification. Reading，Adison - Wesley.

Wetzel RG，1975. Limnology. Philadelphia，WB Saunders.

13 氮

摘要

大气是一个巨大的氮仓库，由78%的氮气组成。大气中的氮通过闪电活动转化为硝酸盐（NO_3^-），随着降水到达地球表面。大气中的氮也可以被细菌和蓝藻固定为有机氮，还可以通过工业固氮被还原为氨（NH_3）。植物利用铵（NH_4^+）或硝酸盐作为营养物质来制造通过食物网传递的蛋白质。氨氮和硝酸盐浓度升高导致水体富营养化。因为氮有几个价态，所以氮会经历氧化和还原，其中大部分是生物介导的。有机物中的氮通过分解转化为氨（和铵）。氮含量高的有机物通常会迅速分解并释放氨氮（$NH_3+NH_4^+$）。在有氧区域，硝化细菌将氨氮氧化为硝酸盐，而在无氧区域，硝酸盐被反硝化细菌还原为氮气。氨和铵以一种温度和pH依赖的平衡存在——NH_3的比例随着温度和pH的升高而增加。未电离氨浓度升高可能会对水生生物有毒。亚硝酸盐有时甚至在有氧水中也会达到高浓度，对水生动物有潜在毒性。

引言

氮气（N_2）占大气体积的78.08%。蛋白质是生物的重要组成部分，平均含有16%的氮。蛋白质由氨基酸组成，这些氨基酸由利用铵（NH_4^+）或硝酸盐（NO_3^-）作为氮源的植物，以及某些能够将氮气转化为氨的微生物产生。动物和许多腐生微生物不具备从食物中合成某些氨基酸的能力，因此在饵料中需要这些必需氨基酸。氮是叶绿素、血红蛋白、蓝藻球蛋白、酶和许多其他生物化学化合物的组成部分。氮也是动物排泄和代谢废物的主要成分。

农业和水产养殖中使用的有机肥料、化肥和饲料中的氮含量从某些畜禽粪便中的<1%，到尿素中的45%，以及饲料中从4%到10%。商业肥料和许多工业用途中的氮是通过将大气中的氮转化为氨来制造的。

农田和动物饲养场的径流、水产养殖生产单元、食品加工厂，许多工业、城市垃圾处理厂和其他来源的废水导致水体的有机和无机氮污染。有机氮被微生物分解成氨，氨和硝酸盐浓度的增加刺激水生植物生长，导致一个称为富营养化的主要水质问题。

高浓度的非电离氨（NH_3）和亚硝酸盐（NO_2^-）可能对水生生物有毒。硝化作用是指通过某些细菌的氧化将氨和铵转化，降低氨氮浓度，但该过程会消耗水中的溶解氧并产生酸度。水中过量的氮气会导致鱼类和其他水生动物的气泡损伤。

氮以非常多的价态存在（表 13.1）。在有机物分解过程中，腐解生物体将有机结合态氮转化为氨氮。氨可以被氧化成多种氮形态，而氮形态反过来也可以被还原。这些氧化和还原主要是通过微生物转化，它们对水中氮的形态和浓度有很大影响。分解有机物的微生物释放出的某些气态氮是空气污染物，燃料燃烧在空气中释放的氧化亚氮是造成酸雨现象的原因。

表 13.1 氮的价态

化合物或离子	分子式	价数
氨基酸氮	R—NH_2或 R—NH—R	−3
氨和铵	NH_3 和 NH_4^+	−3
联氨	N_2H_4	−2
羟胺	H_2NOH	−1
氮气	N_2	0
氧化亚氮	N_2O	+1
一氧化氮	NO	+2
亚硝酸	NO_2^-	+3
二氧化氮	NO_2	+4
硝酸	NO_3^-	+5

注：R 表示有机部分

本章的目的是讨论氮在水生生态系统的动态，并考虑氮在水质中的作用。

13.1 氮的循环

氮循环（图 13.1）通常被描述为一个整体循环，但该循环的大部分组成部分在更小的系统中发挥作用。例如，图 13.1 所示的许多步骤发生在鱼塘中，甚至发生在小型家庭水族箱中。

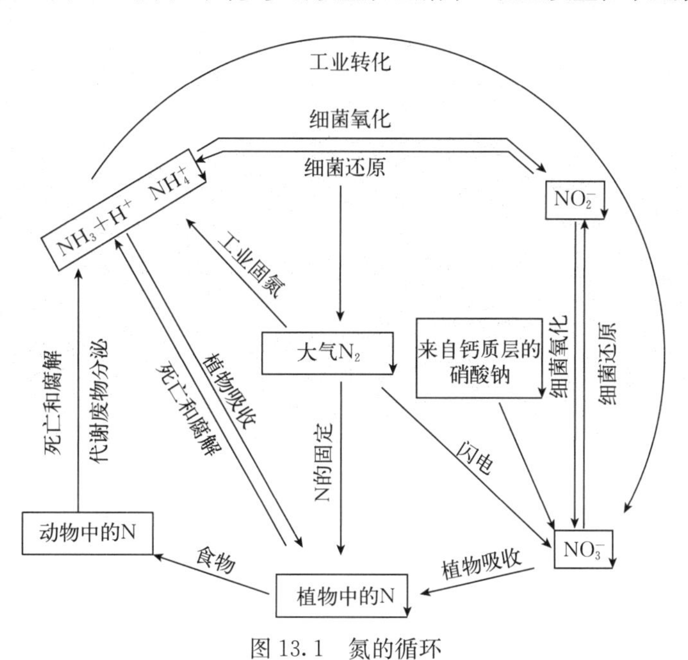

图 13.1 氮的循环

植物有效氮的最终自然来源是大气和生物固氮。在20世纪初，德国的化学家发现了如何通过一种工业过程来固定大气中的氮，这种工业过程现在提供了大部分氮肥和工业用的氮。植物产生的蛋白质通过食物网提供动物所需的氨基氮。动物的粪便以及死去的动植物变成了一个有机物汇，被细菌和其他腐生生物分解。由有机物分解释放和由动物排泄的氨被硝化细菌氧化为硝酸盐，硝酸盐被反硝化细菌还原为氮气，并返回大气以完成循环。

13.2 氮的转化

13.2.1 闪电从大气中固氮

大气中的氮气必须转化为氨氮或硝酸盐才能对植物有用。闪电会导致氮气氧化成硝酸。当闪电产生的热量打破氮原子之间的三键，使之与大气中的分子氧反应，形成一氧化氮时，就会发生这个过程：

$$N_2 + O_2 \longrightarrow 2NO \tag{13.1}$$

然后一氧化氮被氧化成亚硝酸盐：

$$4NO + 2H_2O + O_2 \longrightarrow 4HNO_2 \tag{13.2}$$

尽管可能会发生其他反应，但表达大气中亚硝酸盐转化为硝酸的最常见方式是：

$$2HNO_2 + O_2 \longrightarrow 2HNO_3 \tag{13.3}$$

硝酸被雨水从大气中清洗掉。闪电固定是高降水量地区植物有效氮的一个重要来源，尤其是在暴风雨期间闪电频繁的地区。化石燃料燃烧和野火产生的氮氧化物（NO_x）进入大气也被氧化为硝酸，并在降水中沉降。

美国48个相邻州中18个站点的雨水中硝酸盐浓度范围为0.81～4.68毫克/升，平均为2.31毫克/升（以NO_3^-计）(Carroll，1962)。大气中还含有来自各种陆地来源的氨，上述18个站的雨水的平均氨浓度为0.43毫克/升（以NH_4^+计），范围为0.05～2.11毫克/升。这些站的年平均降水量为875毫米。因此，降水中以硝酸盐和铵的形式输入的氮约为7.5千克氮/(公顷・年)。

13.2.2 生物固氮

氮气溶于水；其在不同温度和盐度下的平衡浓度见表7.7。氮气的活性不高，但某些种类的蓝藻和细菌能够从水中吸收分子氮，将其转化为氨，并将氨与中间碳水化合物结合生成氨基酸。合成氨氮的反应总结如下：

$$N_2 + 8H^+ + 6e^- + 16ATP \rightleftharpoons 2NH_4^+ + 16ADP + 16PO_4^{3-} \tag{13.4}$$

该反应由两种酶催化，两种酶都需要铁，其中一种含有钼作为辅助因子。通过生物固氮产生的氨被用来合成氨基酸，这些氨基酸被结合成蛋白质。该过程需要代谢能，但该过程本身不需要分子氧，并且在有氧或无氧环境中都可以发生。

水生生态系统中的固氮率通常在每年1～10千克/公顷的范围内，但已观察到更高的固氮率。水生环境中的固氮率最高的是湿地，某些乔木和灌木的根部有固氮细菌。稻田和水产养殖池塘中的蓝藻也可以固定大量的氮。

能够固氮的蓝绿藻有异形细胞。这些大的、厚壁的存在于念珠藻属、鱼腥藻属、黏球藻属和其他一些属的球形细胞是固氮的场所。当硝酸盐和铵浓度较低时，一些蓝绿藻的固氮能力使它们比其他藻类具有营养可用性优势；然而，随着硝酸盐和氨氮浓度的增加，浮游植物蓝绿藻的固氮能力往往会下降。这是因为对这些微生物来说，使用已经存在的营养物质比还原 N_2 更节能。随着水中总氮与总磷比例的增加，水体中的固氮量也会减少。当总氮与总磷之比达到或超过 13 时，固氮停止（Findlay et al.，1994）。这表明向水中添加磷会增加固氮率。

13.2.3 工业固氮

工业固氮由哈伯-博世工艺完成。该工艺包括在存在催化剂（K_2O、CaO、SiO_2 或 Al_2O_3）、高压（15～25 兆帕）和高温（300～550 ℃）条件下，将用天然气或石油气制成的氢气和大气氮混合在一起。1 个 N_2 分子与 3 个 H_2 分子反应形成 2 个 NH_3 分子。

氨可以直接使用，也可以通过工业过程氧化成硝酸盐。用于制造肥料和其他工业用途的大部分氮来自哈伯-博世工艺。塞尔维亚裔美国工程师、物理学家和发明家尼古拉·特斯拉优美地表达了这一过程对人类的重要性，他说："地球是富饶的，在她的富饶失败的地方，从空气中提取的氮将再次使她的子宫受孕。"

13.2.4 植物对硝酸盐和铵的吸收

氨、铵、亚硝酸盐和硝酸盐中的氮被认为是氮的结合形态，植物可以从水中吸收结合态氮。大多数物种显然更喜欢使用铵，因为这样做对能量的要求较低。硝酸盐氮必须通过硝酸还原酶还原为氨氮，然后才能用于氨基酸合成：

$$NO_3 \longrightarrow NO_2 \longrightarrow NH_3 \qquad (13.5)$$

硝酸盐生物还原需要硝酸还原酶、作为辅助因子的钼和来自 ATP 的代谢能。然后，方程式 13.5 中的氨与碳水化合物代谢的中间产物反应生成氨基酸：

$$\text{碳水化合物} + NH_3 \longrightarrow \text{氨基酸} \qquad (13.6)$$

大多数浮游植物种类的蛋白质氮含量占其干重的 5%～10%。在没有固氮能力的浮游植物中，蛋白质完全由从水中吸收的结合态氮转化。其结果是，结合态氮浓度显著降低，如例 13.1 所示。

例 13.1 2 米深水体中浮游植物的净生产力为 2 克碳/(米^2·天)。假设浮游植物含有 50%的碳和 8%的氮（干重），请估计每天从水中去除的氮。

解：

$$2\ \text{克碳}/(\text{米}^2\cdot\text{天}) \div 0.50\ \text{克碳}/\text{克干重} = 4\ \text{克干重}/(\text{米}^2\cdot\text{天})$$

$$4\ \text{克干重}/(\text{米}^2\cdot\text{天}) \times 0.08\ \text{克氮}/\text{克干重} = 0.32\ \text{克氮}/(\text{米}^2\cdot\text{天})$$

这相当于 3.2 千克氮/(公顷·天)。

浮游植物以 0.16 毫克氮/(升·天) 的速率从水中吸收氮：

$$0.32\ \text{克氮}/(\text{米}^2\cdot\text{天}) \div 2\ \text{米}^3/\text{米}^2 = 0.16\ \text{克氮}/(\text{米}^3\cdot\text{天})\ \text{或}\ 0.16\ \text{毫克氮}/(\text{升}\cdot\text{天})$$

浮游植物吸收是影响水体中氮浓度的主要因素。水生大型植物群落也可能含有大量氮（例 13.2）。大型植物丛可以去除水中的氮，并在整个生长季节将其保持在其生物量中，从而降低浮游植物对氮的可获得性。

例 13.2 一个面积为 100 公顷、平均深度为 3 米的湖泊，其浅水边缘有 10 公顷有根水生植物。假设大型植物的干物质现存量为 800 克/米^2，含 2%的氮，请估算大型植物生物量中的氮含量。

解：

800 克/米^2×10 000 米^2/公顷×10 公顷×0.02 克氮/克干重=1 600 000 克氮

假设植物从湖水中吸收氮，大型植物生物量中的氮浓度等于 0.53 毫克/升的结合态氮浓度：

1 600 000 克氮÷(100 公顷×3 米×10 000 米^2/公顷)=0.53 克氮/米^3 或 0.53 毫克氮/升

浮游植物和其他植物可能会被动物吃掉，也可能会死亡并成为微生物分解的有机物。当动物吃植物时，通常需要至少 10 个单位的植物干重才能产生 1 个单位的动物干生物量，而且这个比例通常更大，尤其是对于低氮含量的纤维植物。被动物消费的植物材料中的、未转化为生物量中的氮会通过粪便或其他代谢废物排出（例 13.3）。

例 13.3 假设浮游植物与食用浮游植物的动物组织的转化率为 15∶1，植物含氮 6%，动物含氮 11%。请计算 1 000 克动物生物量生产过程中排出的废氮。

解：

干物质转化率为 15∶1，需要 15 000 克植物才能产生 1 000 克动物生物量。氮预算是：

植物氮 15 000 克×0.06 克氮/克=900 克氮

动物氮 1 000 克×0.11 克氮/克=110 克氮

废物氮（900−110）克氮=790 克氮

这些废物将以有机氮的形式在粪便中排出，而大多数水生动物会以代谢废物的形式排出氨。当然，当动物死亡时，它们的身体会变成有机物，被细菌分解并排出氨。

13.2.5 有机氮的矿化

关于有机物微生物分解的许多知识来自有关农业领域和牧场上有机残渣去向的文献。不同种类有机物的分解速度不同：碳水化合物和蛋白质的分解主要在 1 年内完成，非腐殖物质的分解在 1～5 年内完成，腐殖部分要在几个世纪内非常缓慢地分解。当细菌和真菌分解有机物时，有机物中的一部分氮在微生物生物量中转化为有机氮，一些保留在未分解的有机物中，其余的主要以氨的形式释放（矿化）到环境中。

Hoorman and Islam（2010）提供了添加到农田中的有机残渣的年度分解的信息。通过将信息转化为碳浓度可以看出，在有机残渣中添加约 35 克碳，约 19 克碳存在于 CO_2 中，3 克碳存在于细菌生物量中，2 克碳存在于未分解的非腐殖物质中，11 克碳存在于未分解的腐殖物质中。活的微生物生物量中的碳与代谢为 CO_2 的碳的比例为 3/16 或 0.16。这个比率被称为微生物生长效率（MGE），Six et al.（2006）查阅了有关微生物生长效率的文献，发现土壤的微生物生长效率的值在 0.14～0.77，水生生态系统的微生物生长效率的值在 0.01～0.70。水生生态系统的平均值为 0.32。在水产养殖中，将碳水化合物添加到生物絮团培养系统中，通过将氨氮转化为微生物蛋白以去除氨的经验表明，利用红糖或糖蜜的细菌的微生物生长效率约为 0.5（Hargreaves，2013）。然而，对于更复杂的残渣，微生物生长效率可能在 0.2～0.3，并且大部分残渣不会在一年内分解。

有机残渣的分解速度取决于其成分，尤其是碳氮比。细菌通常含有约10%的氮和50%的碳（C/N 比为 5∶1）。真菌也含有约 50%的碳，但只有约 5%的氮。真菌通常比细菌具有更高的微生物生长效率。微生物必须有足够的氮来合成生物质，以便快速分解有机物。如果没有足够的氮，微生物必须死亡，它们的氮必须循环利用，以便分解进行。C/N 比小（窄）的残渣通常比 C/N 比大（宽）的残渣分解更快，环境中氮的矿化度也更大。C/N 比较宽的残渣往往会导致从环境中提取结合态氮（氮固定化），供细菌使用，并在环境中积累未分解的有机物。

假设给定的残渣在几周或几个月内可完全分解，只留下活的细菌、二氧化碳和基本元素（自然界罕见的情况），残渣 C/N 比的重要性将在例 13.4 中说明。

例 13.4 确定微生物生长效率为 0.25 的细菌在完全分解 1 000 克（干重）含有 42%有机碳和 4%氮的基质时矿化的氮的量。

解：

底物碳： 1 000 克×0.42＝420 克底物碳

底物氮： 1 000 克×0.04＝40 克底物氮

产生细菌的生物量（干重）：

420 克底物碳×0.25 克细菌碳/克底物碳＝105 克细菌碳

105 克细菌碳÷0.5 克碳/克细菌＝210 克细菌

细菌氮： 210 克细菌×0.1 克氮/克细菌＝21 克细菌氮

矿化氮： 40 克底物氮－21 克细菌氮＝19 克释放到环境中的氮

使用如例 13.4 所示的相同方法计算，21.1 克氮将被微生物生长效率为 45%且含 5%氮的真菌矿化。

自然生态系统中的有机物干物质中通常含有 40%～50%的碳。氮含量的变化范围很大，从小于 0.4%到 10%或更多。随着有机质中氮含量的增加，分解速率和矿化有机氮的比例往往会增加。这是因为含氮量高的有机物与含有较少耐腐结构的化合物和更容易降解的蛋白质物质有关。氮含量高也确保有足够的氮来维持腐烂过程中形成的微生物生物量。

在含氮量低于微生物完全快速分解所需氮的底物中，分解过程中会出现以下两种现象中的一种或两种：(1) 分解缓慢，微生物必须死亡，以便其氮可以矿化并再次用于分解底物；(2) 环境中的氨氮和硝酸盐可以被吸收（同化），并被微生物用来分解缺氮残渣。当氮可用于同化时，低氮含量残渣的分解通常会大大加快。

分解过程中碳氮比对氮平衡的影响可以通过求解两个容易分解的残渣的氮预算（程序见例 13.4）来说明，一个含有 42%碳和 2%氮，另一个含有 42%碳和 0.4%氮，由微生物生长效率为 0.2 的细菌分解。分解 1 000 克第一个残渣将矿化 3.2 克氮，第二个 1 000 克残渣（含 0.4%氮）仅含 4 克氮。这比细菌分解残渣所需的氮少 12.8 克。

有机物中氮浓度与分解速率的关系如图 13.2 所示。水生植物残渣的分解耗氧率随着这些残渣的氮浓度增加而增加（C/N 比下降）。残渣中的耗氧率也迅速下降，5 天后，高氮浓度和低氮浓度残渣的耗氧率基本相等（图 13.2）。向烧瓶中添加低氮浓度的残渣可提高呼吸速率（图 13.3）。

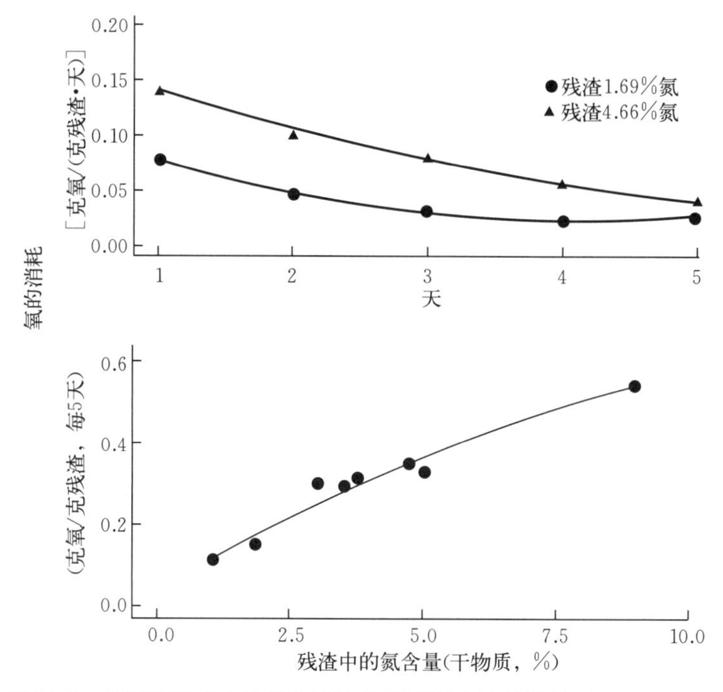

图 13.2　不同氮浓度水生植物残渣分解过程中的耗氧量（Boyd，1974）

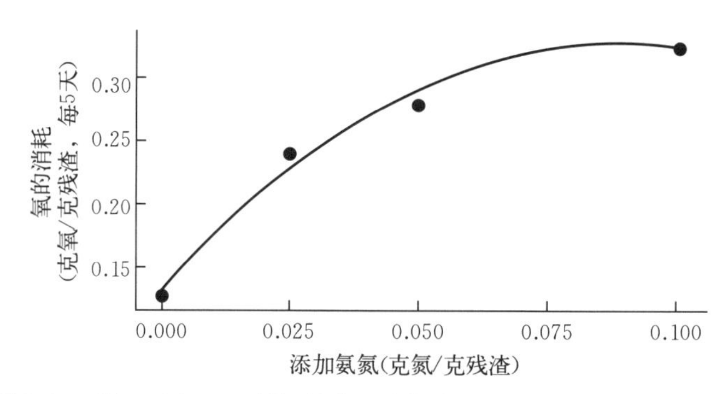

图 13.3　添加氮（铵）对含 1.48%氮的水生植物残渣 5 天耗氧量的影响（Boyd，1974）

大多数有机物由多种不同的化合物组成，其中一些物质的腐解速度比其他物质慢得多。然而，碳氮比较窄的有机物通常比碳氮比较宽的有机物分解更快，向环境释放更多的氮。

13.2.6　硝化作用

在硝化作用中，化能自养细菌将氨氮氧化成硝酸盐。下述反应分两步进行：

$$NH_4^+ + 1.5O_2 \longrightarrow NO_2^- + 2H^+ + H_2O \quad (13.7)$$

$$NO_2^- + 0.5O_2 \longrightarrow NO_3^- \quad (13.8)$$

亚硝化单胞菌属的细菌进行第一步氧化，第二步氧化由硝化杆菌属的细菌进行。这两种细菌通常同时存在于环境中。第一个反应中产生的亚硝酸盐被第二个反应氧化为硝酸盐，亚硝酸盐很少积累。

这两个反应可以相加得出整个硝化方程式：

$$NH_4^+ + 2O_2 \longrightarrow NO_3^- + 2H^+ + H_2O \quad (13.9)$$

当铵被氧化成硝酸盐时，能量就会释放出来，亚硝化单胞菌属和硝化杆菌属具有将一部分释放的能量捕获在 ATP 中，并利用捕获的能量将二氧化碳还原为有机碳的机制。总的结果是有机物被合成了，但这一过程与光合作用不同，它不需要光。合成的有机碳与氨氧化释放的能量之比很低，硝化作用不是生态系统中有机碳的重要来源。然而，这是从水中去除氨氮的主要途径。硝化作用在 25～35 ℃的温度和 pH 在 7～8 时最为迅速，但在 pH 降至 3 或 4 的较低温度下，硝化过程可能以较慢的速度进行。充足的溶解氧是硝化作用的关键因素。

有些细菌可以对氨进行厌氧氧化。根据 van der Graaf et al.（1995）的说法，这个过程是通过如下反应进行的：

$$5NH_4^+ + 3NO_3^- \longrightarrow 4N_2 + 9H_2O + 2H^+ \quad (13.10)$$

硝酸盐是氨氧化成氮气的氧的来源。这种反应也可以恰当地称为反硝化，因为硝酸盐也被还原为氮气。

好氧和厌氧硝化过程都会产生氢离子，因此硝化过程会产生酸度。好氧硝化作用还需要大量的分子氧供应，并极大地增加了氨氮输入量较高的水域的需氧量。好氧硝化的需氧量和酸度在下一个例子中说明。

例 13.5 请估算好氧硝化过程中 1 毫克/升氨氮（NH_4^+－N）的生物氧化过程中消耗的溶解氧量和产生的酸度（以碱度损失计）。

解：

（1）根据方程式 13.9，1 摩尔氮消耗 2 摩尔分子氧，并产生 2 摩尔氢离子。因此：

$$\begin{array}{ccc} 1\text{毫克/升} & & x \\ N & = & 2O_2 \\ 14 & & 64 \end{array}$$

x=4.57 毫克/升。每 1 毫克/升 NH_4^+－N 消耗 4.57 毫克/升溶解氧。

（2）2 摩尔氢离子与 1 摩尔碳酸钙反应（碱度表示为 $CaCO_3$）：

$$CaCO_3 + 2H^+ = Ca^{2+} + CO_2 + H_2O$$

有：

$$\begin{array}{ccccc} 1\text{毫克/升} & & & & x \\ N & = & 2H^+ & = & CaCO_3 \\ 14 & & & & 100 \end{array}$$

x=7.14 毫克/升。每 1 毫克/升 NH_4^+－N 中和 7.14 毫克/升总碱度。

在上面的例 13.5 中，1 毫克/升 NH_4^+－N 表示含有 1 毫克/升来自 NH_4^+ 的氮。要将 1 毫克/升 NH_4^+－N 转化为每升 NH_4^+ 的毫克数，用 NH_4^+/N 或 18/14 乘以 1 毫克/升 NH_4^+－N，得到 1.29 毫克/升。NH_4^+ 浓度可通过除以 18/14 转换为 NH_4^+－N 浓度。

在不同的水体之间，以及在同一水体的不同时间，硝化速率差异很大。硝化速率往往在夏季比冬季大得多，并且随着氨氮浓度的增加而增加。充足的溶解氧是快速硝化所必需的。硝化作用可以发生在水柱和有氧沉积物中。Gross（1999）发现，硝化作用在浅水富营养化池塘的水柱和沉积物中平均产生 240 毫克 $NO_3^- - N$/(米^2·天) 和 260 毫克 $NO_3^- - N$/(米^2·天)。然而，Hargreaves（1995）报告说，沉积物有氧层中的硝化作用可能比水柱中的硝化作用大好几倍。

13.2.7 反硝化作用

在无氧条件下，一些细菌利用硝酸盐中的氧作为分子氧的替代物来氧化有机物（呼吸）。反硝化的一个方程式是：

$$6NO_3^- + 5CH_3OH \longrightarrow 5CO_2 + 3N_2 + 7H_2O + 6OH^- \quad (13.11)$$

甲醇是方程式 13.11 中反硝化作用的碳源，甲醇是污水处理厂反硝化过程中经常使用的碳源。在自然界中，反硝化细菌可以利用多种有机物。

这一过程被称为脱氮作用，因为硝酸盐氮被转化为氮气，并通过扩散到大气中而从生态系统中流失。每还原 1 摩尔硝酸盐，脱氮作用就会产生 1 摩尔氢氧根离子，从而增加水的碱度。

硝化作用和反硝化作用可以看作是耦合的，因为硝化过程中产生的硝酸盐可以被反硝化。当硝化作用和反硝化作用完美耦合时，硝化作用造成的碱度损失只有一半得到恢复。这是因为在硝化过程中，每 1 摩尔被氧化的氮会释放 2 摩尔氢离子，而每 1 摩尔被反硝化的氮只会释放 1 摩尔氢氧根离子。硝化作用的潜在酸度为 7.14 毫克/升当量 $CaCO_3$，反硝化作用的潜在碱度为 3.57 毫克/升当量 $CaCO_3$。

反硝化作用并不总是导致 N_2 的形成。它可以以亚硝酸盐结束：

$$NO_3^- + 2H^+ \longrightarrow NO_2^- + H_2O \quad (13.12)$$

当硝酸盐还原为亚硝酸盐，然后亚硝酸盐转化为连二硝酸盐（$H_2N_2O_2$）和连二硝酸盐转化为羟胺（H_2NOH）时，氨可以成为最终产物：

$$2NO_2^- + 5H^+ \longrightarrow H_2N_2O_2 + H_2O + OH^- \quad (13.13)$$

$$H_2N_2O_2 + 2H^+ \longrightarrow 2H_2NOH \quad (13.14)$$

$$H_2NOH + 2H^+ \longrightarrow NH_3 + H_2O \quad (13.15)$$

另一种途径导致氧化亚氮的形成，如下所示：

$$H_2N_2O_2 \longrightarrow N_2O + H_2O \quad (13.16)$$

然而，N_2 的形成是反硝化过程中最常见的途径。

在硝酸盐含量丰富且有机物来源容易获得的水生生态系统中，反硝化速率可能非常高。6—10 月期间，亚拉巴马州奥本市小型富营养化池塘中的反硝化速率为 0～60 毫克氮/(米^2·天)［平均值=38 毫克氮/(米^2·天)］，在该池塘中，喂鱼的饲料蛋白质含量较高。每年的平均速率相当于 139 千克氮/公顷（Gross，1999）。大多数水生生态系统的氮输入量不足以支持像每天添加高蛋白饲料的养殖池塘中那样大量的反硝化作用。

亚硝酸盐有时会在水中累积到 1 毫克/升或更高的浓度。当这种现象发生时，可能会对鱼类和其他水生动物产生毒性。当硝化的第一步（方程式 13.7）比第二步进行得更快时，可能会导致亚硝酸盐积累。如方程式 13.12 所示，无氧沉积物中亚硝酸盐的产生也会导致亚硝酸盐随后扩散到水柱中。

13.3 氨-铵平衡

氨氮以氨（NH_3）和铵离子（NH_4^+）的形式存在于水中。未电离的形式是一种气体，在相对较低的浓度下，它对鱼类和其他水生生物具有潜在毒性。铵没有明显的毒性。氨在水溶液中水解成铵，这两种形式存在于 pH 和温度依赖的平衡中：

$$NH_3 + H_2O \longrightarrow NH_4^+ + OH^- \quad K = 10^{-4.75} \tag{13.17}$$

水解的表示可替换为：

$$NH_4^+ = NH_3 + H^+ \tag{13.18}$$

氨氮分析程序（包括离子传感和气体传感电极）测量的是总氨氮（TAN），必须借助 pH 和水温计算 NH_3 浓度（Zhou and Boyd，2016）。氨在方程式 13.17 中作为碱，但在方程式 13.18 中，铵是酸。因为 $K_aK_b = K_w = 10^{-14}$（25 ℃时），$K_a = 10^{-14}/K_b$，方程式 13.18 的 K_a 是 $10^{-9.25}$。上面给出的 K_a 和 K_b 值适用于 25 ℃，从 Bates and Pinching（1949）获得的其他温度下的 K_a 和 K_b 值以及不同温度下的 K_w 值见表 13.2。NH_3-N 与 NH_4^+-N 的比率可以使用方程式 13.18 进行最方便的计算，如下所示：

$$(NH_3-N)(H^+)/(NH_4^+-N) = K_a$$

$$(NH_3-N)/(NH_4^+-N) = K_a/(H^+)$$

表 13.2 铵解离平衡常数（K_a）、氨水解平衡常数（K_b）和水解离平衡常数（K_w）
（修改自 Bates and Pinching，1949）

温度（℃）	K_a	K_b	K_w
0	$10^{-10.08}$	$19^{-4.86}$	$10^{-14.94}$
5	$10^{-9.90}$	$10^{-4.83}$	$10^{-14.73}$
10	$10^{-9.73}$	$10^{-4.80}$	$10^{-14.53}$
15	$10^{-9.56}$	$10^{-4.78}$	$10^{-14.35}$
20	$10^{-9.40}$	$10^{-4.77}$	$10^{-14.17}$
25	$10^{-9.25}$	$10^{-4.75}$	$10^{-14.00}$
30	$10^{-9.09}$	$10^{-4.74}$	$10^{-13.83}$
35	$10^{-8.95}$	$10^{-4.73}$	$10^{-13.68}$
40	$10^{-8.80}$	$10^{-4.73}$	$10^{-13.53}$

通过将 NH_4^+-N 浓度的值指定为 1.0，可以通过以下方程式估算以 NH_3-N 形式存在的总氨氮的比例，如例 13.6 所示：

$$\frac{(NH_3-N)}{(TAN)} = \left(\frac{10^{-9.25}}{(H^+)}\right) \div \left(1 + \frac{10^{-9.25}}{(H^+)}\right) \tag{13.19}$$

例 13.6 计算在 20 ℃和 30 ℃的温度下，pH 为 8.0 和 9.0 时 NH_3-N 形式在总氨氮浓度中的比例。

解：

在 20 ℃、pH 8.0（K_a 来自表 13.2）时：

$$\frac{(NH_3-N)}{(TAN)}=\left(\frac{10^{-9.4}}{10^{-8}}\right)\div\left(1+\frac{10^{-9.4}}{10^{-8}}\right)=0.0398\div1.0398=0.0383$$

在 20 ℃、pH 9.0 时：

$$\frac{(NH_3-N)}{(TAN)}=\left(\frac{10^{-9.4}}{10^{-9}}\right)\div\left(1+\frac{10^{-9.4}}{10^{-9}}\right)=0.398\div1.398=0.2847$$

在 30 ℃、pH 8.0（K_a 来自表 13.2）时：

$$\frac{(NH_3-N)}{(TAN)}=\left(\frac{10^{-9.09}}{10^{-8}}\right)\div\left(1+\frac{10^{-9.09}}{10^{-8}}\right)=0.0813\div1.0813=0.075$$

在 30 ℃、pH 9.0 时：

$$\frac{(NH_3-N)}{(TAN)}=\left(\frac{10^{-9.09}}{10^{-9}}\right)\div\left(1+\frac{10^{-9.09}}{10^{-9}}\right)=0.813\div1.813=0.449$$

NH_3-N 的比例随温度和 pH 的升高而增加，但随 pH 的升高而增加更大（例 13.6）。在 20 ℃条件下，pH 为 8.0 时，NH_3-N 的比例为 0.038 2，但在相同 pH 和 30 ℃条件下，该比例增加至 0.075，大约增加了 1 倍。当 pH 在 20 ℃下从 8.0 增加到 9.0 时，NH_3 的比例从 0.038 2 增加到 0.284 7，增加了 6 倍多。

表 13.3 列出了常见温度的 K_a 值以估算不同 pH 下由 NH_3-N 组成的总氨氮浓度的比例。通过将总氨氮浓度乘以表 13.3 中的适当系数，可以很容易地估算特定 pH 和水温下潜在有毒 NH_3-N 的浓度，如例 13.7 所示。然而，也可以利用互联网上发布的方便的氨计算器。可以在 http://www.hbuehrer.ch/Rechner/Ammonia.html 找到一个这样的计算器。如果已知临界 NH_3-N 浓度，即对鱼类具有潜在毒性的浓度，则可构建一个类似于表 13.3 的表格，其中表格条目代表最大可接受总氨氮浓度。例如，如果临界浓度为 0.10 毫克/升 NH_3-N，在 pH 为 8 和 25 ℃时，总氨氮浓度不应超过 1.92 毫克/升（0.1 毫克/升÷0.052）。

表 13.3　在不同 pH 和温度下，淡水中以未电离氨形式存在的氨占总氨氮的比例

pH	温度（℃）								
	16	18	20	22	24	26	28	30	32
7.0	0.003	0.003	0.004	0.004	0.005	0.006	0.007	0.008	0.009
7.2	0.004	0.005	0.006	0.007	0.008	0.009	0.011	0.012	0.015
7.4	0.007	0.008	0.009	0.011	0.013	0.015	0.017	0.020	0.023
7.6	0.011	0.013	0.015	0.017	0.020	0.023	0.027	0.031	0.036
7.8	0.018	0.021	0.024	0.028	0.032	0.036	0.042	0.048	0.057
8.0	0.028	0.033	0.038	0.043	0.049	0.057	0.065	0.075	0.087
8.2	0.044	0.051	0.059	0.067	0.076	0.087	0.100	0.114	0.132
8.4	0.069	0.079	0.090	0.103	0.117	0.132	0.149	0.169	0.194
8.6	0.105	0.120	0.136	0.154	0.172	0.194	0.218	0.244	0.276
8.8	0.157	0.178	0.200	0.223	0.248	0.276	0.306	0.339	0.377

（续）

pH	温度（℃）								
	16	18	20	22	24	26	28	30	32
9.0	0.228	0.255	0.284	0.313	0.344	0.377	0.412	0.448	0.490
9.2	0.319	0.352	0.386	0.420	0.454	0.489	0.526	0.563	0.603
9.4	0.426	0.463	0.500	0.534	0.568	0.603	0.637	0.671	0.707
9.6	0.541	0.577	0.613	0.645	0.676	0.706	0.736	0.763	0.792
9.8	0.651	0.684	0.715	0.742	0.768	0.792	0.815	0.836	0.858
10.0	0.747	0.774	0.799	0.820	0.840	0.858	0.875	0.890	0.905
10.2	0.824	0.844	0.863	0.878	0.892	0.905	0.917	0.928	0.938

根据总氨氮浓度（表13.3）估算 NH_3 浓度的系数适用于淡水。增加离子强度（更高的盐度）会降低 NH_3 与总氨氮的比例，Spotte and Adams（1983）设计了一系列 NH_4^+-N/NH_3-N 比率表，用于根据不同pH、水温和盐度下的总氨氮浓度估算 NH_3 浓度。盐度之间的差异相当小。例如，在pH为8.2和25℃时，乘以总氨氮浓度以获得 NH_3-N 浓度的系数为：5 ppt，0.078；10 ppt，0.077；15 ppt，0.075；20 ppt，0.072；25 ppt，0.070；30 ppt，0.068；35 ppt，0.065。根据表13.3推断的淡水系数为0.082。还有在线氨计算器，将盐度作为一个系数，例如 https://pentairaes.com/amonia-calculator。

例13.7 水样中含有1毫克/升的总氨氮。估计30℃，pH为7、8、9和10时 NH_3-N 的浓度。

解：

从表13.3中可以看出，30℃下未电离氨的比例为0.008、0.075、0.448和0.890，按pH增加的顺序排列。因此，

pH 7：1毫克/升×0.008=0.008毫克 NH_3-N/升

pH 8：1毫克/升×0.075=0.075毫克 NH_3-N/升

pH 9：1毫克/升×0.448=0.448毫克 NH_3-N/升

pH 10：1毫克/升×0.890=0.890毫克 NH_3-N/升

13.4 氨的扩散

当pH较高时，氨从水体表面扩散到空气中的可能性明显最大。Weiler（1979）报告，当风速、pH和总氨氮浓度较高时，氨氮扩散损失高达10千克氮/(公顷·天)。在大多数水体中，氨氮浓度不足以支持如此大的氨氮扩散速率。Gross et al.（1999）报告称，在总氨氮含量为0.05～5.0毫克/升、下午pH为8.3～9.0、水温为21～29℃的小型池塘中，扩散损失为9～71毫克氮/(米^2·天)。氨氮向大气扩散对水中总氨氮浓度的影响如例13.8所示。

例13.8 对于平均深度为2米的1公顷水体，计算氨氮以10毫克 NH_3-N/(米^2·天)的速率扩散可能导致的氨氮浓度降低。

解：

$$10\text{毫克 } NH_3-N/(\text{米}^2\cdot\text{天})\div 2\text{米}^3/\text{米}^2=5\text{毫克 } NH_3-N/(\text{米}^3\cdot\text{天})$$
$$=0.005\text{毫克 } NH_3-N/(\text{升}\cdot\text{天})$$

氨氮浓度在1天内下降很小，但1年后，总氮损失可能很大。如果将上述损失率扩大1年，氮损失将是

$$10\text{毫克 } NH_3-N/(\text{米}^2\cdot\text{天})\times 365\text{天/年}=3.65\text{克}/(\text{米}^2\cdot\text{年})$$

这相当于每年36.5千克氮/公顷。

13.5 氮的输入和输出

水生生态系统有各种氮的输入和输出。主要的输入是降水、来自自然来源和污染的含氮流入水、有意添加的氮（如水产养殖）和固氮。输出物包括流出的水、水产品的收获、故意取水、渗漏、氨向大气扩散和脱氮。每一种获得和流失的相对重要性因水体而异。

氮在水生生态系统中主要以有机物的形式储存在底部沉积物中，但也有较少的量以氮气、硝酸盐、亚硝酸盐、氨氮和溶解有机物和颗粒有机物中的氮的形式存在于水体中。溶解的氮气通常是水体中氮的主要形式（表7.7），但它基本上是惰性的，很少有水质意义。当有机质中的氮被矿化时，会受到上述各种过程和转化的影响，并可能从生态系统中流失。然而，在水生生态系统中存在氮循环的趋势，并且在大多数情况下，氮的输入、输出和储存之间达到了平衡。污染会迅速破坏这种平衡，导致水和沉积物中的氮浓度升高。

13.6 水和沉积物中的氮浓度

溶解的气态氮的生物活性不如溶解氧，其浓度通常保持在接近饱和状态。在未受污染的水体中，氨氮和硝态氮的浓度通常都低于0.25毫克/升。在污染水体中，浓度可能超过1毫克/升，在高度污染水体中，浓度为5～10毫克/升的情况并不少见。在含氧水中，亚硝酸盐氮的浓度很少高于0.05毫克/升，但在溶解氧浓度较低的污染水中，亚硝酸盐氮的浓度可能达到几毫克/升。

天然水体中导致浮游植物大量繁殖所需的氨氮和硝态氮浓度很难确定，因为许多其他因素也会影响浮游植物的生产力。淡水中0.1～0.75毫克/升的结合态氮浓度，以及半咸水和海水中更低的浓度，都导致浮游植物的大量繁殖。限制氮浓度和负荷是控制富营养化的重要手段。

通常的程序是测定总有机氮，而不是测定特定有机氮化合物的浓度。总有机氮的测量包括溶解有机氮和颗粒有机氮，在相对未受污染的自然水体中，它们通常低于1或2毫克/升。废水和污水中的总有机氮浓度可能要高得多。生活污水的平均总氮浓度约为40毫克/升（Tchobanoglous and Schroeder，1985）。

沉积物中的氮浓度也存在很大差异。一般来说，有机质的含氮量约为5%，水生生态系统中的沉积物通常含有1%～10%的有机质，相当于0.05%至0.5%的氮。

13.7 氨的毒性

氨是水生动物的主要含氮排泄物，与其他排泄物一样，如果不能排泄，氨也是有毒的。水中高浓度的氨使生物体更难排出氨。因此，鱼和其他水生动物血液中的氨浓度随着环境氨浓度的增加而增加。

虽然氨毒性的机制尚未完全阐明，但鱼类血液和组织中高浓度氨的一些生理和组织学效应已被确定如下：血液 pH 升高；酶系统和膜稳定性的破坏；吸水率增加；耗氧量增加；鳃部损伤；各种内脏器官的组织学损伤。

大多数水体中的氨浓度每天都在波动，因为氨在总氨氮中的比例随 pH 和温度而变化（表 13.3）。关于氨毒性的大多数数据都是基于接触恒定浓度的氨，而关于氨浓度波动的影响，人们所知的比接触恒定浓度对水生动物的影响要少。在水体中，pH 和温度往往会在白天增加到下午的峰值，在夜间下降到黎明附近的最低值。Hargreaves and Kucuk（2001）将水产养殖常见的三种鱼类暴露在与池塘中出现的浓度相比具有典型的量级的 NH_3 浓度的日波动中，观察到氨的效应比在温度、pH 和 NH_3 浓度恒定下进行的毒性试验结果预期的高。

在给定的氨氮浓度下，潜在毒性除了取决于 pH 和温度外，还取决于几个因素。随着溶解氧浓度的降低，毒性增加，但这种影响通常被高二氧化碳浓度抵消（二氧化碳降低氨毒性）。有证据表明，氨的毒性随着盐度和钙浓度的增加而降低。当鱼在几周或几个月内逐渐适应氨浓度增加的环境时，它们也倾向于增加对氨的耐受性。

大多数氨毒性数据来自对鱼类的 LC_{50} 测试，LC_{50} 是杀死 50%暴露动物所需的浓度。各种鱼类的非电离氨氮的 96 小时 LC_{50} 浓度范围为 0.3～3.0 毫克/升（Ruffier et al.，1981；Hargreaves and Kucuk，2001）。冷水品种通常比温水品种更容易受到氨的影响。对于冷水品种，未电离氨在浓度低于 0.005～0.01 毫克/升时，或对于温水品种，在浓度低于 0.01～0.05 毫克/升时，不应造成致死或亚致死效应。总氨氮的相应浓度取决于 pH 和温度。在给定的 pH 和 26 ℃下，产生 0.05 毫克/升未电离氨氮所需的氨氮浓度如下：pH 7，8.33 毫克/升；pH 8，0.88 毫克/升；pH 9，0.13 毫克/升。与中性或酸性水相比，pH 远高于中性水的水明显更关注氨毒性。氨对水生生物的主要影响可能是应激而不是死亡。几项研究表明，氨浓度远低于致死浓度会导致食欲不振、生长缓慢和更易患病。

13.8 亚硝酸盐的毒性

亚硝酸盐被鱼类和其他生物从水中吸收。在鱼的血液中，亚硝酸盐与血红蛋白反应生成高铁血红蛋白。高铁血红蛋白不能与氧结合，水中亚硝酸盐浓度高会导致功能性贫血，称为高铁血红蛋白血症。含有大量高铁血红蛋白的血液是棕色的，因此鱼类亚硝酸盐中毒俗称“棕血病”。亚硝酸盐还可以结合甲壳类动物血液中的氧结合色素血蓝蛋白，从而降低其血液输送氧气的能力。

亚硝酸盐通过片层状的氯细胞在鳃中运输。这些细胞显然是运输氯化物的，它们无法区分亚硝酸盐和氯化物。随着氯化物的浓度相对于亚硝酸盐浓度增加，亚硝酸盐的吸收率下降，至少在淡水鱼中是这样。在淡水中，氯化物与亚硝酸盐的比例为（6～10）∶1，可在亚硝酸盐浓度至少达到 5 或 10 毫克/升时防止高铁血红蛋白血症。在咸水中，高浓度的钙和氯化物可将鱼类亚硝酸盐毒性问题降至最低（Crawford and Allen，1977）。

由于亚硝酸盐的毒性作用因溶解氧浓度低而恶化，并且还取决于氯化物、钙浓度和盐度，因此几乎不可能就致死、亚致死和安全浓度提出建议。淡水鱼和甲壳类动物的 96 小时 LC_{50} 值（以亚硝酸盐计）在 0.66～200 毫克/升，半咸水和海洋物种的 LC_{50} 值在 40～4 000 毫克/升。一个品种的安全浓度可能是 96 小时 LC_{50} 浓度的 0.05 倍。

13.9 氮气和气泡创伤

因为氮是最丰富的大气气体，它是空气过饱和的水中的主要气体。如第 7 章所述，氮气通常是导致暴露在气体过饱和水中的水生动物气泡损伤的主要气体。空气过饱和的常见原因是水突然变暖，以及当水从高坝上落到下面的河流中时，将空气带入水中。泵吸入端的空气泄漏也会导致排出水的空气过饱和。

13.10 含氮化合物对大气的污染

无氧环境中反硝化产生的氧化亚氮通常不被认为是水质问题，因为它会从水体扩散到大气中。然而，氧化亚氮是一种温室气体，它可以增加大气的保温能力，从而导致全球变暖。氧化亚氮的全球变暖潜能大约是二氧化碳（温室气体全球变暖潜能的标准）的 300 倍。

二氧化氮（NO_2）和通常统称为 NO_x 的相关氮氧化物是由化石燃料燃烧和野火产生的。在大气中，氮氧化物被氧化成硝酸，从而导致酸雨现象。

结论

植物生长通常会随着氮浓度的增加而增加，因为在许多水生生态系统中，有效氮的短缺是一个限制因素。氮在农业和水产养殖中用作肥料，但向大多数水体中添加氮被认为是营养污染，因为它会导致浮游植物大量繁殖，导致富营养化。过量的氨、亚硝酸盐和二氮气体（N_2）会对水生生物有害。此外，一氧化二氮是一种温室气体，而氮氧化物会增加降水的酸度。

参考文献

Bates RG，Pinching GD，1949. Acid dissociation constant of ammonium ion at 0 to 50 ℃，and the base strength of ammonia. J Res Nat Bur Stan，42：419 - 420.

Boyd CE，1974. The utilization of nitrogen from decomposition of organic matter by cultures of *Scenedesmus dimorphus*. Arch fur Hydro，73：361－368.

Carroll D，1962. Rainwater as a chemical agent of geologic processes—a review. United States geological survey watersupply paper 1535－G. United States. Government Printing Office，Washington，DC.

Crawford RE，Allen GH，1977. Seawater inhibition of nitrite toxicity to Chinook salmon. Trans Am Fish Soc，106：105－109.

Findlay DL，Hecky RE，Hendzel LL，et al.，1994. Relationship between N_2－fixation and heterocyst abundance and its relevance to the nitrogen budget of lake 227. Can J Fish Aqua Sci 51：2254－2266.

Gross A，1999. Nitrogen cycling in aquaculture ponds. Alabama，Auburn University.

Gross A，Boyd CE，Wood CW，1999. Ammonia volatilization from freshwater fishponds. J Env Qual，28：793－797.

Hargreaves JA，1995. Nitrogen biochemistry of aquaculture pond sediments. Baton Rouge，Louisiana State University.

Hargreaves JA，2013. Biofloc production systems for aquaculture. Publication 4503. Southern Regional Aquaculture Center，Stoneville.

Hargreaves JA，Kucuk S，2001. Effects of diel un－ionized ammonia fluctuation on juvenile striped bass，channel catfish，and blue tilapia. Aqua，195：163－181.

Hoorman JJ，Islam R，2010. Understanding soil microbes and nutrient recycling. Fact sheet SAG－16－10. The Ohio State University Extension，Columbus.

Ruffier PJ，Boyle WC，Kleinschmidt J，1981. Short－term acute bioassays to evaluate ammonia toxicity and effluent standards. J Water Poll Con Fed，53：367－377.

Six J，Frey SD，Thiet RK，et al.，2006. Bacterial and fungal contributions to carbon sequestration in agroecosystems. Soil Sci Soc Am J，70：555－569.

Spotte S，Adams G，1983. Estimation of the allowable upper limit of ammonia in saline water. Mar Ecol Prog Ser，10：207－210.

Tchobanoglous G，Schroeder ED，1985. Water quality. Menlo Park，Addison－Wesley.

van der Graaf AA，Mulder A，de Bruijin P，et al.，1995. Anaerobic oxidation of ammonium is a biologically mediated process. App Env Microb，61：1246－1251.

Weiler RR，1979. Rate of loss of ammonia from water to the atmosphere. J Fish Res Bd Canada，36：685－689.

Zhou L，Boyd CE，2016. Comparison of Nessler，phenate，salicylate and ion selective electrode procedures for determination of total ammonia nitrogen in aquaculture. Aqua，450：187－193.

14　磷

摘要

在水生和陆地生态系统中，磷通常是限制浮游植物生产力的最重要的营养物质。磷以不同的数量和形式自然存在于大多数地质构造和土壤中；农业和工业磷酸盐的主要来源是被称为磷矿的矿物磷灰石沉积物。城市和农业污染是许多水体磷的主要来源。水生生态系统中大多数溶解的无机磷是正磷酸（H_3PO_4）的电离产物。在大多数水体的 pH 下，HPO_4^{2-} 和 $H_2PO_4^-$ 是溶解的磷酸盐的形式。尽管磷具有生物学意义，但生态系统中磷的动态主要由化学过程控制。磷酸盐通过与铝的反应从水中清除，在较小程度上与沉积物中的铁发生反应。在碱性环境中，磷酸盐沉淀为磷酸钙。磷酸铝、磷酸铁和磷酸钙只有轻微的可溶性，沉积物充当磷的吸收汇。水体中无机磷浓度很少超过 0.1 毫克/升，总磷浓度很少超过 0.5 毫克/升。在无氧区，磷酸铁的溶解度增加；富营养化湖泊的沉积物孔隙水和均温层水的磷酸盐浓度可能超过 1 毫克/升。磷在浓度升高时没有毒性，但与氮一起可导致富营养化。

引言

与植物需求相比，环境中的磷通常供应不足，因此，磷是调节自然和农业生态系统初级生产力的关键因素。磷是许多水体中控制植物生长的最重要的营养物质，而天然水体中的磷污染被认为是富营养化的主要原因。磷被底部沉积物强烈吸收，约束在磷酸铁、铝和钙化合物里，并吸附在铁、铝氧化物和氢氧化物上。矿物形态的磷的溶解度受 pH 调节，自然界中含磷矿物高度可溶的情况相对较少。有机物中的磷被矿化，但当它被矿化时，通常会被沉积物吸附，除非它被植物或细菌迅速吸收。由于沉积物往往是磷的汇，水生生态系统中植物的高速生长需要持续输入磷。

磷主要通过从环境溶液中被植物吸收以及通过食物网供给动物和腐解微生物吸收。磷在植物组织中的储存形式是植酸，一种饱和环酸，分子式为 $C_6H_{18}O_{24}P_6$，植酸是一个六碳环，环上每个碳都带有一个磷酸根（$H_2PO_4^-$）。这种化合物在麸皮和谷物中含量特别丰富。植酸不易被非反刍动物消化，但反刍动物瘤胃中微生物产生的植酸酶可消化植酸。大多数动物从食物中的其他磷化合物而不是植酸中获得磷，但是，腐解微生物可以降解植酸释放磷酸盐。

磷是一种关键营养素，在所有生物中都有许多功能。它包含在脱氧核糖核酸（DNA）中，脱氧核糖核酸包含遗传密码（或基因组），用于编辑生物体如何生长、新陈代谢和繁殖。磷也是核糖核酸（RNA）的一种成分，它提供蛋白质合成所需的信息，也就是说，DNA 负责 RNA 的产生，进而控制蛋白质的合成。磷是二磷酸腺苷（ADP）和三磷酸腺苷（ATP）的一种成分，负责细胞水平的能量传递、储存和使用。磷是许多其他生化化合物的一种成分，如细胞膜中重要的磷脂。此外，磷酸钙是脊椎动物骨骼和牙齿的主要成分。

在过去的两个世纪里，关于磷作为“大脑食物”的争论一直很激烈。对于这场辩论，富于幽默感的美国著名作家马克·吐温曾补充道：“阿加西确实建议作家吃鱼，因为鱼中的磷会生成大脑。但是，我不能帮你决定你需要吃多少。也许几条鲸鱼就够了。”现代观点认为，磷含量高的食物可能有助于精神集中。

磷有几种价态，从-3到$+5$，但自然界中大多数磷的价态为$+5$。与氮和硫的循环相比，由化能自养细菌介导的氧化和还原反应不是磷循环的重要特征。微生物分解是从有机物中释放磷的一个重要因素，但尽管其具有巨大的生物重要性，磷循环主要是化学的，而不是生物的。

本章将讨论磷在水生生态系统中的来源和反应，并考虑磷在水质中的重要性。

14.1 环境中的磷

全球磷循环的定义不如全球碳、氧和氮循环那么明确。磷的主要来源是含磷矿物，例如磷酸铁、磷酸铝和磷酸钙，它们广泛存在于土壤中，浓度相对较低，在一些地方大量沉积高磷含量的磷酸钙。这些大量的磷酸钙沉积物由矿物磷灰石组成，通常被称为磷酸岩。磷矿石经过开采和加工，制成高可溶性磷酸钙化合物，用作农业、工业和家用磷酸盐。在相对未受污染的自然水体中，磷的主要来源是集雨区土壤的径流和沉积物磷的溶解。这些水域中的磷浓度反映了土壤和沉积物中磷矿物的浓度和溶解度。大气不是磷的重要来源。

磷在农业、食品加工、饮料制造、其他工业和家庭中有许多用途。磷肥在农业中广泛用于促进植物生长，也是动物饲料和许多农药的一种成分。磷肥和杀虫剂也用于草坪、花园和高尔夫球场。在软饮料中加入磷酸，使其具有更强烈的风味，并抑制微生物在这些饮料中的糖上生长。磷用于酸化、缓冲、乳化剂和食品风味强化。表面活性剂和润滑剂含有磷。磷是火柴的一种成分；有趣的是，磷酸盐是许多阻燃剂的一种成分。磷酸三钠在工业和家庭中用作清洁剂和软水剂。农业径流、工业废水和城市污水中的磷浓度升高，并可能导致它们排放到的水体中的磷浓度升高，这并不奇怪。

人类活动导致的天然水体中磷浓度增加通常会刺激水生植物生长，尤其是浮游植物生长。如果天然水中磷的添加量过大，就会发生富营养化，导致浮游植物大量繁殖或水生大型植物滋扰性生长。虽然磷会造成水污染，但它作为肥料被用于水产养殖池塘，以提高天然生产力，这是鱼类生产的食物网的基础。

水体中磷的动态如图 14.1 所示。溶解磷和颗粒磷从集雨区进入水体。溶解的无机磷被植物吸收并整合到植物生物量中。植物磷通过食物网传递给动物，当植物和动物死亡时，微生物活动会使其残骸中的磷矿化。如果不被植物吸收，溶解的无机磷就会被沉积物强烈吸附。沉积物中的无机磷与水中溶解的磷之间存在平衡，但这种平衡很大程度上向沉积物中的磷倾斜。有根水生植物可以利用沉积物中的磷，否则这些磷不会进入水柱，因为它们的根可以获得溶解在沉积物孔隙水中的磷。磷从水生生态系统中流失，包括外流水、人为取水和水产品收获。水体的沉积物往往是磷汇，随着时间的推移，它们的磷含量往往会增加。在未受污染的天然水体中，磷的输入、输出和储存之间存在平衡，通过水污染添加磷会破坏这种平衡。

14.2 磷的化学

水体中磷的相互作用（图 14.1）涉及生物过程，但水中磷的浓度受溶解、平衡、沉淀和吸附的化学原理控制。这些过程影响磷的质量平衡，包括流入、流出、储存和水中的浓度。因此，有必要解释水体中磷化学的基本特征。

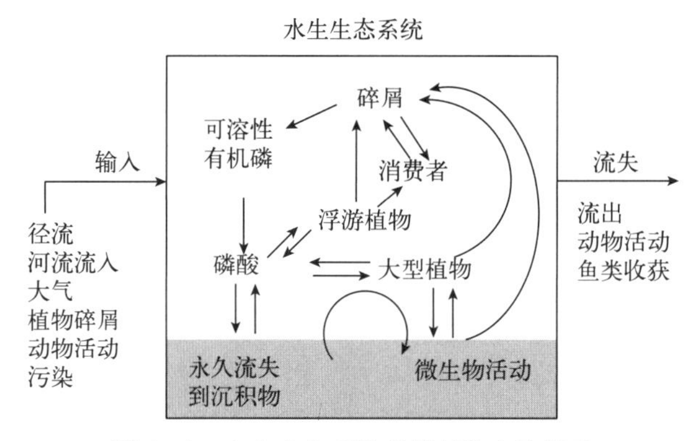

图 14.1 水生生态系统磷循环的定性模型

14.2.1 正磷酸的解离

土壤、沉积物和水中的无机磷通常是正磷酸（H_3PO_4）的电离产物，其解离方式如下：

$$H_3PO_4 = H^+ + H_2PO_4^- \quad K_1 = 10^{-2.13} \tag{14.1}$$

$$H_2PO_4^- = H^+ + HPO_4^{2-} \quad K_2 = 10^{-7.21} \tag{14.2}$$

$$HPO_4^{2-} = H^+ + PO_4^{3-} \quad K_3 = 10^{-12.36} \tag{14.3}$$

当氢离子摩尔浓度等于解离过程中某一步骤的平衡常数时，该步骤中涉及的两个磷酸根离子的浓度将相等。例如，在方程式 14.2 中，当 pH=7.21[$(H^+)=10^{-7.21}$] 时，$K_2/(H^+)$ 的比值为 $10^{-7.21}/10^{-7.21}$ 或 1.0。这意味着 $(H_2PO_4^-)/(HPO_4^{2-})$ 也等于 1.0，方程式中两种不同磷酸离子的浓度相等。如例 14.1 所示，可以计算三种磷酸解离的任何一种方程中两种磷形态的比例。该程序可应用于整个 pH 范围，以提供以图形方式描述在不同的 pH 下 H_3PO_4、$H_2PO_4^-$、HPO_4^{2-} 和 PO_4^{3-} 的比例所需的数据（图 14.2）。未电离 H_3PO_4 只出现在高酸性溶液中，而 PO_4^{3-} 仅在高碱性溶液中占主导地位。在包括大多数天然水体在内的 pH 5～9 范围内，溶解的磷酸盐以 $H_2PO_4^-$ 和 HPO_4^{2-} 的形式存在。pH＜7.21 时，$H_2PO_4^-$ 的含量多一些；HPO_4^{2-} 在 pH 7.22～12.35 时占主导地位；pH＞12.37 时，PO_4^{3-} 超过 HPO_4^{2-}。

例 14.1 估计 pH 为 6 时 $H_2PO_4^-$ 和 HPO_4^{2-} 的百分比。

解：

在方程式 14.2 的质量作用表达式中，$H_2PO_4^-$ ：HPO_4^{2-} 的比率为：

$$(H^+)(HPO_4^{2-})/(H_2PO_4^-)=10^{-7.21}$$

$$(HPO_4{}^{2-})/(H_2PO_4{}^-)=10^{-7.21}/(H^+)$$

有：

$$(HPO_4^{2-})/(H_2PO_4^-)=10^{-7.21}/10^{-6}=10^{-1.21}=0.062$$

pH 为 6 时，相当于有 1 份 $H_2PO_4^-$ 和 0.062 份 HPO_4^{2-}。HPO_4^{2-} 的百分比为：

$$0.062/(1+0.062)\times100\%=5.83\%$$

$H_2PO_4^-$ 的百分比为 100%－5.83%＝94.17%。

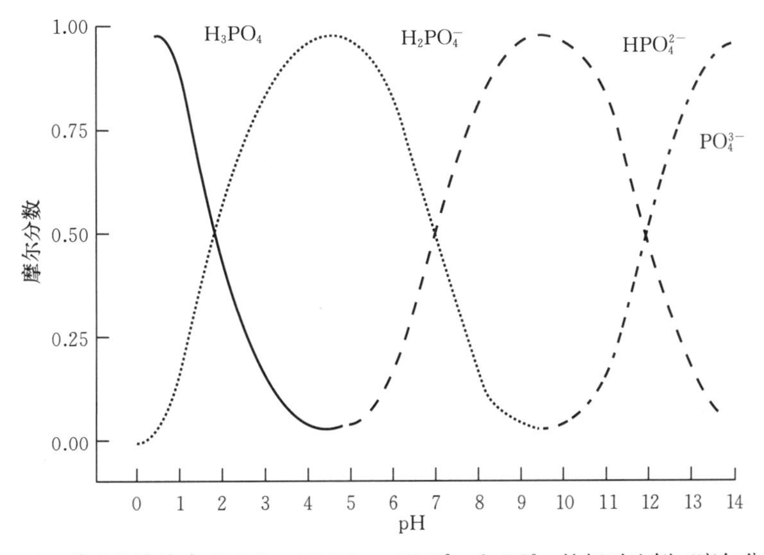

图 14.2 pH 对正磷酸盐溶液中 H_3PO_4、$H_2PO_4^-$、HPO_4^{2-} 和 PO_4^{3-} 的相对比例（摩尔分数）的影响

聚磷酸盐化合物的磷含量比正磷酸盐高。例如，正磷酸盐离子 PO_4^{3-} 含 32.63%的磷，但聚磷酸盐离子，如 PO_3^-、$P_2O_7^{4-}$ 和 $P_4O_{13}^{6-}$ 含磷量分别为 40%、36%和 38%。聚磷酸盐的母体形式可以被认为是一种化合物，如六偏磷酸钠［$(NaPO_3)_6$］或聚磷酸（$H_6P_4O_{13}$）。聚磷酸盐有许多工业用途，可以用作肥料，因此会被包含在废水中。聚磷酸盐也自然存在于某些细菌、植物和低等动物中（Harold，1966）。当被引入水中时，聚磷酸盐很快水解成正磷酸盐，如 $(NaPO_3)_6$ 中一个单元 $NaPO_3$ 的水解：

$$NaPO_3+H_2O\rightarrow Na^++H_2PO_4^- \quad (14.4)$$

14.2.2 磷-沉积物的反应

无机磷在酸性沉积物或水中与铁和铝发生反应，形成微溶化合物。磷酸铝和铁化合物磷铝石（$AlPO_4 \cdot 2H_2O$）和磷铁矿（$FePO_4 \cdot 2H_2O$）将用作代表性化合物。这些化合物的溶解取决于pH：

$$AlPO_4 \cdot 2H_2O + 2H^+ = Al^{3+} + H_2PO_4^- + 2H_2O \quad K = 10^{-2.5} \qquad (14.5)$$

$$FePO_4 \cdot 2H_2O + 2H^+ = Fe^{3+} + H_2PO_4^- + 2H_2O \quad K = 10^{-6.85} \qquad (14.6)$$

如例14.2所示，降低pH有利于磷酸铁和磷酸铝的溶解。

例14.2 估算pH为5和6情况下，磷铝石中磷的溶解度。

解：

（1）根据方程式14.5，

$$(Al^{3+})(H_2PO_4^-)/(H^+)^2 = 10^{-2.5}$$

有：

$$(H_2PO_4^-) = (H^+)^2(10^{-2.5})/(Al^{3+})$$

令 $x = (Al^{3+}) = (H_2PO_4^-)$，pH=5（$H^+ = 10^{-5}$摩尔/升）时

$$x = (10^{-5})^2(10^{-2.5})/x$$

$$x^2 = 10^{-12.5}$$

$$x = 10^{-6.25}$$

即pH为5时，

$$(H_2PO_4^-) = 10^{-6.25}\text{摩尔/升或}5.62\times10^{-7}\text{摩尔/升}$$

每摩尔 $H_2PO_4^-$ 中含有31克磷，所以：

$$5.62\times10^{-7}\text{摩尔/升}\times31\text{克磷/摩尔} = 1.74\times10^{-5}\text{克磷/升}$$

或0.017毫克磷/升。

（2）当pH=6（$H^+ = 10^{-6}$摩尔/升）时，重复上述步骤，可得0.001 7毫克磷/升。

在与例14.2中相同pH的条件下，计算磷铁矿的溶解度，得出pH为5时的磷浓度为0.000 12毫克/升，pH为6时的磷浓度为0.000 012毫克/升。在相同的pH下，磷铝石的可溶性比磷铁矿高140倍。

酸性和中性沉积物通常含有可观的铁和铝矿物，而铝往往会控制磷酸盐在有氧水体和沉积物中的溶解度。沉积物中发现的两种具有代表性的铁和铝化合物是三水铝石 $Al(OH)_3$ 和氢氧化铁（Ⅲ）[$Fe(OH)_3$]。这两种以及其他铁和铝氧化物和氢氧化物的溶解取决于pH：

$$Al(OH)_3 + 3H^+ = Al^{3+} + 3H_2O \quad K = 10^9 \qquad (14.7)$$

$$Fe(OH)_3 + 3H^+ = Fe^{3+} + 3H_2O \quad K = 10^{3.45} \qquad (14.8)$$

如例14.3所示，两种矿物的溶解度随着pH的降低而增加。

例14.3 估算pH为5和6时三水铝石和氢氧化铁（Ⅲ）的溶解度。

解：

根据方程式14.7和方程式14.8，

$$pH=5\ (H^+ = 10^{-5}),\ (Al^{3+})/(H^+)^3 = 10^9$$

$$有\ (Al^{3+})=(10^{-5})^3\ (10^9)=10^{-6}摩尔/升$$

采用同样的方法，在 pH 为 5 时计算 Fe（OH)$_3$，

$$(Fe^{3+})/(H^+)^3=10^{3.54}$$

$$(Fe^{3+})=(10^{-5})^3\ (10^{3.54})=10^{-11.46}摩尔/升$$

在 pH 为 6（$H^+=10^{-6}$）时，重复上述的计算，可得：

$$(Al^{3+})=(10^{-6})^3\ (10^9)=10^{-9}摩尔/升$$

$$(Fe^{3+})=(10^{-6})^3\ (10^{3.54})=10^{-14.46}摩尔/升$$

在 pH 为 5 和 6 时，Al^{3+} 的浓度分别为 2.7×10^{-2} 毫克/升和 2.7×10^{-5} 毫克/升，在这些 pH 下，Fe^{3+} 的浓度分别为 1.94×10^{-7} 毫克/升和 1.94×10^{-10} 毫克/升。在每个 pH 下，铁的浓度比铝的浓度低四个数量级以上，基本上感觉不到。

从例 14.3 中可以看出，沉积物孔隙水溶液中的铁和铝的含量，以及可用于将磷沉淀为铁和铝的磷酸盐的量，将随着 pH 的降低而增加。但是，在相同的 pH 下，铝化合物比铁化合物更易溶解。

尽管铁和铝的磷酸盐化合物在较低的 pH 下更易溶解（例 14.2），但铁和铝的氧化物及氢氧化物在沉积物中的含量往往比铝和铁的磷酸盐丰富得多。因此，当向酸性沉积物中添加磷时，有足够的 Al^{3+} 和 Fe^{3+} 使其沉淀。实际上，沉积物中磷的有效性往往会随着 pH 的降低而降低，这主要是因为存在更多的铝来沉淀磷。例 14.4 说明了这一情况。

例 14.4 计算在与三水铝石平衡的系统中，高可溶性来源的磷的溶解度。

解：

三水铝石为溶液提供 Al^{3+}，Al^{3+} 可与磷反应沉淀出 $AlPO_4\cdot2H_2O$（磷铝石）。三水铝石在 pH 为 5 的水中的溶解度为 10^{-6} 摩尔/升（见例 14.3）。磷铝石的溶解可写成：

$$AlPO_4\cdot2H_2O+2H^+=Al^{3+}+H_2PO_4^-+2H_2O$$

其中 $K=10^{-2.5}$。因此，

$$(Al^{3+})\ (H_2PO_4^-)/(H^+)^2=10^{-2.5}$$

$$(H_2PO_4^-)=(H^+)^2 10^{-2.5}/(Al^{3+})$$

$$=(10^{-5})^2 10^{-2.5}/(10^{-6})=10^{-6.5}摩尔/升$$

以磷表示，$10^{-6.5}$ 摩尔/升为 0.000 000 32 摩尔/升×30.98 克磷/摩尔或 0.01 毫克磷/升。在本例中，磷酸盐溶解度由磷铝石控制，因为磷铝石的可溶性比磷酸一钙低。

磷酸根可被铁和铝的氢氧化物吸收，如下所示：

$$H_2PO_4^-+Al\ (OH)_3=Al\ (OH)_2H_2PO_4+OH^- \tag{14.9}$$

$$H_2PO_4^-+FeOOH=FeOH_2PO_4+OH^- \tag{14.10}$$

在土壤和沉积物中，大部分黏土以氢氧化铁和氢氧化铝的形式存在。黏土是胶体，有很大的表面积；它们能结合大量的磷。

硅酸盐黏土也能固定磷。黏土结构中的硅酸盐被磷取代。黏土表面有少量正电荷，也有吸附阴离子的能力。在酸性土壤和沉积物中，硅酸盐矿物的吸收和阴离子交换能力不如铝和铁的除磷能力。

中性和碱性沉积物中的主要磷酸盐化合物是磷酸钙。最易溶解的磷酸钙化合物是磷酸一钙，$Ca(H_2PO_4)_2$。这是通常用于肥料的磷的形态。在中性或碱性土壤中，$Ca(H_2PO_4)_2$ 通

过磷酸二钙、磷酸八钙和磷酸三钙最终转化为磷灰石。磷灰石在中性或碱性条件下不易溶解。一种具有代表性的磷灰石——羟基磷灰石的溶解如下：

$$Ca_5(PO_4)_3OH+7H^+=5Ca^{2+}+3H_2PO_4^-+H_2O \quad K=10^{-14.46} \quad (14.11)$$

高浓度的Ca^{2+}和较高的pH有利于水体中或沉积物孔隙水中溶解的磷酸盐形成羟基磷灰石。如例14.5所示，即使在钙浓度较低的情况下，磷灰石在pH高于7时也不易溶解。

例14.5 计算pH为7和8时，磷在含有5毫克/升钙（$10^{-3.90}$摩尔/升）的水中的溶解度。

解：

假设控制磷浓度的反应是方程式14.11，

$$(Ca^{2+})^5 \ (H_2PO_4^-)^3/(H^+)^7=10^{-14.46}$$

pH 7时：

$$(H_2PO_4^-)^3=(10^{-7})^7(10^{-14.46})/(10^{-3.90})^5=10^{-15.04}\text{摩尔/升}$$

$$(H_2PO_4^-)=10^{-5.01}\text{摩尔/升或}0.30\text{毫克磷/升}$$

重复pH为8的计算得出：

$$(H_2PO_4^-)=10^{-7.35}\text{摩尔/升或}0.001\,4\text{毫克磷/升}$$

在较高的钙浓度下，磷浓度会较低，例如在pH为7和20毫克Ca^{2+}/升（$10^{-3.3}$摩尔/升）时，磷浓度仅为0.03毫克/升，比5毫克/升Ca^{2+}时低一个数量级。

有氧土壤或沉积物中磷的最大有效性通常出现在pH 6～7（图14.3）。在此pH范围内，与较低pH相比，与磷反应的Al^{3+}和Fe^{3+}较少，铝和铁氧化物吸附磷的趋势较小，与较高的pH相比，钙的活性通常较低。然而，在pH为6～7的范围内，添加到水生生态系统中的大多数磷仍然通过胶体吸附或成为不溶性化合物沉淀而析出。

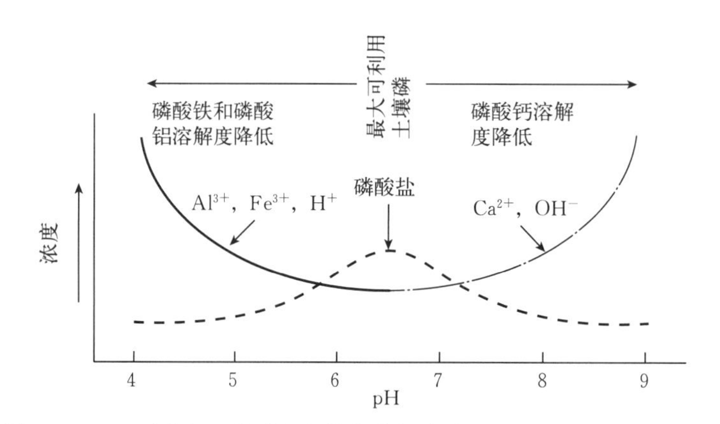

图14.3 pH对有氧土壤或沉积物中溶解磷酸盐相对浓度的影响示意图

当氧化还原电位降低到足以使三价铁还原为亚铁时，沉积物中的磷酸铁变得更易溶解。无氧沉积物孔隙水中的磷浓度可能相当高（Masuda and Boyd，1994a）。由于亚铁和磷酸盐扩散到通常存在于沉积物-水界面的好氧层中时，磷酸铁会重新沉淀，因此该磷汇在很大程度上对水柱不可用。富营养化湖泊和池塘的热分层过程中，界面处的有氧层消失。无氧沉积物中的铁和磷的扩散会导致均温层中的铁和磷浓度较高。10～20毫克/升铁和 1～2 毫克/升可溶性正磷酸盐的浓度并不罕见。当发生消层时，均温层的水与表层水混合，表层水中的磷浓度短暂增加。然而，由于溶解氧的存在，磷的浓度迅速下降。磷或直接以磷酸铁（方程式 14.6）的形式沉淀，或吸附在含氧水中沉淀的氢氧化铁（Ⅲ）絮团表面。

14.3 有机磷

植物的干物质通常含有 0.05%～0.5%的磷，而鱼类等脊椎动物可能含有 2%～3%或高得多的磷。甲壳类动物的干物质中通常含有大约 1%的磷。有机质中所含的磷通过微生物活动而矿化，矿化方式与氮矿化方式相同。有利于氮的分解和矿化的条件同样有利于磷的矿化。就像氮的矿化一样，如果有机物中的磷太少，无法满足微生物的需求，磷可以从环境中固定下来。活生物体和腐烂有机残留物中的氮磷比在 5∶1 到 20∶1，变化很大。

14.4 磷的分析问题

水中的磷由多种形态组成，包括可溶性无机磷、可溶性有机磷、颗粒有机磷（在活的浮游生物和死的碎屑中）和颗粒无机磷（在悬浮的矿物颗粒上）。可通过膜或玻璃纤维过滤器过滤，将可溶部分与颗粒部分分离。然而，常用的分析方法不能完全区分可溶性无机磷和可溶性有机磷，可溶性无机磷的测量中将包括一部分可溶性有机磷。因此，当直接在水的滤液中测量磷浓度时，作为结果的磷的部分称为可溶性活性磷。在酸性过硫酸盐中消解原水样品会释放出所有的结合磷，对消解物的分析会得出总磷。关于天然水体中磷浓度的大多数信息是可溶性活性磷和总磷。

沉积物中的磷可根据其在各种溶液中的萃取进行分级。分离沉积物磷的一种常见方法是连续萃取：用 1 摩尔/升氯化铵提取松散结合的磷，用 0.1 当量/升的氢氧化钠提取铁和铝结合的磷，用 0.5 当量/升盐酸提取钙结合的磷（Hieltjes and Liklema，1982）。其他萃取剂也可用于提取沉积物样品中的磷。土壤化验实验室中的许多土壤磷的分析方法用于农业，例如用 0.03 摩尔/升 NH_4F 和 0.025 摩尔/升 HCl、0.61 摩尔/升 $CaCl_2$、0.5 摩尔/升 $NaHCO_3$ 和水提取（Kleinman et al.，2001），以及其他各种方法（Masuda and Boyd，1994b）。土壤可在高氯酸中消化，释放结合磷，用于总磷分析。

14.5 磷的动力学

14.5.1 水中的浓度

地表水中的磷浓度通常很低。总磷很少超过 0.5 毫克/升，但高度富营养化的水体或废水除外。颗粒磷通常比可溶性活性磷多得多。例如，Masuda and Boyd（1994b）发现富营养化养殖池塘中的水含有 37%的溶解磷和 63%的颗粒磷。溶解态磷以非活性有机磷为主，可溶性活性磷仅占总磷的 7.7%。

通常情况下，总磷的 10%或更少为可溶性活性磷，可供植物利用。大多数地表水含有少于 0.05 毫克/升的可溶性活性磷，而大多数未受污染的水体只含有 0.001～0.005 毫克/升的可溶性活性磷。

沉积物中的磷含量远远高于其上方的水柱中的磷含量。在沉积物中发现的总磷浓度范围从低于10毫克/千克到超过3 000毫克/千克。然而，这种磷大部分结合紧密，不易溶于水。富营养化鱼塘沉积物中的磷浓度如表14.1所示（Masuda and Boyd，1994b）。请注意，85.6%的沉积物磷不能被普通萃取剂提取，必须通过高氯酸消解释放。

表14.1 亚拉巴马州奥本市一个鱼塘的土壤和水的磷形态分布

磷汇	磷的组分	数量（克/米^2）	占比（%）
池塘水[a]	总磷	0.252	0.19
	可溶性活性磷	0.019	0.01
	可溶性非活性磷	0.026	0.02
	颗粒磷	0.207	0.16
土壤[b,c]	总磷	132.35	99.81
	松散结合磷	1.28	0.96
	钙结合磷	0.26	0.20
	铁和铝结合磷	17.30	13.05
	残余磷[d]	113.51	85.60
池塘	总磷	132.60	100.00

[a] 平均池塘深度=1.0米

[b] 土壤深度=0.2米

[c] 土壤容重=0.797克/厘米^3

[d] 高氯酸消化法提取磷

14.5.2 植物吸收

浮游植物能很快从水中吸收磷。在浮游植物密集生长的水中，添加0.2～0.3毫克/升的磷可以在几小时内被完全吸收（Boyd and Musig，1981）。大型植物也可以很快地从水中吸收磷，有根的大型植物可以从沉积物中的无氧区吸收磷（Bristow and Whitcombe，1971）。植物吸收是控制水中可溶性活性磷浓度的主要因素，而水中的大部分总磷都包含在浮游植物细胞中。大型植物群落可以在其生物量中储存大量的磷。

有些植物能吸收比它们立即需要的更多的磷，并储存起来供未来使用。许多植物种类，包括浮游植物种类，对磷和其他营养物质的吸收超过了生长所需的量。这种被称为奢侈消费的现象如图14.4所示。

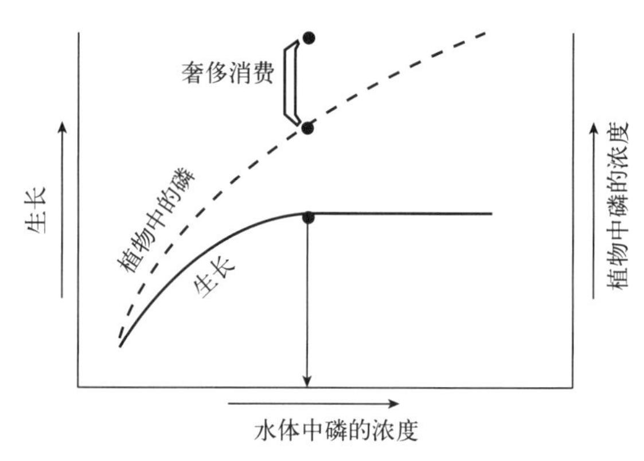

图14.4 浮游植物对磷的奢侈消费

吸收和储存比目前所需更多营养的

能力对植物来说具有竞争优势。磷可以从环境中吸收，从而剥夺竞争植物的磷。当细胞分裂和繁殖时，藻类细胞中的磷可以传递给后代。在较大的植物中，磷可以从较老的组织细胞中转移到快速生长的分生组织细胞中。

14.5.3 水体和沉积物之间的交换

如果将沉积物放入蒸馏水烧瓶中并搅拌，直到达到磷的平衡浓度，水中通常会出现很少的磷。在一系列总磷含量为 100～3 400 毫克/千克的土壤样本中，水可提取磷的浓度范围从检测不到至 0.16 毫克/升（Boyd and Munsiri，1996）。总磷和水溶性磷之间的相关性较弱（$r=0.581$），但稀酸（0.075 当量/升）可提取磷和水溶性磷之间的相关性更强（$r=0.920$）。

用水连续提取沉积物可以表明，在多次提取过程中，磷会持续释放到水中（图 14.5）。然而，释放量随着提取次数的增加而减少。由于如图 14.5 所示的关系，当植物吸收导致水中的磷浓度降至平衡浓度以下时，沉积物是可用的磷储备。然而，在平衡状态下，磷的浓度通常很低，添加磷酸盐对于刺激大量的浮游植物生长是必要的。

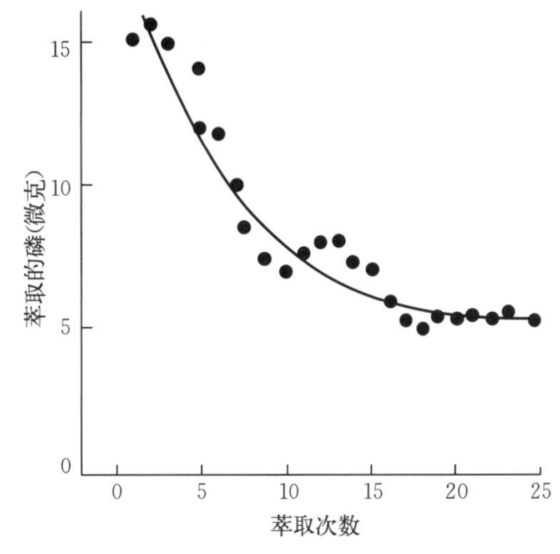

图 14.5 通过无磷水连续萃取从泥浆中去除的磷的量

沉水植物尤其是有根的沉水植物在含磷量低的水域生长得很好，因为它们可以从沉积物中吸收磷和其他营养物质。沉积物中的磷不容易被浮游植物利用，因为营养物质从沉积物孔隙水流向浮游植物生长的光照区是一个复杂的物流（图 14.6）。

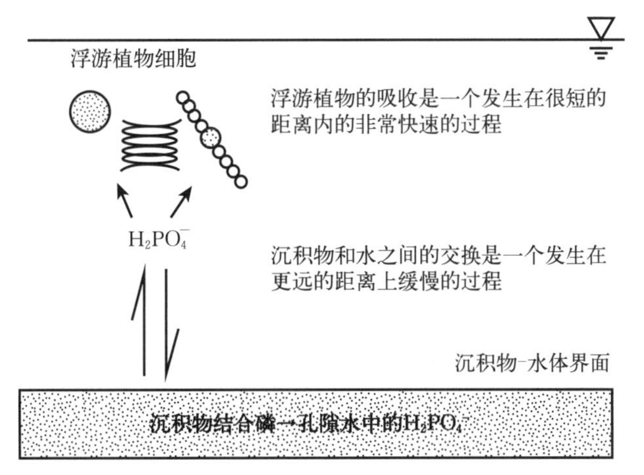

图 14.6 浮游植物细胞快速吸收磷酸盐，沉积物和水体之间的磷酸盐交换较慢的图解

当磷通过有意添加（如鱼塘中的磷）或通过污染进入水中时，刺激浮游植物生长会产生浑浊度，并遮挡了更深的水域。富营养化引起的光照限制可能会导致富营养化水体的水生群落中许多大型植物品种消失。

对于小型富营养化鱼塘，沉积物、沉积物间隙水、沉积物-水界面和表层水中磷的相对浓度如图 14.7 所示。沉积物磷和间隙水磷浓度之间大致存在一个数量级的差异，间隙水和沉积物-水界面处的磷浓度之间存在另一个数量级的差异。间隙水是无氧的，间隙水中的磷倾向于在有氧界面沉淀，很少进入池塘水。即使在沉积物-水界面存在无氧条件时，磷也必须从间隙水扩散到开阔水域，扩散是一个相对缓慢的过程。一旦磷进入开放水域，它可以通过湍流很快地在整个水体中混合。

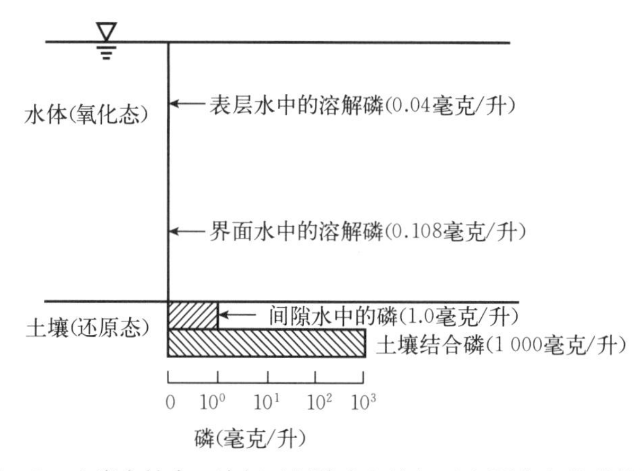

图 14.7　土壤中结合、溶解于间隙水和溶解于上覆水中的磷的浓度

在池塘养殖中，经常添加磷来增加溶解无机磷的浓度。一部分添加的磷很快被浮游植物吸收。没有被浮游植物吸收的部分会在沉积物中积累，而被植物吸收的大部分磷最终也会到达沉积物。与沉积物结合磷进入水中相比，湍流将使可溶性磷更快地到达沉积物。施用磷肥后从鱼塘中去除肥料磷（图 14.8）说明了从水中去除磷的快速性。

沉积物吸附磷的能力通常相当大。在亚拉巴马州奥本市奥本大学 E. W. 贝壳渔业中心的鱼塘中，22 年来，平均磷输入量为 4.1 克磷/(米^2·年) [41 千克/(公顷·年)]，底质中的磷仅饱和了一半，仍能迅速从水中吸附磷（Masuda and Boyd，1994b）。然而，沉积物可能会被磷饱和，或者吸附磷的能力非常低，例如沙质沉积

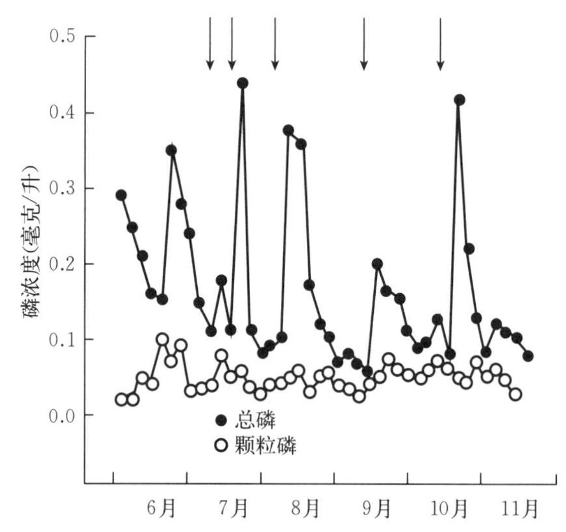

图 14.8　两个施肥鱼塘中总磷和颗粒磷的平均浓度。垂直箭头表示施肥日期

物。在这些水体中，添加磷对刺激浮游植物生长特别有效。

沉积物并不总是从水中除磷所必需的。在钙浓度较高且 pH 为 7～9 的水中，磷酸盐将以磷酸钙的形式直接从水中沉淀。

14.5.4 与氮的相互作用

氮和磷是调节水生植物生产力的关键营养素。但是，这两种营养素的数量和比例因品种而异。Redfield（1934）报告称，海洋浮游植物所含氮的重量约为磷的 7 倍。该值通常用作植物中的平均氮磷比，但单个物种的氮磷比从 5∶1 到 20∶1 不等。在大多数生态系统中，磷浓度的增加比氮浓度的增加对植物生长的影响更大。这是因为磷很快被从水中去除并结合在沉积物中，沉积物结合的磷在水柱中的循环有限。

氮也可以通过各种过程被从水体中去除，但多达 10%～20%的添加氮存在于沉积在沉积物中的有机物中。沉积物有机物被分解，氮不断被矿化。水生生态系统中氮的内部循环比磷的内部循环大得多。因此，为了使水中的氮磷比达到 7∶1，通常需要以较低的氮磷比添加这两种元素。

结论

磷是调节生态系统生产力的关键因素。虽然它被广泛用于农业、园艺、园林绿化和水产养殖，以促进植物生长，但将其引入自然水体通常会刺激植物过度生长，并被视为污染。

天然水中磷的主要形式是正磷酸盐。溶解的磷酸盐通过形成磷酸铁、磷酸铝和磷酸钙被沉积物强烈吸附。沉积物磷和溶解磷之间的平衡强烈地向沉积物倾斜。通常，必须或多或少地持续输入磷酸盐，以维持水生植物的高生产率。

参考文献

Boyd CE，Munsiri P，1996. Phosphorus adsorption capacity and availability of added phosphorus in soils from aquaculture areas in Thailand. J World Aquacult Soc，27：160 - 167.

Boyd CE，Musig Y，1981. Orthophosphate uptake by phytoplankton and sediment. Aquaculture，22：165 - 173.

Bristow JM，Whitcombe M，1971. The role of roots in the nutrition of aquatic vascular plants. Am J Bot，58：8 - 13.

Harold FM，1966. Inorganic polyphosphates in biology：structure，metabolism，and function. Bacteriol Rev，30：272 - 794.

Hieltjes AHM，Liklema L，1982. Fractionation of inorganic phosphate in calcareous sediments. J Environ Qual，9：405 - 407.

Kleinman PJA，Sharpley AN，Gartley K，et al.，2001. Interlaboratory comparisons of soil phosphorus extracted by various soil test methods. Commun Soil Sci Plant Anal，32：2325 - 2345.

Masuda K，Boyd CE，1994a. Chemistry of sediment pore water in aquaculture ponds built on clayey，Ultisols at Auburn，Alabama. J World Aquacult Soc，25：396－404.

Masuda K，Boyd CE，1994b. Phosphorus fractions in soil and water of aquaculture ponds built on clayey，Ultisols at Auburn，Alabama. J World Aquacult Soc，25：379－395.

Redfield AC，1934. On the proportions of organic deviations in sea water and their relation to the composition of plankton// Daniel RJ. James Johnstone memorial volume. Liverpool，University Press of Liverpool.

15 富营养化

摘要

富营养化是指水体随着时间的推移从营养不良状态转变为营养丰富状态。营养物质太多会导致水生植物生长增加，从而对水质，尤其是溶解氧的可获得性产生负面影响。结果是物种多样性减少，少数通常不太理想物种的生物量增加。富营养化引起的变化通常是渐进的，直到突然转变（临界点）到更富营养化的状态时才会被注意到。造成富营养化的两种营养物质几乎是所有废水中所含的氮和磷。人们投入了大量精力通过水处理和集雨区管理实践来清除这些营养物质。有时，可向水体中添加化学混凝剂以沉淀磷，并将硫酸铜等化学品用作杀藻剂。虽然大多数关于富营养化的讨论适用于湖泊，但河流也可能遭受富营养化。

引言

Kociolek and Stoermer（2009）指出，与富营养化相比，贫营养意味着食物质量差或营养水平低，相对而言，富营养意味着食物质量好或营养水平高。水体中营养物质的可获得性各不相同，存在一个连续序列的水体，从营养物质非常缺乏到营养物质供应极其丰富。这种连续序列从超贫营养到贫营养、中营养（中等食物和营养）、富营养，再到超富营养延伸。最早使用这种连续序列对营养状态进行分类可能是在 1920 年左右，它仍然是生态学的一个基本概念，尤其是在水生态科学中。被高浓度的溶解腐殖物质污染的酸性水体是贫营养水体的一种特例，称为营养不良水体。

向天然或人为来源的贫营养水体中添加营养物质将使其营养更丰富，不那么贫营养。虽然随着时间的推移，水体自然会变得更加富营养化，但在过去 100 年中，人为来源的营养污染大大增加了世界各地许多水体的营养可获得性。这是一个令人不安的现象，因为它刺激水体中的植物生长（尤其是浮游植物生长），导致不必要的变化，如溶解氧浓度低和生物多样性减少。用营养素对水体进行人为增富已经成为所谓的富营养化，或更精确地说人为富营养化。

《韦氏词典》将“富营养化”一词定义为“水体溶解营养物（如磷酸盐）变得丰富的

过程，该过程刺激植物生长，通常导致溶解氧的缺乏。”据说这个词在1946年首次与上述含义一起使用（https://www.merriam-webster.com/dictionary/eutrophication），但毫无疑问，自那以后，它已经被使用了数百万次。上面的词典定义仅仅是指磷，但氮在富营养化中几乎和磷一样重要，两者都是富营养化的原因。“通常导致溶解氧缺乏”的说法也不完全准确。许多富营养化水体的溶解氧浓度仅仅比富营养化程度低的水体的溶解氧浓度低，但如果让富营养化进程继续下去，溶解氧缺乏最终将成为一种普遍现象。

富营养化已经在几章中进行了简要讨论，尤其是在前面的三章中。然而，富营养化是社会普遍关注的问题，也是许多环境保护工作的重点，因此需要进一步讨论。

15.1 富营养化过程

随着集水区的侵蚀，营养物质和沉积物的积累，水体富营养化可以自然发生。沉积物会减少水体的体积，随着体积变小，沉积物中的营养物质会增加水柱中营养物质浓度。沉积作用也会导致浅滩边缘有根水生植物茁壮成长。随着时间推移，水体中的营养物质会越来越丰富，边缘变得越来较浅，使得灌木和树木可以生长。经过许多年，通常几个世纪，水体可能会被完全填满，成为陆地栖息地。

人为富营养化极大地加速了水体的自然富营养化或老化。人类活动，尤其是农业和集水区的森林砍伐，暴露了地表，导致更大的侵蚀和悬浮固体向水体的输送。这些固体沉降和水体的填充速度比自然过程快得多。农业径流含有氮、磷和其他作为肥料施加到作物上的营养素。郊区草坪、公园、高尔夫球场和类似地区的径流也含有来自肥料和其他来源的营养素。生产生活中将含有营养物质的废水排放到水体中，化粪池污水渗入地下水，可能会进入水体。总的影响是，流域上的人类活动导致水体更快地充满沉积物，并为大量的水生植物生长提供营养素。有根水生植物填充浅水区的水柱，漂浮的水生植物可能完全覆盖较小的水体，而浮游植物可能在开阔水域变得极其丰富。过多的植被彻底改变了物理和化学环境，溶解氧浓度有降低的趋势，甚至出现缺氧期。这些变化导致生物多样性减少，许多生态敏感物种被排除在外。富营养化水体中的生物量将比贫营养水体中的生物量大，但富营养化水体中的物种较少，生态稳定性较差。浮游植物群落以蓝绿藻为主，鱼类群落物种丰富度下降，仅以少数皮实的物种为主。这样的水体经常被说成是“死水”，但其实并不确切。富营养化水体非常活跃，但生命主要由少数不太理想的种类组成，生物多样性和生态稳定性下降。富营养化水体也会对许多人类用途造成损害。

15.2 氮、磷和富营养化

一个水体的营养状态可以通过几种方法确定。传统观点认为，富营养化湖泊在热分层过程中存在溶解氧耗竭的均温层，而贫营养湖泊则不存在。这并不总是一个没有热分层的浅水水体富营养化的可靠指标，也不能对贫营养或富营养的程度进行分类。对水体营养状态进行分类的现代方法依赖于对总氮、总磷和叶绿素a浓度、初级生产力、蓝藻丰度和赛克氏板能见度的测量。还使用了基于上述因素组合的营养状态指数。

对于上述变量在不同营养状态的水体中的浓度范围，目前尚无普遍共识。水体的大多数化学和物理特征都不同，这种变化可能会影响指示变量的浓度或水平。尽管如此，表15.1还是给出了贫营养、中营养和富营养水体中关键变量的一些典型值。表15.1中不包括超贫营养和超富营养，但变量值非常小或非常大的水体可相应分类。

表15.1 春、秋季贫营养、中营养和富营养水体中水质变量的典型平均浓度

变量	营养状态		
	贫营养	中营养	富营养
总氮（毫克/升）	<0.5	0.5～1.5	>1.5
总磷（毫克/升）	<0.025	0.025～0.075	>0.075
叶绿素a（微克/升）	<2	2～15	>15
初级生产力［克/（米^2·天）］	<0.25	0.25～1.0	>1.0
赛克氏板能见度（米）	>8	2～8	<2

作者认为，有三个主要因素影响启动浮游植物水华所需的营养物质浓度。浊度会干扰光线的穿透。在含有悬浮黏土颗粒或溶解腐殖物质的浑浊水体中，由于光合作用的光限制，高浓度的氮和磷可能不会导致浮游植物大量繁殖。水力停留时间影响进入或内源营养物质与被带出水体的营养物质的比例。假设其他因素相似，水力停留时间为几个月的水体比水力停留时间为几年的湖泊需要更多的氮和磷输入才能导致富营养化。在高pH和高钙浓度的水中，磷在平衡时的浓度较低。这表明，与碱度、硬度和pH较低的湖泊相比，中等至高碱度和硬度（通常环境pH也在8左右）的水域需要更多的磷才能引起藻类水华。

如前所述，富营养化水体中少数物种丰度较高，许多敏感物种消失。在富营养化研究的早期，多样性几乎总是以物种多样性来表示，物种多样性是指群落中个体在物种间分布的指数。因此，对浮游植物多样性、浮游动物多样性、鱼类多样性等进行了测量。计算物种多样性的公式很多，浮游植物物种多样性指数（Margalef，1958）就是一个例子：

$$\overline{H}=\frac{S-1}{\ln(N)} \tag{15.1}$$

式中，$\overline{H}$表示浮游植物物种多样性，S表示物种数量，N表示个体总数。这个公式显然可以应用于其他类型的群落，但对不同生物群落感兴趣的研究人员通常会根据他们的判断来制定不同的公式。

例15.1 群落A包含25种浮游植物和1 000个/毫升的个体，而群落B包含11种和14 000个/毫升的个体。用公式15.1估算两个群落的多样性指数。

解：

$$A：\overline{H}=\frac{25-1}{\ln（1\ 000）}=\frac{24}{6.91}=3.47$$

$$B：\overline{H}=\frac{11-1}{\ln（14\ 000）}=\frac{10}{9.55}=1.05$$

$\overline{H}$的值越大，意味着生物多样性越高，即群落A的浮游植物物种多样性比群落B更大。

物种数相对总个体数较多的群落比物种数相对个体数较少的群落具有更高的多样性。

通常，物种多样性越大，生态系统就越稳定（Odum，1971）。这种假设的逻辑是，如果一个物种从一个多样化的群落中消失，那么多样化高的群落中另一个物种履行消失物种的功能比在一个不那么多样化的群落中更有可能。富营养化的水生生态系统往往不如贫营养的稳定。这种稳定性的缺乏可能反映在物种丰度的突然变化，以及溶解氧浓度和其他水质变量的突然变化中。

现代多样性的概念已经扩展到包括生态系统、群落和栖息地的多样性。生态系统具有独特的地质、土壤、水文和气候状况，影响着生活在其中的物种的类型和数量。水生生态系统与陆地生态系统大不相同，但营养贫乏的水生生态系统也与营养丰富的水生生态系统大不相同。此外，生态系统中的物种都具有遗传多样性，生态系统多样性和遗传多样性的相互作用导致生物体的特征随着时间的推移逐渐发生变化。生物多样性的新概念非常广泛，几乎不可能找到一个合适的、单一的生物多样性指数。因此，作为评估生物多样性状况的一种方式，在主要群落类型的样本中，列出物种并计算每个物种的个体数量仍然很流行。

大多数未受污染的水体通常含有不超过 0.05 毫克/升的总磷和 0.75 毫克/升的总氮。氮和磷输入的增加有可能导致藻类水华的形成，以及湖泊水体能见度降低。水体能够在初级生产力和水质变化相对较小的情况下吸收一定量的营养物质。然而，如果继续投入，环境中磷和结合氮的浓度将增加，初级生产力和水质的变化将变得明显。

水体从贫营养到中营养或从中营养到富营养的变化过程是渐进的，这种变化不容易通过视觉或水质测量和浮游植物丰度来检测。氮和磷浓度、浮游植物丰度、浮游生物种类、水的透明度和溶解氧浓度在几天或几周内自然变化，长期变化趋势往往被短期变化所掩盖。

一个生态系统从一种状态迅速转变为另一种状态的现象通常被称为生态学的临界点，尤其是在水体富营养化的讨论中。关于生态系统临界点以及预测临界点何时发生的技术已经有数百项的研究。这些模型通常包含许多因素，而且并不特别准确。最近一个基于相对较少的因素的用于保护植物传粉昆虫的模型（Jiang et al.，2018），其所基于的概念可能具有更广泛的应用。预测临界点的主题超出了本书的范围，但水生系统中临界点的存在对于评估富营养化很重要。这使得富营养化状态的变化很难从氮磷浓度和浮游植物丰度中预测出来。几十年来，这些变量的水平可能一直在逐渐增加，几乎没有观察到任何影响，但在某个时候，水体可能突然开始出现密集的浮游植物水华。

15.3 湖泊富营养化

对许多湖泊都进行过富营养化过程的研究。这种模式通常是密集的浮游植物水华的发展，由一种或多种蓝绿藻、浅层热分层、表层日常溶解氧的大幅度波动和下层溶解氧的耗尽所主导。其他水质变化包括二氧化碳浓度和 pH 显著的昼夜变化，当然，结合氮、总氮、可溶性活性磷和总磷的浓度也更高。

更大的担忧与富营养化水域水生群落的变化有关。已经提到过富营养化湖泊的浮游植物主要是少数种类的蓝藻，有时甚至是单一种类的蓝藻。在富营养化环境中，组囊藻属、束丝藻属、鱼腥藻属、颤藻属等种类通常非常丰富。这些属的种类尤其有害，因为它们通常会形成难看的表面浮渣，产生令人厌恶的气味，在湖泊或水库供水的地方产生味道和气味，甚至可能对动物和人类有毒。藻类浮渣也会大量死亡，导致溶解氧耗尽，从而对鱼类种群造成严重影响。当然，即使在正常情况下，富营养化水库和湖泊的表层水也可能在深夜和清晨出现溶解氧耗尽。

水下的水生植物只能在光穿透足以支持光合作用的地方生长。随着湖泊中浮游植物丰度的增加，沉水植物种类往往会从浅水域以外的地方消失。这一点可以通过以下事实来说明：在鱼塘中，经常建议使用施肥来产生浮游植物水华，作为一种对沉水植物控制的方法。

湖泊和其他水生栖息地的食物网是很复杂的，涉及营养物质（有机物）从初级生产者到最终消费者（通常是鱼类）的流动。浮游植物和水生植物产生的有机物可以通过许多途径穿过食物网，其中一部分到达大型鱼类（图 15.1）。浮游植物可以被浮游动物吃掉，浮游动物被小鱼吃掉，然后被大鱼吃掉。这是一个经常被用作食物网路径的例子。在有滤食性鱼类的湖泊中，浮游植物可以直接进入大型鱼类，形成相对简单的食物网。食物网的途径通常要复杂得多：浮游植物和浮游动物死亡，变成细菌栖息的有机碎屑，碎屑被小鱼吃掉，小鱼被大鱼吃掉。这种途径通常比图 15.1 所示的更复杂，因为浮游生物内部有许多联系，例如细菌→原生动物和其他鞭毛虫和纤毛虫→轮虫→小型甲壳动物（如水蚤和枝角类）。

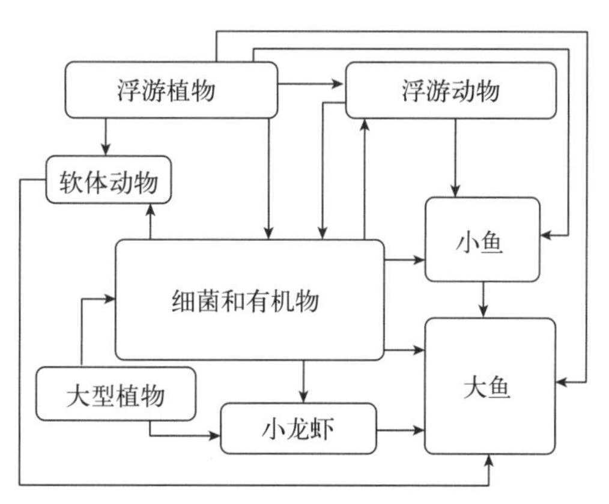

图 15.1 广义水生食物网

有很多证据支持这样的假设，即富营养化会刺激较小的浮游动物，如轮虫、枝角类和桡足类，而不是大型的浮游动物，如重要的鱼类食物——水蚤（Tõnno et al.，2016）。一项关于浮游动物作为富营养化条件生物指示物的潜在用途的综述（Ferdous and Muktadir，2009）得出结论，富营养化湖泊中普遍存在轮虫、枝角类、桡足类和介形类物种，但富营养化水体中各组的物种多样性降低。此外，较小的物种往往更占优势。印度富营养化湖泊中浮游动物的比例如下：轮虫，52.38%；桡足类，26.50%；枝角类，16.45%；介形类，4.67%（Sunkad and Patil，2004）。体型大的枝角类是浮游动物中最重要的组成部分，对许多鱼类物种或生命阶段都有营养作用。

软体动物群落也受到富营养化的影响。中国滇池在 1940 年有 31 种软体动物，1980—1999 年有 81 种，2000—2004 年有 16 种（Du et al.，2011）。软体动物种类的减少归因于这些年来富营养化的增加。

富营养化以有利于耐受低溶解氧浓度的物种，湖泊鱼类物种多样性减少而闻名。据说，这种转变有利于“皮实”的物种，因为受欢迎的游钓物种通常会变得不那么丰富，有时会从鱼类区系中消失。Kautz（1980）分析了美国佛罗里达州 22 个湖泊的鱼类种群和营养状况。鱼类总生物量在贫营养湖泊中较低，在中营养和富营养湖泊中增加到最大值，在超富营养湖泊中接近最大值。物种多样性在中营养湖泊中最高，但在富营养和超富营养湖泊中显著降低。这表明，从贫营养到中营养的转变可能不会减少鱼类物种数量，但向富营养转变会减少鱼类物种数量。

15.4 河流富营养化

Butcher（1947）指出，当河流向下游流动并从其流域接收营养输入时，几乎不可避免地会变得更加富营养化。浮游植物水华不会在快速流动的水中形成，但沉水植物或形成藻席的丝状大型藻类可能生长良好。Thièbaut and Muller（1998）报告说，由于丝状藻类的过度生长，法国山区富营养化河流中的沉水维管植物多样性较低。根据 Dodds（2006），许多天然河流成为净异养系统（光合作用氧的生产＜呼吸中溶解氧的消耗）。在复氧会迅速补充溶解氧的河段，这种情况可能不会导致富营养化河流河段的溶解氧浓度极低，但在复氧率较低的停滞河段，溶解氧浓度可能会变得极低。向河流大量输入有机废物也可能导致废水排放口附近的溶解氧耗尽，但河流在向下游流动过程中会再曝气，溶解氧浓度可能会恢复，而氨氮浓度会因硝化作用而下降。这个话题将在第 18 章更详细地讨论。

有机废物输入河流的允许量通常根据河流曝气率和废水输入的生物需氧量（BOD）进行估算，这是可能的，因为可以使用河流的再曝气速率来估计河流的每日 BOD 负荷。在河流溶解氧浓度不低于规定的最低水平的情况下，可以允许该负荷。

15.5 气候变化与富营养化

全球变暖一词在很大程度上已被气候变化的概念所取代，因为尽管全球平均气温有上升的趋势，但一些地方可能会变冷，而另一些地方可能会变暖。温度升高是与富营养化有关的主要考虑因素。Feuchtmayr et al.（2009）的一项研究表明，水温升高会导致溶解磷酸盐浓度升高，植物生物量增加，鱼类生物量减少。高氮输入和变暖减少了水生植物种类的数量。气候变暖似乎更利于大型水生植物的生长，而不是浮游植物的生长。结果表明，与具有较低表面体积比的较深水体相比，较大的表面体积比（浅水湖泊和河流）更容易受到全球变暖的不利影响。

Kaushal et al.（2013）报告称，大气中二氧化碳浓度的增加提高了石灰石的溶解度，并导致河流碱度增加。他们认为，河流中更高的碱度可能会增加水体中用于光合作用的无机碳的可获得性，从而加速富营养化。他们还指出，河流 pH 高会增加具有潜在毒性的 NH_3 相对于 NH_4^+ 的比例，从而使高氨氮浓度更成问题。

15.6 富营养化与水资源利用

密集的藻类水华会导致水质恶化，最终降低生物多样性，并导致水体主要由皮实的鱼类物种定居。富营养化严重影响了水体对游钓和捕获市场上可接受的鱼类物种的有用性。

密集的藻类水华还会使水体浑浊，不适合游泳和其他娱乐用水。市政供水的味道和气味导致许多消费者投诉。藻类水华的水也很难看，对那些喜欢观赏湖泊和河流的人来说也不那么有吸引力。

藻类毒性的问题已经在第 12 章中讨论过，除了贝类中毒，藻类毒性通常并不普遍。尽管如此，蓝藻水华可能会导致从皮疹到在某些情况下贝类中毒死亡的医疗问题。牲畜也因饮用含有有毒藻类的水而死亡。

蓝绿藻和其他密集的藻类水华会增加水处理的成本。如果不通过活性炭过滤器，去除饮用水味道和气味的问题有时是无法解决的。

15.7 富营养化的控制

富营养化控制通常侧重于从废水中去除氮和磷。这两种营养素的主要输入源是城市污水、农业和城市地区的径流、某些工业废水，以及一些地区的水产养殖。含有氮和磷的废水可以是通过管道或其他渠道排放的点源，也可以是径流形式的面源，径流体积过大或过于弥散，无法进行标准的点源废水处理。

通过下列其中一种化学方法处理，点源废水中的磷浓度通常可以降低 80%～90%：石灰［$Ca(OH)_2$］沉淀羟基磷灰石［$Ca_{10}(PO_4)_6 \cdot 6H_2O$］；明矾［$Al_2(SO_4)_3 \cdot 14H_2O$］沉淀磷酸铝（$AlPO_4$）；三氯化铁［$Fe(Cl)_3$］等化合物沉淀磷酸铁（$FePO_4$）。磷沉淀物和其他沉淀固体被作为污泥去除，对废水进行曝气。还有一种生物除磷方法，在该方法中，磷被并入微生物生物量中，这些微生物在澄清池中作为污泥去除。通过使用这些方法，可以去除 90%～95%的磷。

硝化和脱氮用于去除点源废水中的结合氮。大部分颗粒有机氮与其他总固体一起在澄清池中沉淀去除，然后将水充分曝气足够长的时间，通过生物硝化将大部分氨氮转化为硝酸盐。然后将水放入厌氧消化池，并添加甲醇等碳源以进行反硝化。废水中 85%～90%的总氮可以通过沉淀、硝化和脱氮去除。

通过使用多种类型的管理实践，非点源废水中的氮和磷浓度会降低，具体取决于废水来源。在农业中，管理措施是减少肥料中氮和磷的输入，并将其在径流中的损失降至最低。特别注意保持植被覆盖和其他防侵蚀措施，在沟渠中安装泥沙清除平台等。来自集中饲养动物设施的径流被引导至蓄水池中，并储存起来用于陆生植物。

实际做法因产生面源排放的活动或行业而异，农业是面源排放的主要来源。当然，郊区的草坪、高尔夫球场和其他肥沃的土地也是径流中氮和磷的重要来源。

在湖泊和其他静态水体中，磷的去除可以通过化学混凝（通常是硫酸铝）来实现（Huser et al.，2011）。这种处理方法可以非常有效地在几年内降低磷浓度，以减少浮游植物的丰度。水生植物、滤食性鱼类和软体动物中的除磷（和氮）等生物控制方法已得到推广，并取得了不同程度的成功。硫酸铜通常用于减少水体中浮游植物的丰度，以供供水和娱乐使用。

Schindler et al.（2008）进行了一项长期研究，发现磷是加拿大一些湖泊的主要限制性营养素，这一事实在池塘养殖中已经获知许多年了（Swingle，1947；Mortimer，1954；

Hickling，1962；Hepher，1962）。由于磷在淡水中的重要性，富营养化控制的趋势主要集中在减少磷的输入。Schindler et al.（2008）的研究是在加拿大进行的，在其他地方也有关于氮限制湖泊和水库的报告。Conley et al.（2009）警告说，关注淡水中的磷控制将增加对河口的氮输入，其中氮通常是浮游植物生长的限制因素，他们列举了这种现象的一些具体实例。相反，如果氮是富营养化控制的重点，氮浓度低和磷浓度高将刺激固氮。在一些湖泊，尤其是浅水湖泊，沉积物中的磷含量可能足以导致浮游植物大量繁殖。来自人类活动和固氮的氮输入都会引发浮游植物水华。由于固氮作用，从进入此类湖泊的水中除磷无法控制富营养化。第13章考虑了氮磷比对固氮速率的敏感性。

氮磷控制问题的结果可以总结如下：两者都具有局限性；所有湖泊对氮和磷的需求都不一样；仅依靠磷控制会增加下游氮负荷。虽然氮和磷通常都应受到控制，但在特定情况下，控制其中一种可能更可取。大多数点源污水处理都能较好地去除氮和磷。富营养化的主要原因是面源废水，而农业是此类废水的主要来源。

结论

富营养化可能是水污染最麻烦的事情。它导致浮游植物生长增加，溶解氧可获得性降低，导致物种多样性降低，而更受耐低溶解氧浓度的物种青睐。许多这些物种在有效的生态功能和人类用水方面都是不可取的。富营养化控制主要包括通过处理和应用管理实践从点源废水中去除氮和磷的技术，以减少径流中对水体的氮和磷输入。

参考文献

Butcher RW，1947. Studies in the ecology of rivers：Ⅷ. The algae of organically enriched waters. J Ecol，35：186-191.

Conley DJ，Paerl HW，Howarth RW，et al.，2009. Controlling eutrophication：nitrogen and phosphorus. Science，323：1014-1015.

Dodds WK，2006. Eutrophication and trophic state in rivers and streams. Limnol Oceanogr，51：671-680.

Du LN，Li Y，Chen X，et al.，2011. Effect of eutrophication on molluscan community composition in Lake Dianchi（China，Yunnan）. Limnol Ecol Manage Inland Waters，41：213-219.

Ferdous Z，Muktadir AKM，2009. A review：potentiality of zooplankton as bioindicator. Am J Appl Sci，6：1815-1819.

Feuchtmayr H，Moran R，Hatton K，et al.，2009. Global warming and eutrophication：effects on water chemistry and autotrophic communities in experimental hypertrophic shallow lake mesocosms. J Appl Ecol，46：713-723.

Hepher B，1962. Ten years of research in pond fertilization in Israel，Ⅱ. The effect of fertilization on fish yields. Bamidgeh，14：29-48.

Hickling CF，1962. Fish culture. London，Faber and Faber.

Huser B，Brezonik P，Newman R，2011. Effects of alum treatment on water quality and sediment in the Minneapolis chain of lakes，Minnesota，USA. Lake Reservoir Manage，27：220-228.

Jiang J，Huang ZG，Seager TP，et al.，2018. Predicting tipping points in mutualistic networks through dimension reduction. Proc Natl Acad Sci USA，115：39－47.

Kaushal SS，Likens GE，Utz RM，et al.，2013. Increased river alkalinization in the Eastern U. S. Environ Sci Technol，47：10302－10311.

Kautz RS，1980. Effects of eutrophication on the fish communities of Florida lakes. Proc Ann Conf SE Assoc Fish Wildlife Agencies，34：67－80.

Kociolek JP，Stoermer EF，2009. Oligotrophy：the forgotten end of an ecological spectrum. Acta Bot Croatica，68：465－472.

Margalef R，1958. Temporal succession and spatial heterogeneity in phytoplankton// Buzzati－Traverso AA. Perspectives in marine biology. Berkeley，University of California Press：323－349.

Mortimer CH，1954. Fertilizers in fish ponds. Publication 5. Her Majesty' s Stationery Office，London.

Odum EP，1971. Fundamentals of ecology. 3rd edn. Philadelphia，W. B. Saunders Company.

Schindler DW，Hecky RE，Findlay DL，et al.，2008. Eutrophication of lakes cannot be controlled by reducing nitrogen input：results of a 37－year whole－ecosystem experiment. Proc Natl Acad Sci USA，105：1254－1258.

Sunkad BN，Patil HS，2004. Water quality assessment of Fort Lake of Belgaum（Karnataka）with special reference to zooplankton. J Environ Biol，25：99－102.

Swingle HS，1947. Experiments on pond fertilization. Alabama Agricultural Experiment Station Bulletin 264. Auburn University，Auburn.

Thièbaut G，Muller S，1998. The impact of eutrophication on aquatic diversity in weakly mineralized streams in the Northern Vosges Mountains（NE France）. Biodivers Conserv，7：1051－1068.

Tõnno I，Agasild H，Kõiv T，et al.，2016. Algal diet of small－bodied crustacean zooplankton in a cyanobacteria－dominated eutrophic lake. PLoS One，11：e0154526.

16　硫

摘要

硫元素是植物和动物的营养素；硫化氢是一种有气味的有毒物质；二氧化硫是造成酸雨的空气污染物。植物主要利用硫酸盐作为硫源，植物中含硫氨基酸对动物营养很重要。硫化合物在环境中经历氧化和还原。最著名的硫氧化细菌是硫杆菌属，它氧化元素硫、硫化物和其他还原硫化合物，将硫酸释放到环境中——酸性硫酸盐土壤和酸性矿井废水中，这是硫氧化的结果。脱硫弧菌属的细菌在呼吸中使用某些硫化合物作为电子受体和氢受体，使它们能够在无氧环境中分解有机物。亚铁和其他金属可能与无氧沉积物中的硫化物发生反应，形成金属硫化物，例如硫化铁（黄铁矿）。如果这些沉积物随后暴露于氧气中，硫化物将被氧化，从而产生硫酸。无氧区中的硫化物有时扩散或混合到覆盖其上的含氧水中，其速率超过硫化物的氧化速率，可能导致水生动物中毒。pH 低增强了硫化物的毒性，因为非电离硫化氢（H_2S）是毒性形式。硫酸盐浓度升高和硫化物的存在会降低饮用水的质量。

引言

硫是地球化学的主要元素，约占地球总质量的 3%，但其丰度仅为地壳的 0.04%左右。它以元素硫、硫酸盐如石膏（硫酸钙）、硫酸镁、硫酸钡以及变质岩和火成岩的形式出现在地壳中。风化作用每年向海洋输送约 6 000 万吨硫。原油中的硫浓度约为 1%，煤和褐煤中的硫浓度为 0.5%～5.0%。硫主要以硫酸盐、土壤溶液中的硫酸根和土壤有机质中的硫的形态存在于土壤中。硫酸根是海洋和淡水中硫的主要形态。淡水中的硫只占地球硫的一小部分，但海洋中的硫按重量计为 0.09%，硫酸根中的硫占海水中总溶解固体的 2.7%。天然水只含有地球固体地壳中硫的 7%（Hem，1985）。

硫在工业上广泛用作反应物和产品的组成部分，它包含在燃料中。十九世纪的德国化学家 Justus von Liebig 认识到硫的重要性，他宣称："你可以从一个国家消耗的硫酸的量来公正地判断它的商业繁荣。"但是，现代美国环境活动家丹尼斯·海斯（Denis Hayes）说："人们几乎普遍接受不健康的环境。烟囱中的二氧化硫是繁荣的代价或气味。"

二氧化硫主要来自燃料燃烧和火山喷发，大气中的二氧化硫含量很少（通常低于10 μg/L）。例如，2014年加拿大不同地区的年度环境二氧化硫浓度范围为1～3 μg/L（https://www.ec.gc.ca/indicateurs-indicators/default.asp? lang=En&n=307CCE5B-1&pedisable-true）。硫化氢通过微生物腐解进入大气（特别是在沼泽地），然后被氧化成二氧化硫。

硫是植物、动物和细菌的基本营养素，但与氮和磷不同，硫很少限制初级生产力。硫是两种必需氨基酸（半胱氨酸和蛋氨酸）和其他有机化合物的组成部分，其中最著名的是维生素中的生物素和硫胺素，以及称为铁氧还蛋白的铁硫簇。铁氧还蛋白在各种生化反应中起着电子转移的作用。

硫和氮一样，通常以几种氧化状态（价态）存在于环境中，细菌氧化和还原硫化合物。硫的氧化和还原也可能通过不涉及生物活性的化学反应发生。硫酸根是植物最常用的硫的形式，但有些植物可以通过类似于固氮的方法固定大气中的硫。如第11章所示，硫氧化通常产生硫酸。化石燃料燃烧排放到大气中的二氧化硫氧化是酸雨现象的主要原因。硫化物氧化是酸性矿井废水的原因，土壤中硫或硫化物的氧化可导致极端酸性。当然，某些厌氧细菌可以将硫酸盐和其他氧化形态的硫还原为硫化物。

有一个全球性的硫循环，这种自然循环的大多数方面在水生生态系统中运作。硫酸根作为营养物质影响生物活性，但硫化物对水生生物有毒。本章的目的是讨论硫化学及其对水质的影响。

16.1 硫的循环

硫的循环的主要特征如图16.1所示。向大气中排放硫的自然来源包括火山活动[火山活动释放硫化氢（H_2S）和二氧化硫（SO_2）]，海水蒸发产生的硫酸盐，干旱土地产生的含石膏（$CaSO_4 \cdot 2H_2O$）的灰尘，微生物分解有机物释放的硫化氢，化石燃料燃烧和野火释放的二氧化硫。人类活动每年向空气中释放约1亿吨硫（Smith et al.，2011）。从自然来源进入大气的硫排放量尚未准确确定，但其数量被认为比人为来源小得多。硫化氢和二氧化硫被氧化，生成的硫酸被雨水从大气中冲走（第11章）。从而防止了大气中还原硫化合物的长期积累，但在硫排放量高的地区，雨水的pH可能会降低到足以导致土壤和水体酸化，从而造成严重的生态影响。

石膏和元素硫矿床被开采并用做工业和农业硫的来源。石膏是建筑施工中广泛使用的干墙或石膏板的主要成分。硫酸由工业氧化SO_2制成，SO_2来自氧化元素硫。二氧化硫也可以从天然气或原油中提取。硫酸有无数的工业用途，但全球约一半的硫酸生产用于磷肥制造。

植物通常依赖硫酸根作为硫源，但有些植物可以吸收二氧化硫，将其还原为硫化物，并利用硫化物制造含硫氨基酸。植物生物质中的硫通过食物网向动物提供硫。动物排泄物和死去的动植物的残骸中含有细菌使用的硫。残渣中的有机硫被细菌矿化成硫化物，但在有氧的情况下，硫化物被氧化成硫酸盐。硫酸盐可以被一些细菌还原成硫化物。

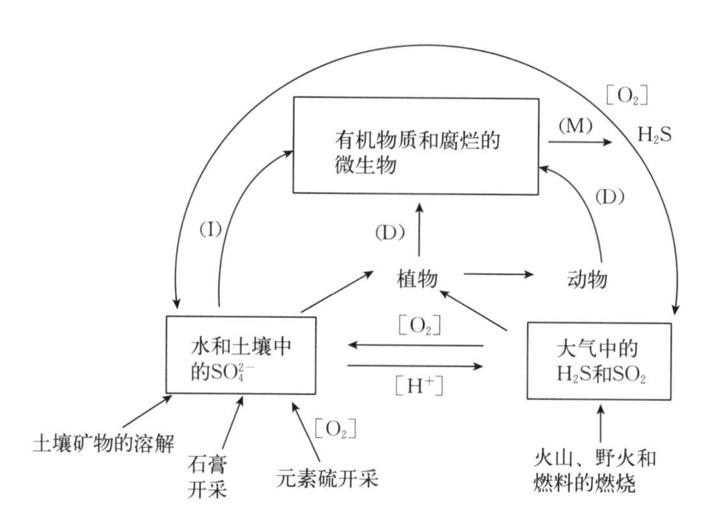

$[O_2]$=氧化；$[H^+]$=还原；(D)=死亡；(I)=固定；[M]=矿化

图 16.1　硫的循环

16.2　硫的转化

硫有五种可能的价态，从−2 到+6（表 16.1），这些价态之间的转换通常由微生物介导。

表 16.1　硫的价态

化合价	名称	分子式
−2	硫化氢	H_2S
	硫化亚铁	FeS
	半胱氨酸	R-SH[a]
	蛋氨酸	R-S-R[a]
0	元素硫	S_8
+2	硫代硫酸钠	$Na_2S_2O_3$
	硫代硫酸	$H_2S_2O_3$
+4	二氧化硫	SO_2
	亚硫酸	H_2SO_3
	亚硫酸氢钠	$NaHSO_3$
+6	硫酸	H_2SO_4
	硫酸钙	$CaSO_4 \cdot 2H_2O$
	硫酸钾	K_2SO_4

[a] R：有机部分

16.2.1 植物吸收与矿化

植物必须将硫酸盐还原成硫化物才能合成含硫氨基酸。在此过程中，硫酸盐首先与ATP结合并转化为亚硫酸盐（SO_3^{2-}）。亚硫酸盐在亚硫酸盐还原酶催化的反应中还原为硫化物。硫化物与有机部分结合形成半胱氨酸和蛋氨酸这两种含硫氨基酸。

植物通常含有0.1%～0.3%的硫。植物蛋白质中的含硫氨基酸通过食物网传递给动物。细菌和其他微生物必须有硫的来源，因为它们的细胞干基含有0.1%～1.0%的硫。如果有机残留物的硫含量超过微生物分解过程中所需的硫含量，则硫被矿化到环境中（例16.1）。如果残留物中的硫含量低于微生物分解所需的硫含量，则硫将从环境中固定下来。

例16.1 假设含有0.3%硫和45%碳（干基）的残留物被细菌完全分解。假如存在足够的氮和其他元素来满足微生物的需要。该细菌的碳同化效率为20%，硫含量为0.15%。估算1 000克残渣中矿化的硫。

解：

1 000克残渣的碳和硫含量为：

$$1\,000 \times 0.45 = 450 \text{ 克碳}$$

$$1\,000 \times 0.003 = 3 \text{ 克硫}$$

细菌的生物量是：

$$450 \text{ 克碳} \times 0.2 = 90 \text{ 克细菌碳}$$

$$90 \text{ 克细菌碳} \div 0.5 = 180 \text{ 克细菌生物量}$$

细菌生物量中的硫为：

$$180 \text{ 克细菌} \times 0.001\,5 = 0.27 \text{ 克硫}$$

残渣中的硫比分解所需的硫多2.73克，这些硫将被矿化。

几乎所有情况下，在控制有机物分解速率方面，碳氮比比碳硫比更为重要。

16.2.2 氧化作用

大多数硫氧化可以通过纯化学过程进行，但生物干预通常会加速硫氧化。氧化无机硫的细菌通常是专性或兼性自养生物。它们利用从氧化硫中获得的能量在细胞中将二氧化碳转化为有机碳。这一过程类似于硝化作用，导致有机物的合成。然而，与硝化作用一样，硫氧化细菌的固碳效率不高。与光合作用产生的有机物相比，硫氧化细菌在全球产生的有机物量微乎其微。

最著名的硫氧化细菌是硫杆菌属，硫杆菌属是一种革兰氏阴性杆状细菌（β变形杆菌）。这些微生物进行的一些代表性反应如下：

$$Na_2S_2O_3 + 2O_2 + H_2O \longrightarrow 2NaHSO_4 \quad (16.1)$$

$$5Na_2S_2O_3 + 4O_2 + H_2O \longrightarrow 5Na_2SO_4 + H_2SO_4 + 4S \quad (16.2)$$

$$S + 1\tfrac{1}{2}\ O_2 + H_2O \longrightarrow H_2SO_4 \quad (16.3)$$

在每一个反应中，能量被释放，一小部分能量被捕获（通过将ADP转化为ATP），并用于将二氧化碳转化为碳水化合物。

硝酸盐也可以作为硫氧化的氧源，如下所示：

$$5S + 6KNO_3 + 2H_2O \longrightarrow K_2SO_4 + 4KHSO_4 + 3N_2 \quad (16.4)$$

在方程式16.4描述的反应中，从硝酸盐中去除氧，并将硫氧化为硫酸盐。这一过程可以称为硫氧化，但也可以称为脱氮，因为会释放氮气。

绿色和紫色的硫细菌也能氧化硫。这些细菌非常罕见，因为它们是厌氧光能自养生物。绿色硫细菌包括绿菌属和绿菌科的其他几个属，而紫色硫细菌属于着色菌科，包括硫螺菌属和其他几个属。有色的绿色和紫色硫细菌通过以下反应利用光和氧化硫化物的能量，将二氧化碳还原为碳水化合物（CH_2O）：

$$CO_2 + 2H_2S \xrightarrow{光} CH_2O + 2S + H_2O \quad (16.5)$$

$$2CO_2 + H_2S + 2H_2O \xrightarrow{光} 2CH_2O + H_2SO_4 \quad (16.6)$$

光照和无氧条件都是有色的光合硫杆菌的必要条件，因此它们在自然界中的存在受到很大限制。有色硫细菌特别麻烦，因为它们生长在下水道的内部顶部，靠近井盖，那里光线充足。结果是，细菌产生的硫酸腐蚀了井盖附近管道的上内表面。

16.2.3 还原作用

硫还原发生在无氧环境中，硫还原细菌利用硫酸盐或其他氧化硫化合物中的氧作为呼吸中的电子和氢受体。这一过程与反硝化过程类似。主要的硫还原细菌是革兰氏阴性细菌的脱硫弧菌属，通常出现在有机质浓度高的沉积物或淹水土壤中。一些典型的反应是：

$$SO_4^{2-} + 8H^+ \longrightarrow S^{2-} + 4H_2O \quad (16.7)$$

$$SO_3^{2-} + 6H^+ \longrightarrow S^{2-} + 3H_2O \quad (16.8)$$

$$S_2O_3^{2-} + 8H^+ \longrightarrow 2SH^- + 3H_2O \quad (16.9)$$

方程式16.7至方程式16.9中描述的反应的电子、氢和能量的来源是碳水化合物、有机酸和醇。一个典型的完全反应是：

$$2CH_3CHOHCOONa + MgSO_4 \longrightarrow H_2S + 2CH_3COONa + CO_2 + MgCO_3 + H_2O \quad (16.10)$$

16.3 硫化氢

前面的硫还原方程式显示硫酸盐和其他氧化形式的硫转化为S^{2-}、HS^-或H_2S。这些是硫化物硫的所有形态，它们也是二元酸、硫化氢（H_2S）的解离产物。硫化氢的解离如下：

$$H_2S = HS^- + H^+ \quad K_1 = 10^{-7.01} \quad (16.11)$$

$$HS^- = S^{2-} + H^+ \quad K_2 = 10^{-13.89} \quad (16.12)$$

根据pH，细菌还原含硫化合物产生的主要硫化物形态为H_2S、HS^-或S^{2-}（图16.2）。非电离硫化氢在酸性环境中占主导地位，但在碱性环境中，S^{2-}将是主要形式。

就水质而言，硫化物通常产生于沉积物或分层湖泊的均温层中。当硫化物进入沉积物上方的含氧水柱或在热对流时混合到有氧水中时，硫化物会很快被氧化。只有缺氧的水才会含有明显的硫化物。

高度厌氧环境中既含有亚铁，也含有硫化物，以及亚铁硫化物沉淀物。硫化物也会发生形成金属硫化物的反应。从表4.3可以发现金属硫化物的溶度积常数很小。海洋沉积物

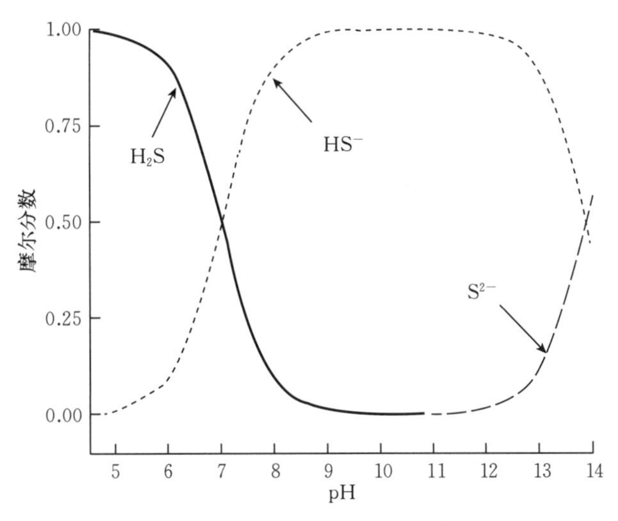

图 16.2　pH 对硫化物形态相对比例的影响

是形成金属硫化物的特别有利环境，因为间隙水的高硫酸盐含量有利于硫化物的生成。

方程式 16.11 的质量作用表达式将用于估算以下示例中特定 pH 下未电离形式的硫化物比例。

例 16.2　估算 pH 为 6 的未电离硫化氢百分比。

解：

方程式 16.11 的质量作用表达式为：

$$\frac{(HS^-)(H^+)}{(H_2S)}=10^{-7.01}$$

$$\frac{(HS^-)}{(H_2S)}=\frac{(10^{-7.01})}{(10^{-6})}=10^{-1.01}=0.098$$

因此，对于 0.098 摩尔 HS^-，有 1 摩尔 H_2S，则 H_2S 占总硫化物的比例为：

$$\frac{1}{(1+0.098)}=0.911\ (或\ 91.1\%H_2S)$$

表 16.2 提供了 0～50 ℃温度下硫化氢（$H_2S=HS^-+H^+$）的第一电离常数。电离常数用于计算不同 pH 和温度下未电离硫化氢的比例（表 16.3）。为了说明表 16.3 的使用，假设在 pH 为 8.0 和 30 ℃时，总硫化物浓度为 0.10 毫克/升。这些条件下，表 16.3 中的系数为 0.072；未电离的硫化氢中的硫含量为 0.1 毫克/升×0.072=0.007 2 毫克/升。

表 16.2　不同温度下 H_2S（$H_2S=HS^-+H^+$）**的第一电离常数**

温度（℃）	K	温度（℃）	K	温度（℃）	K
0	$10^{-7.66}$	20	$10^{-7.13}$	40	$10^{-6.67}$
5	$10^{-7.51}$	25	$10^{-7.01}$	45	$10^{-6.57}$
10	$10^{-7.38}$	30	$10^{-6.89}$	50	$10^{-6.47}$
15	$10^{-7.25}$	35	$10^{-6.78}$		

表 16.3 不同 pH 和温度下作为未电离硫化氢硫（H_2S-S）的总硫化物硫的小数（比例）

pH	温度（℃）							
	5	10	15	20	25	30	35	40
5.0	0.997	0.996	0.947	0.993	0.990	0.987	0.983	0.979
5.5	0.981	0.987	0.983	0.977	0.970	0.961	0.950	0.937
6.0	0.970	0.960	0.947	0.931	0.911	0.886	0.858	0.831
6.5	0.911	0.883	0.849	0.810	0.764	0.711	0.656	0.597
7.0	0.764	0.706	0.641	0.575	0.505	0.437	0.376	0.318
7.5	0.506	0.431	0.360	0.299	0.244	0.197	0.160	0.129
8.0	0.245	0.193	0.152	0.119	0.093	0.072	0.057	0.045
8.5	0.093	0.071	0.053	0.041	0.031	0.024	0.019	0.015
9.0	0.031	0.023	0.018	0.013	0.010	0.008	0.006	0.003

16.4 硫的浓度

内陆潮湿地区地表水中的硫酸盐浓度通常较低，一般只有几毫克/升。在干旱地区，地表水通常具有较高的硫酸盐浓度，其值为 50～100 毫克/升或更高。海水硫酸盐平均含量为 2 700 毫克/升（表 5.8）。

在有氧的地表水中，硫化物很少以可测量的浓度出现。但是，如果无氧沉积物中硫化物的释放速率大于水柱内硫化物的氧化速率，则硫化物会在地表水中积聚。富营养化湖泊的均温层和某些井水中的硫化物浓度可能为几毫克/升。当含有硫化物的水被曝气时，硫化物被迅速氧化成硫酸盐。关于天然水中其他形式硫浓度的信息很少。

淡水沉积物的总硫含量通常低于 0.1%，海洋沉积物的总硫含量通常在 0.05%～0.3%。在一些积累了黄铁矿和其他金属硫化物的沉积物中，总硫浓度可能在 0.5%～5%。无氧沉积物中的间隙水可能含有 1～5 毫克/升的硫化物。

16.5 硫的影响

硫化物在有鱼的有氧环境中很快氧化。但是，在某些条件下，硫化物进入含氧区的速率可能超过其氧化速率。这种现象会导致硫化物的有毒浓度。

未电离形式的硫化物（H_2S）对鱼类和其他水生动物具有高度毒性，但两种电离形式的硫化物（HS^- 和 S^{2-}）毒性很小。硫化氢对淡水鱼的 96 小时 LC_{50} 范围为 4.2～34.8 微克/升（Gray et al.，2002），但海洋生物显然对硫化氢不太敏感——96 小时 LC_{50} 是淡水鱼的 2～10 倍（Bagarinao and Lantin - Olaguer，1999；Gopakumar and Kuttyamma，1996）。大多数权威机构建议，天然水中的硫化物含量不得超过 0.002 毫克/升，任何可检测浓度都是不可取的。硫化氢对生物体的毒性是由多种效应引起的。硫化氢抑制分子氧对细胞色素 a_3 的再氧化，因为它阻断电子传递系统并停止氧化呼吸。血乳酸浓度也增加，无氧糖酵解优于有氧呼吸。总体毒性效应是缺氧，低溶解氧浓度会增强硫化物毒性（Boyd and Tucker，2014）。如前所述，在含有溶解氧的环境中很少检测到硫化氢，而且除了在受污染的水生生态系统中，硫化氢很少是一个重要的毒性因素。

硫浓度最常见的问题与饮用水质量有关。饮用水中的硫酸盐会带来苦味。根据其敏感性，人们会觉察到硫酸盐浓度为250～1 000毫克/升时的苦味。含有较高硫酸盐浓度的水也可作为不习惯饮用的人的泻药。最高质量的饮用水的硫酸盐含量不会超过50毫克/升，但大多数权威机构表示，饮用水供应可接受高达250毫克/升的硫酸盐。此外，水中硫酸盐浓度高会干扰氯化消毒。

硫化氢可能会是井水中的一种污染物。尽管在正常浓度下对人体无毒，但大多数人在硫化物浓度为0.1～0.5毫克/升时都能感觉到臭味。当硫化物浓度高达1毫克/升时，臭味通常被描述为发霉，但较高浓度会导致硫化氢的典型“臭鸡蛋”味。除气味外，硫化氢浓度升高对水管和固定设施具有高度腐蚀性。去除饮用水中硫化氢的方法包括活性炭过滤、曝气和用氯或高锰酸钾氧化。

化石燃料燃烧造成的大气二氧化硫排放是酸雨的主要原因。自20世纪70年代以来，许多国家通过要求在车辆、烟囱等上安装二氧化硫清除装置来减少二氧化硫排放。尽管二氧化硫排放得到了相当大的控制，全球排放量在几年内有所下降，由于经济快速发展的国家越来越多地使用化石燃料，二氧化硫排放量正在增加（Boyd and McNevin，2015）。

结论

大多数地表水中的硫酸盐浓度足以支持植物生长，它不是常见的限制因素或富营养化的原因。硫化氢是在无氧区产生的，它扩散或混合到含氧区的速度可能比被氧化的速度快，从而对鱼类和其他水生生物产生毒性。硫酸盐浓度过高和硫化物的存在可能会影响饮用水质量。水体酸度过高和pH过低通常是自然来源的硫酸或污染的结果。

参考文献

Bagarinao T，Lantin - Olaguer I，1999. The sulfide tolerance of milkfish and tilapia in relation to fish kills in farms and natural waters in the Philippines. Hydrobio，382：137 - 150.

Boyd CE，McNevin AA，2015. Aquaculture，resource use，and the environment. Hoboken，Wiley Blackwell.

Boyd CE，Tucker CS，2014. Handbook for aquaculture water quality. Auburn，Craftmaster Printers.

Gopakumar G，Kuttyamma VJ，1996. Effect of hydrogen sulphide on two species of penaeid prawns *Penaeus indicus*（H. Milne Edwards）and *Metapenaeus dobsoni*（Miers）. Env Con Tox，57：824 - 828.

Gray JS，Wu RS，Or YY，2002. Effects of hypoxia and organic enrichment on the coastal marine environment. Mar Ecol Prog Ser，238：249 - 279.

Hem JD，1985. Study and interpretation of the chemical characteristics of natural water. Water Supply Paper 2254. United States Geological Survey，United States Government Printing Office，Washington.

Smith SJ，van Aardenne J，Kilmont Z，et al.，2011. Anthropogenic sulfur dioxide emissions：1850 - 2005. Atmos Chem Phy，11：1101 - 1116.

17 微量营养素和其他微量元素

摘要

天然水体中微量金属元素来源的大多数矿物的溶解度受到低 pH 的影响。溶解的微量元素的游离离子浓度通常远低于微量元素的总浓度。这是由于游离微量离子和主要离子之间的离子对结合、复合离子的形成、金属离子的水解和金属离子的螯合作用。一些微量元素对植物、动物或两者都是必不可少的，如锌、铜、铁、锰、硼、氟、碘、硒、镉、钴和钼。其他一些微量元素被怀疑，但没有明确证明是必需的。有一些报告说，微量营养素浓度低限制了水体的生产力；但大多数水体的初级生产力显然不受微量营养素短缺的限制。微量元素，包括营养元素，在高浓度下可能对水生生物有毒。饮用水中几种微量金属的浓度过高也会对人体健康有害。水生动物和人类中的微量元素毒性通常是由人为污染造成的。然而，饮用水中微量金属浓度过高有时是自然发生的。例如，孟加拉国和毗邻的印度的几个省份为数百万人供水的地下水中存在长期有毒浓度的砷离子。

引言

元素周期表中的 118 种元素中，有 94 种存在于自然界，并且可以以一定浓度存在于水中。不同元素的浓度范围差别很大。在对淡水的完整分析中，一些元素的浓度为 10～100 毫克/升，而其他元素的浓度将低于 0.1 毫克/升。在海水中发现了更大的元素浓度范围。天然水体中溶解的元素通常分为两类。浓度超过 1 毫克/升的元素通常称为主要元素，浓度较低的元素称为微量元素（Gaillardet et al.，2003）。有时，浓度最低的元素可称为超微量元素。

铁、锰、锌、铜和其他一些水生生物必需的微量元素称为微量营养素或痕量营养素。前面讨论的磷酸盐、硝酸盐和氨氮通常也以<1 毫克/升的浓度存在于水体中，但它们不被视为微量营养素，因为它们是生物体大量需要的元素。铁和其他微量营养素的浓度可能低到足以限制某些淡水水体（Goldman，1972；Hyenstrand et al.，2000；Vrede and Tranvik，2006）和海洋（Nadis，1998）的生产力。微量营养素和非必需微量元素的浓度过高可能对生物体有毒，包括人类。高于正常浓度的微量元素通常是由污染造成的，但浓度升高有时是自然现象。

本章的目的是讨论微量营养素和非必需微量元素。重点将是水体中微量元素的来源、

化学、浓度和影响。

17.1 微量元素浓度的化学控制

微量元素在水中的溶解度是一个复杂的课题，取决于各种因素的特定组合（Hem，1985；McBride，1989；Deverel et al.，2012）。元素的来源显然是必要的，主要来源是流域、水体底部的矿物，在某些情况下还有污染物。矿物溶解度的一个主要控制因素是溶度积（K_{sp}）。K_{sp}影响矿物的溶解程度，但同样重要的是，如果水中某些离子的浓度超过某些矿物的 K_{sp}，则会发生该矿物的沉淀。同离子原理在导致沉淀方面尤为重要。

表 17.1 提供了水质相关的一些 K_{sp} 值（25 ℃）。溶解度反应的形式为 aAbB(s)＝aA(aq)＋bB(aq)。溶度积可用于计算化合物的可能水溶性，表中的 K_{sp}值适用于化合物在 25 ℃蒸馏水中的溶解度。一些化合物的 K_{sp}可能是经过测量的；但是，更有可能的是，通过使用公式 4.11 从其标准状态所涉及的化学形态的标准吉布斯自由能（ΔG）计算得出的，下面的示例说明计算过程。

表 17.1 一些微量元素化合物的溶度积（K_{sp}）

化合物	K_{sp}指数	化合物	K_{sp}指数	化合物	K_{sp}指数
$Al(OH)_3$	−33.39	Cu_2S	−47.60	MnOOH	−18.26
Ag_2CO_3	−11.07	CuS	−36.26	MnS	−10.19
AgCl	−9.75	$CuSO_4 \cdot 5H_2O$	−7.06	$Ni(OH)_2$	−15.26
Ag_2S	−50.22	$Fe(OH)_3$	−37.08	$NiCO_3$	−6.84
$BaCO_3$	−8.56	Fe_2O_3	−87.95	NiS	−22.03
$BaSO_4$	−9.97	Fe_3O_4	−108.18	$Pb(OH)_2$	−19.83
$Be(OH)_2$	−21.16	$FeCO_3$	−10.89	$PbCO_3$	−13.13
BiOOH	−9.40	FeO	−14.45	PbS	−26.77
Bi_2S_3	−97.00	FeOOH	−42.97	$PbSO_4$	−7.99
CaF_2	−10.60	$FeMoO_4$	−6.91	$Sn(OH)_2$	−26.26
$Cd(OH)_2$	−14.25	FeS	−17.91	SnS	−27.52
$CdCO_3$	−12.10	FeS_2	−26.89	$SrCO_3$	−9.27
CdS	−29.92	$Hg(OH)_2$	−15.67	$SrSO_4$	−6.63
$Co(OH)_2$	−14.23	$HgCO_3$	−16.44	$Tl(OH)_3$	−43.87
$Co(OH)_3$	−43.80	Hg_2Cl_2	−17.84	Tl_2S	−21.22
$CoCO_3$	−12.85	HgS	−52.70	UO_2	−55.86
CoS	−43.40	$Mn(OH)_2$	−12.78	$V(OH)_2$	−15.40
$Cr(OH)_2$	−33.10	Mn_2O_3	−84.55	$V(OH)_3$	−34.40
$Cu(OH)_2$	−19.34	Mn_3O_4	−54.15	$Zn(OH)_2$	−15.78
$Cu(OH)_2CO_3$	−33.16	$MnCO_3$	−10.39	$ZnCO_3$	−10.00
CuO	−20.36	MnO_2	−17.84	ZnS	−23.04

资料来源：www2.chm.ulaval.ca/gecha/chm1903/6_solubilite_solides/solubility_products.pdf 和 http://www.aqion.de/site/16

注：K_{sp}值以 10 的指数给出，例如表中的 K_{sp}指数＝−33.39 中，表示 $K_{sp}=10^{-33.39}$。K_{sp}数据部分是由试验测得，另一部分则是由吉布斯自由能计算所得，不同文献报告的数据可能略有不同。本表中部分数据与表 4.3 及正文某些地方并不相符，本书出版时予以保留。——编者注

例 17.1 计算 Cu_2S 的 K_{sp}。

解:

$$Cu_2S=2Cu^{+}+S^{2-}$$

$$\Delta G^{\circ}=2\Delta G^{\circ}_{f}(Cu^{+})+\Delta G^{\circ}_{f}(S^{2-})-\Delta G^{\circ}_{f}(Cu_2S)$$

$$\Delta G^{\circ}=2(49.99\text{千焦/摩尔})+85.8\text{千焦/摩尔}-(-86.19\text{千焦/摩尔})$$

$$\Delta G^{\circ}=271.97\text{千焦/摩尔}$$

$$\Delta G^{\circ}=-5.709\lg K$$

$$\lg K=\frac{\Delta G^{\circ}}{-5.709}=\frac{271.97}{-5.709}=-47.64$$

$$K=10^{-47.64}$$

$$K_{sp}=2.28\times10^{-48}\text{或}10^{-47.64}$$

表 17.1 中的 K_{sp} 也是 $10^{-47.64}$。

不同表格中报告的 K_{sp} 值可能略有不同。利用其与标准吉布斯自由能的关系，可以获得在 25 ℃以外温度下的 K_{sp}。对于溶解度受 pH、二氧化碳浓度或氧化还原电位影响的化合物，表中的 K_{sp} 值未给出正确的浓度。为了说明 pH 对溶解度的影响，考虑黑铜矿（CuO；$K_{sp}=10^{-20}$）在水中反应形成 Cu^{2+} 和 $2OH^{-}$。使用黑铜矿的 K_{sp}，Cu^{2+} 的平衡浓度仅为 $10^{-8.5}$ 摩尔/升（0.2 微克/升）。然而，CuO 与 H^{+} 反应生成 Cu^{2+} 和水，$K=10^{7.35}$。在以下示例中，可计算在较低 pH 下反应的氧化铜的溶解度。

例 17.2 计算 CuO 在 pH 为 5 和 25 ℃时的铜溶解度。

解:

$$CuO+2H^{+}=Cu^{2+}+H_2O$$

$$(Cu^{2+})/(H^{+})^2=10^{7.35}$$

$$(Cu^{2+})=(10^{-5})^2(10^{7.35})=10^{-2.65}\text{摩尔/升或}2.24\text{毫摩尔/升}$$

$$(Cu^{2+})=2.24\text{毫摩尔/升}Cu^{2+}\times63.54\text{毫克}Cu^{2+}/\text{毫摩尔}$$

$$=142\text{毫克/升}Cu^{2+}$$

对于不同的温度和 pH，可通过重复例 17.2 中的计算来证明温度和 pH 的影响。为了实现这一点，将标准吉布斯自由能与任意温度下的平衡常数相关的方程式（公式 4.10）用于计算不同温度下的 K_{sp}。黑铁矿的溶解度随着 pH 和温度的升高而降低（表 17.2）。不同化合物对 pH 和温度的响应不同，但金属离子与其氧化物的平衡浓度随 pH 的增大而降低，如几种常见微量元素的平衡浓度所示（图 17.1）。

表 17.2 不同温度和 pH 下反应 $CuO+2H^{+}=Cu^{2+}+H_2O$ 和氧化铜溶解度的 K_{sp} 值

温度（℃）	K_{sp}	Cu^{2+} 浓度（微克/升）		
		pH 6	pH 7	pH 8
10	$10^{7.74}$	3 490	34.9	0.349
15	$10^{7.61}$	2 590	25.9	0.259
20	$10^{7.48}$	1 920	19.2	0.192
25	$10^{7.35}$	1 420	14.2	0.142
30	$10^{7.23}$	1 080	10.8	0.108

有些金属如铜、锌、锡、铅、铝和铍是两性的：也就是说，它们可以作为酸或碱反应。它们的溶解度可能会随着 pH 的增加而降低，但在某些 pH 下，它们的浓度会随着它们作为酸的反应而开始增加。例如，氢氧化锌是$Zn(OH)_2(s)+2H^+(aq)=Zn^{2+}(aq)+2H_2O$反应中的碱，但与氢氧化物反应时$Zn(OH)_2(s)+2OH^-(aq)=Zn(OH)_4^{4-}(aq)$，氢氧化锌呈酸性。因此，碱性反应会随着 pH 的增加而减少；但是，氢氧化锌的酸性反应随着 pH 的增大而增大。这导致在 pH 更高时，Zn^{2+}浓度可能高于氢氧化锌作为碱的通常溶解行为。

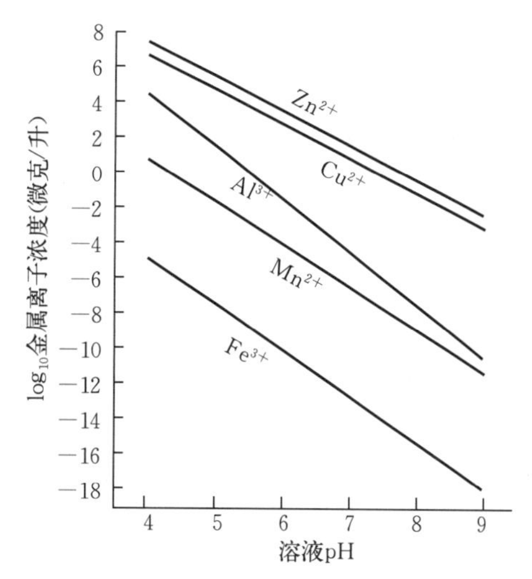

图 17.1　在 25 ℃时不同 pH 下 CuO、ZnO、MnO、Fe_2O_3 和 $Al(OH)_3$ 蒸馏水中平衡时的金属离子浓度

在溶解氧存在时，氧化还原电位增加，它极大地影响铁和其他几种元素化合物的溶解度。例 17.3 根据钼酸亚铁在纯水中的亚铁溶解度 K_{sp}（表 17.1）进行计算。

例 17.3　请计算钼酸亚铁（$FeMoO_4$）中亚铁（Fe^{2+}）的溶解度。

解：

反应的质量作用形式（表 17.1）为：

$$(Fe^{2+})(MoO_4^{2-})=10^{-6.91}$$

$$令\ X=(Fe^{2+})=(MoO_4^{2-})$$

$X^2=10^{-6.91}$；$X=10^{-3.455}$或 3.51×10^{-4}摩尔/升 Fe^{2+}以及 MoO_4^{2-}

以 Fe^{2+}表示：

$$3.51\times10^{-4}摩尔/升\times55.84\ 克\ Fe^{2+}/摩尔$$

$$=0.019\ 5\ 克/升\ Fe^{2+}或\ 20\ 毫克/升\ Fe^{2+}$$

例 17.3 中的铁浓度计算不是含氧水的最终结果，因为 Fe^{2+}氧化并沉淀为氢氧化铁：

$$Fe^{2+}+O_2+H_2O=Fe(OH)_3\downarrow+H^+ \tag{17.1}$$

氢氧化铁［$Fe(OH)_3$］在 pH 高于 5 时是非常难溶的。

$$Fe(OH)_3+3H^+=Fe^{3+}+3H_2O\quad K=10^{3.54} \tag{17.2}$$

在 pH 为 7 时，Fe^{3+}的浓度仅为 $10^{-17.46}$摩尔/升，无法通过分析检测到。

沉积物中的低氧化还原电位增加了氢氧化铁的溶解度，因为三价铁（Fe^{3+}）被还原为可溶性亚铁（Fe^{2+}）。沉积物中的厌氧细菌产生硫化物（S^{2-}），它与亚铁和其他一些金属离子反应，形成不溶性金属硫化物，例如 FeS 和 FeS_2。这些金属硫化物在无氧沉积物中沉淀，不会进入水柱（Guo et al.，1997）。

尽管 Fe^{3+}和其他微量金属的溶解度较低，但水体中仍会有可检测到的微量金属浓度。这是由于金属离子与主要离子、水、溶解有机物、氨和氰化物反应形成可溶络合物的结果。

二氧化碳可以增加碳酸盐的溶解度，使其高于 K_{sp}值的预期值。$BaCO_3=Ba^{2+}+CO_3^{2-}$的 K_{sp}为 $10^{-8.56}$，根据 ΔG°，反应 $BaCO_3+CO_2+H_2O=Ba^{2+}+2HCO_3^-$ 的 $K=10^{-3.11}$。使用

这两个平衡常数进行的计算表明，二氧化碳的反应使平衡时的 Ba^{2+} 浓度增加了 2.3 毫克/升。

金属离子也可以吸附到土壤矿物和有机质上，或作为一种超过其溶解度的化合物沉淀。即使当大量微量元素进入水体时，也有很大一部分可通过沉淀迅速从溶液中去除。当硫酸铜用于池塘和水库控制藻类时，就会出现这种现象。硫酸铜施用后的初始铜浓度通常为 100～250 微克/升（Cu^{2+}），但在 2～3 天内，水体总铜的浓度会与处理前的浓度相似，通常<20 微克/升。大部分铜沉淀为 CuO 或 $CuCO_3$，一部分被底土吸附（McNevin and Boyd，2004）。大多数溶解的铜将与其他离子或溶解的有机物结合成可溶态，而不是 Cu^{2+}。

McBride（1989）得出的结论是，微量离子相互作用非常复杂，因此无法使用单一的理论方法或模型来解释微量金属的浓度。这仍然是一个合理的评估，知道实际浓度的唯一方法是通过测量它，并且测量不会将游离离子浓度与离子的其他可溶形态分离。然而，有关微量元素溶解的原理有助于我们理解为什么某些微量元素的浓度通常高于其他微量元素，以及为什么某一特定微量元素在一个水体中的浓度可能高于另一个水体。

必须考虑到海洋中的微量离子浓度与淡水中的有所不同。与海洋相比，淡水系统的水力停留时间较短，淡水中微量金属的测量浓度可能会迅速变化。海洋基本上达到了水化学平衡，特别是如果我们只考虑几十年的时间段。浓度可能会发生自然变化，污染可能会增加海湾和河口的微量元素浓度，但在公海，微量元素浓度往往保持不变。

有几个包含海洋中微量元素平均浓度的表格可用，例如 Goldberg（1963）、Turekian（1968）、Ryan（1992），这些表格中的浓度有所不同。作者认为，Goldberg 表中的浓度是最可靠的，也是表 17.3 的主要数据来源。许多微量元素在海洋中的浓度低于淡水中的浓度。

表 17.3 海水中的平均微量元素浓度（微克/升）（Goldberg，1963）

元素	主要形态[a]	元素浓度	元素	主要形态[a]	元素浓度
Al	$Al(OH)_4^-$、$Al(OH)_3$	10	Pb	$PbCO_3$	0.03
Sb	$Sb(OH)_6^-$	0.5	Mn	Mn^{2+}	2.0
As	$HAsO_2^{2-}$	3.0	Hg	$HgCl_4^{2-}$	0.03
Ba	Ba^{2+}	0.30	Mo	MoO_4^{2-}	10
Be	$BeOH^-$、$Be(OH)_2$	0.000 6	Ni	$NiCO_3$	20
Bi	BiO^+、$Bi(OH)_2^-$	0.02	Se	SeO_4^{2-}、SeO_3^{2-}	4.0
B	$B(OH)_3$、$B(OH)_4^-$	(4.45)*	Si	$Si(OH)_4$	(3.0)*
Br	Br^-	(65)*	Ag	$AgCl_2^-$	0.30
Cd	$CdCl_2^-$	0.11	Sr	Sr^{2+}	(8.0)*
Cr	CrO_4^{2-}	0.05	Sn	Sn(OH)	3.0
Co	Co^{2+}、$CoCO_3$	0.50	Tl[b]	Tl^+、TlCl	0.014
Cu	$CuCO_3$	3.0	U[c]	—	3.0
F	F^-、MgF^+、CaF^+	(1.4)*	V	HVO_4^{2-}、$H_2VO_4^-$	2.0
I	IO_3^-	60	Zn	Zn^{2+}	10
Fe	$Fe(OH)_3$	10			

[a] Ryan（1992）

[b] Flegal and Patterson（1985）

[c] Stralberg et al.（2003）

* 毫克/升

微量元素与其他溶解物质之间可溶性关联物的形成是决定微量元素浓度的主要因素。这个问题值得进一步讨论。

17.1.1 离子对

主要离子的离子对通常在水质中并不重要，因为任何主要离子的总浓度中只有一小部分会结合在离子对中（第4章）。微量离子的浓度较低，但主要离子的浓度要高得多，而且大部分微量元素可以与一个或多个主要离子配对。锌离子和硫酸根相互吸引形成硫酸锌离子对（$ZnSO_4^0$），如下所示：

$$Zn^{2+}+SO_4^{2-}\rightleftharpoons ZnSO_4^0 \quad K_f=10^{2.38} \tag{17.3}$$

$ZnSO_4^0$ 离子对可溶，与溶液中的游离金属离子（Zn^{2+}）浓度平衡。表17.4列出了一些常见的微量金属离子对反应和离子对形成常数。大多数微量离子形成多个离子对，但与游离微量金属离子的浓度相比，这些离子对中只有一个或两个具有显著的浓度。

表17.4 一些微量营养素和微量元素离子对的反应方程式和形成常数（K_f）

反应	K_f	反应	K_f
$Ca^{2+}+F^-=CaF^+$	$10^{1.04}$	$Zn^{2+}+Cl^-=ZnCl^+$	$10^{0.43}$
$Fe^{3+}+F^-=FeF^{2+}$	$10^{5.17}$	$Zn^{2+}+2Cl^-=ZnCl_2^0$	$10^{0.61}$
$Fe^{3+}+2F^-=FeF_2^+$	$10^{9.09}$	$Zn^{2+}+3Cl^-=ZnCl_3^-$	$10^{0.53}$
$Fe^{3+}+3F^-=FeF_3^0$	10^{12}	$Zn^{2+}+4Cl^-=ZnCl_4^{2-}$	$10^{0.20}$
$Fe^{3+}+Cl^-=FeCl^{2+}$	$10^{1.42}$	$Zn^{2+}+SO_4^{2-}=ZnSO_4^0$	$10^{2.38}$
$FeCl^{2+}+Cl^-=FeCl_2^+$	$10^{0.66}$	$Zn^{2+}+CO_3^{2-}=ZnCO_3^0$	10^5
$FeCl_2^++Cl^-=FeCl_2^0$	10^1	$Cd^{2+}+F^-=CdF^+$	$10^{0.46}$
$Fe^{2+}+SO_4^{2-}=FeSO_4^0$	$10^{2.7}$	$Cd^{2+}+Cl^-=CdCl^+$	10^2
$Fe^{3+}+SO_4^{2-}=FeSO_4^+$	$10^{4.15}$	$Cd^{2+}+2Cl^-=CdCl_2^0$	$10^{2.70}$
$Cu^{2+}+F^-=CuF^+$	$10^{1.23}$	$Cd^{2+}+3Cl^-=CdCl_3^-$	$10^{2.11}$
$Cu^{2+}+Cl^-=CuCl^+$	10^0	$Cd^{2+}+SO_4^{2-}=CdSO_4^0$	$10^{2.29}$
$Cu^{2+}+SO_4^{2-}=CuSO_4^0$	$10^{2.3}$	$Al^{3+}+F^-=AlF^{2+}$	$10^{6.13}$
$Cu^{2+}+CO_3^{2-}=CuCO_3^0$	$10^{6.77}$	$Al^{3+}+2F^-=AlF_2^+$	$10^{11.15}$
$Cu^{2+}+2CO_3^{2-}=Cu(CO_3)_2^{2-}$	$10^{10.01}$	$Al^{3+}+3F^-=AlF_3^0$	1 015
$Zn^{2+}+F^-=ZnF^+$	$10^{1.26}$	$Al^{3+}+SO_4^{2-}=AlSO_4^+$	$10^{2.04}$

离子对浓度的计算将在下一个示例中以锌为例进行说明。

例17.4 水中含有10微克/升 Zn^{2+}（$10^{-6.81}$摩尔/升）、6毫克/升 CO_3^{2-}（10^{-4}摩尔/升）、3.2毫克/升 SO_4^{2-}（10^{-4}摩尔/升）、3.54毫克/升 Cl^-（10^{-4}摩尔/升）和1.9毫克/升 F^-（10^{-4}摩尔/升）。请计算离子对对溶解锌浓度的贡献。

解：

方程式和离子对形成常数可从表17.4中获取。离子对估计值为：

$$ZnCO_3^0=(Zn^{2+})(CO_3^{2-})(10^5)$$

$$(ZnCO_3^0)=(10^{-6.81})(10^{-4})(10^{5.0})=10^{-5.81}$$ 摩尔/升

$=101$ 微克 Zn/升

$$ZnSO_4^0=(Zn^{2+})(SO_4^{2-})(10^{2.38})$$

$$(ZnSO_4^0)=(10^{-6.81})(10^{-4})(10^{2.38})=10^{-8.43}$$ 摩尔/升

$=0.24$ 微克 Zn/升

以类似方式继续，其他离子对浓度为

$ZnF^+=0.018$ 微克 Zn/升

$ZnCl^+=0.027$ 微克 Zn/升

$ZnCl_2^0=0.041$ 微克 Zn/升

$ZnCl_3^-=0.0311$ 微克 Zn/升

$ZnCl_4^{2-}=0.016$ 微克 Zn/升

总锌浓度为 111.4 微克/升，可溶性 Zn^{2+} 浓度增加 101.4 微克/升。只有 $ZnCO_3^0$ 离子对对总锌浓度的影响足够大。总可溶性锌浓度增加了 10 倍。

在例 17.4 中，假设 10 微克/升的 Zn^{2+} 浓度是 Zn^{2+} 与其矿物来源平衡的结果。Zn^{2+} 与阴离子结合形成离子对会破坏 Zn^{2+} 与矿物质的平衡，使更多 Zn^{2+} 进入水中，直到离子对与 Zn^{2+} 达到平衡。如果水是实验室配制的含有 10 微克/升 Zn^{2+} 的混合物，Zn^{2+} 将被分为不同的离子对和 Zn^{2+}。结果是 Zn^{2+} 浓度低于最初添加的浓度，离子对浓度低于计算值。其结果是，离子对既可以增加溶解金属的总溶解浓度，如例 17.4 所示，也可以在降低游离金属离子浓度的同时不影响总浓度。

在例 17.4 中还应观察到，只有一个离子对（$ZnCO_3^0$）对总溶解 Zn^{2+} 浓度有显著贡献。在金属离子对的形成中，通常只有一个或两个离子对是重要的。

17.1.2 络合离子

布朗斯特酸碱理论认为，酸是一种能够提供质子（氢离子）的化合物，碱是一种能够接受质子的化合物。硝酸是一种典型的布朗斯特酸：

$$HNO_3 \rightarrow H^+ + NO_3^- \quad (17.4)$$

而氢氧根是布朗斯特碱的一个例子，

$$H^+ + OH^- \rightarrow H_2O \quad (17.5)$$

根据刘易斯酸-碱理论，刘易斯酸可以接受一对电子，而刘易斯碱可以提供一对电子（图 17.2）。刘易斯理论比布朗斯特理论更为普遍。刘易斯酸-碱反应在水质中的重要例子如下：

$$X \xleftarrow{2e^-} Y \longrightarrow \overset{(-)}{X}-\overset{(+)}{Y}$$

刘易斯酸　　刘易斯碱　　刘易斯酸-碱络合物

图 17.2　刘易斯酸-碱反应的简单说明

$$Cu^{2+}+4NH_3=Cu(NH_3)_4^{2+} \quad (17.6)$$

$$Fe^{2+}+6CN^-=Fe(CN)_6^{4-} \quad (17.7)$$

$$PbCl_2+2Cl^-=PbCl_4^{2-} \quad (17.8)$$

$$Ag^++2NH_3=Ag(NH_3)_2^+ \quad (17.9)$$

刘易斯酸-碱反应发生在天然水中，在氨、氰化物和某些其他污染物浓度较高的水中非常重要。方程式 17.6 至方程式 17.9 中的反应表明，根据刘易斯酸-碱理论，通过与其他离子反应，可以将潜在有毒的微量元素释放到溶液中。

17.1.3 金属离子的水解

水解也涉及刘易斯酸-碱概念，金属离子在水中水解，引起酸反应并形成可溶的金属氢氧化物或水解产物，如铜离子（Cu^{2+}）所示：

$$Cu^{2+}+H_2O=CuOH^{+}+H^{+} \quad (17.10)$$

该水解也可以写成：

$$Cu^{2+}+OH^{-}=CuOH^{+} \quad (17.11)$$

在这两种表示法中，H^+ 和 OH^- 与水的解离（$H_2O=H^++OH^-$）有关，H^+ 相对于 OH^- 增加，导致 pH 降低。

方程式 17.11 的质量作用表达式乘以水解离反应的质量作用形式，得出方程式 17.10 的质量作用形式：

$$\frac{(CuOH^{+})}{(Cu^{2+})(OH^{-})}\times(H^{+})(OH^{-})=\frac{(CuOH^{+})(H^{+})}{(Cu^{2+})}$$

这个练习证实了这两个反应与水和氢离子浓度（或 pH）有着相同的关系——它们只是表达相同反应的两种方式。

微量金属的两面性值得进一步评论。表达氧化锌反应以说明其两性关系的另一种方法是：

$$ZnO+2HCl=Zn^{2+}+2Cl^{-}+H_2O \quad (17.12)$$

以及：

$$ZnO+2NaOH+H_2O=2\,Na^{+}+Zn\,(OH)_4^{2-} \quad (17.13)$$

氢氧化铝［$Al\,(OH)_3$］是水质中一种重要的两性化合物。氢氧化铝的碱性反应为：

$$Al\,(OH)_3+3H^{+}=Al^{3+}+3H_2O \quad (17.14)$$

酸性反应为：

$$Al\,(OH)_3+OH^{-}=Al\,(OH)_4^{-} \quad (17.15)$$

水解形成的金属氢氧化物通常是可溶的，表 17.5 给出了金属水解反应及其反应常数。以下示例说明水解产物的计算。

表 17.5 一些金属离子水解反应的方程式和水解常数（K_h）

反应	K_h	反应	K_h
$Fe^{3+}+OH^{-}=FeOH^{2+}$	$10^{11.17}$	$Cu^{2+}+4OH^{-}=Cu\,(OH)_4^{2-}$	$10^{16.1}$
$Fe^{3+}+2OH^{-}=Fe\,(OH)_2^{+}$	$10^{22.13}$	$Zn^{2+}+OH^{-}=ZnOH^{+}$	$10^{5.04}$
$Fe^{3+}+4OH^{-}=Fe\,(OH)_4^{-}$	$10^{34.11}$	$Zn^{2+}+3OH^{-}=Zn\,(OH)_3^{-}$	$10^{13.9}$
$Cu^{2+}+OH^{-}=CuOH^{+}$	10^{6}	$Zn^{2+}+4OH^{-}=Zn\,(OH)_4^{2-}$	$10^{15.1}$
$2Cu^{2+}+2OH^{-}=Cu_2\,(OH)_2^{2+}$	10^{17}	$Cd^{2+}+OH^{-}=CdOH^{+}$	$10^{3.8}$
$Cu^{2+}+3OH^{-}=Cu\,(OH)_3^{-}$	$10^{15.2}$		

例 17.5 pH 为 3 的水含有 3.47 微克/升（$10^{-7.21}$摩尔/升）的三价铁。请估算氢氧化物中可溶性铁的浓度。

解：

根据表 17.5，

$$(FeOH^{2+})/[(Fe^{3+})(OH^{-})]=10^{11.17}$$

$$(FeOH^{2+})=(10^{-7.21})\ (10^{-11})\ (10^{11.17})=10^{-7.04}\text{摩尔/升或 5.09 微克/升}$$

通过类似的方式，Fe $(OH)_2^+$ 和 Fe $(OH)_4^-$ 的浓度分别为 4.6 微克/升和 $10^{-17.1}$摩尔/升（<0.001 毫克 Fe/升）。氢氧化物中溶解铁的总浓度 9.69 微克/升约为游离三价铁浓度的 3 倍。

17.1.4 有机络合物或螯合物

某些有机分子含有一对或多对可以与金属离子共享的电子。这些分子被称为配体或螯合剂，配体-金属离子络合物通常被称为螯合金属。根据 Pagenkopf（1978），腐殖酸和黄腐酸是水中最常见的天然配体。如第 11 章所述，腐殖酸和黄腐酸以及其他天然存在的溶解腐殖物质是具有许多官能团的大型复杂分子，其中一些可以与金属结合（图 11.1 至图 11.3）。金属和天然有机配体之间反应的平衡常数未知，下面使用水杨酸来说明螯合金属络合物的形成：

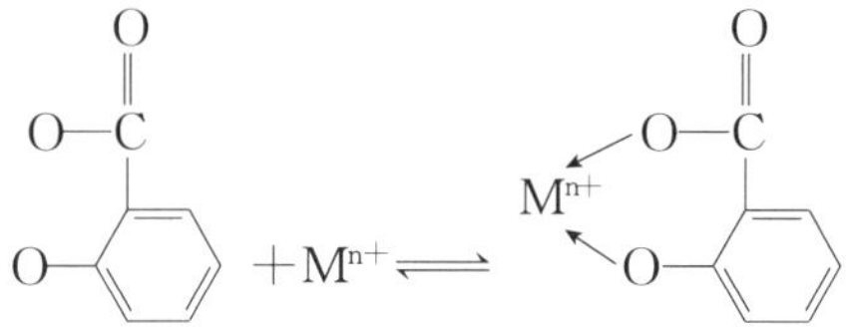

其中 M^{n+} 是金属离子。

用于肥料、杀藻剂和各种其他产品的金属商业制剂通常与配体螯合，该配体-金属离子反应的平衡常数是已知的。三乙醇胺（HTEA）通常用于螯合铜，用作杀藻剂。根据 Sillén 和 Martell（1971），三乙醇胺（HTEA）解离为氢离子和三乙醇胺离子（TEA^-），如下所示：

$$HTEA=H^{+}+TEA^{-} \quad K=10^{-8.08} \tag{17.16}$$

三乙醇胺的电离形态可与金属离子形成络合物，如下所示：

$$Cu^{2+}+TEA^{-}=CuTEA^{+} \quad K=10^{4.44} \tag{17.17}$$

$$Cu^{2+}+TEA^{-}+OH^{-}=CuTEAOH^{0} \quad K=10^{11.9} \tag{17.18}$$

$$Cu^{2+}+TEA^{-}+2OH^{-}=CuTEA(OH)_2^{-} \quad K=10^{18.2} \tag{17.19}$$

例 17.6 10^{-4}摩尔/升三乙醇胺溶液中含有 $10^{-8.25}$摩尔/升（0.357 微克/升）Cu^{2+} 在 pH 8.0 下平衡。请估算螯合铜的浓度。

解：

三乙醇胺浓度已给出，因此可计算出可用于螯合铜的 TEA^- 浓度。根据方程式 17.16，

$$\frac{(H^{+})\ (TEA^{-})}{(HTEA)}=10^{-8.08}$$

$$\frac{(TEA^-)}{(HTEA)}=\frac{10^{-8.08}}{10^{-8}}=10^{-0.08}=0.83$$

$$\%TEA^-=\frac{0.83}{(1+0.83)}\times100=45.4\%$$

HTEA 浓度为 0.000 1 摩尔/升，TEA^- =(0.000 1)(0.454)=0.000 045 4 摩尔/升=$10^{-4.34}$摩尔/升。

方程式 17.17 至方程式 17.19 可以计算三乙醇胺螯合铜络合物的浓度：

$$Cu^{2+}+TEA^-=CuTEA^+$$

$$(CuTEA^+)=(Cu^{2+})(TEA^-)K=(10^{-8.25})(10^{-4.34})(10^{4.44})$$

$$=10^{-8.15}\text{摩尔/升}(0.447\text{ 微克 }Cu^{2+}/\text{升})$$

按照相同的程序，$CuTEAOH^0$ 和 $CuTEA(OH)_2^-$ 中的铜浓度分别为 $10^{-6.69}$摩尔/升（12.89 微克/升）和 $10^{-6.39}$摩尔/升（25.72 微克/升）。螯合铜的总浓度为 39.06 微克/升或比 Cu^{2+} 浓度大两个数量级。

17.1.5 金属氢氧化物、离子对和螯合物在溶解度中的作用

自然水体中自由微量金属离子的平衡浓度很低，即使在控制矿物丰富的地方也是如此。游离金属离子与其控制矿物处于平衡状态，但它们也与离子对以及无机和有机络合物处于平衡状态，如图 17.3 中铜离子所示。溶解铜结合物的存在不会改变与 CuO 平衡时 Cu^{2+} 的浓度。溶解的络合物通常会导致溶解的铜比从 CuO 的 K_{sp} 计算中预期的要多，对于其他金属也是如此。在 pH 为 7 时，根据表 17.1 中列出的一种铁矿物的 K_{sp} 计算 Fe^{3+} 的平衡浓度，该矿物无法通过分析方法检测到，但天然水体中的溶解铁浓度通常为 100～500 微克/升。含有大量腐殖物质的水体可能具有较高的总溶解铁浓度。

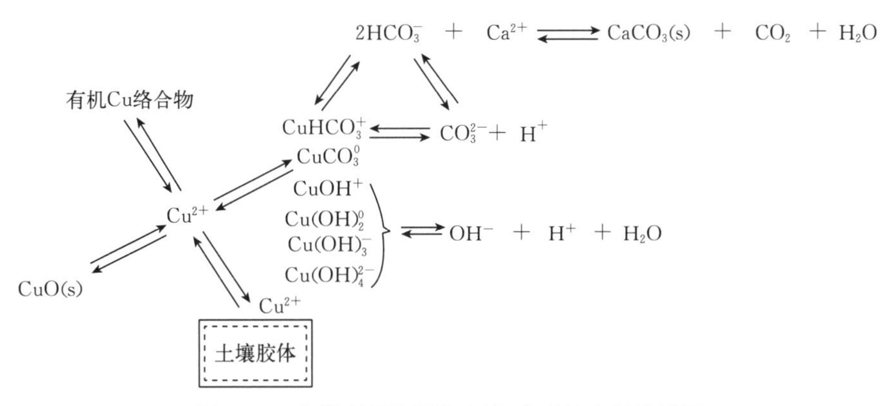

图 17.3 含游离碳酸钙的土壤-水系统中铜的平衡

金属络合物和游离金属离子之间存在平衡，就像游离离子与其矿物形式之间存在平衡一样：

$$\text{矿物形态}\rightleftharpoons\text{游离离子}\rightleftharpoons\text{金属关联物} \quad (17.20)$$

从溶液中去除的游离金属离子将被其矿物来源（如果存在于沉积物中）的进一步溶解所取代。其他溶解形式的金属的解离可以提供游离离子供水生植物使用，比出现在底部沉

积物中的固体矿物形式利用率高得多。各种溶解的金属关联物倾向于缓冲水中的金属离子浓度。此外，植物可以利用游离离子作为矿物质营养的来源，也可以吸收络合的形式。金属的毒性似乎主要与游离离子浓度有关。尽管某些其他金属离子组合具有一定程度的毒性，但在金属离子浓度升高的情况下，添加螯合剂通常会降低毒性。

17.2 微量营养素

几乎所有的植物都需要少量的铁、锰、锌、铜、硼、硒、钴和钼，一些植物显然从微量铬、镉、镍和钒的生理作用中获益。动物所需的微量元素是铁、锰、锌、铜、氟化物、碘、硒、镉、钴和钼，而少量的硼、砷和镍似乎有生理益处。

微量营养素通常分为金属和非金属。金属包括铁、锰、锌、铜、镉、铬、镍、钒、钴和钼，非金属包括硼、氟化物、碘、硒和砷（Pais and Jones，1997）。

17.2.1 铁（Fe）

两种主要铁矿石是赤铁矿（Fe_2O_3）和磁铁矿（Fe_3O_4）。当然，铁存在于其他氧化物、氢氧化物、硫化物、硫酸盐、砷酸盐和碳酸盐中。土壤中富含氧化铁和氢氧化铁。

许多在细胞能量转换中起重要作用的酶，如过氧化物酶、过氧化氢酶和细胞色素氧化酶，都含有铁。铁蛋白（铁氧还蛋白）参与光合作用中的光合磷酸化。动物血液中的血红蛋白含有一个铁卟啉环。

铁的浓度很少足以对水生生物有害。然而，它会在水中沉淀，产生的絮状物会在孵化场中的鱼卵上沉积和堵塞鱼鳃，从而对鱼类有害。其他生物表面的铁沉淀也可能有害。

铁化合物在有氧条件下的溶解度主要受 pH 控制，除极低 pH 外，土壤中的氧化物和氢氧化物的溶解度较低。但是，自然界中的铁含量丰富，溶解离子的结合物增加了铁的浓度，淡水中的铁含量为 250～1 000 微克/升，甚至在被腐殖物质严重污染的水中含量更高。受污染的酸性水可能含有非常高的铁浓度。海水中铁的平均含量为 10 微克/升，主要以 $Fe(OH)_3$ 的形态存在。

铁已被证明限制了淡水水体（Hyenstrand et al.，2000；Vrede and Tranvik，2006）和海洋（Nadis，1998）中浮游植物的生产力。有人提出，向海洋施铁肥可以提高其生产力，从而增加全球鱼类供应，并通过碳封存对抗全球变暖。

沉积物中的呼吸作用利用间隙水的溶解氧，比氧气通过扩散和渗透进入的速度快。这会导致沉积物-水界面以下形成无氧条件。无氧沉积物中的铁和其他氧化物通过接受电子起氧化剂的作用：

$$Fe^{3+} + e^- = Fe^{2+} \tag{17.21}$$

在无氧条件下，某些类型的细菌可以使用三价铁作为分子氧的替代物，作为呼吸产生的电子和氢离子的受体。细菌还原铁的一般过程如下所示：

$$\text{有机物质} \longrightarrow \text{碎片（如 }CH_3COOH\text{）} \tag{17.22}$$

$$CH_3COOH + 2H_2O \longrightarrow 2CO_2 + 8H^+ \tag{17.23}$$

$$8Fe(OH)_3 + 8H^+ \longrightarrow 8Fe(OH)_2 + 8H_2O \tag{17.24}$$

$$Fe(OH)_2 = Fe^{2+} + 2OH^- \qquad (17.25)$$

厌氧呼吸增加了沉积物间隙水和缺氧下层滞水带的水中的 Fe^{2+} 浓度。亚铁浓度在氧化还原电位为 0.2～0.3 伏时开始增加。高达 5～10 毫克/升的亚铁浓度是常见的，并且在施肥鱼塘的底土中测量过高于这个值好几倍的浓度。

由于含水层中的氧化还原电位较低，一些井水可能含有高浓度的铁。氢氧化铁倾向于控制浅层含水层中的铁浓度，其中氧化还原电位通常较高，而亚铁浓度通常较低（Hem，1985）。深井通常从低氧化还原电位的含水层取水，铁浓度可能受硫化铁控制，

$$FeS_2 = Fe^{2+} + S_2^{2-} \quad K = 10^{-26} \qquad (17.26)$$

地下水通常含有硫酸盐，硫酸盐还原菌在呼吸作用中将硫酸盐还原为硫化物。无氧呼吸也会产生亚铁，铁沉淀为不溶性硫化亚铁。深含水层中的水通常含有很少的铁，但它们可能产生高硫化物浓度的水。在中等深度的含水层中，氧化还原电位介于浅含水层和深含水层之间。碳酸亚铁（菱铁矿）往往是控制中等深度含水层中铁浓度的矿物：

$$FeCO_3 + H^+ = Fe^{2+} + HCO_3^- \quad K = 10^{-0.3} \qquad (17.27)$$

含水层中的水可能含有非常高浓度的铁（高达 100 毫克/升或更高），菱铁矿是含水层控铁的矿物。

淹水土壤和沉积物中的有机物分解导致低氧化还原电位和高浓度亚铁。在这种情况下，pH 通常介于 6～6.5（例 17.7）。

例 17.7 估算间隙水含有 20 毫克/升（$10^{-3.47}$摩尔/升）Fe^{2+} 和 61 毫克/升（10^{-3}摩尔/升）HCO_3^- 的沉积物的 pH。

解：

根据方程式 17.27，

$$\frac{(Fe^{2+})(HCO_3^-)}{(H^+)} = 10^{-0.3}$$

$$(H^+) = \frac{(Fe^{2+})(HCO_3^-)}{10^{-0.3}} = \frac{(10^{-3.47})(10^{-3})}{10^{-0.3}} = 10^{-6.17}$$

$$pH = 6.17$$

当含有亚铁的水与氧接触时，铁化合物的沉淀如下所示：

$$4Fe(HCO_3)_2 + 2H_2O + O_2 = 4Fe(OH)_3 \downarrow + 8CO_2 \qquad (17.28)$$

氧化后从水中沉淀出的氢氧化铁可能会污染管道装置和厨房用具，在这种水中清洗的衣服可能会永久性地被污染。

铁细菌，如赭色纤毛菌（*Leptothrix ochracea*）和铁锈螺旋菌（*Spirophyllum ferrugineum*），通过氧化亚铁盐获得合成有机化合物（化能自养）的能量，如下所示：

$$4FeCO_3 + O_2 + 6H_2O = 4Fe(OH)_3 \downarrow + 4CO_2 \qquad (17.29)$$

这些细菌倾向于在有流动的或渗透到地表并从空气中吸收氧气的、含有高浓度铁的水的地方形成被称为赭石的黏滑的藻席。

17.2.2 锰（Mn）

锰的主要矿石是二氧化锰（MnO_2）。自然界中还有其他锰的氧化物和氢氧化物，以

及许多其他锰化合物。土壤中锰的浓度通常比铁的浓度低得多。

锰是一种营养素，因为它是酶的组成部分或作为酶激活剂。这种元素在抗氧化剂的作用中特别重要，并催化光合作用中释放氧气的光解反应。与铁一样，锰很少引起毒性，但据报道，高浓度的锰对底栖无脊椎动物有毒（Pinsino et al.，2012）。此外，与铁一样，锰也能在水中沉淀，对生物体产生各种机械影响。它也会弄脏水管装置，造成洗衣污渍。

在有氧和无氧条件下，控制锰溶解度的因素与讨论过的铁溶解度相似。Mn^{2+}在水中的浓度通常很低，主要与其他溶解物质结合出现。锰的浓度通常比铁的浓度低得多，因为其丰富度低于自然界中的铁。在未受污染的天然水中，锰的最大浓度通常低于100微克/升。海洋中锰的平均浓度为2微克/升。

17.2.3 铜（Cu）

铜的主要矿石是铁铜硫化物（$CuFeS_2$），称为黄铜矿，也存在于其他硫化物矿床、砂岩和页岩中。铜主要以吸附在黏土和有机质上的形式存在于土壤中。

铜是许多金属酶的辅助因子，包括催化RNA和DNA合成、黑色素生成、呼吸电子转移、胶原蛋白和弹性蛋白形成的金属酶。植物叶绿素合成、根系代谢和木质化需要铜。

铜作为杀菌剂和杀藻剂有着悠久的历史（Moore and Kellerman，1905）。铜作为一种杀藻剂在水质方面很重要，因为铜被广泛用于控制供水水库中的味觉和气味微生物，以及防止湖泊和池塘中的浮游植物大量繁殖。使用剂量通常为0.2～2.0毫克/升的水合硫酸铜（50～500微克/升的Cu^{2+}），在更高的碱度下需要更高的处理浓度。硫酸铜的普遍使用剂量是相当于总碱度浓度1%的浓度。

控制铜在水体中溶解度的矿物通常认为是pH≥7时的黑铜矿（CuO）和pH<7时的孔雀石$Cu_2(OH)_2CO_3$。这两种矿物的溶解度随着pH的降低而增加。黑铜矿和孔雀石在pH 7下的平衡Cu^{2+}浓度分别为14.2微克/升和7.6微克/升，而在pH 6下，浓度分别为1.42毫克/升和0.76毫克/升。这表明孔雀石可能是所有pH下的控制铜化合物。

对铜离子对计算（如例17.4中的锌）表明$CuCO_3^0$是主要离子对。可以按照例17.8中解说的方法说明不同pH和总碱度浓度水中Cu^{2+}和$CuCO_3^0$之间的关系。

例17.8 请计算pH为8和总碱度为50毫克/升时Cu^{2+}和$CuCO_3^0$的浓度。

解：

pH为8时，CuO的溶解为：

$$\frac{(Cu^{2+})}{(10^{-8})^2}=10^{7.35}；Cu^{2+}=10^{-8.65}\text{摩尔/升（0.142微克/升）}$$

$CuCO_3{}^0$形成的表达式为：

$$Cu^{2+}+CO_3^{2-}=CuCO_3^0\ (K_f=10^{6.77})$$

碳酸根可根据碳酸氢根（$HCO_3^-=H^++CO_3^{2-}$）的解离表达式计算，其中$K=10^{-10.33}$。在pH 8和50毫克/升碱度（61毫克/升HCO_3^-或10^{-3}摩尔/升）下，碳酸盐的计算浓度为$10^{-5.33}$摩尔/升。$CuCO_3^0$离子对浓度为：

$$CuCO_3^0=(Cu^{2+})(CO_3^{2-})(K_f)=(10^{-8.65})(10^{-5.33})(10^{6.77})$$
$$=10^{-7.21}\text{摩尔/升或3.91微克}CuCO_3^0\text{/升}$$

使用例 17.8 中的程序计算不同 pH 和碱度浓度下的 Cu^{2+} 和 $CuCO_3^0$ 浓度（表 17.6 和表 17.7）。当 pH 固定在 8 且碱度变化时，所有四种碱度下的 Cu^{2+} 浓度相同，但 $CuCO_3^0$ 和两种铜形态的总和（ΣCu）随着碱度的增加而增加（表 17.6）。$CuCO_3^0$ 与 ΣCu 的比例为 0.93～0.99。当碱度固定且 pH 变化时（表 17.7），Cu^{2+} 和 ΣCu 浓度随 pH 升高而急剧下降。尽管 CO_3^{2-} 浓度增加，但 $CuCO_3^0$ 浓度随 pH 下降，因为随着 pH 升高，形成离子对的铜减少。在 pH 6 时 $CuCO_3^0$ 的比例低于 Cu^{2+}，在 pH 7 时略高于 Cu^{2+}，但在较高 pH 时，它几乎占了所有溶解铜的比例。

表 17.6　不同总碱度浓度和 pH 8 下 Cu^{2+} 和 $CuCO_3^0$ 的浓度

总碱度	浓度（微克/升）			
	Cu^{2+}	$CuCO_3^0$	ΣCu	$CuCO_3^0$/ΣCu
25	0.142	1.96	2.10	0.93
50	0.142	3.91	4.05	0.97
100	0.142	7.82	7.96	0.98
200	0.142	15.60	15.74	0.99

表 17.7　50 毫克/升总碱度和不同 pH 下 Cu^{2+} 和 $CuCO_3^0$ 的浓度

pH	浓度（微克/升）			
	Cu^{2+}	$CuCO_3^0$	ΣCu	$CuCO_3^0$/ΣCu
6	1 422	392	1 814	0.216
7	14.22	39.2	53.4	0.734
8	0.142	3.92	4.07	0.963
9	0.001 42	0.392	0.393	0.996

美国 1 500 条河流中的溶解铜浓度平均为 15 微克/升，最大浓度为 28 微克/升（Kopp and Kroner，1967）。海洋中的铜浓度为 3.0 微克/升，大部分在溶解 $CuCO_3^0$ 中。土耳其两条河流的污染水体含有 0.12～1.37 毫克/升的溶解铜（Seker and Kutler，2014）。Liang et al.（2011）报告，中国某矿区地表水中的铜浓度为 0.038～14.6 毫克/升。

17.2.4 锌（Zn）

地壳中锌的含量比铜丰富。它存在于硫化物、氧化物、硅酸盐和碳酸盐中。常见的锌矿石是含高 $ZnCO_3$ 的菱锌矿，但通常与 ZnS 混合，并常与银伴生。锌离子在低浓度时也吸附在土壤中的黏土矿物和有机质上。

锌和铜一样，在生物化学上与金属酶有关，它在稳定某些分子和膜方面的作用尤为重要。锌也参与叶绿素的合成。锌不像铜那样有毒，也不像杀菌剂和杀藻剂那样有效。

碳酸锌（$K_{sp}=10^{-9.84}$）可能是许多水体中控制锌浓度的矿物，平衡浓度为 86 微克/升。溶解的锌浓度很少如此高。Kopp and Kroner（1967）报告美国河流中的平均浓度为 64 微克/升，最大浓度为 1.18 毫克/升。海水的平均锌浓度为 10 微克/升。

受污染的水的锌浓度可能会高得多。在美国的一个矿区，发现了 175～659 微克/升的锌浓度（Besser and Leib，2007）。Liang et al.（2011）报告了中国某矿区地表水锌浓度范围为0.06～3.72毫克/升，平均值为1.01毫克/升。

17.2.5 镉（Cd）

镉与其他微量金属以碳酸盐和氢氧化物的形式存在，但相对纯净的镉化合物沉积物很少。商业用途的镉通常在锌的加工过程中作为杂质提取。它也低浓度出现在大多数土壤中。

镉是一些海洋浮游硅藻的营养素（Lee et al.，1995），通过对碳酸酐酶活性的有益影响，镉在增加光合作用中发挥作用（Lane and Morel，2000）。镉在高浓度下对动物有毒，但在正常生理浓度下，由于未知原因，它在生理上是有益的。

碳酸镉的溶解度表达式为：

$$CdCO_3 = Cd^{2+} + CO_3^{2-} \quad K_{sp} = 10^{-12.85} \tag{17.30}$$

根据K_{sp}，镉的溶解度为42.2微克/升，由于二氧化碳对碳酸盐的作用，实际浓度可能更高。在天然水体中，镉形成离子对（$CdCl^+$、$CdCl_2^0$、$CdCl_3^-$ 和 $CdCl_4^{2-}$）、水解产物（$CdOH^+$）和螯合物。尽管如此，由于镉在地壳中的含量很低，在天然水体中往往检测不到镉的浓度。美国河水中镉含量通常低于1微克/升（Kopp and Kroner，1967），发现的最高浓度为120微克/升。超过1微克/升的浓度被认为是污染的结果。中国某矿区地表水的最高浓度为194微克/升（Liang et al.，2011）。镉在海洋中的平均浓度为0.11微克/升，主要以$CdCl_2$的形式存在。

17.2.6 钴（Co）

有许多矿物可从中提取钴，包括砷化物、硫酸盐、硫化物和氧化物以及残余风化岩。它在土壤中的浓度也很低。

钴是几种酶的辅助因子，最显著的是控制动物红细胞生成的维生素B_{12}。这种元素也是蓝绿藻和某些细菌固氮的辅助因子。

钴与铁有许多共同的性质，但钴（Co^{3+}）形态的氧化还原电位大于三价铁的氧化还原电位。因此，二价钴（Co^{2+}）形态在水生环境中很常见。根据Hem（1985），控制天然水中钴浓度的矿物可能是碳酸钴（$K_{sp}=10^{-12.85}$）。与碳酸钴平衡的钴浓度约为24微克/升，由于溶解二氧化碳的作用，可能更高。由于地壳中钴矿物的丰度较低，钴的浓度通常低于水中碳酸钴平衡的预期值。在可检测到钴的水中，浓度通常小于1微克/升（Baralkiewicz and Siepak，1999）。据报告，高矿化度水中的钴浓度超过20微克/升，矿区中的钴浓度高达80微克/升（Essumang，2009）。海水中钴的平均含量为0.5微克/升，海水中约一半的钴为游离离子，其余为水解产物和离子对（Ćosović et al.，1982）。

17.2.7 钼（Mo）

钼的主要矿石是辉钼矿（MoS_2）。钼的浓度很小，存在于各种矿物中，也存在于土壤中。

钼是几种酶的基本成分，这些酶在微生物固氮和植物还原硝酸盐方面发挥作用。在动

物中，钼是影响嘌呤和醛氧化、蛋白质合成和几种营养元素代谢的酶中的辅助因子。

内陆水域含有少量的钼酸盐（MoO_4^{2-}）。根据 Hem（1970），北美河流中钼的平均浓度为 0.35 微克/升，在科罗拉多州的一个水库中观察到 100 微克/升。地下水通常含钼 10 微克/升或更多。海水中钼的平均浓度为 10 微克/升。

17.2.8 铬（Cr）

铬在地壳中相当常见，以铬矿形式存在，如铁铬氧化物（$FeCr_2O_3$），这是其主要矿石。铬主要以三价（Cr^{3+}）和六价（Cr^{6+}）形态存在于土壤和水中。

三价铬是人类、牲畜和其他动物的必需营养素，因为它在糖和脂肪代谢中是必需的（Anderson，1997；Lindemann et al.，2009）。在高浓度下，铬也是有毒的，通过空气和饮用水接触三价铬与突变和癌症有关。

美国河流中铬的浓度范围从低于检测限到 112 微克/升，可检测到的水中铬的平均浓度为 9.7 微克/升。浓度特别高的样品被工业废水污染。据报道，加利福尼亚州南部干旱地区的水井中铬浓度高达 60 微克/升（Izbicki et al.，2008）。Liang et al.（2011）发现中国矿区地表水的最大浓度为 75 微克/升。海洋中的铬平均含量为 0.05 微克/升。

17.2.9 钒（V）

硫化钒（VS_4）和钒钾铀矿［$K_2(UO_2)_2(VO_4)_2 \cdot 3H_2O$］是该元素的主要矿石，但也从委内瑞拉原油中提取。它以极低浓度存在于土壤中。

钒已被确定为绿藻斜生栅藻（*Scenedesmus obliquus*）（Arnon and Wessel，1953）和一些海洋大型藻类（Fries，1982）的必需元素。然而，它显然不是高等植物或动物所必需的。

内陆水域的钒浓度通常很低。在一些钒含量较高的岩石干旱地区，河水中的钒含量可能超过 1 毫克/升（Livingstone，1963）。海洋中的钒含量约为 2 微克/升。

17.2.10 镍（Ni）

镍在自然界中以氧化物、硫化物和硅酸盐的形式存在。镍的地球化学与铁的地球化学相似。

镍在某些金属酶功能中是一种浓度很低的辅助因子。几十年来，它一直被认为是一种必需的营养素（Spears，1984）。这些研究表明，如果饮食中不含镍，生物体就不会像有少量镍那样生长。

镍在水中的离子形态为 Ni^{2+}，并形成可溶性氢氧化物。碳酸镍可被视为控制矿物。

$$NiCO_3 = Ni^{2+} + CO_3^{2-} \quad K_{sp} = 10^{-8.2} \tag{17.31}$$

根据 K_{sp}，平衡时浓度可能为 4.66 毫克/升，但在地表水中未发现如此高的浓度。美国河流中镍含量高达 56 微克/升（Koop and Kroner，1967）；在另一项研究中，Durum and Haffty（1961）报告北美河流的平均含量为 10 微克/升。据 Khan et al.（2011）报告，巴基斯坦沙阿拉姆河中有 650 微克/升的镍。海水中镍含量约为 2 微克/升，主要为 $NiCO_3$。

17.2.11 硼（B）

硼是一种兼有金属和非金属性质的类金属。硼存在于相对不溶的硅酸铝矿物中，它取代了硅和铝。它也出现在干旱地区，如硼砂（$NaCaB_5O_9 \cdot 8H_2O$）、硅铝土矿（$NaCaB_5O_9 \cdot 8H_2O$）和其他用于生产硼产品的硼酸盐矿物（Kochkodan et al.，2015）。其地球化学循环与氯化物的地球化学循环十分相似。

植物需要少量的硼，有人认为硼在动物体内可能是必需的。硼酸与植物细胞壁中的果胶分子和细菌细胞壁中的糖脂形成键，使细胞壁更稳定。灌溉水中的高硼浓度对植物有毒。

硼表现为刘易斯酸（Kochkodan et al.，2015），其第一次解离为：

$$B(OH)_3 + H_2O = B(OH)_4^- + H^+ \quad K_{sp} = 10^{-9.24} \tag{17.32}$$

pH 低于 9.24 时，未解离硼酸占总溶解硼的 50%以上。例如，在 pH 为 8 时，只有 5%的硼酸解离。另外两种解离形态的 K 值分别为 $10^{-12.74}$ 和 $10^{-13.80}$，很少对水质有影响。传统上，硼酸被认为是以布朗斯特酸的形式解离，其解离通常仍写为：

$$H_3BO_3 = H^+ + H_2BO_3^- \quad K_{sp} = 10^{-9.24} \tag{17.33}$$

美国东南部淡水水体中的硼浓度很少超过 100 微克/升（Boyd and Walley，1972）。对全美 1 546 个河流和湖泊样本进行了更广泛的调查，得出平均硼浓度为 100 微克/升，最大硼浓度为 5 毫克/升（Kopp and Kroner，1970）。在干旱地区的内陆盐水中可以发现更高的浓度——据 Livingstone（1963）报告，浓度超过 100 毫克/升。硼以 B（$OH)_3$ 和 B（$OH)_4^-$ 的形态存在于海洋中，其浓度平均约为 4.5 毫克/升。

17.2.12 氟化物（F）

氟化物，像氯、溴和碘一样，是卤素族的一种高电负性元素。氟化钙（CaF_2）是一种常见的含氟矿物，磷灰石等常见矿物中也含有氟化物。含氟化合物在地壳中含量较低，其溶解度低于含氯化合物。结果，地壳中的大部分氟化物都被束缚在岩石中，而海洋是溶解氟化物的巨大储库。

氟化物在最佳水平条件下是一种营养素，因为它对人类和其他动物的骨骼和牙齿的完整性很重要。根据 Palmer and Gilbert（2012）的说法，为预防龋齿而对市政供水进行氟化处理可能是现有最有效的公共牙科卫生措施。然而，饮用水中高浓度的氟化物会导致骨病和牙釉质斑点。为避免对健康造成影响，目前建议饮用水中氟化物的上限为 4 毫克/升，并且没有报告氟化物浓度低于 2 毫克/升时对牙齿产生负面美容影响。世界卫生组织（WHO）建议饮用水中氟化物浓度上限为 1.5 毫克/升（https://www.who.int/water_sanitation_health/dwq/ chemicals/fluoride.pdf）。在美国，多年来建议饮用水中的氟化物浓度为 0.7～1.2 毫克/升，但 2015 年最大浓度限值降至 0.7 毫克/升（https://www.medicalnewstoday.com/articles/154164.php）。社会上有一部分人反对饮用水加氟，但现有证据不支持这一担忧。

氟化钙的溶解度可表示如下：

$$CaF_2 = Ca^{2+} + 2F^- \quad K_{sp} = 10^{-10.60} \tag{17.34}$$

基于氟化钙 K_{sp} 的氟化物浓度为 125 微克/升。它与水中的主要阳离子和许多金属形

成离子对，这将使浓度高于氟化物离子的浓度。大多数淡水的氟化物含量低于 100 微克/升。据 Puntoriero et al.（2014）报告，不同大陆湖泊中的氟化物浓度范围为 0.15 微克/升至 1.37 毫克/升。海水通常含有约 1.4 毫克/升的氟化物，以 F^-、MgF^+ 和 CaF^+ 的形式存在。

17.2.13 碘（I_2）

碘以碘化物（I^-）的形态存在，并与地壳中的其他元素结合。碘化物是从天然卤水或油井卤水中提取出来的。碘（I_2）也从海藻中提取。

碘对于甲状腺的正常功能非常重要，它可以产生人类和其他脊椎动物正常生长、发育和代谢所需的甲状腺激素。在世界上土壤和水域缺碘的地区，严重依赖当地食物来源的人可能患上缺碘性疾病，其中最著名的是甲状腺肿大（大脖子病），导致颈部显著肿胀。饮食是碘的一个重要来源，过去，当食物在当地生产时，甲状腺肿的发病率在土壤和农作物中碘含量低的地区很高。膳食碘补充剂，如碘盐，过去和现在都是甲状腺肿的预防措施。至少从 20 世纪 60 年代开始，发达国家的大多数人从许多不同的地方获得食物，膳食碘缺乏症变得不那么普遍。

碘是卤素，其化学性质与氯化物和氟化物相似。根据 Hem（1985），雨水通常含有 1～3 微克/升碘，而河水的范围为 3～42 微克/升。英国地质调查局（2000）报告，饮用地下水通常含有 1～70 微克/升碘，极值高达 400 微克/升。海水的平均碘浓度为 60 微克/升，主要为 IO_3^-。

17.2.14 硒（Se）

硒主要以元素硒、亚硒酸铁和亚硒酸钙的形式存在于地壳中。硒的化学性质与硫的化学性质相似，但远不如硫常见。SeO_3^{2-} 离子是水中硒的最稳定形态。

硒是硒代半胱氨酸和硒代蛋氨酸氨基酸的一种成分。它也是某些过氧化物酶和还原酶的辅助因子。硒在食物链中积累，尽管硒是水生动物的必需元素，但硒污染可能对水生生态系统造成严重后果（Hamilton，2004）。长期饮用高硒水的人可能会出现脱发、指甲脱落、四肢麻木和循环问题。

地下水和地表水中的硒浓度很少超过 1 微克/升（Hem，1985），但据报道其浓度为 0.06～400 微克/升。有一份报告称地下水中含有 6 毫克/升的硒（World Health Organization，2011）。海水中硒的平均浓度为 4 微克/升。

17.2.15 砷（As）

砷存在于砷黄铁矿（AsFeS）、雄黄（AsS）和雌黄（As_2S_3）等矿物中，通过风化以砷酸盐的形式释放出来。少量的砷酸盐取代磷灰石（磷酸岩）中的磷酸盐。砷化合物的溶解度较低，在土壤或海底沉积物中含量很少。砷被黏土矿物强烈吸附，当氧化还原电位较低时，其溶解度增加。砷和磷的化学性质相似。甚至砷酸（H_3AsO_4）和正磷酸（H_3PO_4）的三步电离的解离常数也相似。可对方程式 17.35 至方程式 17.37 与方程式 14.1 至方程式 14.3 进行比较。

$$H_3AsO_4 = H^+ + H_2AsO_4^- \quad K = 10^{-2.2} \tag{17.35}$$

$$H_2AsO_4^- = H^+ + HAsO_4^{2-} \quad K = 10^{-7} \tag{17.36}$$

$$HAsO_4^{2-} = H^+ + AsO_4^{3-} \quad K = 10^{-11.5} \tag{17.37}$$

不同的砷酸盐离子也与磷酸盐离子发生类似的反应，在测定磷酸盐浓度的常用方法中，砷酸盐与磷酸盐无法区分。

砷被认为是一种微量营养素，因为它显然是某些动物蛋氨酸代谢的一个因子（Uthus，1992）。砷在医学史上很重要，因为它曾被用来治疗昏睡病和梅毒。目前，它仍然用于治疗急性早幼粒细胞白血病。

砷是最有名的杀人武器。三氧化二砷无色无味，几乎不可能在食品和饮料中被发现，因此被称为“国王之毒”。当然，它在社会各个层面都被用于谋杀。砷还可用作杀虫剂、杀菌剂和木材防腐剂。美国陆军甚至拥有一种含砷的化学武器（Firth，2013）。

砷酸盐是水中砷的主要形态，其可溶性无机形态的浓度范围与磷相似。当然，砷不会像磷那样在浮游生物和碎屑中积累。根据 Kopp（1969），美国河水中的砷浓度范围为 5～336 微克/升，平均为 64 微克/升。在中国的一个矿区的地表水中发现砷浓度高达 187 微克/升（Liang et al.，2011）。平均而言，海水含有 3 微克/升的砷。

地下水中的天然砷污染在世界一些地区是一个严重的问题。在印度西孟加拉邦的 9 个地区和孟加拉国的 42 个地区，恒河下游流域的饮用水中砷含量超过了世界卫生组织规定的 50 微克/升的最高允许限值（Chowdhury et al.，2000），这两个地区的发病率最高。在孟加拉国，约有 2 100 万人使用砷含量超过 50 微克/升的井水，一些井水的砷含量超过 1 毫克/升。砷中毒症状包括组织损伤、角化、结膜充血、足部水肿以及肝脾肿大。在晚期病例中，常可见影响肺部、子宫、膀胱和泌尿生殖道的癌症。根据 Chowdhury et al.（2000）的研究，在 11 180 名接受检查的饮用砷含量超过 50 微克/升的水的人中，约 25% 的人有砷性皮肤损伤。在西孟加拉邦和孟加拉国，估计有 1 亿人面临砷中毒的风险。

公共供水中砷浓度升高会增加癌症风险，许多国家已经对饮用水实施了更严格的砷标准。在美国，多年来该标准一直为 50 微克/升，但在 2006 年，该标准降至 10 微克/升。当然，许多市政供水尚未符合新标准。

17.3 非必需微量元素

非必需元素在水质方面令人担忧，主要是因为它们与微量营养素一样，在浓度升高时对水生生物有毒。微量元素也可以通过饮用水对人类、牲畜和其他动物有毒。

17.3.1 铝（Al）

铝存在于许多硅酸盐岩以及氧化铝和氢氧化铝的沉积物中，只有氧和硅在地壳中的含量超过铝。铝土矿、三水铝石［$Al(OH)_3$］和薄水铝石［$AlO(OH)$］的混合物以及某些其他氧化铝和氢氧化铝的矿床被开采和加工以生产铝金属。氧化铝和氢氧化铝在土壤中含量丰富，尤其是在酸性土壤中。

尽管铝在自然界中含量丰富，但除酸性水外，所有水中的铝浓度都很低。这可以通过

计算三水铝石在不同 pH 水平下溶解度的平衡 Al^{3+} 浓度看出：

$$Al(OH)_3 + 3H^+ = Al^{3+} + 3H_2O \quad K_{sp} = 10^{-9} \tag{17.38}$$

铝（Al^{3+}）的平衡浓度下降如下：pH 4，27 毫克/升；pH 5，27 微克/升；pH 6，0.027 微克/升；pH 7，0.000 027 微克/升。

铝在稀水溶液中形成几种可溶性氢氧化物络合物，其中几种是多核的。关于这些络合物的形成，有各种各样的公式编写方法，学者们对这些公式的观点并不完全一致。下面给出的氢氧化铝络合物的方程式和平衡常数来自 Hem and Roberson（1967）以及 Sillén and Martell（1964）：

$$Al^{3+} + H_2O = AlOH^{2+} + H^+ \quad K = 10^{-5.02} \tag{17.39}$$

$$2Al^{3+} + 2H_2O = Al_2\ (OH)_2^{4+} + 2H^+ \quad K = 10^{-6.3} \tag{17.40}$$

$$7Al^{3+} + 17H_2O = Al_7\ (OH)_{17}^{4+} + 17H^+ \quad K = 10^{-48.8} \tag{17.41}$$

$$13Al^{3+} + 34H_2O = Al_{13}\ (OH)_{34}^{5+} + 34H^+ \quad K = 10^{-97.4} \tag{17.42}$$

如例 17.9 所示，通过形成氢氧化物络合物，铝的溶解度大大增加。

例 17.9 请在 pH 为 5 的水-三水铝石系统平衡条件下，计算出 Al^{3+} 和铝无机络合物的浓度，其中 Al^{3+} 浓度为 10^{-6} 摩尔/升（27 微克/升）。

解：

使用方程 17.39 至方程式 17.42，我们得到：

$$(AlOH^{2+}) = \frac{(Al^{3+})\ (10^{-5.02})}{H^+} = \frac{(10^{-6})\ (10^{-5.02})}{(10^{-5})}$$

$$= 10^{-6}\text{摩尔/升或 26 微克}Al^{3+}\text{/升}$$

$$[Al_2(OH)_2^{4+}] = \frac{(Al^{3+})^2\ (10^{-6.3})}{(H^+)^2} = \frac{(10^{-6})^2\ (10^{-6.3})}{(10^{-5})^2}$$

$$= 10^{-8.3}\text{摩尔/升或 0.14 微克}Al^{3+}\text{/升}$$

$$[Al_7(OH)_{17}^{4+}] = \frac{(Al^{3+})^7\ (10^{-48.8})}{(H^+)^{17}} = \frac{(10^{-6})^7\ (10^{-48.8})}{(10^{-5})^{17}}$$

$$= 10^{-5.8}\text{摩尔/升或 43 微克}Al^{3+}\text{/升}$$

$$[Al_{13}(OH)_{34}^{5+}] = \frac{(Al^{3+})^{13}\ (10^{-97.4})}{(H^+)^{34}} = \frac{(10^{-6})^{13}\ (10^{-97.4})}{(10^{-5})^{34}}$$

$$= 10^{-5.4}\text{摩尔/升或 107 微克}Al^{3+}\text{/升}$$

水解产物中所含铝的总量为 176.1 微克/升，比铝离子浓度增加 5.52 倍。

如前所述，氢氧化铝是两性的。与氢离子反应时为碱（方程式 17.38），但形成可溶铝水解产物时为酸，如下所示：

$$Al(OH)_3 + OH^- = Al(OH)_4^- \quad K_{sp} = 10^{1.3} \tag{17.43}$$

当 pH 高于 7 时，三水铝石释放 Al^{3+} 的碱性反应几乎为零，氢氧化铝可通过与氢氧化物反应溶解，以增加铝浓度（例 17.10）。

例 17.10 对于平衡状态下的三水铝石-水系统，请估算 pH 为 7、8、9 和 10 时 $Al(OH)_4^-$ 的浓度。

解：

根据方程式 17.43，

$$[Al(OH)_4^-]=(OH^-)(10^{1.3})$$

pH 为 7 时的浓度为：

$$[Al(OH)_4^-]=(10^{-7})(10^{1.3})=10^{-5.7}\text{摩尔/升或 54 微克/升}$$

对其他 pH 重复计算，得到：pH 8，540 微克/升；pH 9，5.4 毫克/升；pH 10，54 毫克/升。

在简单的蒸馏水-氢氧化铝系统中，溶解的铝在 pH 为 6.5 时降至最低，然后随着 pH 的增加其浓度升高（图 17.4）。$Al(OH)_4^-$ 浓度从 pH 7 时的 54 微克/升增加到 pH 10 时的 54 毫克/升。在自然界中，$Al(OH)_4^-$ 的形成取决于三水铝石的存在，非酸性沉积物中可能很少有三水铝石，这将极大地限制 $Al(OH)_4^-$ 的形成。尽管铝具有两性性质，但在 pH>5 的水中，铝的浓度很小。当然，$Al(OH)_4^-$ 在污染导致大量铝输入的情况下可能很重要。

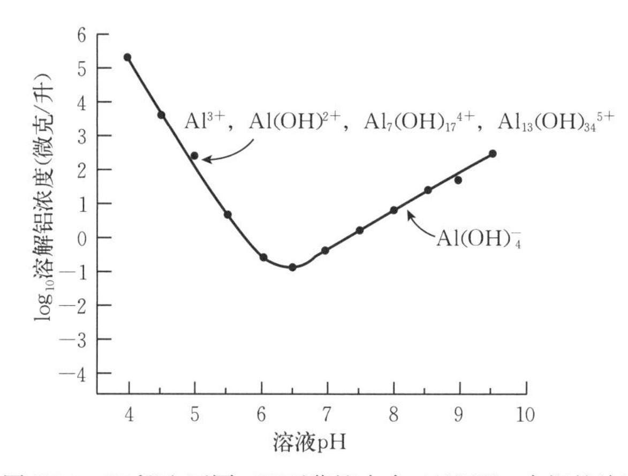

图 17.4　25 ℃和不同 pH 下蒸馏水中 $Al(OH)_3$ 中铝的浓度

美国东北部阿迪伦达克山脉 203 个湖泊的表层水平均溶解铝浓度为 40 微克/升，佛罗里达州 168 个湖泊的平均溶解铝浓度为 22 微克/升。来自湖泊的未过滤样品含有 138 微克/升和 89 微克/升的铝（Gensemer and Playle，2010）。这表明大部分铝是悬浮在水中的颗粒。此外，大量溶解铝存在于水解产物、离子对和有机物中。欧洲的河水含有 0.1～812 微克/升的铝（http://weppi.gtk.fi/publ/foregsatlas/text/Al.pdf）。美国科罗拉多州一个矿区的酸性河流中含有 77 微克/升至 1.38 毫克/升的溶解铝（Besser and Leib，2007）。大多数未受污染的天然水体含铝量低于 100 微克/升，这一说法似乎是准确的。海水中铝的平均浓度为 10 微克/升，主要以 $Al(OH)_4^-$ 和 Al $(OH)_3$ 的形态存在。

17.3.2　锑（Sb）

锑的性质有点像砷，和砷一样，它倾向于在硫化矿中富集。因此，它通常与铜、铅、金和银一起被发现。主要矿石矿物为辉锑矿（Sb_2S_3）和脆硫锑铅矿（$Pb_4FeSb_6S_{14}$）。锑也以低浓度存在于土壤中。在有氧水中，它通常以五价水合形态 [$Sb(OH)_5^0$] 或与氧结合的其他形态存在。它还形成锑酸 [$Sb(OH)_5^0$]，作为一种一元酸（Accornero et al.，2008），如下所示：

$$Sb(OH)_5^0 + H_2O = Sb(OH)_6^- + H^+ \quad K = 10^{-2.85} \tag{17.44}$$

大多数天然水域的锑浓度小于 1 微克/升，但在矿区，锑浓度可能是 100 倍或更高，而海水中锑的平均浓度为 0.33～0.5 微克/升。

17.3.3 钡（Ba）

钡以重晶石（$BaSO_4$）和毒重石（$BaCO_3$）的形式存在于地壳中。这些化合物的溶解度可表示为：

$$BaSO_4 = Ba^{2+} + SO_4^{2-} \quad K = 10^{-9.97} \tag{17.45}$$

$$BaCO_3 = Ba^{2+} + CO_3^{2-} \quad K = 10^{-8.56} \tag{17.46}$$

根据 K_{sp} 计算，重晶石和毒重石相当难溶，平衡 Ba^{2+} 浓度分别为 5.47 毫克/升和 5.34 毫克/升。在二氧化碳的作用下，毒重石的溶解度增加。根据天然水中硫酸盐和碳酸盐的浓度，大量的 Ba^{2+} 及其水解产物 $BaOH^+$ 可能与硫酸钡或碳酸钡平衡存在。

天然水中的钡浓度通常远低于平衡浓度。美国地表水和公共供水的钡的平均浓度分别为 43 和 45 微克/升（Durum and Haffty，1961；Koop and Kroner，1967），但也发现其浓度高达 3 毫克/升。海水中钡的平均含量为 30 微克/升。

17.3.4 铍（Be）

铍以硅酸盐和羟基硅酸盐的形态存在于地质构造中。其矿石包括绿柱石、硅铍石、羟硅铍石和其他几种含 6%～45% BeO 的矿石。铍也存在于土壤中，浓度非常低。

氢氧化铍［$Be(OH)_2$］非常难溶于水（$K_{sp} = 10^{-21.84}$），但氧化铍（BeO）在暴露于酸时会溶解。由于铍是稀有的，而且其矿物质不易溶解，因此天然水中的铍浓度较低。美国河水中的铍含量为 0.01～112 微克/升，平均为 9.7 微克/升（Kopp，1969）。Korečková-Sysalová（1997）报告说，在捷克共和国，铍的浓度通常为 0.01～1 微克/升。但是，污染可能会导致更高的浓度。海水中铍的平均含量为 0.05 微克/升。

17.3.5 铋（Bi）

最常见的铋矿是辉铋矿（Bi_2S_3）和亚辉铋矿（Bi_2O_3）。这种元素也存在于其他一些矿物以及以低浓度存在于土壤中。Bi_2S_3 形态高度不溶（$K_{sp} = 10^{-97}$），但氧化物形态会在酸存在下溶解：

$$Bi_2O_3 + 6H^+ = 2Bi^{3+} + 3H_2O \tag{17.47}$$

天然水中的铋浓度记录很少。离子形式为 Bi^{3+}，其浓度范围从无法检测到矿区的 0.26 微克/升（http://weppi.gtk.fi/publ/foregsatlas/text/Bi.pdf）。海洋中铋的平均浓度为 0.02 微克/升。

Filella（2010）对地表水中铋浓度的综述表明内陆水浓度为 1～250 微克/升和海水浓度为 0.02～0.04 微克/升。该综述的结论是，由于分析限制，地表水中溶解铋浓度的现有数据不可靠。

17.3.6 溴（Br）

溴主要以溴化物（Br^-）的形态存在于土壤和水中。溴的主要商业来源是从油井盐水和死海盐水中提取（Wisniak，2002）。

溴化物毒性不高，但可通过与溶解有机物反应形成三卤甲烷（Magazinovic et al.，2004）。因为它能形成三卤甲烷，溴化物被认为是饮用水中的一种潜在风险。当然，溴（Br_2）是高毒性物质，作为氯的替代品已被用于饮用水消毒。

在 Magazinovic et al.（2004）的综述中报告的内陆地表水中溴浓度为：6～170 微克/升（美国）；9～760 毫克/升（德国）；24～200 微克/升（法国）；30～70 微克/升（英国、西班牙和法国）；4～76 微克/升（瑞典）；2.0 毫克/升（以色列）；30 微克/升至 4.3 毫克/升（澳大利亚）。较高的浓度出现在干旱地区，例如以色列和澳大利亚的一些地方。溴是海水的主要成分，平均浓度为 65～80 毫克/升。

17.3.7 氰化物（CN）

氰化物不是微量元素。相反，它是一种微量化合物，含有一个或多个碳原子通过炔键与氮结合（—C≡N），它自然存在于许多植物中，包括食用植物（Jones，1998）。氰化氢和氰化物用于塑料和染料生产，存在于燃料燃烧的废气中，也广泛用于金银开采和冶金过程。氰化物离子主要通过废水进入自然水体。氰化物对所有形式的生命都有剧毒。它是一种快速作用的毒物，主要干扰细胞呼吸。

进入水中的氰化物形式包括 $Fe_4[Fe(CN_6)]_3$、$Na_4Fe(CN)_6$、$K_4Fe(CN)_6$、NaCN 和 KCN。更复杂的化合物分解为 $Fe(CN)_6^{3-}$ 和 $Fe(CN)_6^{4-}$，所有形式最终产生 CN^-（Jaszczak et al.，2017）。CN^- 离子与氢氰酸有关：

$$HCN = H^+ + CN^- \quad K = 10^{-9.31} \tag{17.48}$$

当 pH 小于等于 9.31 时，大部分氰化物将以 HCN 形式存在。根据刘易斯酸-碱理论，氰化物与痕量金属反应，形成强可溶性配合物 $Fe(CN)_6^{4-}$、$Au(CN)^{2-}$、$Co(CN)_6^{4-}$ 和 $Ni(CN)_4^{2-}$，以及弱可溶性配合物 $CdCN^-$、$Ag(CN)_2^-$、$Cu(CN)_3^{2-}$ 和 $Zn(CN)_4^{2-}$（Jaszczak et al.，2017）。地表水中的氰化物浓度范围为 0.77～5.11 微克/升，饮用水的氰化物浓度为 0.6 微克/升或更低，电镀废水的氰化物浓度范围为 0.04～1.2 微克/升，黄金提取废水的氰化物浓度范围为 540 毫克/升（Jaszczak et al.，2017）。

17.3.8 铅（Pb）

铅以硫化物、硫酸盐和碳酸盐的形态存在于几种矿物中。铅的主要矿石是方铅矿（PbS）、白铅矿（$PbCO_3$）和铅矾（$PbSO_4$）。它还通过污染进入环境。土壤中铅的浓度通常较低。

由于铅的普遍使用及其有害影响，铅一直是环境和公共卫生关注的焦点。铅对动植物有毒，人们可能通过接触和饮用水摄入铅。它在体内累积，过度暴露会产生多种影响，最严重的是对神经系统的不良影响和儿童智力发育迟缓。

$PbSO_4$ 和 $PbCO_3$ 在水中的平衡浓度分别为 32.8 毫克/升和 82 微克/升。大多数其他铅化合物的可溶性较差。世界河流中的铅浓度为 1～10 微克/升（Livingstone，1963），Kopp and Kroner（1967）发现美国河流中的最大铅浓度为 140 微克/升。硬岩开采和矿石加工是铅污染的主要来源。据 Liang et al.（2011）报告，中国矿区地表水中铅的平均浓

度为 69 微克/升（范围为 1.8～434 微克/升）。海洋中铅的平均浓度为 4 微克/升；主要是作为 $PbCO_3$ 离子对。

17.3.9 汞（Hg）

汞在地质构造中的丰度较低，但在许多矿物中都可以找到，并且包含在煤中。常见的矿石是朱砂（HgS）。

汞化合物不易溶解，如以下 K_{sp} 值所示：Hg_2Cl_2，$10^{-25.4}$；HgS，$10^{-51.8}$；$HgCO_3$，$10^{-16.4}$。美国阿拉斯加未受到汞污染的基流的浓度为 0.001 微克/升总汞和 0.000 4 微克/升甲基汞。汞矿区的总汞浓度增加了 2 000～ 300 000 倍，甲基汞浓度增加了 6～350 倍（Wentz et al.，2014）。在美国得克萨斯州的汞矿区，检测到 1.1～9.7 微克/升的总汞和 0.03～0.61 微克/升的甲基汞（Gary et al.，2015）。Liang et al.（2011）也发现，中国某矿区地表水中的总汞浓度较高——平均浓度为 61 微克/升，范围为 0.01～827 微克/升。海水的平均汞浓度为 0.03～0.15 微克/升。

除汞开采外，还有几种汞污染源。其中包括金矿开采、煤炭燃烧、有色金属生产和水泥生产。汞可以通过废水或大气沉积进入水体（https://www.epa.gov/international-cooperation/mercury-emissions-global-context）。

金矿开采，特别是小规模手工金矿开采，是全球最大的汞污染源。液态汞和碎矿石按 1∶20 的重量比混合，形成汞金浓缩物。浓缩物和多余的汞被去除，但仍含有一些汞的提取后的矿石被释放到环境中。使用额外的汞进一步浓缩汞-金汞齐，并在露天加热汞齐以蒸馏汞并分离金。汞在矿石提取、浓缩步骤以及汞从汞齐蒸发过程中进入环境。这种做法很普遍，在一些南美洲、亚洲和非洲国家尤其如此，这些国家的汞污染量约为 1 400 吨/年，占全球汞污染的 40%（Esdaile and Chalker，2018）。

17.3.10 银（Ag）

银在地质学上相当罕见，但在银矿（Ag_2S）和角银矿（AgCl）矿床中偶尔发现更丰富的银。从铅矿石方铅矿中也可获得大量的银和铅，其分子式通常被写成（Pb，Ag，Sb，Cu）S。该分子式不准确，因为四种金属的比例因方铅矿的不同来源而异。大多数 K_{sp} 值为 10^{-50}～10^{-10} 的银化合物不溶，但少数类似硫酸银（$K_{sp}=10^{-5}$）的化合物更易溶解。

氧化银（Ag_2O）的溶解度很低，不会在高 pH 下出现高浓度的银，而氯化物浓度通常足以在低 pH 下沉淀银，并避免出现高浓度。这可以从以下方程式中看出：

$$\text{高 pH：} 2Ag^+ + 2OH^- = Ag_2O\downarrow + H_2O \quad (17.49)$$

$$\text{低 pH：} Ag^+ + Cl^- = AgCl\downarrow \quad (17.50)$$

单价银（Ag^+）是水中常见的形式。美国河流的平均银浓度为 0.09 微克/升（Durum and Haffty，1961）。据 Flegal et al.（1997）报道，受到污染的地表水可能含有高达 0.3 微克/升或更高。海水含银量约为 0.05 微克/升。

17.3.11 锶（Sr）

锶的主要矿石是天青石（$SrSO_4$）和菱锶矿（$SrCO_3$）。锶也存在于各种矿物中，石灰石通常含有约 0.1%的碳酸锶。

碳酸锶有时存在于湖泊沉积物中。使用该化合物作为控制矿物，根据 K_{sp}，平衡浓度约为 2.2 毫克/升。内陆水域中的这种高浓度仅在少数干旱地区有报道，北美河流中的锶浓度平均为 60 微克/升（Hem，1970）。海洋中锶的平均浓度为 8 毫克/升。

17.3.12 铊（Tl）

铊存在于几种矿物中，如硒铊铜银矿［$Cu_7(Tl, Mg)Se_4$］、红铊铅矿［$(Tl, Pb)_2As_5S_9$］和黄铁矿中。出于商业目的，通常从铅和锌精炼的副产品中回收。它包含在煤中，以气体排放进入空气，但矿石加工通常会导致环境浓度升高。铊对动物和人类具有高度毒性。

铊主要以 Tl^+ 的形态存在于水中，但会形成水解产物和其他可溶的结合形态。氧化铊相当难溶，可能是控制矿物。据报告，在地表水中，未受污染的地表水浓度平均为 0.01～1 微克/升，矿区地表水的浓度高达 96 微克/升（Frattini，2005）。根据 Karbowska（2016）的综述，波兰河流中的铊浓度范围为 5～17 微克/升，马其顿的一个湖泊中的铊浓度为 0.5 微克/升，美国密歇根州休伦河和赖辛河的污染场地中的铊浓度分别为 21 微克/升和 2.62 毫克/升。海水中铊的平均浓度约为 0.014 微克/升。

17.3.13 锡（Sn）

为提取锡而开采的主要矿石为氧化锡（SnO_2）含量高的锡石和硫化锡如硫锡铅矿（$PbSnS_2$）。锡以低浓度存在于许多其他矿物中，大多数土壤含有 2～3 毫克/千克的锡（Howe and Watts，2003）。

大多数学术权威并不认为锡是一种必需的营养素。然而，许多健康倡导者声称锡能支持头发生长并增强本能反应。有人声称，某些类型的秃顶和血红蛋白合成减少等是锡缺乏症。

锡的可溶性不高，但在水中的浓度通常可以检测到。锡以 Sn^{2+} 和 Sn^{4+} 的形态存在于天然水中，低溶解氧浓度有利于 Sn^{2+} 的形成。四价锡水解并沉淀为 Sn（$OH)_4$，但二价锡形成可溶性氢氧化物［$SnOH^+$、$Sn(OH)_2^0$、$Sn(OH)_3^-$、$Sn_2(OH)_2^{2+}$ 和 $Sn(OH)_4^{2-}$］。Livingstone（1963）报告说，一些河流的锡含量高达 100 微克/升，但大多数河流的锡含量低于 2.5 微克/升。Howe and Watts（2003）报告如下：美国缅因州河流锡的平均浓度为 0.03 微克/升；加拿大河流锡的浓度为 1～37 微克/升；土耳其的一条河流通常含有 0.004 微克/升的锡，但在其河口附近，污染使锡的浓度增加到 0.7 微克/升；美国密歇根湖含锡 0.08～0.5 微克/升。海水含锡量平均为 3 微克/升。

17.3.14 铀（U）

铀通常与核燃料和核武器有关。有几种类型的铀矿床提供铀矿，包括晶质铀矿（UO_2＋UO_3）、钛铀矿［$U(TiFe)_2O_2$］和钒钾铀矿（$K_2O_2U_2O_3V_2O_5 \cdot 3H_2O$）。它也存在于磷矿石和其他一些矿物中。铀是最重的天然元素，含量丰富；它的原子量是 238。天然铀有三种主要的同位素：^{238}U、^{235}U 和^{234}U，其中^{238}U 含量最高（99.28%）。同位素是不稳定的，发射伽马粒子，最终衰变为铅。铀以多种价态存在，六价态 UO_2^{2+} 在水中最稳定（https://periodic.lanl.gov/926shtml）。

铀曾经被用作陶瓷釉料和玻璃的着色剂，但由于其潜在的有害辐射，已经停止使用。它现在主要用作核燃料和核武器。它在化学和放射方面都有剧毒。

铀从地质构造和土壤中浸出，并受到矿石加工的污染。与大多数其他微量元素不同，由于铀在核应用中的重要性及其化学和放射性危害，水溶液中铀的化学性质已被彻底研究（Thoenen and Hummel，2007）。铀形成许多络合物，但在水中，可溶性氢氧化物和碳酸盐占主导地位，例如 $UO_2(OH)_2^0$、$UO_2(CO_3)_2^{2-}$、$UO_2(CO_3)_3^{4-}$ 和 $UO_2(CO_3)(OH)_3^-$。天然水中铀的全球平均值约为 0.5 微克/升（范围在 0.02～6 微克/升），但污染导致极端值超过 20 微克/升（IRSN，2012）。Shiraishi et al.（1994）报告的俄罗斯湖泊和河流中的极端铀浓度分别为 61.3 微克/升和 57.8 微克/升。海水中的铀含量约为 3 微克/升。

17.4 微量元素的毒性

水生生态系统中微量元素的毒性是一个主要问题。pH 对微量元素的溶解度有很大影响。水中痕量金属的形态（游离离子与离子对、水解产物或螯合离子）对毒性有很大影响。微量金属主要通过鳃进入鱼类。钙和镁离子——水中硬度的来源——干扰了微量金属通过鳃进入水生动物血液的运输。微量元素借助活性载体机制经过鳃运输，水中高丰度的钙（可能还有镁）竞争载体机制上的吸收位点，减少可进入鱼类的微量金属的量。因此，在硬水中比在软水中产生毒性所需的微量金属浓度更高（Howarth and Sprague，1978）。

估算微量元素（和其他毒素）安全浓度的一种方法是制定标准最大浓度（Criterion maximum concentration，CMC）和标准连续浓度（Criterion continuous concentration，CCC），这是基于现有毒性数据建立的模型（Mu et al.，2014）。可接受的标准最大浓度和标准连续浓度值是保守的，因为它们基于数据库中最敏感物种的值。对于金属的另一种方法是生物配体模型（BLM），该模型预测不同化学浓度在水域中的效应。生物配体模型包含 10 个水质变量：温度、pH、溶解有机碳、钙、镁、钠、钾、硫酸盐、氯化物和碱度，以估算安全浓度（USEPA，2007）。表 17.8 给出了微量金属的标准最大浓度和标准连续浓度的浓度列表。

表 17.8 短期接触的最大允许毒物浓度（MATC）和微量元素对水生生物的可能无影响浓度（PNEC）

元素	淡水（微克/升）		海水（微克/升）	
	MATC	PNEC	MATC	PNEC
铝[a]	125	—	—	—
锑[b]	9 000	610	—	—
砷[c]	340	150	69	36
钡[b]	不必要的		不必要的	
铍[c]	130	5.3	—	—
铋	未发现资料			
硼[b,d]		750	—	—
溴化物[e]		7 800		

（续）

元素	淡水（微克/升）		海水（微克/升）	
	MATC	PNEC	MATC	PNEC
镉[c]	1.8	0.72	33	7.9
铬Ⅲ[c]	570	74	—	—
铬Ⅵ[c]	16	11	1 100	50
钴[f]	—	4.0	—	—
铜[g]	13	9	4.8	3.1
氰化物[c]	22	5.2	1.0	1.0
氟化物[h]	—	500	—	—
碘化物[i]	可能对无脊椎动物有毒			
铁[c]	—	1 000	—	—
铅[c]	65	2.5	201	8.1
锰[j]	—	600	—	—
汞[c]	1.4	0.77	1.8	0.94
钼[k]	—	36.1	—	3.85
镍[c]	470	52	74	8.2
静水中硒[c,l]	—	1.5	—	—
流水中硒		3.1	290	71
银[c]	3.2	—	1.9	—
锶	显然没有限制			
锡（三丁基锡）[c]	0.46	0.072	0.42	0.007 4
铀[m]	—	5	—	—
钒[n]	—	50	—	—
锌[c]	120	120	90	81

[a] Cardwell et al.（2018）

[b] USEPA（1986）

[c] USEPA（2018），这些是美国环保局标准最大浓度和标准连续浓度建议（https://www.epa.gov/wqc/national-recommended-water-quality-criteria-aquatic-life-criteria-table）

[d] 硼标准只与灌溉用水有关

[e] Canton et al.（1983）

[f] Nagpal（2004）

[g] USEPA（2004）

[h] Camargo（2003）

[i] Laveroch et al.（1995）

[j] Reimer（1988）

[k] Heijerick and Carey（2017）

[l] USKmA（2016）

[m] Sheppard et al.（2005）

[n] Schiffer and Karsten（2017）

表 17.9 饮用水中微量元素的可接受限值

元素	世卫组织指南[a]	美国环保局标准[b]	饮用水浓度升高可能对健康造成的影响
铝	无	0.05～0.2 毫克/升	可能增加患阿尔茨海默病的风险
锑	20 微克/升	6 微克/升	呕吐；胃溃疡
砷	10 微克/升	10 微克/升	皮肤损伤；循环系统问题；更高的癌症风险
钡	1.3 毫克/升	2 毫克/升	血压升高
铍	12 微克/升	4 微克/升	肠道损伤
铋	无	无	肾和肝损伤
硼	2.4 毫克/升	无	可能的睾丸损伤
溴化物	无	无	三卤甲烷可能带来的癌症风险
溴酸盐	无	0.01 微克/升	没有达成一致的共识
镉	3 微克/升	0.005 微克/升	肾损害
铬	50 微克/升	100 微克/升	过敏性皮炎；增加癌症风险
铜	2 毫克/升	1 毫克/升	肝肾损害
氰化物	无	0.2 毫克/升	甲状腺问题
氟化物	1.5 毫克/升	4 毫克/升	骨骼问题；斑釉齿
铁	无	0.3 毫克/升[c]	对健康无影响，但影响味道、气味、污渍
铅	70 微克/升	0.0 微克/升	儿童发育问题；肾脏问题；高血压
锰	无	无	对健康无影响，但影响味道、气味、污渍
汞	6 微克/升	2 微克/升	胎儿、婴儿和儿童的神经发育受损；成人的神经问题；肾损害
钼	无	无	腹泻；肝肾损害
镍	70 微克/升	无	皮炎；肠道不适；增加红细胞计数和尿液中的蛋白质
硒	40 微克/升	50 微克/升	指甲和头发脱落；循环问题
银	无	0.1 微克/升[c]	皮肤颜色的可能变化（银质沉着病）
锶	无	无	损害儿童的骨骼和牙齿发育
铊	无	0.2 微克/升	酶破坏；胃和肠溃疡；神经系统问题
锡	无	无	未发现报告的问题
铀	30 微克/升	0.03 微克/升	肾损害；癌症风险增加
锌	无	5 毫克/升	贫血；胰腺损伤

[a] https://apps.who.int/iris/bitstream/10665/254637/1/9789241549950-eng.pdf

[b] https://www.epa.gov/sites/production/files/2018-03/documents/dwtable2018.pdf

[c] 次要法规。这些是非强制性的，旨在作为供水系统管理指南

17.5 微量元素可能对健康的影响

饮用水中微量元素浓度标准见表 17.9。世界卫生组织和大多数国家的政府已经制定

了饮用水中微量元素浓度的建议限值。这些限制的依据是在供水的公共卫生方面积累的经验、实验室研究中观察到的微量元素对动物的影响，以及与饮用水中不同浓度微量元素暴露与健康问题有关的流行病学研究。

参考文献

Accornero M，Marini L，Lelli M，2008. The dissociation constant of antimonic acid at 10 - 40 ℃. J Solution Chem，37：785 - 800.

Anderson RA，1997. Chromium as an essential nutrient for humans. Regul Toxicol Pharmacol，26：535 - 541.

Arnon DI，Wessel G，1953. Vanadium as an essential element in green plants. Nature，172：1039 - 1040.

Baralkiewicz D，Siepak J，1999. Chromium，nickel，and cobalt in environmental samples and existing legal norms. Pol J Environ Stud，8：201 - 208.

Besser JM，Leib KJ，2007. Toxicity of metals in water and sediment to aquatic biota// Church SE，von Guerard P，Finger SE. Integrated investigations of environmental effects of historical mining in the Animas River Watershed，San Juan County，Colorado. U. S. Geological Survey，Washington：839 - 849.

Boyd CE，Walley WW，1972. Studies of the biogeochemistry of boron. Ⅰ. Concentrations in surface waters，rainfall，and aquatic plants. Am Midl Nat，88（1）：1 - 14.

Camargo JA，2003. Fluoride toxicity to aquatic organisms：a review. Chemosphere，50：251 - 264.

Canton JH，Webster PW，Mathijssen - Speikman EA，1983. Study on the toxicity of sodium bromide to different freshwater organisms. Food Chem Toxicol，21：369 - 378.

Cardwell AS，Adams WJ，Gensemer RW，et al.，2018. Chronic toxicity of aluminum，at pH 6，to freshwater organisms：empirical data for the development of international regulatory standards/criteria. Environ Toxicol Chem，37：36 - 48.

Chowdhury UK，Biswas BK，Chowdhury TR，et al.，2000. Groundwater arsenic contamination in Bangladesh and West Bengal，India. Environ Health Perspect，108：393 - 397.

Ćosović B，Degobbis D，Bilinski H，et al.，1982. Inorganic cobalt species in seawater. Geochim Cosmochim Acta，46：151 - 158.

Deverel SJ，Goldberg S，Fujii R，2012. Chemistry of trace elements in soils and groundwater// Wallender WW，Tanji KK. ASCE manual and reports on Engineering practice No 71 Agricultural salinity assessment and management. American Society of Civil Engineers，Reston：89 - 137.

Durum WH，Haffty J，1961. Occurrence of minor elements in water. United States Geological Survey. United States Government Printing Office，Washington.

Esdaile LJ，Chalker JM，2018. The mercury problem in artisanal and small - scale gold mining. Chem Eur J，24：6905 - 6916.

Essumang DK，2009. Levels of cobalt and silver in water sources in a mining area in Ghana. Int J Biol Chem Sci，3：1437 - 1444.

Filella M，2010. How reliable are environmental data on "orphan elements?" The case of bismuth concentrations in surface waters. J Environ Monit，12：90 - 109.

Firth J，2013. Arsenic—the "poison of kings" and the "saviour of syphilis". J Mil Vet Health，21：11 - 17.

Flegal AR，Patterson CC，1985. Concentrations of thallium in seawater. Mar Chem，15：327 - 331.

Flegal AR，Rivera - Durarte SA，Sanudo - Wilhelmy SA，1997. Silver contamination in aquatic environ-

ments. Rev Environ Contam Toxicol, 148: 139 - 162.

Frattini P, 2005. Thallium properties and behaviour—a literature study. Geological survey of Finland. http://tupa. gtk. fi/raportti/arkisto/s41 _ 0000 _ 2005 _ 2. pdf.

Fries L, 1982. Vanadium an essential element for some marine macroalgae. Planta, 154: 393 - 396.

Gaillardet J, Viers J, Duprèe B, 2003. Trace elements in river waters// Turekian K, Holland H. Treatise on geochemistry. Amsterdam, Elsevier: 5 - 9.

Gary JE, Theodorakos PM, Fey DL, et al., 2015. Mercury concentrations and distribution in soil, water, mine waste leachates, and air in and around mercury mines in the Big Bend region, Texas, USA. Environ Geochem Health, 37: 35 - 48.

Gensemer RW, Playle RC, 2010. The bioavailability and toxicity of aluminum in aquatic environments. Crit Rev Environ Sci Tech, 29: 315 - 450.

Goldberg ED, 1963. The oceans as a chemical system// Hill MN. Composition of sea water, comparative and descriptive oceanography, Vol Ⅱ. The sea. New York, Wiley.

Goldman CR, 1972. The role of minor nutrients in limiting the productivity of aquatic ecosystems// Likens GE. Nutrients and eutrophication: the limiting - nutrients controversy. Lim Ocean Spec Sym, 1: 21 - 33.

Guo T, Delaune RD, Patrick WH, 1997. The effect of sediment redox chemistry on solubility/chemically active forms of selected metals in bottom sediment receiving produced water discharge. Spill Sci Tech Bull, 4: 165 - 175.

Hamilton SJ, 2004. Review of selenium toxicity in the aquatic food chain. Sci Total Environ, 326: 1 - 31.

Heijerick DG, Carey S, 2017. The toxicity of molybdate to freshwater and marine organisms. Ⅲ. Generating additional chronic toxicity data for the refinement of safe environmental exposure concentrations in the US and Europe. Sci Total Environ, 609: 420 - 428.

Hem JD, 1970. Study and interpretation of the chemical characteristics of natural water. Watersupply paper 1473. United States Geological Survey, United States Government Printing Office, Washington.

Hem JD, 1985. Study and interpretation of the chemical characteristics of natural water. Watersupply paper 2254. United States Geological Survey, United States Government Printing Office, Washington.

Hem JD, Roberson CE, 1967. Form and stability of aluminum hydroxide complexes in dilute solution. Watersupply paper 1827 - A. United States Geological Survey, United States Government Printing Office, Washington.

Howarth RS, Sprague JB, 1978. Copper lethality to rainbow trout in waters of various hardness and pH. Water Res, 12: 455 - 462.

Howe P, Watts P, 2003. Tin and inorganic tin compounds. Concise International Chemical Assessment Document 65. World Health Organization, Geneva.

Hyenstrand P, Rydin E, Gunnerhed M, 2000. Response of pelagic cyanobacteria to iron additions—enclosure experiments from Lake Erken. J Plankton Res, 22: 1113 - 1126.

IRSN (Institut de Radioprotection et de Sûretè Nuclèaire), 2012. Natural uranium in the environment. https://www. irsn. fr/EN/Research/publications - documentation/radio - nuclides - sheets/environment/Pages/Natural - uranium - environment. aspx.

Izbicki JA, Ball JW, Bullen TD, et al., 2008. Chromium, chromium isotopes and selected trace elements, western Mojave Desert, USA. Appl Geochem, 23: 1325 - 1352.

Jaszczak E, Palkowska Z, Narkowicz S, et al., 2017. Cyanides in the environment— analysis—problems and challenges. Environ Sci Pollut Res, 24: 15929 - 15948.

Jones DA, 1998. Why are so many plant foods cyanogenic? Phytochemistry, 47: 155 - 162.

Karbowska B, 2016. Presence of thallium in the environment: sources of contaminations, distribution, and monitoring methods. Environ Monit Assess, 188: 640.

Khan T, Mohammad S, Khan B, et al., 2011. Investigating the levels of heavy metals in surface water of Shah Alam River (a tributary of River Kabul, Khyber Pakhtunkhwa). Asian J Earth Sci, 44: 71 - 79.

Kochkodan V, Darwish NB, Hilal N, 2015. The chemistry of boron in water// Kabay N, Hilal N, Bryak M. Boron separation processes. The Netherlands, Elsevier: 35 - 62.

Kopp JF, 1969. The occurrence of trace elements in water// Hemphill DD. Proceedings of the 3rd Annual Conference on Trace Substances in Environmental Health. Columbia, University of Missouri: 59 - 79.

Kopp JF, Kroner RC, 1967. Trace metals in waters of the United States. A five year summary of trace metals in rivers and lakes of the United States (October 1, 1962to September 30, 1967). United States Department of the Interior, Federal Water Pollution Control Administration, Cincinnati.

Kopp JF, Kroner RC, 1970. Trace metals in waters of the United States. Report PB - 215680. Federal Water Pollution Control Administration, Cincinnati.

Korečková - Sysalová J, 1997. Determination of beryllium in natural waters using atomic absorption spectrometry with tantalum - coated graphite tube. Int J Environ Anal Chem, 68: 397 - 404.

Lane TW, Morel FMM, 2000. A biological function for cadmium in marine diatoms. Proc Natl Acad Sci, 97: 4627 - 4631.

Laveroch MJ, Stephenson M, Macdonald CR, 1995. Toxicity of iodine, iodide, and iodate to Daphnia magna and rainbow trout (*Oncorhynchus mykiss*). Arch Environ Con Toxicol, 29 (3): 344 - 350.

Lee JG, Roberts SB, Morel FMM, 1995. Cadmium: a nutrient for the marine diatom *Thalassiosira weissflogii*. Limnol Oceanogr, 40: 1056 - 1063.

Liang N, Yang LY, Dai JR, et al., 2011. Heavy metal pollution in surface water of Linglong gold mining area, China. Procedia Environ Sci, 10: 914 - 917.

Lindemann MD, Cho JH, Wang MQ, 2009. Chromium—an essential mineral. Rev Colom de Cien Pec, 22: 339 - 445.

Livingstone DA, 1963. Chemical composition of rivers and lakes. Professional Paper 440 - G. United States Geological Survey, United States Government Printing Office, Washington.

Magazinovic RS, Nicholson BC, Mulcahy DE, et al., 2004. Bromide levels in natural waters: its relationship to chloride and total dissolved solids and the implications for water treatment. Chemosphere, 57: 329 - 335.

McBride MB, 1989. Reactions controlling heavy metal solubility in soils// Stewart BA. Advances in soil science. New York, Springer: 1 - 56.

McNevin AA, Boyd CE, 2004. Copper concentrations in channel catfish, *Ictalurus punctatus*, ponds treated with copper sulfate. J World Aquacult Soc, 35: 16 - 24.

Moore GT, Kellerman KF, 1905. Copper as an algicide and disinfectant in water supplies. Bull Bur Ind, 76: 19 - 55.

Mu Y, Wu F, Chen C, et al., 2014. Predicting criteria continuous exposure concentrations of 34metals or metalloids by use of quantitative ion character - activity relationships - species sensitivity distributions (QICAR - SSD) model. Environ Pollut, 188: 50 - 55.

Nadis S, 1998. Fertilizing the sea. Sci Am, 177: 33.

Nagpal NK, 2004. Technical report - water quality guidelines for cobalt. Ministry of Water, Land, and Air

Protection, Victoria.

Pagenkopf GK, 1978. Introduction to natural water chemistry. New York, Marcel Dekker, Inc..

Pais I, Jones JB Jr, 1997. The handbook of trace elements. Boca Raton, Saint Lucie Press.

Palmer CA, Gilbert JA, 2012. Position of the Academy of Nutrition and Dietetics: the impact of fluoride on health. J Acad Nutr Diet, 112: 1443-1453.

Pinsino A, Matranga V, Roccheri MC, 2012. Manganese: a new emerging contaminant in the environment// Srivastava J. Environmental contamination. Rijeka, InTech Europe: 17-36.

Puntoriero ML, Volpedo AJ, Fernandez-Cirelli A, 2014. Arsenic, fluoride, and vanadium in surface water (Chasicó Lake, Argentina). Front Environ Sci, 2: 1-5.

Reimer PS, 1988. Environmental effects of manganese and proposed freshwater guidelines to protect aquatic life in British Columbia. University of British Columbia.

Ryan D, 1992. Minor elements in seawater// Millero FJ. Chemical oceanography. Boca Raton, CRC Press: 89-119.

Schiffer S, Karsten L, 2017. Estimation of vanadium water quality benchmarks for protection of aquatic life with reference to the Athabasca Oil Sands region using species sensitivity distributions. Environ Toxicol Chem, 36: 3034-3044.

Seker S, Kutler B, 2014. Determination of copper (Cu) levels for rivers in Tunceli, Turkey. World Environ, 4: 168-171.

Sheppard SC, Sheppard NI, Gallerand MO, et al., 2005. Deviation of ecotoxicity thresholds for uranium. J Environ Radioact, 79: 55-83.

Sillén LG, Martell AE, 1964. Stability constants for metal-ion complexes. Special Publication 17. Chemical Society, London.

Sillén LG, Martell AE, 1971. Stability constants of metal-ion complexes. Special Publication 25. Chemical Society, London.

Shiraishi K, Igarashi Y, Yamamoto M, et al., 1994. Concentrations of thorium and uranium in freshwater samples collected in the former USSR. J Radioanal Nucl Chem, 185: 157-165.

Smedley PL, 2000. Water quality fact sheet: Iodine. British Geological Survey, London.

Spears JW, 1984. Nickel as a "newer trace element" in the nutrition of domestic animals. J Anim Sci, 59: 823-835.

Stralberg E, Varskog ATS, Raaum A, et al., 2003. Naturally occurring radio-nuclides in the marine environment—an overview by current knowledge with emphasis on the North Sea area. Kjeller, Norway, Norse Decom AS.

Thoenen T, Hummel, 2007. The PSI/Nagra chemical thermodynamic database (Update of the Nagra/PSI TDB 01/01) data selection for uranium. Paul Scherrer Institute.

Turekian KK, 1968. Oceans. Englewood Cliffs, Prentice-Hall.

USEPA, 1986. Quality criteria for water. EPA 440/S-86-001. USEPA Office of Water, Washington.

USEPA, 2004. National recommended water quality criteria. USEPA Office of Water, Washington.

USEPA, 2007. Aquatic life ambient freshwater quality criteria: copper. EPA 822-R-07-001. http://www.epa.gov/waterscience/criteria/copper/index.htm.

USEPA, 2016. Aquatic life ambient water quality criterion for selenium—freshwater. USEPA Office of Water, Washington.

USEPA, 2018. Aquatic life criteria and methods for toxics. https://www.epa.gov/wqc/aquatic-lifecriteria - and - methods - toxics.

Uthus EO, 1992. Evidence for arsenic essentiality. Environ Geochem Health, 14: 55 - 58.

Vrede T, Tranvik LJ, 2006. Ion constraints on planktonic primary production in oligotrophic lakes. Ecosystems, 9: 1094 - 1105.

Wentz DA, Brigham ME, Chasar LC, et al., 2014. Mercury in the nation's steams—levels, trends, and implications. US Geological Survey, Washington.

Wisniak J, 2002. The history of bromine from discovery to commodity. Indian J Chem Technol, 9: 262 - 271.

World Health Organization, 2011. Selenium in drinking water. https://cdn. who. int/media/docs/default - source/wash - documents/wash - chemicals/selenium. pdf?sfvrsn=d3b3dcc7 _ 6.

18 水质保护

摘要

水质受损可能是自然原因造成的，但最常见的原因是人为污染。土壤侵蚀导致水体浑浊和淤积。有机废物的需氧量很高，最终导致溶解氧浓度很低，废水中的氮和磷会导致富营养化。农药、工业生产的合成有机化学品和重金属，以及药物化合物及其降解产物可能对水生动物有毒或对它们产生其他不利影响。饮用水中的毒素会导致多种严重疾病，包括人类癌症。导致水生动物和人类疾病的生物制剂也可能污染水体。空气污染导致大气中二氧化硫和二氧化碳浓度升高，可能会影响水质。在讨论水污染时必须考虑被破坏的湿地，因为功能性湿地对水的自然净化非常重要。水质法规对于避免用水者之间的冲突、将某些化学和生物污染物的公共健康风险降至最低、保护环境以及防止降低水体娱乐和审美价值的条件非常重要。大多数国家都制定了污水排放必须遵守的水质法规。这些许可证通常对废水中的污染物浓度有限制，而且很多时候，对可能排放的污染物数量也有限制。越来越多的人倾向于制定每日最大污染物总量（TMDL），规定所有许可证持有人可排放到河流或其他水体中的给定污染物总量。为了保护饮用水质量和公众健康，还制定了市政供水运营必须遵守的标准。

引言

从一开始，几千年来，人类人口增长缓慢，人口稠密的地区很少，自然生态系统能够可持续地提供资源和服务来支持社会。除了在一些人口稠密地区外，人类对生态系统的需求并没有对整个生态系统的结构和功能造成重大损害。

随着人们学会了如何在一定程度上控制环境，并通过农业生产粮食，人口逐渐增长，并在陆地上扩散。到公元前 2000 年，人口约为 3 000 万，到公元 1500 年达到 4 亿～5 亿。科学和技术知识的不断增长导致了工业革命，这场革命始于 18 世纪中期的欧洲，迅速蔓延到北美洲，最终蔓延到世界大部分地区。

自工业革命开始以来，食品供应、住房、医疗和其他条件都有所改善，使得每年的出生率相对于死亡率都有所提高。其结果是自 19 世纪中期以来，人口呈指数增长式激增

(图 18.1)。不断扩大的人口对世界生态系统的水、食物、纤维和其他资源提出了巨大的需求，并增加其对废物吸纳的压力。人口增长的主要影响之一是污染负荷增加，这往往导致水生生态系统和供水质量恶化。

本章讨论主要污染源及其对自然水生生态系统和人类用水的影响。

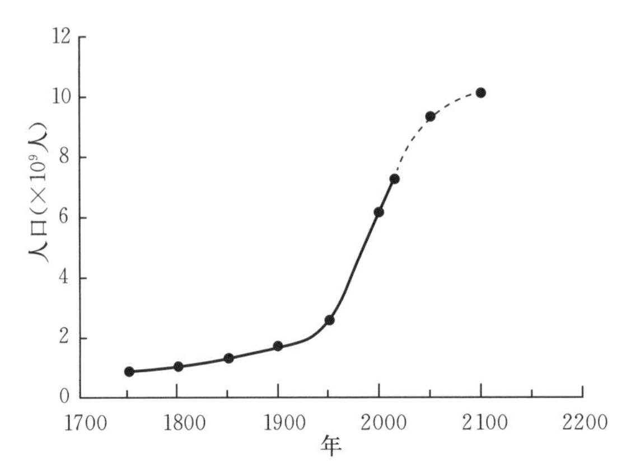

图 18.1　1750—2014 年和预计 2100 年的世界人口

18.1　水污染类型

造成水污染的排放分为两大类：点源和面源。在潮湿和干燥天气下，通过管道、渠道或其他管道排放的定义明确的污水是点源。常见的点源是工业经营和城市污水处理厂。来自街道、停车场、草坪等的城市和郊区径流进入雨水下水道、沟渠和类似管道，未经处理就排入水体。农田、建筑工地等的径流也通过地表水流进入水体，大气沉降直接进入水体。雨水下水道水流、地表径流和大气沉降均为面源排放。

污染物有多种类型。有机废物在微生物分解时会产生需氧量。有机物是生活和城市废水、动物饲养场废水以及食品加工和造纸废水中的主要污染物。

悬浮固体产生的浊度难看，会干扰光线穿透和水生植物生长。从水中沉淀下来的固体会产生沉淀物，可能会造成底栖生物窒息。沉积物也会减少水深，浅水有利于有根水生植物的生长。有机物含量高的沉积物的需氧量会在浅水区造成无氧条件。市政、工业和饲养场废水中的悬浮固体往往是高度有机的，而来自农田、伐木作业、建筑工地和露天采矿的废水中无机悬浮固体的比例很高。

营养素污染主要来自径流和废水中的氮和磷。城市污水和其他有机物浓度高的废水也往往含有高浓度的氮和磷。住宅草坪、农田和牧场的径流也含有较高浓度的肥料氮和磷，并导致富营养化。

用于家庭、工业和农业目的的化学品会从正常作业中进入水体，或从仓库泄漏或从废物处理场渗漏。有毒物质可能直接对水生生物有害，或通过生物浓缩产生毒性，并对食物链中的生物体有毒。生物浓缩也对水产品消费者构成了潜在的食品安全隐患。家庭饮用水或农业用水中也可能存在毒素。

来自开采地表的径流和地下矿山的渗漏是天然水体酸化的众所周知的来源。化石燃料的燃烧会导致二氧化硫、一氧化二氮和其他化合物污染空气，这些化合物会氧化形成矿物酸。人口稠密或工业化地区的降水是酸化的主要来源。硝化作用也是地表水酸度的重要来源。另一方面，一些废水可能是碱性的，导致受纳水体中的 pH 过高。

许多天然水体中含有医药化学品的残留物和降解产物。药品通常通过家庭处理进入下水道系统，将不需要的药品和其他保健产品排入水中。有些实际上对水生生物有毒，而另一些则在长时间接触后会产生负面的生理或遗传影响，从而起到更微妙的作用。药物残留物也可以进入人类的供水系统。

在许多发展中国家，水源受到人类源性疾病生物体的污染仍然是一个主要问题。如果人类粪便进入水中，疾病通过饮用水传播的风险就会大大增加。

许多工业过程产生的废热可通过转移到水中进行处理。加热的废水可能会提高河流或其他水体的温度，从而造成严重的生态干扰。在一些国家，补充供水所需的海水淡化也会造成污染。反渗透装置排出的水的盐度高于沿海水域。蒸馏厂排放热污染的冷却水，换热器中的金属进入冷却水。

事故可能导致潜在有毒化学品或其他物质泄漏。公路或铁路事故可能导致货物意外泄漏到水道中，或者船舶事故可能导致原油或其他物质泄漏到海洋或沿海和内陆水域中。最著名的原油污染案例可能是 1989 年埃克森油轮在阿拉斯加州威廉王子湾触礁时发生的“埃克森·瓦尔迪兹”漏油事件，以及 2010 年墨西哥湾海上石油钻井平台事故导致的“BP 深水地平线”漏油事件。

在没有人为干预的情况下，水质也会因自然过程而受损。在一些沿海地区，土壤中含有黄铁矿，在干燥天气下会氧化生成硫酸，在雨天会浸出，导致地表水酸化。由于铁或锰浓度高，一些地下水可能不适合用于居家或其他用途。孟加拉国和印度地区的居民有可能因地下水中天然存在的砷而中毒（见第 17 章）。盐碱化已经使得一些地区的淡水太咸，无法用于居家和农业用途。

人们对废水中悬浮固体、生化需氧量、氮、磷和溶解金属的含量给予了相当大的关注。在美国，这五种污染物的总点源量中约有 50%来自表 18.1 所列的 10 个行业。然而，点源污染对总悬浮固体的贡献不到 0.2%，对磷的贡献不到 5%，对氮的贡献不到 10%，对氧气需求的贡献不到 20%。面源废水是对水体最严重的污染威胁。农业造成了 50%以上的面源污染。

表 18.1　点源污染的主要来源

来源	主要污染物				
	总悬浮固体	BOD_5	氮	磷	溶解金属
城市污水处理厂	+	+	+	+	+
发电厂	+	+			
制浆造纸厂	+	+			
饲养场	+	+	+	+	

（续）

来源	主要污染物				
	总悬浮固体	BOD_5	氮	磷	溶解金属
冶金工业	+	+			
有机化工生产	+	+			
餐饮业	+	+	+	+	
纺织品生产	+	+			
采矿	+				
海鲜加工	+	+	+	+	

注：BOD_5：5天生化需氧量

18.1.1 侵蚀

土壤颗粒物是进入大多数水体的悬浮固体的最大来源，其主要来源是土壤侵蚀。落下的雨滴将土壤颗粒冲走，流动的水的能量进一步侵蚀地表，并使颗粒在运输过程中保持悬浮状态。抗侵蚀的因素包括土壤抗分散和移动的阻力、减缓径流速度的缓坡、拦截雨水的植被、保护土壤免受雨滴直接影响的植被覆盖、保持土壤的根系，以及植被中的有机残骸，以保护土壤不与流水直接接触。

通常认为侵蚀有三种类型：雨滴侵蚀、片状侵蚀或沟壑侵蚀。雨滴侵蚀使土壤颗粒脱落并飞溅到空气中。通常，脱落的颗粒会多次溅到空气中，因为它们与土体分离，所以很容易在径流中运输。片状侵蚀是指从缓坡土地表面移除一薄层土壤。真正的片状侵蚀不会发生，但流水会侵蚀表层土壤中的许多细沟，导致地表或多或少的均匀侵蚀。在耕地中看不到这些细沟，因为它们是通过耕作清除的。沟壑侵蚀产生的沟渠比细沟大得多，这些沟渠在景观中可见。

通用土壤流失公式（USLE）广泛用于估算侵蚀造成的土壤流失。Zingg（1940）和Smith（1941）通过数学程序预测土壤侵蚀的初步努力导致了对该主题的进一步研究，1965年出版了第一份完整版本的USLE（Wischeier and Smith，1965）。随着时间的推移，这个公式已经稍微修改过，现在的形式是：

$$A=(R)(K)(LS)(C)(P) \tag{18.1}$$

式中，A表示土壤流失；R表示降雨和径流系数；K表示土壤可蚀性系数；LS表示坡度系数（长度和陡度）；C表示作物和覆盖物管理系数；P表示养护实施系数。用于获取解USLE所需因素的说明、表格和图形材料太长，无法包含在本书中，但有许多在线资源，包括用于解方程的计算器。

表18.2列出了不同土地用途的一些典型土壤流失率。地表破坏有利于侵蚀；建筑、伐木和采矿场地的土壤流失率通常非常高。森林砍伐是一个主要问题，这既是因为森林面积的减少，也是因为随之而来的严重侵蚀。连片农田也有很高的侵蚀潜力。侵蚀率最低的是森林覆盖或完全被草覆盖的流域。河床和海岸线的侵蚀也可能是水体中悬浮固体的重要来源。

表 18.2 不同土地用途的典型土壤流失量（USEPA，1973；Magleby et al.，1995）

土地使用	侵蚀引起土壤流失［吨/(公顷·年)］
森林	1.8
草场、牧场和草地	2.5
农田	7.5
森林采伐区	17.0
建筑工地	68.0

当径流进入溪流和其他水体时，因侵蚀而从集水区排出的部分土壤颗粒仍悬浮在径流中。水中的悬浮固体会产生浑浊度，使水对眼睛的吸引力降低，对水上运动来说也不那么愉快。浑浊度还降低了光线对水体的穿透，降低了初级生产力。此外，通常必须去除水中的悬浮固体，以便将其用于人类和工业用水，这增加了水处理的成本。

水中携带的悬浮固体在湍流减少时，就会发生沉淀。泥沙在浑水进入水体的区域形成粗颗粒沉积物，在整个底部形成细颗粒沉积物。沉积速率的升高会产生一些不良后果。它们使水体变浅，这可能会导致有根水生植物生长更快。较浅的水体体积较小，这可能会产生负面的生态影响，并减少可储存用于防洪或人类用途的水量。沉积物也会破坏鱼类和其他物种的繁殖区域，并会引起鱼卵和底栖生物群落窒息。

当然，侵蚀和沉积是自地球诞生以来一直存在的自然过程。地球表面的形态是数千年侵蚀、沉积和其他地质作用的结果。然而，自然过程往往运行缓慢，让生物体有时间适应。今天的问题是，人类活动大大加快了侵蚀和沉积的速度，并产生了许多负面影响。

18.1.2 生物需氧量

水生生态系统中的细菌和其他腐生生物消耗溶解氧，用于分解有机物。添加来自污染物中的有机物对溶解氧浓度的影响取决于水体吸收有机物的能力与引入的有机物的量。给定的有机物负荷可能不会影响大型水体中的溶解氧浓度，但相同的负荷可能会导致小型水体中的氧气耗竭。快速流动的河流比具有相同横截面积的缓慢溪流的再曝气速度更快，因此可以吸收比缓慢溪流更多的有机物输入。废水的需氧量通常按生化需氧量（BOD）评价。

标准的 5 天生化需氧量（BOD_5）的测定提供了废水污染强度的估计值（Eaton et al.，2005）。在 BOD 测定过程中，通常用无机营养液稀释一份废水并添加菌株。无机营养素和菌株是必要的，以防止稀释可能导致的细菌和无机营养素短缺。由于菌株可能会产生需氧量，因此将样品中使用的相同数量的菌株组成的空白溶液引入营养液中，并进行与样品相同的培养。样品在黑暗中培养，以防止光合作用产生氧气。在 20 ℃的条件下，在黑暗中连续培养 5 天。在培养开始和结束时，在空白和样品中测量溶解氧浓度，以估算 BOD_5，如例 18.1 所示。

例 18.1 在 BOD_5 分析中，样品稀释 20 倍。样品和空白样品的初始溶解氧浓度为 9.01 毫克/升。培养 5 天后，空白样品中溶解氧浓度为 8.80 毫克/升，样品中溶解氧浓度为 4.25 毫克/升。计算 BOD。

解：

由菌株引起的氧损失是空白 BOD，

空白 BOD＝初始 DO－空白 DO

＝(9.01－8.80) 毫克/升＝0.21 毫克/升

样品的耗氧量为：

(初始 DO－最终 DO)－空白 BOD

＝(9.01－4.25)－0.21＝4.55 毫克/升

样本 BOD 是样本的耗氧量乘以修正系数，修正系数等于样本被稀释的倍数——在本情况下为 20 倍。

$$BOD=4.55\times20=91\text{ 毫克/升}$$

估算生化需氧量的公式如下：

$$BOD\ (\text{毫克/升})=[(I_{DO}-F_{DO})_{\text{样品}}-(I_{DO}-F_{DO})_{\text{空白}}]\times D \qquad (18.2)$$

式中，I_{DO}和 F_{DO}分别表示样品瓶和空白瓶中的初始和最终 DO 浓度；D 表示稀释系数。

样品的 BOD 代表分解易氧化有机物时所消耗的溶解氧量。在含有大量浮游植物的样本中，BOD 的很大一部分将代表浮游植物的呼吸。通过了解废水的体积及其 BOD 浓度，可以将 BOD（毫克/升或克/米^3）乘以每天输入的废水体积（米^3/天）来估计废水的需氧量。

如图 18.2 所示，样品中的有机物不会在 5 天内完全分解，所有有机物的完全降解需要多年时间。30 天后，样品的氧气损失率（表示为 BOD）通常非常缓慢，而 BOD_{30}是样品最终 BOD（BOD_u）的良好指标。

许多废水含有可观的氨氮。细菌将氨氮氧化为硝酸盐（硝化作用）时每摩尔氨氮消耗两摩尔氧气（见第 13 章），每 1 毫克/升氨氮的需氧量为 4.57 毫克/升。可通过总氨氮浓度乘以系数 4.57 来估算样品中氨氮的需氧量。

在 BOD 分析时稀释几倍的样品里，硝化微生物的丰度被大大稀释，硝化菌需要 5 天以上的时间才能形成足以引起显著硝化的种群。将高稀释样品中硝化作用对 BOD 的典型影响与未稀释或仅稀释几倍的样品进行比较（图 18.3）。仅由有机物分解产生的 BOD（含碳 BOD）可通过向样品中添加硝化抑制剂，如 2-氯-6-(三氯甲基）吡啶（TCMP）来测定。如果需要同时测定含碳 BOD 和氮 BOD，则样品的一部分用硝化抑制剂处理，另一部分不用。氨氮的需氧量是通过从未受抑制的部分减去硝化抑制部分的结果得出的。

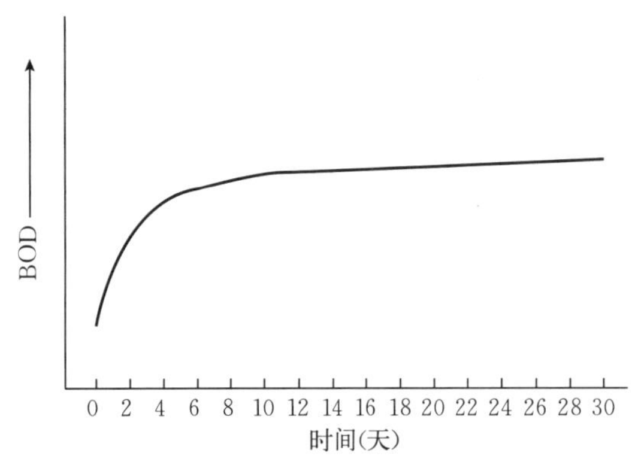

图 18.2　30 天内含碳生化需氧量（BOD）的典型表现

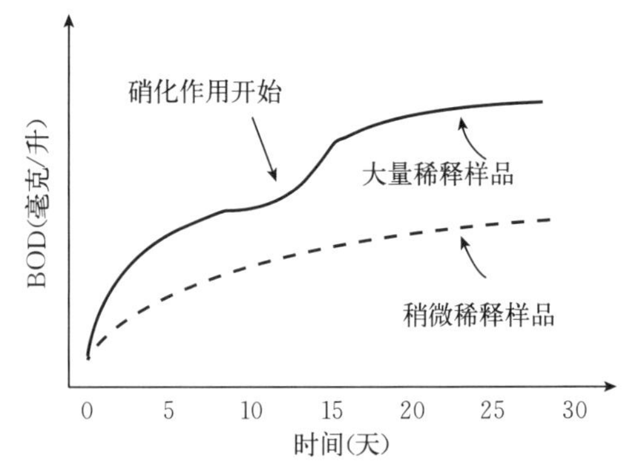

图 18.3　用营养液大量稀释或稍微稀释的水样中生化需氧量（BOD）随时间的表现图解

天然水体的 BOD 通常在 1～10 毫克/升范围内。市政和工业废水的 BOD 要高得多（表 18.3）。其中一些废水的相对较小的每日输入量会对受纳水体造成较大的需氧量。

表 18.3 各种废水中 5 天生物需氧量（BOD_5）的典型浓度（van der Leeden et al.，1990；Boyd and Tucker，2014）

废水	BOD_5（毫克/升）
池塘养殖废水	10～30
生活污水	100～300
洗衣店	300～1 000
牛奶加工	300～2 000
罐头厂	300～4 000
甜菜制糖	450～2 000
啤酒厂	500～1 200
肉类包装	600～2 000
谷物蒸馏	1 500～20 000

河流对 BOD 负荷的典型响应是排污口下游的溶解氧浓度下降（在极端情况下，溶解氧耗尽）（图 18.4）。溶解氧浓度恢复正常之前的下游距离取决于添加的 BOD 量和河流复氧速率（见第 7 章）。河流中某一位置不同时间的缺氧变化率等于 BOD 负荷引起的脱氧率减去河流复氧率（Vesilind et al.，1994）。基于这一概念的数学模型用于预测排污口下游不同距离处的溶解氧浓度。将废水排放到湖泊、河口或海洋中也会降低排污口附近的溶解氧浓度。这种影响的严重程度既取决于 BOD 负荷，也取决于水流将污水从排污口带走的程度。

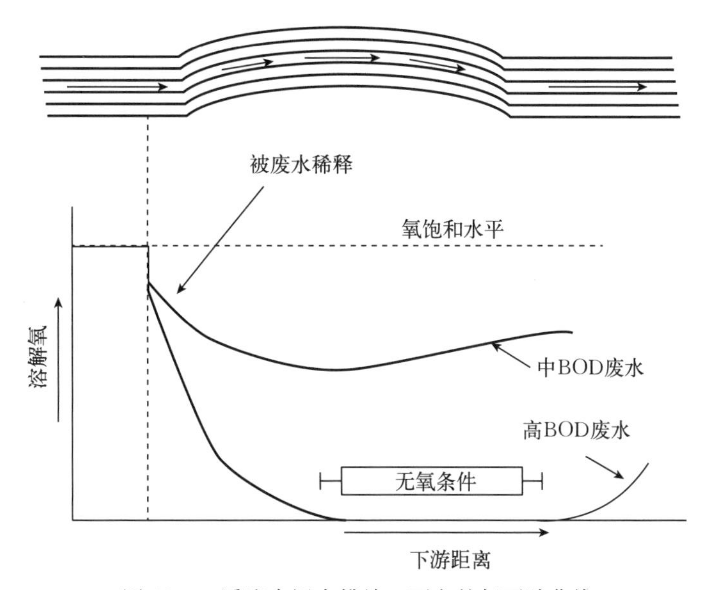

图 18.4 溪流中污水排放口下方的氧下跌曲线

有机废物通常含有氮和磷，导致氨和磷酸盐在分解过程中与二氧化碳一起释放。在排污口下游的河流中，或在湖泊、河口和海洋的排放口附近，二氧化碳、氨和磷的浓度往往会增加。废水中的固体沉淀在排污口附近，沉积物中可能会出现氧气耗竭。

排水口下游氮浓度的典型模式是有机氮的初始增加。由于污水中有机物的分解，有机氮浓度随后下降，总氨氮增加。由于溶解氧浓度低，亚硝酸盐也可能增加。最后，由于硝化作用，氧气下跌的下游的硝酸盐增加，氨氮减少（图 18.5）。

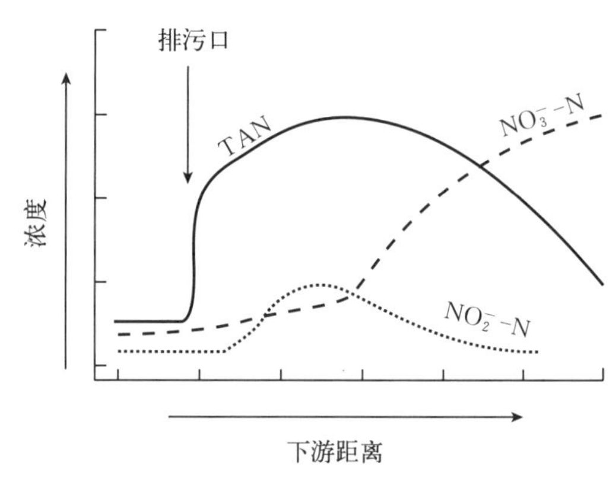

图 18.5　主要排污口下游河流中总氨氮（TAN）、硝酸盐氮（NO_3^-－N）和亚硝酸盐氮（NO_2^-－N）的变化

18.1.3　生物污染

对水中生物污染的主要担忧是未经处理的污水中引入了人类病原体。主要的水媒疾病有胃肠炎、伤寒、细菌性痢疾、霍乱、传染性肝炎、阿米巴痢疾和梨形鞭毛虫病。当然，在热带国家，其他疾病也可能通过饮用水供应传播。第 12 章讨论了大肠菌群作为人类粪便污染水指标的作用。

水生动物疾病也可能是水质管理中的一个问题。例如，鱼虾疾病在池塘养殖中很常见。当含有患病动物的池塘排出的废水被排放到自然水体中时，疾病就会传播（Boyd and Clay，1998）。

18.1.4　地下水污染

井水是许多人的饮用水来源，不经处理就饮用井水并不罕见。含水层中的水通常来源于降水，降水向下渗透，直到到达不透水层。地下水可能会积聚污染物，因为废物有时会被放置在土壤中或土壤上。农场动物的粪便作为肥料用于农田和牧场，世界上一些地方的污水被用于灌溉，化粪池渗入土壤，废物被掩埋在垃圾填埋场，废物有时被倾倒在地表。装有燃料和其他化学品的储罐可能埋在地下或放置在地面上，泄漏或溢出并不罕见。农药被施用到农田中，一部分到达土壤表面，并随着渗透水向下移动。

尽管存在许多污染机会，但地下水在很大程度上受到土壤、土壤微生物和与之接触的地质构造的自然净化作用的保护，免受污染。土壤由沙粒、粉粒、黏粒和有机物颗粒的混合物组成，下层的地质构造也包含沙粒、粉粒、黏粒、砾石、石灰石和其他碎裂的岩石地层。水渗透缓慢，土壤中的细菌会分解一些溶解的有机物质。细菌甚至可以降解或改变农业和工业化学品的分子结构，以降低其毒性或使其无害。更重要的是，土壤和下面的地质构造充当多孔介质，过滤渗透水中的有害细菌和其他小颗粒。尤其是黏土，它具有很强的吸附渗透水中物质的能力。Bollenbach（1975）总结了渗透水中细菌和化学污染物迁移的数据。大肠菌群以与水相同的速度穿过前 1.5 米，少数细菌在 3 天内移动了约 5 米。两个月后，一些大肠菌群渗透到10米的深度。然而，发现化学污染物在4天内移动3米，最终渗透到30米的深度。在渗透性更强的土壤中进行的一些研究显示，细菌和污染物的迁移速度更快，但是，水渗透到永久饱和的地下水区域必须通过的介质，在过滤细菌等颗粒和吸附化学物质方面非常有效。

水井本身在地表和含水层之间提供了一条通道，可能会导致地下水污染。应在井套管和钻孔之间放置卫生密封圈，以防止水通过该空间向下流动。世界上一些地方仍在使用挖掘的井，应提供防止降水后地表径流进入这些井的方法。废弃的水井应密封，以确保人身安全，并防止它们成为地下水污染的通道。

尽管水向下渗透时通过自然过程进行净化，但许多含水层中的地下水受到细菌和化学物质的污染。尤其是废物在土壤中或土壤表面处理的地区，污染物渗入到浅的含水层。

18.1.5 毒素与人类风险评估

农业、工业和居家使用的许多化学品可能对人类和其他生物有毒。有大量潜在有毒化学品，包括石油产品、无机物质（氨和重金属）、农药和其他农用化学品、工业化学品和药品。很难评估由水传播的毒素对水生生物的毒性，因为物质的毒性取决于其浓度、降解速率和环境条件。如果引入高浓度的毒素，死亡可能会很快（急性）；如果水中保持较低浓度，死亡可能会很慢（慢性）。可检测到死亡率的最低浓度是毒性阈值浓度。阈值浓度也可定义为引发除了死亡以外的不良反应所需的最低浓度。这些不良反应可能包括繁殖失败、损伤、异常生理活动、疾病易感性或行为改变。毒素对生物体产生不良影响所需的暴露时间随着浓度的增加而减少。

生物体通常必须吸收一定量的毒素，才能达到产生毒性作用所需的机体负荷阈值。一种毒素在特定时刻的全身负荷由以下公式描述：

$$TBB=(DI+R)-DL \tag{18.3}$$

式中，TBB 表示机体总负荷；DI 表示每日的毒素摄入量；R 表示暴露前毒素在体内的残留量；DL 表示通过新陈代谢或排泄每天从体内流失的毒素。当机体负荷达到阈值水平时，毒性就会发作。如果毒素从水中消失，生物体将清除毒素，但随着机体总负荷的降低，毒素的流失率通常会降低。

当生物体在特定器官或组织中积累毒素时，就会发生生物累积。许多杀虫剂是脂溶性的，容易在脂肪组织中积累。“生物富集”一词用于描述有毒物质在通过食物链时以越来越高的浓度聚集的现象。引入水中的毒素可能会被浮游生物累积。吃浮游生物的鱼可能会将这种毒素储存在脂肪中，并且比浮游生物有更高的机体负荷。以鱼为食的鸟类可能会进一步浓缩毒素，直到达到有毒的机体负荷。水生食用生物对有毒物质的生物累积和生物富集也是人类食品安全关注的问题。

由于两种有毒化合物的协同作用，毒性可能会增加。毒性通常随水温升高而增加。就金属而言，游离离子通常是毒性最大的形式，在含有高浓度腐殖物质的水中，金属的毒性比在清水中小。其他水质因素，如pH、碱度、硬度和溶解氧浓度，都会影响物质的毒性。

毒性试验不对人体进行，而且人类很少接触到水中某一特定毒素的浓度高到足以引起损伤、疾病或死亡的立即反应。然而，经过一段时间，接触水中的污染物会对个人健康产生不利影响。美国环保局开发了一套评估污染物对人类风险的系统，用于制定保护人类健康的饮用水质量标准。

关于将人类健康风险与污染物对应的流行病学技术的冗长讨论超出了本书的范围，但需要对一般程序进行简要说明。美国环保局使用单位风险的概念。对于水中的污染物，单位风险是指暴露于 10^{-9} 克/升该物质。单位寿命风险（ULR）是指暴露于 10^{-9} 克/升的污染物持续 70 年的风险。在水中含有致癌物的情况下，风险是根据潜在的癌症死亡率来计算的。这些数据必须从对各种化合物进行的复杂流行病学研究中获得，并以每 10 万人潜在癌症死亡人数（LCF）表示。

一种化合物的单位年风险（UAR）为：

$$UAR = \text{潜在癌症死亡人数} \div [(10^{-9}\text{克/升})(1\text{年})] \qquad (18.4)$$

或单位寿命风险（ULR）：

$$ULR = \text{潜在癌症死亡人数} \div [(10^{-9}\text{克/升})(70\text{年})] \qquad (18.5)$$

例 18.2 中计算一种假设的化合物的 ULR。

例 18.2 一个社区已经饮用了 10 年的水，其中含有 10^{-7} 克/升已知为致癌物的化合物，*LCF* 为 0.2/ 100 000。使用公式 18.5 估计这些人患癌症的风险。

解：

$$ULR = \frac{(10^{-7}\text{克/升})(0.2)(10\text{年})}{(100\,000)\ (10^{-9}\text{克/升})(70\text{年})} = 2.86 \times 10^{-5}$$

由于社区连续 10 年饮用这些水，每 10 万人中大约会有 3 人死于癌症。当然，除了饮用被致癌物污染的水外，社区中的个人也可能因其他原因患上癌症。

18.2 毒性试验及其解释

毒性试验是水生毒理学的重要工具，用于确定不同浓度毒素的影响，包括死亡。可以估计不同反应的阈值浓度，并评估暴露时间和水质条件对毒性的影响。毒性试验在确定天然水域污染物的安全浓度方面通常很重要。一些物种比其他物种更敏感，水传播毒素对生态系统的总体风险极难确定。

在急性毒性试验中，水生生物在实验室中受到严格控制和标准化的条件下，在特定的时间段内暴露于一定浓度的毒物中。确定了每个浓度下的死亡率，所得数据有助于评估现场条件下的毒性。毒性研究可作为静态试验进行，将含毒物的水置于室内，并引入生物体。暴露期间可能有水或毒物更新。静态试验的持续时间很少超过 96 小时，有时更短。毒性研究也可以采用流水试验进行，在流水试验中，新鲜的毒物溶液不断地流过试验容器。动物可能会在流水试验中进食，动物可能会暴露在毒物中数周或数月。关于毒性试验方法的信息来源很多；一个很好的方法是《水和废水检测的标准方法》（Eaton et al.，2005）。

分析急性毒性试验结果最常用的方法是计算每个试验浓度下的存活率（或死亡率），并在纵坐标上绘制存活率百分比，在横坐标上绘制毒物浓度。半对数纸通常用于绘制浓度与死亡率的关系图，因为这种关系是对数的。造成50%死亡率的毒物浓度可通过直接插

值或借助回归分析从图中估算。在生物体暴露于毒物期间（暴露时间），杀死50%试验动物所需的毒物浓度称为50%致死浓度（LC_{50}）。动物接触毒物的时间通常通过在LC_{50}之前冠以接触小时数来指定，例如24小时LC_{50}、48小时LC_{50}或96小时LC_{50}。图18.6说明了根据毒性试验结果对LC_{50}的图形估计。

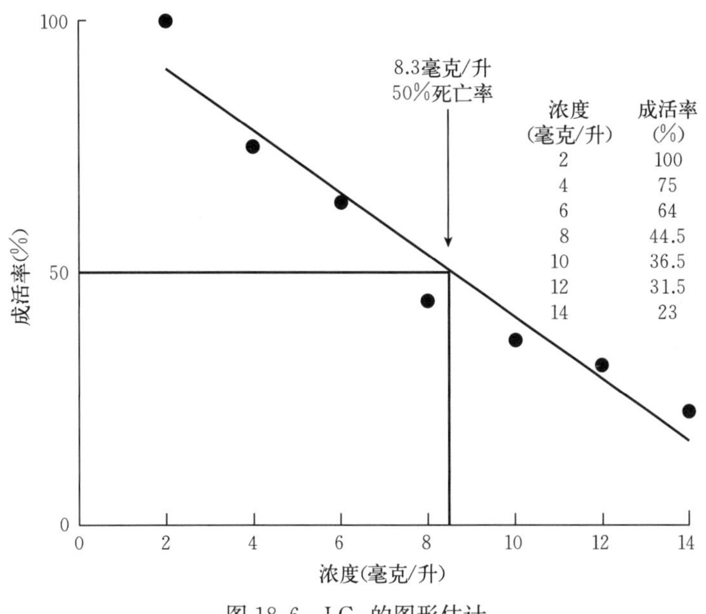

图18.6 LC_{50}的图形估计

除了提供LC_{50}外，毒性测试还可以揭示导致毒性的物质的最低浓度或不会导致毒性的最高浓度。有时可能会进行测试，测试终点是毒性以外的一些反应。例如，在长期试验中，可以测量抑制生殖的浓度，产生特定损伤的浓度，或引起特定生理或行为变化的浓度。

在许多情况下，一种物质的唯一毒性数据将是单一温度和特定水质条件下一种或几种物种的短期LC_{50}。淡水鱼用某些无机元素、农药和工业化学品的96小时LC_{50}浓度列表（表18.4至表18.6）揭示了这类物质的广泛毒性。

表18.4 暴露于给定无机元素的鱼类的96小时LC_{50}值范围

无机物	96小时LC_{50}（毫克/升）	无机物	96小时LC_{50}（毫克/升）
铝	0.05～0.2	铁	1～2
锑	0.3～5	铅	0.8～542
砷	0.5～0.8	锰	16～2 400
钡	50～100	汞	0.01～0.04
铍	0.16～16	镍	4～42
镉	0.9～9	硒	2.1～28.5
铬	56～135	银	3.9～13.0
铜	0.05～2	锌	0.43～9.2

表 18.5　几种常见农药对鱼类的急性毒性

商品名	96 小时 LC_{50}（微克/升）	商品名	96 小时 LC_{50}（微克/升）
氯化烃杀虫剂		**除虫菊酯杀虫剂**	
DDT	8.6	氯菊酯（合成拟除虫菊酯）	5.2
异狄氏剂	0.61	天然除虫菊酯	58
七氯	13	**杂项杀虫剂**	
林丹	68	除虫脲	>100 000
毒杀芬	2.4	二硝甲酚	360
艾氏剂	6.2	甲氧普林	2 900
有机磷杀虫剂		灭蚁灵	>100 000
二嗪农	168	乐果	6 000
乙硫磷	210	**除草剂**	
马拉硫磷	103	麦草畏	>50 000
甲基对硫磷	4 380	敌草腈	120 000
乙基对硫磷	24	敌草快	245 000
谷硫磷	1.1	2，4-D（苯氧基类除草剂）	7 500
特普	640	2，4，5-T（苯氧基类除草剂）	45 000
氨基甲酸酯类杀虫剂		百草枯	13 000
呋喃丹	240	西玛津	100 000
西维因	6 760	**杀真菌剂**	
灭害威	100	敌可松	85 000
残杀威	4 800	毒菌锡	23
杀草丹	1 700	敌菌灵	320
		二噻农	130
		磺胺	59

表 18.6　几种常见工业化学品对鱼类的急性毒性

商品名	96 小时 LC_{50}（微克/升）	商品名	96 小时 LC_{50}（微克/升）
丙烯腈	7.55	氯化酚	0.004～0.023
联苯胺	2.5	2，4-二甲基苯酚	2.12
直链烷基磺酸盐和烷基苯磺酸盐	0.2～10	二硝基甲苯	0.33～0.66
油分散剂	>1 000	乙苯	0.43～14
二氯联苯胺	0.5	硝基苯	6.68～117
二苯肼	0.027～4.10	硝基酚	0.23
六氯丁二烯	0.009～0.326	苯酚	10
六氯环戊二烯	0.007	甲苯	6.3～240
苯	<5.30	亚硝胺	5.85
氯化苯	0.16		

急性死亡率（暴露时间长达 96 小时）的 LC_{50}将大于慢性死亡率（暴露时间较长）的 LC_{50}。给定毒物的 LC_{50}与暴露时间的曲线图将显示 LC_{50}呈曲线下降，直到 LC_{50}逐渐接近横坐标（图 18.7）。渐近 LC_{50}是某一特定毒性物质浓度，超过该浓度时，LC_{50}不会随着暴露时间的延长而下降。

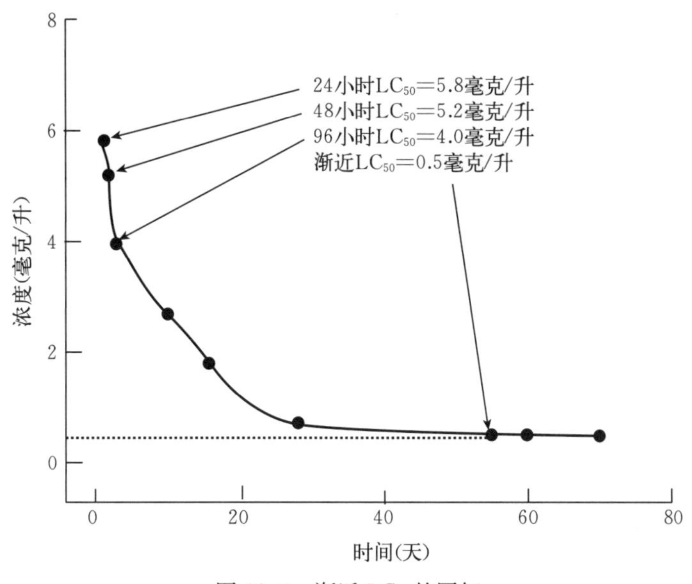

图 18.7　渐近 LC_{50}的图解

水体中潜在毒物的浓度应低于对生长和繁殖产生不利影响的浓度。关于最低致死浓度和无影响水平的信息可以从全生命周期或部分生命周期试验中获得，这些试验比短期试验更难、更昂贵。

在生命周期或部分生命周期慢性毒性试验中，未观察到任何影响的最大毒物浓度称为最大无影响浓度（NOEC），而引起影响的最低浓度称为最低有影响浓度（LOEC）。不应对生物体造成负面影响的毒物的最高浓度是最大允许毒物浓度（MATC）。MATC 的计算为 NOEC 和 LOEC 乘积的几何平均值：

$$MATC=\sqrt{(NOEC)(LOEC)} \tag{18.6}$$

为了保护水生生物，美国环境保护局（USEPA）制定了污染物浓度限值，以保护水生群落，而不仅仅是单个物种免受有害化学品的影响。这里不介绍为污染物制定这些标准的程序，但标准基于非常敏感物种的反应，并考虑影响物质毒性的水质差异。估算标准最大浓度（CMC）和标准连续浓度（CCC）的程序见 http://water.epa.gov/learn/training/standardsacademy/aquatic _ page3.cfm。标准最大浓度是指水生生物可短暂接触（每 4 年 1 小时）而不会产生不良影响的环境水中物质的最高浓度（急性标准）。标准连续浓度（CCC）是指水生生物群落可以持续暴露于其中而不会产生不良影响的最高浓度，即慢性标准。

当除 96 小时 LC_{50}外没有其他可用信息时，一般通过将 LC_{50}乘以应用系数来估计最大允许毒物浓度。对于二氧化碳、亚硝酸盐、氨或硫化氢等常见毒素，有时建议使用 0.05 的应用系数。如果未电离氨对物种的 96 小时 LC_{50}为 1.2 毫克/升，则最大允许毒物浓度为 1.2×0.05=0.060 毫克/升（60 微克/升）。对于毒性较大的物质，通常选择较小的应用系数，它们的范围从 0.01 到 0.001 甚至更小。对于微量金属、农药和工业化学品，通常使用 0.01 的应用系数。96 小时 LC_{50} 为 100 微克/升的农药的最大允许毒物浓度为 1 微克/升。不用说，使用应用系数存在风险，但它通常是估计给定毒物安全浓度的唯一方法。

大多数物质的毒性都会随着温度的升高而增加。如果 LC_{50} 值仅适用于单一温度，则谨慎地假设温度升高 10 ℃时，毒性会加倍，即 $Q_{10}=2.0$。如果杀虫剂在 20 ℃下的 96 小时 LC_{50} 为 0.2 毫克/升，在 25 ℃下，96 小时 LC_{50} 预计约为 0.15 毫克/升。在自然生态系统中，毒物的浓度很少像毒性试验中那样恒定。毒素几乎永远不会以恒定速率输送，各种过程会逐渐或快速地从水中去除毒素。

自然环境条件与毒性试验中的条件大不相同。物质的毒性可能会随着水质条件的变化而变化。举例来说，当溶解氧浓度较低时，亚硝酸盐对鱼类的毒性比溶解氧浓度较高时大得多。与生活在高质量水中的健康动物相比，由于环境压力而处于不良生理状态的动物更容易受到大多数有毒物质的影响。

同一水体中可能存在一种以上的毒物，两种毒物可能协同作用，产生比任何一种单独产生的效果更大的效果。两种毒物之间也可能存在颉颃作用，即这两种毒物的混合物毒性比两种毒物中的任何一种都小。

不同大小或生命阶段的动物对毒物的耐受性可能不同。鱼苗通常比大鱼更容易受到毒素的影响。冷水物种通常比温水物种对毒素更敏感。

18.3　湿地的破坏

湿地在水质保护方面发挥着重要作用。虽然湿地是许多景观的一个主要特征，但很难制定一个广泛接受的湿地定义。Cowardin et al.（1979）指出，湿地是被浅水覆盖，或者地下水位位于或接近地表的地形。根据 Mitsch and Gosselink（1993）的说法，湿地的国际定义如下："植被沼泽、水淹沼泽、泥炭地或水域，无论是自然的还是人工的、永久的还是临时的，有静止的或流动的、淡的、微咸的或包括海水区域的含盐水，低潮时深度不超过 6 米的区域。"美国湿地的法律定义如下："湿地一词是指被地表水或地下水淹没或饱和的区域，其频率和持续时间足以支持，并且在正常情况下确实支持通常适合在水饱和土壤条件下生存的植被。湿地通常包括树木沼泽、泥炭沼泽、草地沼泽和类似区域。"

作为强调湿地在净化水方面的作用的类比，Mitsch and Gosse - link（1993）称湿地为"景观的肾脏"，但湿地也提供许多其他生态服务。湿地是高产的生态系统。它们是水生动物、水禽和其他鸟类的托儿所和饲养场。它们也是两栖动物和一些爬行动物的重要栖息地。湿地充当沉积物和营养物的吸收器，并提供防洪保护。河岸植被是一个缓冲区，可以过滤径流，减少悬浮固体和营养物质进入河流。河岸植被也有助于控制河岸侵蚀。沿海红树林和其他海洋湿地在河口和三角洲提供了类似的过滤系统，红树林减少了波浪和风暴对海岸线的破坏。

淡水湿地流失的主要原因是湿地向农田的转化。据估计，美国通过排干湿地获得了 2 600万公顷农田（Dahl，1990）。世界沿海地区原有的红树林湿地有一半以上已被破坏或改作其他用途（Massaut，1999）。1970—2000 年间，沿海池塘水产养殖是红树林损失的主要驱动力，但在更好的监管措施的作用下，红树林的损失正在大幅下降。如今，在美国和许多其他国家，湿地受到法律的保护，它们向农业用地、水产养殖池塘、市政和工业区的转化已大大减少。然而，在世界的一些地区，湿地的破坏仍在继续。

18.4 水质法规和污染控制

随着水质恶化，水的可用性下降，高质量的水的需求量更大，比低质量水更有价值。在人类历史上，水质和水量的概念是同时发展起来的，但直到最近，还很少有定量的方法来评估水质。由于水在人类事务中的重要性，以及许多地区的水资源相对稀缺，水的使用权和水质冲突经常发生。水权问题历来关注水量，尤其是地表水的数量。水权纠纷通过各种方式解决，但主要是战争、斗争、法庭判决和协议。

在美国和大多数发达国家，水权纠纷传统上是通过基于普通法原则的法律诉讼解决的。在普通法中，法院的裁决基于之前类似性质的法院案例中的先例，或者如果没有先例，法院必须做出将成为先例的决定。根据 Vesilind et al.（1994）的观点，普通法通过河岸原则、优先占用原则、合理使用原则和规定权利的概念，为处理地表水纠纷提供了合理的方式。河岸原则认为，地表水体下方或附近土地的所有权包括使用该水体的权利。优先占用原则认为，水使用权基于“先到先得”原则，土地所有权不一定授予对与土地相关的水的使用的控制权。合理使用原则规定，河岸所有人有权合理使用水，但法院可能会考虑下游其他人的需求。规定权利的概念基本上允许上游用户滥用水量和水质，前提是下游河岸所有者不使用水。因此，由于缺乏使用，下游所有者放弃了水权。

普通法中使用的有关水权的理论、原则和概念没有就与水质有关的问题提供明确的指导。当然，如果用水者损害了另一方有权使用的水质，受害方可以向法院提起诉讼，寻求救济。树立先例需要多年时间，而当前的问题往往是通过古老的先例来解决的。这不允许很好地利用新技术和知识，也不能充分保护环境质量和公共卫生。现代政府通过被称为成文法的政府授权，制定与水质和水污染治理相关的规则或条例。有关水质的成文法允许政府对其边界内的水质实施一定程度的控制，最大限度地减少水质争议，保护水生生态系统，并保护公共健康。

美国的《清洁水法》是 1977 年对于 1972 年《联邦水污染控制法》的修正案，为处理水污染提供了一系列统一的程序。美国环境保护局有责任执行《清洁水法》规定的法规和法律，但《清洁水法》的日常执行工作主要由各州负责。《清洁水法》适用于政府设施、市政当局、行业和个人。《清洁水法》的实施和执行显然是一项艰巨的任务，它尚未适用于影响美国水质的所有活动。该法案的实施和执行仍在继续，美国的水质已大大改善，并因此继续改善。大多数国家都有水质立法体系，但在发展中国家，水质立法往往要么结构不良，要么没有得到充分的实施和执行。

18.4.1 污水排放许可证

水污染控制的第一步是要求获得从点源向自然水域排放污染物的许可证。美国的《清洁水法》要求每一次污染物排放都必须获得国家污染物排放消除系统（NPDES）许可。

国家污染物排放消除系统许可证持有人有权在特定时间点排放含有特定浓度或数量污染物的废水，通常为期5年。国家污染物排放消除系统不适用于暴雨径流、排入水处理系统和其他一些水域。各州和市政府必须制定国家污染物排放消除系统未涵盖的排放法规。

排污许可证通常包含污水限制、监测要求和报告时间表。它们还可能包含其他功能，例如使用最佳管理实践（BMP）来防止或减少污染物排放或清理泄漏。许可证还规定了与处理系统的运行、记录保存、检查和进入等有关的条件。除污水排放许可证外，大多数国家还对饮用水质量实施了法律强制执行的标准。

18.4.2 污水排放限制

限制向天然水域排放污染物是为了避免水质恶化。禁止排放几乎不可能，因为许多导致水污染的活动对社会至关重要。在最终排放之前，通过废水处理来彻底去除污染物，通常在技术上和经济上都是不可能的。作为一种折中方案，监管机构通常试图在水质许可证中实现平衡，以允许活动继续进行，但对污水中的污染物进行限制，这种限制在技术上是可以实现的、负担得起的，并且可以保护水质。

18.4.3 水体用途分类

可以像在美国那样，根据预期的最大有益利用，如公共饮用水供应、鱼类和野生动物繁殖、娱乐活动、工业和农业水源、航海等，对河流和其他水体进行分类，以便在排放许可证中分配排放限制。每一种用水都需要一定水平的水质。水体可划分使用类别和每个使用类别指定的水质标准。分类用于农业和工业用途的溪流的水质标准低于指定用于鱼类和野生动物的河流。河流分类迫使水的使用者限制或处理排放，以防止违反其水质标准。用途分类也适用于其他类型的水体和水源。

河流分类系统通常具有定量和定性标准，如表18.7所示。《清洁水法》要求每个州制定一个河流分类系统，为每个使用类别制定准则和标准。每个州制定的标准必须达到《清洁水法》的目标，即在可能的情况下提供可捕捞、可饮用的水，并应防止河流进一步退化。

表 18.7 亚拉巴马州河流分类系统和定量水质标准概述。未包括与田纳西州和卡哈巴河流域及沿海水域有关的一些细节

分类	废水排放限值（毫克/升）	溶解氧（毫克/升）	细菌（cfu，每100毫升）	定性叙事标准
优秀国家资源水域	（不允许向这些水域排放）			无排放许可证
优秀的亚拉巴马水资源	DO：6.0 NH_3：3.0 BOD_5：15.0	5.5	200	必须满足所有毒性要求，不影响鱼类/贝类的繁殖、适口性或美学价值
游泳		5.0	200	接触水必须安全、无毒，不影响鱼类适口性，不影响审美价值或损害该用途的水域
贝类收获		5.0	美国食品药品管理局法规	必须无毒，不影响鱼类/贝类适口性，不影响审美价值或损害该用途的水域

（续）

分类	废水排放限值（毫克/升）	溶解氧（毫克/升）	细菌（cfu，每100毫升）	定性叙事标准
公共供水		5.0	2 000～4 000，6—9月：200	必须是安全的供水，无毒，没有不利的审美价值
鱼类和野生动物		5.0	1 000～2 000，6—9月：200	不得对繁殖的水生生物产生毒性，损害鱼类适口性，或影响此用途的美学价值
农业和工业用水供应		3.0		不得影响农业灌溉、牲畜用水、工业冷却、工业供水、鱼类生存，或干扰下游使用。不保护捕鱼、娱乐用途或用作饮用水供应
工业作业		3.0		不得影响用作工业冷却水和工艺用水。不保护用作捕鱼、娱乐、饮用水或食品加工的用途

注：允许排放的所有分类要求pH为6～8.5，最大温度升高至32 ℃，最大升温幅度为2.35 ℃，浊度增加不超过50 NTU

在开始进行河流分类之前，大多数河流已经受到污染，并较其原始状态退化，但河流分类和污水标准可防止河流或河流河段的水质进一步退化，并可能导致水质改善。该系统可用于强制改善地表水质量，方法是对溪流进行更高的分类或禁止最低分类。

由于多种原因，河流分类无法提供保护公众健康和水环境的预期效益。河流标准可能不足以保护水质，或者排污标准可能不够严格，不足以防止废物导致受纳水体违反其标准。此外，在许多情况下，标准根本没有得到执行。

政府促进经济发展的方式也会影响水质保护。在制定水质标准时，通常采用两种方法：①规定，②将水质退化程度降到最低的政策。如果政府的主要目标是鼓励经济发展，可以规定对工业进行补贴。一种可能的行业补贴是根据低标准对河流进行分类。从环境角度来看，政府补贴废水处理比降低河流分类或放宽排放标准更好（Tchobanoglous and Schroeder，1985）。

18.5 水质标准

一旦对河流进行了分类，主要重点是限制废水中的污染物水平，以确保受纳河流中的水质不会违反其使用分类标准。排污许可证的撰写人有责任保护环境，同时又不过度地置市政、工业或其他用户于不利地位。污水许可证中的指标和标准是根据经验、技术可达到性、经济可达到性、生物测定和其他测试、可靠测量标准的能力、公共卫生影响的证据、有根据的猜测或判断、数学模型和法律可执行性来选择的（Tchobanoglous and Schroeder，1985）。在制定水质标准方面积累了大量经验，并发布了许多水质指南，例如饮用水指南、水生生态系统保护指南、灌溉水指南、牲畜用水指南和休闲用水指南。然而，为了实现指南的目标，许可证撰写人必须决定废水中污染物的安全限值。许可证必须每隔一段时间更新，许可证持有人和许可机构可以就许可证中的明显缺陷进行协商。没有许可证是完美的，但有水质指标和标准的排放许可证对保护水质很重要。

18.5.1 基于浓度的标准

排污许可证中最简单的标准是关于选定水质变量的允许浓度的指标。污水水质标准中基于浓度的标准示例如下：

指标	标准
pH	6～9
溶解氧	5 毫克/升或以上
5 天生化需氧量	30 毫克/升或以下
总悬浮固体	25 毫克/升或以下

此类标准可防止对混合区水质产生不利影响，在混合区，废水与受纳水体混合。他们还对污染物的浓度进行了限制，以避免未来浓度的增加。废水排放许可证持有人可以稀释废水，以确保符合标准中的浓度限制。废水稀释可使其符合标准，而没有减少进入天然水域的污染物的负荷。一些有浓度限制的废水排放许可证也可能对排放量施加限制，以避免通过稀释达到达标的可能性。

18.5.2 基于负荷的标准

污染物负荷的计算方法是将排放量乘以污染物浓度：

$$L_x = (V)(C_x)(10^{-3})$$

式中，L_x 表示污染物 x 的最大负荷（千克/天）；V 表示污水量（米^3/天）；C_x 表示污染物 x 的浓度（克/米^3）；10^{-3}表示千克/克。

基于负荷的标准可将 BOD_5 限制在不超过 100 千克/天。这样一个简单的标准是不可接受的，因为一个小的排放量可能会有非常高的 BOD_5，并且不会超过每日负荷标准。这可能导致混合区溶解氧耗尽。为了避免这种可能性，通常在规定污染物负荷限值的同时，还规定了浓度限值。负荷标准可能会将 BOD_5 负荷限制在 100 千克/天，但可能会增加一个浓度标准，禁止每日最大 BOD_5 浓度超过 30 毫克/升。

负荷标准的弱点在于，很少知道受纳水体的允许排放负荷。然而，限制负荷可以防止许可证持有人随着时间的推移增加污染物负荷。浓度限值标准和污水量标准的结合可以在一定程度上控制污染负荷。

18.5.3 基于增量的标准

增量标准规定了一个或多个变量的最大允许增量。总悬浮固体标准可能要求废水中的总悬浮固体浓度不得超过受纳水体的总悬浮固体浓度 10 毫克/升以上。在其他情况下，该标准可能会给出一个可变的容许污水浓度，即高于预期的受纳水体的季节平均（环境）浓度，例如，排放物的浊度不得超过环境浊度 10 NTU 以上。增量标准与浓度限值标准的不同之处在于，它包含了与受纳水体水质的关系。

18.5.4 日最大总负荷

上述污水标准的缺陷导致美国和其他一些国家为接收水域中的优先污染物确定了日最大总负荷（TMDL）。这种方法包括计算所有来源（自然或人为）的污染物的最大量，这些污染物可以在不导致水体违反其分类标准的情况下被允许。在某些情况下，污染物的日最大总负荷必须在污染物的不同来源之间分配。假设一条溪流河段磷的日最大总负荷为500千克/天，几个行业向该河流河段排放，而磷的自然来源为100千克/天。废水中允许的最大磷量为400千克/天，但为了有安全系数，通常不允许该量。安全系数为1.5将使本例的日最大总负荷降至267千克/天。该负荷必须在不同行业之间分配，在某些情况下，当前污染物负荷可能已经超过日最大总负荷，从而导致更严格的许可证限制。日最大总负荷的使用使工业可以进行污染负荷交易。如果一个行业不需要某一污染物的全部日最大总负荷配额，它可以将其日最大总负荷配额中不需要的部分出售给另一个无法满足该污染物日最大总负荷要求的行业。

18.5.5 有毒化学品标准

水污染控制机构通常会公布可接受的污染物浓度清单，作为制定许可证限制的指南。很难在排污许可证中建立有毒化学品，尤其是金属的标准，因为它们的毒性随水质条件而变化。为了避免这个问题，可以通过废水毒性测试来确定基于毒性的限制。毒性测试是通过将某些种类的水生生物暴露在相关废水中进行的。许可证可能要求进行毒性测试，以证明废水在排放时对受纳水体中的生物体没有剧毒。

18.5.6 生物标准

排放许可证通常包含大肠菌群的标准，这些标准可能是粪便污染和人类健康问题的某些其他微生物的指标。越来越多的趋势是纳入基于受纳水体动植物群落相关生物准则的生物学标准。生物准则可用于补充传统的水质准则和标准，或在传统方法无效的情况下用作替代方法。生物准则的制定需要每种使用分类的参考条件（最小影响），参照水质测量群落的结构和功能，以建立生物准则，以及确定群落的结构和功能是否受损的方案。生物准则比化学和物理准则和标准更难评估。

18.5.7 废物处理和最佳管理实践

污染控制涉及技术、政治、立法、监管、执法、商业、道德教育和其他问题。大多数政府已经制定了点源废水法规，以实施浓度限制、负荷限制或两者兼而有之。点源污染的处理符合排放法规中的标准。排放面源污染的活动通常需要以尽量减少污染的方式进行，并由适当的机构进行检查，以验证污染是否得到控制。

点源污水可直接通过处理设施，以减少污染物的浓度和负荷。常用的一些处理技术包括过滤和沉淀以去除固体、曝气以快速氧化有机物的活性污泥池、氯化亚铁沉淀磷、硝化的好氧反应器、反硝化的厌氧反应器、氨的气提、室外废水稳定池、中和，以及通过化学处理或pH控制沉淀金属。从工业废水中去除某些物质可能需要开发特定的处理技术。一些含有生物污染物的废水在最终排放前必须经常进行氯化消毒。

面源废水不被限制于管道中，常规处理技术通常无法应用。减少面源污染最常见的方法是采取措施减少进入径流的污染物数量。这种做法被称为最佳管理实践（BMP）。最佳管理实践和定性标准有时也包括在点源排放标准中。

农业是最大的单一面源污染，最佳管理实践长期以来一直用于控制农业污染。农业最佳管理实践分为三类：侵蚀控制、营养管理和综合害虫管理。农业中侵蚀控制最佳管理实践的一些例子包括覆盖作物、免耕耕作、保护性耕作、草坪护沟、坡地梯田等。市政当局的雨水径流管理也可能包括最佳管理实践系统，最佳管理实践用于减少伐木、施工和采矿作业造成的污染。

18.5.8 排放许可证的监督和执行

很多时候，废水排放许可证持有人不可能立即遵守许可证的条件，由此可能会指定遵守时间表。大多数政府在很大程度上依靠自我监督来记录许可证标准的遵守情况。许可证将规定最低监测要求，包括采样频率、样本类型、待分析变量和报告时间表。许可证通常要求许可证持有人在排放不符合要求时立即报告。

排水许可证的执行通常涉及行政行动，因为许可证持有人必须定期报告是否遵守了许可证。理论上，许可证持有人应该意识到什么时候没有达到合规，并努力纠正问题。在美国，联邦和州对《清洁水法》的执法可以是行政行动或司法行动。根据违法行为的类型，行政行为可以采取多种形式。合规令可与合规时间表一起发布。对于严重违规行为，行政命令可能包括罚款或其他处罚。不遵守行政命令可能导致刑事起诉。如果行政命令不能解决与许可证有关的问题，民事和刑事司法执行都是可能的。司法执行造成的处罚比行政命令造成的处罚更为严厉。

如果政府不“认真起诉”违规行为，认为自己受到排水伤害的当事人可能会对许可证持有人提起民事诉讼（Gallagher and Miller，1996）。不同国家的排水许可证的执行形式会有很大差异。

18.5.9 饮用水标准

许多国家、个别州或省以及国际机构都制定了饮用水质量标准。美国现行的国家饮用水法规可在 https://www.epa.gov/sites/production/files/2018-03/documents/dwtable2018.pdf 找到。这些标准来自美国环境保护局地下水和饮用水办公室，一级标准是适用于公共供水系统的法律强制执行标准。这些主要标准的目的是通过限制特定污染物的水平来保护饮用水质量，这些污染物可能会对公共卫生产生不利影响，并且已知或预计会在公共供水系统中出现。美国《二级饮用水条例》是非强制执行的指南，对可能导致皮肤或牙齿变色等有损健康以及饮用水中味道、气味或颜色等不良效果的污染物进行了监管。

18.5.10 水质指导方针

有许多关于公共供水、鱼类和野生动物、农业、娱乐和美学以及工业的指南或指标清单。表 18.8 提供了澳大利亚和新西兰保护水生生态系统的建议指南。此类指南通常不具有法律强制执行力，但它们显示了可接受的浓度，可能是法律强制执行的污水许可证指标的基础。

农业水质指南可以帮助农民保护他们的作物和牲畜免受劣质水的损害。工业用水指南对于确保各种工艺的适当水质可能非常重要。

表 18.8　淡水水生生态系统保护指南（澳大利亚和新西兰环境保护委员会，1992）

变量	浓度/水平	变量	浓度/水平
物理-化学		工业有机物（微克/升）	
颜色和清晰度	补偿深度变化＜10%	六氯丁二烯	0.1
溶解氧	＞6 毫克/升	苯	300
pH	6.5～9.0	苯酚	50
盐度	＜1 000 毫克/升	甲苯	300
悬浮颗粒物和浊度	季节平均变化＜10%	丙烯醛	0.2
营养物	特定地点[a]	邻苯二甲酸二丁酯	4
温度	增加＜2 ℃	邻苯二甲酸盐	0.6
无机物（μg/L）		其他邻苯二甲酸酯	0.2
铝	＜5（pH ＜6.5）	多氯联苯	0.001
	＜100（pH ＞6.5）	多环芳烃	3
锑	30	杀虫剂（微克/升）	
砷	50	艾氏剂	0.01
铍	4	氯丹	0.004
镉	0.2～2.0（取决于硬度）	毒死蜱	0.001
总铬	10	DDE	0.014
铬Ⅲ	—	DDT	0.001
铬Ⅵ	—	内吸磷	0.1
铜	2～5（取决于硬度）	狄氏剂	0.002
氰化物	5	硫丹	0.01
铁（Fe^{3+}）	1 000	异狄氏剂	0.003
铅	1～5（取决于硬度）	谷硫磷	0.01
汞	0.1	七氯	0.01
镍	15～150（取决于硬度）	林丹（BHC）	0.003
硒	5	马拉硫磷	0.07
银	0.1	甲氧基氯	0.04
硫化物	2	灭蚁灵	0.001
铊	4	对硫磷	0.004
锡（三丁基锡）	0.008	托沙芬	0.008
锌	5～50（取决于硬度）		

[a] 请参见标题中的 URL 的有关说明

结论

人类必须将水用于多种用途，而水质往往会因使用而受损。由于人口的快速增长，对水的需求不断增加，水质恶化已成为许多国家面临的严重问题。必须采取措施保护水资源，否则世界将在未来面临严重的水资源短缺。一些国家已经制定了相当复杂的水质法规体系，以维持或改善其水质。其他国家在保护水质方面做得很少，严重的水质问题正在发生。各国迫切需要制定水质法规并认真执行。同样重要的是，教育公众认识到保护我们有限而脆弱的水资源以供未来使用的重要性。

参考文献

Australian and New Zealand Environment and Conservation Council，1992. Australian water quality guidelines for fresh and marine waters. Australian and New Zealand Environment and Conservation Council，Canberra.

Bollenbach WM Jr，1975. Ground water and wells. Saint Paul，Johnson Division，UOP Inc.

Boyd CE，Clay J，1998. Shrimp aquaculture and the environment. Sci Am，278：42-49.

Boyd CE，Tucker CS，2014. Handbook for aquaculture water quality. Auburn，Craftmaster Printers.

Cowardin LM，Carter V，Golet FC，et al.，1979. Classification of wetlands and deepwater habitats of the United States. Publication FWS/OBS-79/31. United States Fish and Wildlife Service，Washington.

Dahl TE，1990. Wetlands losses in the United States，1780s to 1980s. United States Department of the Interior，Fish and Wildlife Service，Washington.

Eaton AD，Clesceri LS，Greenburg AE et al.，2005. Standard methods for the examination of water and wastewater. American Public Health Association，Washington.

Gallagher LM，Miller LA，1996. Clean water handbook. Rockville，Government Institutes，Inc..

Magleby R，Sandretto C，Crosswaite W，et al.，1995. Soil erosion and conservation in the United States. An overview. USDA Economic Research Service Report AIB-178，Washington.

Massaut L，1999. Mangrove management and shrimp aquaculture. Alabama，Auburn University.

附录　一些基本原理和计算

引言

本附录提供了一些非常基本的化学原理，以及计算溶液中物质浓度的一些信息。更详细的信息可以在普通无机化学教科书中找到。

A.1　元素、原子、分子和化合物

元素是构成更复杂物质的基本物质。有质量（或重量）并占据空间的任何东西都是由硅、铝、铁、氧、硫、铜等化学元素组成的物质。比单一元素的原子更复杂的物质是由分子组成的。分子是物质的最小实体，具有该物质的所有性质。

元素大致分为金属、非金属或类金属。金属具有金属光泽，具有延展性（但通常很硬），可以导电和导热。例如铁、锌、铜、银和金。非金属缺乏金属光泽，它们不具有延展性（但往往易碎），有些是气体，它们也具有导热和导电能力。类金属具有金属和非金属的一种或多种性质。由于类金属既能隔热绝缘又能导热和导电，所以被称为半导体。类金属最好的例子是硼和硅，但还有其他几种。

与金属、非金属和类金属相比，元素还有更加细化的分组。钠和钾等碱金属具有很高的反应性，其离子价为+1。碱土金属是包括钙、镁和其他具有中等活性且离子价为+2的元素。用氯和碘表示的卤素是高活性的非金属，它们的离子价为-1。这个群体的独特之处在于，这些元素可以在地球表面的温度和压力下以固体、液体和气体的形态存在。由于其毒性，卤素常被用作消毒剂。惰性气体，如氦、氩和氖，除非在非常特殊的条件下，否则无法发生化学反应。总共有 18 个元素组和亚组。大多数元素包括在碱金属、碱土金属、过渡金属、卤素、惰性气体和硫属元素（氧族）中。根据相似的性质和化学特性对这些元素进行分组。然而，在现实中，每种元素都有一个或多个独特的性质和反应。

化学中最基本的实体和元素的最小单位是原子。原子由至少一个电子包围的原子核组成。电子在一个或多个轨道或壳层中围绕原子核旋转（图 A.1）。原子核由一个或多个质子组成，还有一个或多个中子，氢是唯一的例外（不含中子）。在原子核中，质子和中子不一定以相同的数目出现。例如，氧原子核有 8 个质子和 8 个中子，钠原子核有 11 个质子和 12 个中子，钾原子核有 19 个质子和 20 个中子，铜原子核有 29 个质子和 34 个中子，银原子核有 47 个质子和 61 个中子。

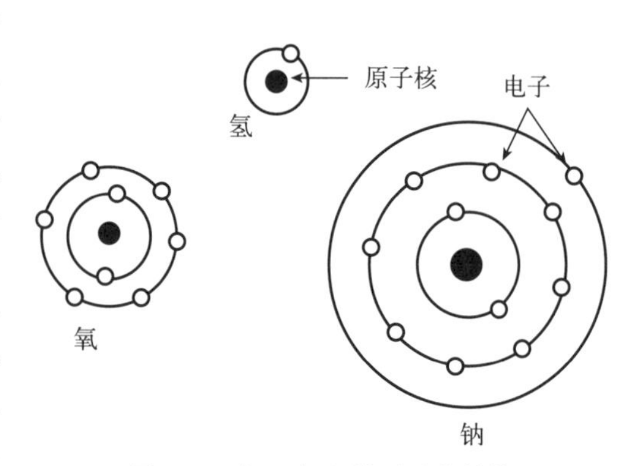

图 A.1　氧、氢和钠原子的结构

质子带正电荷，每个质子的电荷值指定为+1，电子带负电荷，每个电子的电荷值指定为−1，中子是电荷中性的。在正常状态下，原子的质子和电子数相等，因此它们是电中性的。

原子是根据质子的数量来分类的。所有质子数相同的原子被认为是同一元素。例如，氧原子总是有 8 个质子，而氯原子总是有 17 个质子。元素的原子序数与质子的数量相同，例如，氧的原子序数为 8，氯的原子序数为 17。地球上有 100 多种元素，每种元素都有一个原子序数，根据其原子核中质子的数量来分配。

同一元素的某些原子可能比该元素的其他原子多出一到几个中子，例如，碳原子可能有 6、7 或 8 个中子，但只有 6 个质子。同一元素的这些不同种类被称为同位素。此外，同一元素的所有原子可能没有相同数量的电子。

当不带电的原子靠近时，一个或多个电子可能从一个原子丢失，而被另一个原子获得。这种现象导致两个相互作用的原子中的电子和质子之间的不平衡，使获得电子的原子带负电荷，而失去电子的原子带正电荷。原子上的电荷等于获得或失去的电子数（每个电子电荷为−1 或+1）。带电原子称为离子，但普通原子不带电。在化学元素周期表中，假定一种元素不带电，并且质子和电子的数量相等。

原子的质量几乎完全由它们的中子和质子所决定。两个实体的质量几乎相同；一个质子的质量为 1.6726×10^{-24} 克，一个中子的质量为 1.6749×10^{-24} 克。因此，在确定元素的相对原子质量时，它们的原子质量通常被认为是统一的。电子的质量为 9.1×10^{-28} 克——比质子和中子的质量小 99.95%左右。在元素的原子质量计算中，忽略了电子的质量。元素的原子质量随着原子序数的增加而增加，因为原子核中质子和中子的数量随着原子序数的增加而增加。一种特定元素的同位素的原子质量不同，因为某些同位素的中子比其他同位素多，而一种元素的所有同位素的质子数相同。形成离子的原子失去或获得电子不被认为影响原子质量。

由于特定元素原子的天然同位素不同，元素周期表中通常列出的相对原子质量不等于这些元素的原子中包含的质子和中子的质量之和。这是因为元素通常报告的相对原子质量代表其同位素的平均相对原子质量。例如，铜通常有 29 个质子和 34 个中子，根据中子和质子的相加，最常见同位素的相对原子质量为 63。然而，铜元素周期表中报告的相对原子质量为 63.546。额外的质量是铜同位素相对原子质量平均化的结果。表 A.1 提供了一些常见元素的相对原子质量。

表 A.1　常见相对原子质量

元素	符号	相对原子质量	元素	符号	相对原子质量
钡	Ba	137.327	钼	Mo	95.94
铋	Bi	208.980 4	钠	Na	22.989 7
铂	Pt	195.078	镍	Ni	58.693 4
氮	N	14.006 7	硼	B	10.811
碘	I	126.904 5	铍	Be	9.012 2
钒	V	50.941 5	铅	Pb	207.19
氟	F	18.998 4	氢	H	1.007 9
钙	Ca	40.078	砷	As	74.921 6
镉	Cd	112.411	锶	Sr	87.62
铬	Cr	51.996	铊	Tl	204.383 3
汞	Hg	200.59	碳	C	12.010 7
钴	Co	58.933 2	锑	Sb	121.76
硅	Si	28.085 5	铁	Fe	55.845
氦	He	4.002 6	铜	Cu	63.546
钾	K	39.098 3	铀	U	238.028 9
金	Au	196.966 5	钨	W	183.84
锂	Li	6.941	硒	Se	78.96
磷	P	30.973 8	锡	Sn	118.71
硫	S	32.065	锌	Zn	65.39
铝	Al	26.981 5	溴	Br	79.904
氯	Cl	35.453	氧	O	15.999 4
镁	Mg	24.305	银	Ag	107.868 2
锰	Mn	54.905			

相对原子质量在原子和分子反应的化学计量关系中非常重要。分子的相对分子质量（或重量）是分子中所含原子的相对原子质量之和。因此，当钠原子（相对原子质量为22.99）与氯原子（相对原子质量为35.45）反应生成氯化钠时，反应的比例始终为22.99钠与35.45氯，氯化钠的相对分子质量为钠和氯的相对原子质量之和或58.44。原子和分子质量可以用任何质量单位（或重量）表示，但最常见的是克。表A.1中的原子的质量或重量通常被称为克原子量（或重量）；分子的分子质量通常被称为克分子量。

每个元素都有一个符号，例如H代表氢，O代表氧，N代表氮，S代表硫，C代表碳，Ca代表钙。但是，由于元素数量巨大，不可能所有元素都有提示英文名称的符号。例如，钠是Na，锡是Sn，铁是Fe，金是Au。这些符号必须记忆或在参考资料中找到。元素周期表是一个方便的元素列表，它将具有相似化学性质的元素在一起分组。元素周期表以各种格式呈现，但大多数呈现至少包括每个元素的符号、原子序数和相对原子量，并指示其所属的元素组。

原子壳层中能出现的最大电子数通常为 $2n^2$，其中 n 是从离原子核最近的壳层开始的壳层数，即第 1 个壳层中有 2 个电子，第 2 个壳层中有 8 个电子等。原子序数较大的元素有几个壳层，有些壳层可能不包含最大数量的电子。原子间的化学反应只涉及原子最外层的电子。

热力学定律揭示了物质在现有条件下会自发地向最稳定的状态转变。为了稳定，一个原子的内壳层需要 2 个电子，最外层至少需要 8 个电子。通过发生化合组合（反应），使原子获得或失去电子，以获得稳定的外壳。

非金属的外壳往往几乎充满了电子。例如，氯的外壳中有 7 个电子。如果获得 1 个电子，它将有一个稳定的外壳，但获得这个电子将给氯原子带来一个－1 的电荷。获得电子会导致能量损失，氯离子比自由原子更稳定。非金属倾向于俘获电子。非金属的电子源是金属，它们的外层往往只有几个电子。钠是一种外壳只有 1 个电子的金属。它可以失去单个电子，获得＋1 的电荷，并失去能量以变得更稳定。

如果钠和氯结合在一起，每个钠原子将让给每个氯原子 1 个电子（图 A.2）。氯原子现在的质子比电子少，并获得负电荷，而钠原子则相反。由于相反的电荷相互吸引，钠离子和氯离子将结合在一起，因为不同电荷的相互吸引形成氯化钠或食盐（图 A.2）。氯化钠中钠和氯之间的键称为离子键。原子失去或获得的电子数或当它变成离子时获得的电荷是价数。

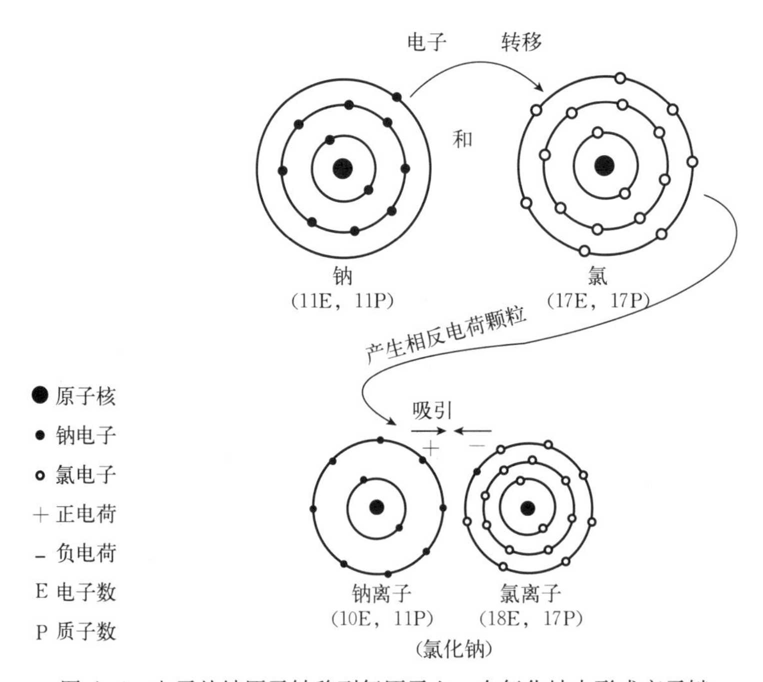

图 A.2　电子从钠原子转移到氯原子上，在氯化钠中形成离子键

有些元素，如碳，无法获得或失去电子以获得稳定的外壳。这些元素可能与其他原子共享电子。例如，如图 A.3 所示，碳原子的外层有 4 个电子，可以与 4 个氢原子共享电

子。这为碳原子和氢原子提供了稳定的外壳。生成的化合物（CH_4）是甲烷。将甲烷中的氢和碳连接起来的化学键称为共价键。

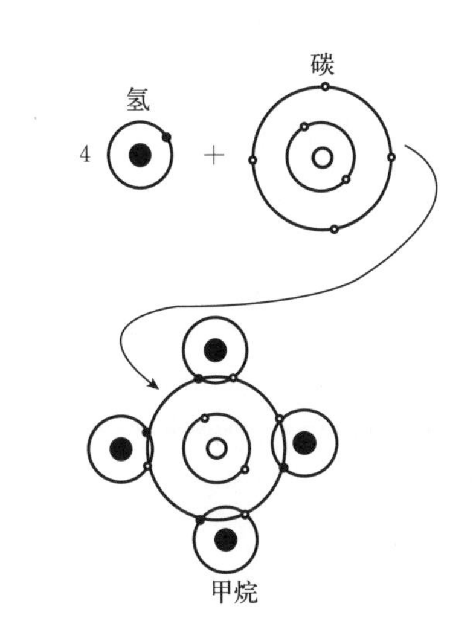

图 A.3　氢和碳原子的共价键形成甲烷

当两种或两种以上的元素物质结合在一起时，产生的物质称为化合物。一种化合物有其独特的组成和特性，使其区别于所有其他化合物。定比定律认为，给定化合物的所有样品都含有相同的元素，相同的重量比例。保持一种物质所有性质的最小部分是分子。分子可以由单一元素组成，如氧、硫或铁等元素物质，也可以由两种或两种以上元素组成，如含有碳、氢和氧的乙酸（CH_3COOH）。一种物质的克分子量或克原子量所含的分子数等于 15.999 4 克氧中的氧原子数。这个量是阿伏伽德罗的分子数（6.02×10^{23}），称为摩尔。

元素用符号表示，但为了表示分子，元素符号用数字下标表示其比例。这种符号称为分子式。例如，分子氧和分子氮的分子式分别为 O_2 和 N_2。氯化钠是 NaCl，碳酸钠是 Na_2CO_3。分子的相对分子质量可以通过将所有组成元素的相对原子质量相加来确定。如果一个元素有一个下标，它的相对原子质量必须与下标所指示的倍数相乘。物质的一分子质量（以克为单位）是克分子量或摩尔，如例 A.1 所示。化合物中元素的百分比通过将元素的重量除以化合物的式量并乘以 100%（例 A.2）来确定。

例 A.1　根据其分子式计算 O_2 和 $CaCO_3$ 的相对分子质量。

解：

O_2：O 的相对原子质量为 15.999 4（表 A.1），但通常四舍五入为 16，因此 $16\times2=$ 32 克/摩尔。

$CaCO_3$：Ca、C 和 O 的相对原子质量分别为 40.08、12.01 和 16（表 A.1），因此 40.08+12.01+3（16）=100.09 克/摩尔。

根据比例定律，物质的百分组成可以通过它们的分子式来估算。

例 A.2　计算 $CuSO_4\cdot5H_2O$ 中的 Cu 百分比。

解：

从表 A.1 中可以知道，Cu、S、O 和 H 的相对原子质量分别为 63.55、32.07、16.00 和 1.01。因此，$CuSO_4\cdot5H_2O$ 的相对分子质量为 63.55+32.07+9(16)+10(1.01)= 249.72 克/摩尔。Cu 的百分比为：

$$\frac{Cu}{CuSO_4\cdot5H_2O}\times100\%\text{或}\frac{63.55}{249.72}\times100\%=25.4\%$$

一些化合物在水中解离成离子，例如硝酸钠（$NaNO_3$）解离成 Na^+ 和 NO_3^-。硝酸盐等复杂离子的离子重量的计算方法与化合物相对分子质量的计算方法相同。当然，

Na^+的重量与钠的相对原子质量相同。

A.2 溶液的定义

溶液由溶剂和溶质组成。溶剂的定义是另一种物质即溶质溶解于其中的介质。在氯化钠水溶液中，水是溶剂，氯化钠是溶质。混溶性是指溶质和溶剂能以各种比例混合，形成均质混合物或溶液。根据定义，真正的溶液是两种或两种以上组分的均质混合物，不能分离为各自的离子或分子组分。大多数溶质在水中只能部分混溶。如果可溶性化合物（如氯化钠）与水的混合量逐渐增加，则溶质的浓度将达到恒定水平，这种溶液被称为饱和溶液。溶液中氯化钠的含量是在特定温度下氯化钠在水中的溶解度。任何添加到饱和溶液中的氯化钠都会沉淀到底部而不溶。

化合物的溶解度通常以100毫升溶液中的溶质克数报告。化学家一般认为水中溶解程度达到0.1克/100毫升的物质是可溶的。可溶性化合物的总分类如下：

（1）硝酸盐。

（2）除铅、银和汞之外的溴化物、氯化物和碘化物。

（3）除钙、锶、铅和钡之外的硫酸盐。

（4）钠、钾和铵的碳酸盐和磷酸盐。

（5）碱金属、碱土金属和铵的硫化物。

这本书的大部分内容都致力于讨论控制天然水体中溶解物质浓度的因素。水中的溶解物质包括无机离子和化合物、有机化合物和大气气体，水质在很大程度上取决于水中溶质的浓度。

A.3 溶质强度的表示方法

溶质在饱和溶液中的溶解度或在不饱和溶液中的浓度可以用几种方式表示，下面将描述其中最常见的几种方式。

A.3.1 体积摩尔浓度

在摩尔溶液中，溶质强度以每升溶质的摩尔数表示，例如，1摩尔/升（1 M）溶液在1升溶液中含有1摩尔溶质。换言之，1摩尔/升NaCl溶液由在1升溶液中含1摩尔（58.44克）NaCl组成。注意，这与在1升溶剂中加入1摩尔NaCl不同。这是1升溶液中含有1摩尔NaCl。将NaCl溶解在溶剂中，并用额外溶剂将溶液定容至1升。摩尔溶液的计算如例A.3所示。

例A.3 必须溶解多少Na_2CO_3并稀释至1升，才能得到0.25摩尔/升溶液？

解：

Na_2CO_3的相对分子质量为：

2Na＝22.99克/摩尔×2＝45.98克

1C＝12.01克/摩尔×1＝12.01克

3O＝16 克/摩尔×3＝48.0 克

Na_2CO_3＝105.99 克

$$105.99\text{ 克/摩尔}\times 0.25\text{ 摩尔/升}=26.5\text{ 克/升}$$

因此，将 26.5 克 Na_2CO_3 在蒸馏水中稀释至 1 升，就得到 0.25 摩尔/升 Na_2CO_3。

A.3.2　重量摩尔浓度

不要和 1 摩尔/升（molar）的溶液混淆，1 摩尔/千克（molal）的溶液在 1 kg 的溶剂中含有 1 分子质量的溶质。重量摩尔浓度的单位是每千克溶剂中溶质的摩尔数，缩写为 m 或 m。

例 A.4　说明 0.3 摩尔/千克 KCl 溶液的制备。

解：

KCl 的摩尔质量为：

K＝39.1 克/摩尔

Cl＝35.45 克/摩尔

KCl＝74.55 克/摩尔

$$74.55\text{ 克/摩尔}\times 0.3\text{ 摩尔/千克}=22.36\text{ 克 KCl/千克溶剂}$$

因此，配制 0.3 摩尔/千克 KCl 溶液时，称 22.36 克 KCl，并将其溶解在 1 千克蒸馏水（或其他溶剂）中。

A.3.3　克式量浓度

还有一种克式量浓度，计算为一升溶液中物质的摩尔数。克式量溶液用符号 F 表示，表示每升溶液中溶质的克式量数。克式量浓度很少用于水质分析。

A.3.4　当量浓度

因为反应是在当量（Equivalent weight）的基础上发生的，所以用每升当量表示浓度通常比用每升摩尔表示浓度更方便。每升含有 1 克当量溶质的溶液为 1 当量溶液（1 N）。如果化合物的当量和相对分子质量相等，则 1 M 溶液和 1 N 溶液的溶质浓度相同。HCl 和 NaCl 就是这种情况，但对于 H_2SO_4 或 Na_2SO_4，1M 溶液将是 2 N 溶液。

下列规则可用于计算大多数反应物的当量：①酸和碱的当量等于它们的相对分子质量（式量）除以它们的活性氢或氢氧根离子数；②盐的当量等于其相对分子质量除以阳离子组分（带正电荷的离子）或阴离子组分（带负电荷的离子）的数量和价的乘积；③氧化剂和还原剂的当量可通过将其相对分子质量除以氧化还原反应中每分子转移的电子数来确定。

氧化还原反应通常比其他类型的反应对学生来说更麻烦。下面提供了氧化还原反应的一个例子，其中硫酸锰与分子氧反应：

$$2MnSO_4+4NaOH+O_2\rightarrow 2MnO_2+2Na_2SO_4+2H_2O \qquad (A.1)$$

$MnSO_4$ 中的锰的价态为＋2，硫酸根的价态为－2。在二氧化锰中，锰的价态为＋4（请注意，这两个氧的价态均为－2 使氧总价为－4）。锰被氧化了，因为它的价态增加了。

价态为 0 的分子氧被还原为二氧化锰中价态为−2 的氧。硫酸锰（还原剂）的每个分子都失去了被氧（氧化剂）获得的两个电子。该反应中硫酸锰的当量为其式量除以 2。

例 A.5、例 A.6 和例 A.7 提供了说明酸、碱和盐的当量重量和当量浓度计算的示例。

例 A.5 碳酸钠与盐酸反应时的当量是多少？

解：

该反应为：$Na_2CO_3+2HCl=2NaCl+CO_2+H_2O$

1 个碳酸钠分子与 2 个盐酸分子反应。因此，碳酸钠的当量为：

$$Na_2CO_3 \div 2=106 \div 2=53\ 克$$

例 A.6 硫酸（H_2SO_4）、硝酸（HNO_3）和氢氧化铝［Al（$OH)_3$］的当量是多少？

解：

（1）硫酸有 2 个可用的氢离子：

$$H_2SO_4 \rightarrow 2H^+ + SO_4^{2-}$$

因此，当量重量为：

$$H_2SO_4 \div 2=98 \div 2=49\ 克$$

（2）硝酸有 1 个可用的氢离子：

$$HNO_3 \rightarrow H^+ + NO_3^-$$

当量重量为：

$$HNO_3 \div 1=63 \div 1=63\ 克$$

（3）氢氧化铝有 3 个可用的氢氧根离子：

$$Al(OH)_3 \rightarrow Al^{3+} + 3OH^-$$

当量重量为：

$$Al(OH)_3 \div 3=77.98 \div 3=25.99\ 克$$

例 A.7 必须溶解多少 Na_2CO_3 并稀释至 1 升，才能得到 0.05 当量/升的溶液？

解：

$$Na_2CO_3 \rightarrow 2Na^+ + CO_3^{2-}$$

式量必须除以 2，因为 2 $Na^+=2$，或者因为 $CO_3^{2-}=-2$。在计算当量时，与价有关的符号差别（2 $Na^+=+2$ 和 $CO_3^{2-}=-2$）并不重要。

$$106\ 克\ Na_2CO_3/摩尔 \div 2=53\ 克/当量$$

$$53\ 克/当量 \times 0.05\ 当量/升=2.65\ 克/升$$

在表示稀溶液的溶质强度时，用毫克代替克是很方便的。因此，我们有毫摩尔（mmol）、毫摩尔/升（millimolar）(mM)、毫摩尔/升（millimoles/L）(mmol/L 与 mM 相同)、毫当量（meq）和毫当量/升（meq/L)。0.001 M（摩尔/升）溶液为 1 mM（毫摩尔/升）溶液。

A.3.5 单位体积重量

在水质方面，浓度通常以每升物质的重量表示。通常的程序是报告每升物质的毫克数（例 A.8）。

例 A.8 0.1 当量/升 KNO_3 溶液中 K 的浓度是多少？

解：

$$KNO_3 = 101.1\ 克/当量$$

$$101.1\ 克/当量 \times 0.1\ 当量/升 = 10.11\ 克/升$$

10.11 克 KNO_3 中的 K 含量为

$$39.1 \div 101.1 \times 10.11\ 克/升 = 3.9\ 克/升$$

$$3.9\ 克/升 \times 1\,000\ 毫克/克 = 3\,900\ 毫克/升$$

单位为毫克每升，相当于例 A.9 中所示的单位为百万分之一（Parts per million，ppm）；在水质方面，百万分之几（ppm）与毫克每升交替使用是很常见的。

例 A.9　证明水溶液的 1 毫克/升＝1 ppm。

解：

$$\frac{1\ 毫克}{1\ 升} = \frac{1\ 毫克}{1\ 千克} = \frac{1\ 毫克}{1\,000\ 克} = \frac{1\ 毫克}{1\,000\,000\ 毫克} = 1\ ppm$$

在水质中，以微克/升（μg/L）表示微量成分的浓度也很常见；当然，1 微克/升＝0.001 毫克/升。要将毫克/升转换为微克/升，只需将小数点右移三位，例如，0.05 毫克/升＝50 微克/升，反之亦然。有时微克每升将表示为十亿分之一（Parts per billion，ppb）。如果例 A.9 中的计算以 1 微克/升开始，我们可以得到 1 微克/1 000 000 000 微克，则很容易看出其原理。

用千分之一或 ppt 表示更浓的溶液的强度也很方便（例 A.10）。千分之一等于 1 克/升，因为 1 升中含有 1 000 克。它也等于 1 000 毫克/升。以千分之一表示浓度的另一种方法是符号‰。

例 A.10　将 0.1 摩尔/升溶液中氯化钠的浓度表示为千分之一和毫克每升。

解：

$$0.1\ 摩尔/升 \times 58.44\ 克\ NaCl/摩尔 = 5.844\ 克/升$$

盐度为 5.844 ppt，等于 5 844 毫克/升。

很容易将以毫克/升为单位的水质数据转换为摩尔或当量浓度（例 A.11）。

例 A.11　计算 100 毫克/升钙的摩尔浓度和当量浓度。

解：

（1）100 毫克/升÷40.08 毫克 Ca/毫摩尔＝2.495 毫摩尔/升或 0.002 5 摩尔/升

（2）钙是二价的，所以：

$$100\ 毫克/升 \div 20.04\ 毫克/毫当量 = 4.99\ 毫当量/升或\ 0.005\ 当量/升$$

溶液的浓度通常以毫克每升为单位，不考虑摩尔浓度或当量浓度，如例 A.12 所示。

例 A.12　需要溶解多少硫酸镁（$MgSO_4 \cdot 7H_2O$）并使其达到 1 000 毫升最终体积，以提供 100 毫克/升的镁浓度？

解：

$$\begin{array}{ccc} x & & 100\ 毫克/升 \\ MgSO_4 \cdot 7H_2O & = & Mg \\ 摩尔质量=246.31\ 克 & & 摩尔质量=24.31\ 克 \end{array}$$

重排：

$$x=246.31\times100\div24.31=1\,013.2\text{ 毫克 }MgSO_4\cdot7H_2O/\text{升}$$

A.4 反应中的重量关系

化学计量学是研究化学反应中反应物和产物之间重量关系的化学领域。反应方程式允许计算反应物和产物的重量。氢氧化钠中和盐酸的反应为 $NaOH+HCl=NaCl+H_2O$。每摩尔 HCl 需要 1 摩尔 NaOH 进行中和。因此，40.00 克 NaOH 与 36.46 克 HCl 反应生成 58.44 克 NaCl 和 18.02 克 H_2O。方程式两侧的重量在反应完成前后保持不变（本例中有 76.46 克反应物和 76.46 克产物）。如例 A.13 所示，计算通常比盐酸和氢氧化钠更复杂。

例 A.13 计算中和 100 千克氯化铝（$AlCl_3$）所产生的酸度所需的碳酸钙的量。

解：

$AlCl_3$ 溶解释放 Al^{3+}：

$$AlCl_3=Al^{3+}+3Cl^-$$

Al^{3+} 水解生成氢离子（H^+），氢离子是酸度的来源：

$$Al^{3+}+3H_2O=Al(OH)_3+3H^+$$

氢离子被碳酸钙（$CaCO_3$）中和：

$$3H^++1.5CaCO_3=1.5\,Ca^{2+}+1.5\,CO_2+1.5H_2O$$

100 千克三氯化铝中铝的重量为：

$$\begin{array}{ccccc} 100\text{ 千克} & & X & & \\ AlCl_3 & = & Al^{3+} & + & 3Cl^- \\ 133.34\text{ 克/摩尔} & & 26.98\text{ 克/摩尔} & & \end{array}$$

$Al^{3+}=20.23$ 千克

中和酸度所需的 $CaCO_3$ 重量为：

$Al^{3+}=3H^+$；所以，$Al^{3+}=1.5CaCO_3$：

$$\begin{array}{ccc} 20.23\text{ 千克} & & X \\ Al^{3+} & = & 1.5\,CaCO_3 \\ 26.98\text{ 克/摩尔} & & 150\text{ 克} \end{array}$$

$X=112.5$ 千克 $CaCO_3$

再提供另外两个例子。

例 A.14 计算光合作用产生 100 千克有机物所需的二氧化碳量。

解：

光合作用方程式为：

$$6CO_2+6H_2O=C_6H_{12}O_6+6O_2$$

CO_2 与有机质中碳的关系为 $CO_2=CH_2O$。

有：

$$\begin{array}{ccc} X & & 100\text{ 千克} \\ CO_2 & = & CH_2O \\ 44\text{ 克/摩尔} & & 30\text{ 克/摩尔} \end{array}$$

CO_2＝146.7 千克

例 A.15　计算将 5 千克元素硫氧化为硫酸所需的分子氧的量。

解：

该反应为：

$$S + 1.5O_2 + H_2O = H_2SO_4$$

元素硫与分子氧的关系为 S ＝1.5 O_2：

$$\begin{array}{ccc} 5\text{ 千克} & & X \\ S & = & 1.5O_2 \\ 32 & & 48 \end{array}$$

O_2＝7.5 千克

注：在这种情况下，所需的氧气量是硫氧化量的 1.5 倍。这是 O_2 的相对分子质量与 S 的相对原子质量一致的巧合的结果。

A.5　一些捷径

一些重要的水质变量是多原子离子，如硝酸根、亚硝酸根、氨、铵、磷酸根、硫酸根等。有时，浓度将作为离子的浓度给出；有时，浓度将作为离子中所含的核心元素的浓度给出。例如，氨的浓度可以表示为 1 毫克 NH_3/升，也可以表示为 1 毫克 NH_3－N/升。可以在表示浓度的两种方法之间来回转换。在 NH_3－N 的情况下，使用系数 N/NH_3（14/17 或 0.824）来转换：1 毫克 NH_3/升×14/17＝0.82 毫克 NH_3－N/升。因此，1 毫克 NH_3－N/升÷14/17＝1.21 毫克 NH_3/升。可以使用类似的推理在 NO_3^- 和 NO_3^-－N、NO_2^- 和 NO_2^-－N 以及 SO_4^{2-} 和 SO_4^{2-}－S 等之间进行转换。表 A.2 给出了一些换算系数。

表 A.2　乘以多原子离子的浓度得到元素浓度的系数

转化	系数	转化	系数
$NH_3 \rightarrow NH_3-N$	0.824	$HPO_4^{2-} \rightarrow HPO_4^{2-}-P$	0.323
$NH_4^+ \rightarrow NH_4^+-N$	0.778	$H_2PO_4^- \rightarrow H_2PO_4^- -P$	0.320
$NO_3^- \rightarrow NO_3^- -N$	0.226	$SO_4^{2-} \rightarrow SO_4^{2-}-S$	0.333
$NO_2^- \rightarrow NO_2^- -N$	0.304	$H_2S \rightarrow H_2S-S$	0.941
$PO_4^{3-} \rightarrow PO_4^{3-}-P$	0.326	$CO_2 \rightarrow CO_2-C$	0.273

注：元素形式的浓度可通过除以系数转换为离子浓度，例如，0.226 毫克/升 NO_3^-－N÷0.226＝1 毫克/升 NO_3^-

还需要注意的是，摩尔浓度和当量浓度的量纲分别为摩尔每升和当量每升。因此，摩尔浓度或当量浓度乘以体积（单位：升）分别得到摩尔和当量。同样的逻辑也适用于将每毫升的毫摩尔或毫当量乘以以毫升为单位的体积。

在某些计算中，可能会寻求特定体积中溶解物质的数量。记住 1 毫克/升和 1 克/米^3 是一样的，这是很有帮助的，因为每立方米有 1 000 升。同样，出于同样的原因，1 微克/升与 1 毫克/米^3 相同。